उद्यमिता विकास हैन्ड बुक

पॉलिटेक्निक महाविद्यालयों के पाठ्यक्रमानुसार अन्य उपयोगी पुस्तकें

- औद्योगिक प्रबन्ध एवं उद्यमिता — *वी.के.शर्मा एवं ओ.पी. हरकुट*
- इस्पात लकड़ी एवं चिनाई की संरचनाएँ — *रामचन्द्र*
- पदार्थों की सामर्थ्य – II — *एन.मनवानी एवं एम. मनवानी*
- लिमिट स्टेट डीजाइन विधि से कांक्रीट संरचनाओं की रचना — *रामचन्द्र*
- द्रव शक्ति एवं स्नेहन — *अनिल अग्रवाल*
- प्रबन्ध एवं उद्यमिता — *वी.के. शर्मा एवं ओ.पी. हरकुट*
- अन्तरर्राष्ट्रीय अर्थशास्त्र — *के.डी. स्वामी*
- पर्यावरण अवबोध — *डी.डी. ओझा*
- Fluid Power and Tribology — *Anil Agarwal*
- Design of Steel Structures-1 — *Ramchandra*
- Design of Steel Structures - 2 — *Ramchandra*

उद्यमिता विकास हैन्ड बुक

HAND BOOK ON ENTREPRENEURSHIP DEVELOPMENT

द्वितीय संस्करण

लेखक

ओ.पी. हरकुट

विभागाध्यक्ष, मैकेनिकल इंजीनियरिंग (सेवानिवृत)
राजकीय रामचन्द्र खेतान पॉलिटेक्निक कॉलेज, जयपुर

व

जी.पी. वैष्णव

सहायक प्रबन्धक
राजस्थान वित्त निगम, जयपुर

प्रकाशक
साईन्टिफिक पब्लिशर्स (इंडिया)
5–ए, न्यू पाली रोड़, पो.बॉ. नं. 91
जोधपुर – 342 001
Tel.: 91-291-2433323,
Fax: +91-291-2613449
E-mail: info@scientificpub.com
www.scientificpub.com

ISBN: 978-81-7233-589-2

संस्करण, 2015

लेजर टाईपसेट – राजेश औझा
भारत में मुद्रित

प्रस्तावना
द्वितीय संस्करण के सम्बन्ध में

उद्यमिता विकास हैन्ड बुक के प्रथम संस्करण को उद्यमियों एवं छात्रों की ओर से जो प्रोत्साहन मिला उससे हमारे उत्साह में जो वृद्धि हुई, इसके फलस्वरुप यह द्वितीय संशोधित संस्करण पाठकों के समक्ष प्रस्तुत है।

प्रस्तुत संस्करण में उद्योगों के सहायतार्थ विभिन्न संगठनों तथा उद्योगों के वित्तीय स्रोतों के बारे में नवीनतम जानकारी उपलब्ध कराने का प्रयास किया गया है। साथ ही श्रम विधायनों तथा कर प्रणाली से सम्बन्धित अभी तक हुए संशोधन भी सम्मिलित किये गये है। लघु उद्योगों से सम्बन्धित नवीनतम जानकारी भी प्रस्तुत संस्करण में दी गई है।

प्रस्तुत संस्करण में जहां भी विभिन्न प्रकार के ऋणों पर विभिन्न संस्थानों द्वारा ली जा रही ब्याज दर दर्शाई गई हैं, वह वर्तमान में प्रचलित दरें हैं। इनमें समय–समय पर भारतीय रिजर्व बैंक के दिशा निर्देशों के अनुसार परिवर्तन होता रहता है। अतः ऋण लेते समय उस पर लगने वाली ब्याज दर की जानकारी सम्बन्धित संगठन से ज्ञात कर लेनी चाहिए।

इस पुस्तक में सुधार के लिए पाठकों के जो सुझाव प्राप्त हुए हैं तथा अध्ययनरत एवं कार्यरत उद्यमियों ने इस पुस्तक के प्रकाशन की जो सराहना की है, हम उन सभी महानुभावों का हृदय रो आभार प्रदर्शित करते हैं।

लेखकगण

प्रस्तावना
प्रथम संस्करण के सम्बन्ध में

ऐसा कोई इंजीनियर अथवा अन्य व्यक्ति शायद ही होगा जो अपना स्वयं का उद्योग लगाकर उद्योगपति न कहलाना चाहता हो। इस प्रतियोगी युग में भारत जैसे विशाल देश में जहाँ रोजगार हेतु पदों की उपलब्धता बहुत ही सीमित है, वहाँ रोजगार का सर्वोपरि साधन स्व–रोजगार है तथा उद्यमिता स्व–रोजगार की सर्वोत्तम सीमा है। उद्यमिता पैतृक उपलब्धता नहीं है और न ही जाति या धर्म पर निर्भर करती है। अपितु यह मानव के मानसिक व बौद्धिक स्तर पर निर्भर करती है। अतः मानव में उद्यमिता का विकास प्रशिक्षण, प्रेरणा तथा मार्गदर्शन द्वारा किया जा सकता है। स्व–रोजगार के लिए प्रेरित करने हेतु राष्ट्रीय स्तर पर नीति अपनाई गई एवं राज्य स्तर पर अनेक संस्थाएँ/संगठन उद्यमियों के सहायतार्थ कार्यरत हैं ताकि उन्हें हर स्तर से उचित मार्गदर्शन प्राप्त हो सके।

उद्यमिता विकास एवं उद्योग लगाने के लिए जिन–जिन विषयों के बारे में जानकारी आवश्यक है जैसे सरकार की औद्योगिक नीति, सहायतार्थ विभिन्न संस्थाएं/संगठन, बाजार सर्वेक्षण तथा अनुसंधान, उत्पाद चयन, स्थान का चयन, विभिन्न वित्तीय स्रोत, प्रोजेक्ट रिपोर्ट तैयार करना, कच्चा माल प्रबन्ध, विपणन सुविधायें, अनुबन्ध, वित्तीय तथा लागत लेखांकन, कर तथा बीमा, श्रमिक संघ एवं विभिन्न श्रम अधिनियम आदि संबंधित विषयों के बारे में जानकारी इस पुस्तक में बहुत ही सरल व सारगर्भित रुप में देने का प्रयास किया गया है ताकि उद्यमी को उद्योग लगाने सम्बन्धी अधिकाधिक जानकारी एक स्रोत से उपलब्ध हो सके।

हम उन सभी महानुभावों का हृदय से आभार प्रदर्शित करते हैं जिन्होंने इस पुस्तक को इस रूप में प्रस्तुत करने में सहयोग तथा उपयोगी सुझाव प्रदान किये है।

उद्यमिता विकास हेतु इस पुस्तक में सुधार के लिए पाठकों के सुझावों के लिए लेखक उनके अत्यन्त आभारी रहेंगे।

ओ.पी. हरकुट
जी.पी. वैष्णव

विषय सूची
(CONTENTS)

1

उद्यमिता एवं उद्योग
(Entrepreneurship & Industries)

1.1 प्रस्तावना (Introduction)

औद्योगिक जगत पर प्रारम्भ से ही निजी क्षेत्र का आधिपत्य रहा है। उस समय लघु क्षेत्र, लोक स्वामित्व क्षेत्र आदि का विकास नहीं हो पाया था। पहले यह माना जाता था कि सरकार का कार्य तो देश की सुरक्षा, नागरिक सुरक्षा, न्याय प्रणाली चलाना तथा नागरिक प्रशासन करना होता है। लेकिन धीरे–धीरे अर्थ व्यवस्थाओं में बढ़ते हुए पूंजीवादी प्रभाव ने सरकार को आर्थिक क्षेत्र के साथ–साथ औद्योगिक क्षेत्र के विकास में हस्तक्षेप की नीति बनाने को बाध्य कर दिया। अतः संतुलित आर्थिक एवं औद्योगिक विकास की गति को तीव्र करने के लिए लघु क्षेत्र को बढ़ावा तथा लोक स्वामित्व की नीति का सरकारी नियंत्रण एवं आय के साधन के रुप में अपनाया जाने लगा। नये उद्योगों को स्थायित्व करने के लिए उद्यमियों को आगे बढ़ कर उद्योग लगाने के लिए कई प्रकार के प्रोत्साहन दिये जाने लगे।

1.2 उद्यमिता (Entrepreneurship)

यदि स्वयं की सहायता उत्तम सहायता है तो स्व–रोजगार भी उत्तम रोजगार है तथा उद्यमिता स्व–रोजगार की सर्वोत्तम सीमा है। भारत जैसे विशाल देश में जहां अधिकतर आबादी गांवों में रहती है तथा देश के प्रत्येक हिस्से के आर्थिक स्तर में बहुत अन्तर है, प्रत्येक गांव या शहर में शिक्षित व अशिक्षित बेरोजगारों की संख्या में निरन्तर वृद्धि हो रही है। ऐसी स्थिति में इन बेरोजगार व्यक्तियों को स्वरोजगार के लिए प्रेरित करने हेतु राष्ट्रीय स्तर पर नीति अपनाई गई, जिससे देश के प्रत्येक भाग में उद्योगों का चहुंमुखी विकास हो सके।

उद्यमिता मनुष्य में जन्म से उपलब्ध शक्ति, सामर्थ्य, ध्रुव सम्भावना की अभिव्यक्ति प्रकटीकरण आदि को उजागर करना है। उद्यमिता पैतृक वस्तु नहीं है तथा न ही किसी जाति, धर्म, आर्थिक या सामाजिक स्तर पर निर्भर करती है

बल्कि यह तो मनुष्य के मानसिक स्तर पर निर्भर करती है। इसलिए यह आवश्यक नहीं है कि मनुष्य को बचपन से ही उद्यमी बनने का प्रयास करना चाहिए, बल्कि मनुष्य में उद्यमिता का विकास उचित सलाह, प्रशिक्षण, प्रेरणा एवं मार्गदर्शन द्वारा किया जा सकता है।

1.3 उद्यमी (Entrepreneur)

उत्पादन के लिए प्रमुख चार आवश्यक घटक है – श्रमिक, सामग्री, पूंजी तथा मशीनरी (Four M's - Men, Material, Money & Machinery), इनके अतिरिक्त उद्योग की सफलता का पांचवा घटक है – अनिश्चितता वहन करना। वह व्यक्ति जो उत्पादन कार्य का संचालन करता है, जिस पर पांचवा घटक पूर्णतया निर्भर करता है तथा सभी घटकों में समन्वय करता है, उद्यमी कहलाता है। व्यवसाय में अनिश्चितता के दौर आते रहते है। व्यवसाय के लिए व अनिश्चितता के समय उचित पॉलिसी निर्धारण, क्रियान्वयन तथा उत्पादन कार्यों में बाजार मांग के अनुसार किसी उत्पाद के उत्पादन में वृद्धि या कमी करना, उत्पाद में परिवर्तन करना तथा अन्य विविध निर्णयों के अनुसार सभी घटकों में समन्वय करते हुए उद्योग को सक्षम रुप से चलाने वाला व्यक्ति सफल उद्यमी माना जाता है।

1.4 अच्छे उद्यमी के आवश्यक लक्षण (Essential characteristics of a good Entrepreneur)

एक सफल व अच्छे उद्यमी में निम्न गुणों/लक्षणों का होना आवश्यक है–

1. निर्णय लेने की पहल (Initiative) **तथा क्षमता** – एक उद्यमी में निर्णय लेने की पहल तथा क्षमता होना सफलता की कुंजी है। इसलिए आवश्यक है कि सही समय पर सही निर्णय लिए जाये, अन्यथा अनिर्णयता की स्थिति में कई बार अवसरों को खोना पड़ता है।

2. सही सोच शक्ति – सही क्रिया हमेशा सही सोचने की क्षमता पर निर्भर करती है। अतः उद्यमी को यह मस्तिष्क में रखना चाहिए कि वह किसके बारे में बोल रहा है तथा उसका क्या अर्थ है।

3. सजगता (Alertness) – उद्यमी को हमेशा मार्केट से बराबर सम्पर्क बनाए रखना चाहिए ताकि अपने उत्पाद की वर्तमान मांग के अतिरिक्त नई मांग भी उत्पन्न कर सके।

4. अग्रदृष्टि तथा समय का भान – उद्यमी को हमेशा समय के अनुसार सोचना चाहिए ताकि ग्राहकों की बदलती हुई इच्छाओं को पूर्ण कर सके। इस बारे में अग्रदृष्टि द्वारा पूर्वानुमान लगाकर अपनी पूंजी का सही समय पर व सही कार्य के लिए बुद्धिमतापूर्वक उपयोग करना चाहिए।

5. सहयोग की भावना – उद्यमी को दूसरों से सहयोग करना चाहिए तथा परिस्थितियों से समझौता कर सकने वाला (Adjustable) व मधुर स्वभाव का होना चाहिए।

6. शक्ति तथा साहस – उद्यमी का स्वास्थ्य अच्छा होना भी आवश्यक लक्षण है ताकि साहस व शक्ति के साथ मुश्किलों में कार्य करने की क्षमता रहे।

7. व्यावसायिक नैतिकता या ईमानदारी – व्यवसाय में ईमानदारी सर्वश्रेष्ठ पालिसी ही नही अपितु सर्वश्रेष्ठ तरीका भी है। अतः उद्यमी को स्वयं की तथा प्रतिष्ठान की प्रतिष्ठा बनाये रखने के लिए ईमानदार रहना नितान्त आवश्यक है।

8. व्यक्तिगत गुण – इनके अतिरिक्त उद्यमी में उच्च बुद्धिमत्ता, मानवीय स्वभाव का ज्ञान, आत्म–विश्वास, सहनशीलता, दयाभाव, अच्छा व्यक्तित्व आदि गुण भी होने चाहिए।

1.5 स्व–रोजगार एव अवसर (Self Employment & Opportunities)

साहसी उद्यमी अपनी उद्यमिता द्वारा अपने उद्योग स्थापित करके न केवल स्वयं को रोजगार प्रदान करता है अपितु स्थानीय बेरोजगारों को भी रोजगार के अवसर प्रदान करता है। साहसी उद्यमियों को प्रोत्साहित करने के लिए केन्द्र सरकार एवं राज्य सरकारें विभिन्न सहायतायें उपलब्ध कराती हैं। यह सर्वमान्य है कि लघु उद्योग देश के मध्यम व निम्न आर्थिक वर्ग के आजीविका का आधार है। सरकार ने कुल 836 वस्तुओं को लघु क्षेत्र के लिए आरक्षित कर रखा है, जिससे लघु क्षेत्र को वृहत् क्षेत्र से प्रतिस्पर्धा का सामना न करना पड़े। विज्ञान व प्रौद्योगिकी विभाग अनुदानित दरों पर लघु क्षेत्र को नवीनतम प्रौद्योगिकी उपलब्ध कराता है। रोजगार के लिए कई दरों की ठोकरें खानी पड़ती है लेकिन उद्यमिता विकास योजना के तहल उद्यमी को सभी प्रकार की सूचनायें एक ही स्थान पर उपलब्ध कराने की चेष्टा की जाती है। नये उद्यमियों तथा तकनीकी उद्यमियों को सरकार की तरफ से कई प्रकार की विशेष सुविधायें उपलब्ध कराई जाती है।

उद्यमिता विकास कार्यक्रमों को मोटे तौर पर दो श्रेणियों में बांटा जा सकता है :

(क) उद्यमियों की पहचान और चयन करने के लिए प्रेरणा

(ख) पिछड़े और ग्रामीण क्षेत्रों में उद्योगों के विकास के लिए निर्धारित लक्ष्य समूहों के अनुसार उद्यमिता विकास प्रशिक्षण कार्यक्रम, शिक्षित बेरोजगार महिलाओं, ग्रामीण कामगारों, कमजोर वर्गों विकलांगों, सैनिकों और छात्रों आदि को प्रशिक्षण।

लघु उद्योग क्षेत्र के लिए अपेक्षित सावधि ऋण और कार्यशील पूंजी वाणिज्यिक बैंकों, सहकारी बैंकों, क्षेत्रीय बैंकों और राज्य वित्तीय निगमों से प्राप्त कर सकते हैं।

1.6 उद्योग (Industry)

कुछ प्रमुख विद्वानों के अनुसार, "उद्योग से तात्पर्य ऐसी प्रक्रियाओं से है, जहां अनिर्मित माल को विभिन्न प्रक्रियाओं द्वारा इस प्रकार का आकार प्रदान किया जाता है ताकि बाजार में विक्रय योग्य बन सके।" कुछ अन्य विद्वानों के अनुसार, "उद्योग से तात्पर्य समाज की सभी आवश्यकताओं की पूर्ति हेतु सम्पन्न प्रक्रियाओं से है।" जबकि कुछ विद्वान कच्चे माल की उपयोगिता में वृद्धि करने वाली सभी प्रक्रियाओं को "उद्योग" मानते है।

औद्योगिक विकास के इतिहास की ओर गौर करें तो आदिकाल में मानव की आवश्यकतायें अत्यन्त सीमित थीं। पेट भरने के लिए कन्दमूल व तन ढ़कने के लिए पेड़ों की छाल व चमड़े आदि पर निर्भर रहता था। स्वयं की रक्षा व शिकार के लिए पत्थर व हड्डियों से अस्त्रों का निर्माण करता था, इसे पाषाण युग कहते थे। इसके पश्चात् मानव पशु पालने तथा एक स्थान पर रहकर पारिवारिक जीवन व्यतीत करने लगा, जिससे मकान व बर्तनों की आवश्यकता होने से उनका निर्माण प्रारंभ हुआ। फिर मानव ने पशुओं की सहायता से खेतीबाड़ी करना प्रारंभ किया, इससे उनकी जरुरतें और बढ़ने लगी। इसे कृषि उद्योग का युग कहा जाता है। इससे सामूहिक जीवन की शुरुआत हुई तथा जरुरते बढ़ने से अलग–अलग समूह के लिए भिन्न–भिन्न प्रकार के उत्पादन कार्य करने की जिम्मेदारी आई, जिससे उनकी दस्तकारी की दक्षता में वृद्धि होने लगी व मांग बढ़ने लगी। इस कारण इसे दस्तकारी का युग कहते हैं। फिर जैसे जैसे परिवहन साधनों का विकास हुआ, व्यापरी इन कारीगरों द्वारा निर्मित उत्पाद को खरीदने लगे व बाजारों में ले जाकर बेचने लगे। जैसे–जैसे समय बीतता गया, हाथ द्वारा चलने वाले यंत्रों के स्थान पर शक्ति चालित मशीनों का आविष्कार होता गया तथा उत्पादन घरों के बजाय फैक्टरीयों में होने लगा और कुशल श्रमिकों के स्थान पर शक्ति चालित मशीनों व संयंत्रों का उपयोग बढ़ता गया। इससे तीव गति से उद्योगों का विकास हुआ, इस कारण इसे औद्योगिक युग कहते है। जैसे–जैसे मानव की आवश्यकता बढ़ती गई, तीव्र गति से औद्योगिकरण के साथ–साथ स्वचालित मशीनों का विकास हुआ तथा कई विकसित देशों में तो श्रमिकों का स्थान रोबोट (यंत्र चालित मानव) लेने लगे है।

1.7 उद्योग का वर्गीकरण (Classification of Industries)

मुख्य रूप से विभिन्न आधार पर उद्योगों का वर्गीकरण निम्न है –

(i) आकार अथवा पूंजी निवेश के आधार पर (According to Size or Capital Investment of an Industry)

(क) **लघुत्तर उद्योग** (Tiny Industry) – वे लघु उद्योग, सहायक उद्योग एवं निर्यात मूलक इकाईयां जिनमें संयंत्र तथा मशीनों में विनियोजित पूंजी 5 लाख रुपये तक हो।

(ख) लघु उद्योग (Small Scale Industry) – वे उद्योग जिनमें स्थायी परिसम्पत्तियों संयंत्र व मशीनरी, चाहे मालिकाना अथवा लीज और किराया क्रय आधार पर हो, में निवेश 60 लाख रुपये से अधिक न हो।

(ग) मध्यम उद्योग (Medium Scale Industry) – वे उद्योग जिनमें स्थायी परिसम्पत्तियों संयंत्र व मशीनरी में कुल निवेश 60 लाख रुपयें से अधिक हो तथा 5 करोड़ रुपये से कम हो।

(घ) वृहत् उद्योग (Large Scale Industry) – वे उद्योग जिसमें स्थायी परिसम्पत्तियों संयंत्र व मशीनरी में कुल निवेश 5 करोड़ रुपये से अधिक हो।

(ii) स्वामित्व के आधार पर (According to Ownership)

(क) एकल स्वामित्व उद्योग
(ख) साझेदारी उद्योग
(ग) निजि सीमित उद्योग
(घ) सार्वजनिक सीमित उद्योग
(ङ) सहकारी उद्योग, एवं
(च) सार्वजनिक उद्योग आदि।

(iii) निर्माण प्रकार के आधार पर (According to Manufacturing Activity)

(क) प्रक्रिया उद्योग (Process Industry) – इस उद्योग में कच्चे माल को निश्चित उत्पादन प्रक्रियाओं से गुजार कर उनका रूप परिवर्तित करके उत्पाद तैयार किया जाता है। जैसे जूते, शक्कर, वस्त्र, बेल्ट, फर्नीचर उद्योग आदि।

(ख) विश्लेषणात्मक उद्योग (Analytical Industry) – इस उद्योग में कच्चे माल पर विभिन्न विश्लेषणात्मक क्रियाओं द्वारा अनेक प्रकार की वस्तुओं का उत्पादन किया जाता है। जैसे कच्चे पेट्रोलियम तेल को परिशोधित करके पेट्रोल, डीजल, केरोसीन, स्नेहन तेल, ग्रीस व डामर इत्यादि प्राप्त करना।

(ग) संश्लेषण उद्योग (Synthetic Industry) – इस उद्योग में एक से अधिक कच्चे माल पर विभिन्न प्रक्रिया करके तथा उनका सम्मिश्रण

करके उत्पाद तैयार किया जाता है। जैसे सीमेंट उद्योग, वाहन उद्योग आदि।

(iv) उत्पाद के आधार पर (According to Product)

(क) वस्त्र उद्योग
(ख) रासायनिक उद्योग
(ग) वैद्युत उपकरण उद्योग
(घ) चमड़ा उद्योग
(ड़) परिवहन उद्योग,
(च) खाद्य पदार्थ उद्योग
(छ) इलेक्ट्रोनिक्स उद्योग
(ज) औषधी व चिकित्सा उद्योग
(झ) कागज उद्योग
(ञ) कांच उद्योग

(v) कच्चे माल के आधार पर (According to Raw Material)

(क) धातु उद्योग
(ख) कृषि आधारित उद्योग
(ग) खनिज आधारित उद्योग
(घ) प्लास्टिक उद्योग
(ड़) रबड़ उद्योग

(vi) निर्मित माल के उपयोग के आधार पर (According to use of End Product)

(क) मूल उद्योग (Principle Industry) – कच्चे माल को संशोधित करके धातु रुप या उत्पाद रुप में तैयार करना जिनका उपयोग अन्य निर्माण प्रक्रियाओं में होता है। जैसे सीमेन्ट, लोहा, इस्पात, अलौह धातु आदि।

(ख) सहायक उद्योग (Ancillary Industry) – वह उद्योग जो स्वतन्त्र रुप से किसी अन्य बड़े उद्योग के लिए आवश्यक कल–पुर्जे, औजार आदि का उत्पादन करता हो तथा अपनी क्षमता का कम से कम 50% तक उत्पादन की आपूर्ति करता है, सहायक उद्योग कहलाता है। इस उद्योग की स्थायी परिसम्पतियों संयंत्र व मशीनों में निवेश की सीमा 75 लाख रुपये तक है।

(ग) इंजीनियरी उद्योग – मूल उत्पादों से मशीनों, संयंत्र, उपकरणों आदि का निर्माण इन उद्योगों में आता है। इन उपकरणों, संयंत्रों व मशीनों का उपयोग विभिन्न उत्पादों के निर्माण कार्य में किया जाता है।

(ड) उपभोक्ता उद्योग – मूल उद्योगों से उत्पादित कच्चे माल तथा इंजिनियरिंग उद्योगों से उत्पादित मशीनों व संयंत्रों द्वारा ऐसी सामग्री का उत्पादन किया जाता है जिसका उपयोग उपभोक्ता द्वारा किया जाता है।

(vii) ऊर्जा स्त्रोत के आधार पर (According to Power Source)

(क) हाथ करघा उद्योग (Handicraft Industries) – इस प्रकार के उद्योग में संयंत्र व उपकरणों को चलाने के लिए मानवीय ऊर्जा का ही उपयोग किया जाता है।

(ख) विद्युत चालित उद्योग (Power Operatred Industries) – अधिकतर उद्योग चाहे लघु क्षेत्र के हों या वृहत् क्षेत्र के, लेकिन उन्हें चलाने के लिए कुछ उद्योगों को छोड़कर सभी उद्योगों में विद्युत ऊर्जा का ही उपयोग किया जाता है।

(ग) गैस एवं सौर ऊर्जा चालित उद्योग – गैस ऊर्जा व एकत्रित सौर ऊर्जा के आधार पर अभी उद्योगों को चलाने के क्षेत्र में प्रयास किये जा रहे हैं।

(viii) सेवा उद्योग (Service Industry)

वे उद्योग जो कि अन्य उद्योगों के साथ–साथ मनुष्य की सेवा व सहयोग में सहायक होते हैं उन्हें सेवा उद्योग कहा जाता है। जिनमें मुख्यतः निम्न उद्योग है –

(क) होटल उद्योग (ख) चिकित्सा एवं अनुसधान उद्योग

(ग) परिवहन (रेल, वायु, जल व सड़क यातायात) उद्योग

(घ) पर्यटन सेवा उद्योग (ड़) आयुध कारखाने

(च) सर्विस स्टेशन (ध) सड़क व पुल निर्माण आदि।

1.8 लघु उद्योग तथा सहायक उद्योग (Small Scale Industries and Ancillary Industries)

औद्योगिक (विकास व नियंत्रण) अधिनियम, 1951 में प्रदत्त शक्तियों के अन्तर्गत केन्द्रीय सरकार ने लघु उद्योग व सहायक उद्योग को निवेश सीमा के आधार पर परिभाषित किया है। लघु उद्योग को अधिक से अधिक बढ़ावा देने के लिए लघु उद्योग तथा सहायक उद्योग में स्थायी परिसम्पतियों में निवेश की सीमा को समय–समय पर संशोधित किया जाता रहा है। लघु तथा सहायक औद्योगिक उपक्रमों में संयंत्र और मशीनरी में निवेश सीमा को 2 अप्रेल, 1991 से निम्न प्रकार से बढ़ाया गया है :

(i) लघु उद्योग (Small Scale Industries) – एक औद्योगिक संस्थान जिसमें स्थायी परिसम्पतियों में संयंत्र और मशीनरी, चाहे मालिकाना अथवा लीज और किराया क्रय आधार पर हों, में निवेश 60 लाख रूपये से अधिक न हो, लघु उद्योग कहलाते है। उपरोक्त उद्धृत औद्योगिक संस्थान के

मामले में जिसमें स्थायी परिसम्पतियों में संयंत्र और मशीनरी में निवेश सीमा 75 लाख रुपये होगी बशर्ते वह इकाई उत्पादन प्रारंभ करने की तिथि से तीसरे वर्ष के अन्त तक अपने उत्पादन का कम से कम 30% निर्यात करे।

(ii) सहायक उद्योग (Ancillary Industries) – एक औद्योगिक संस्थान जो पुर्जो, अवयवों, सब असेम्बली, टुलिंग या मध्यवर्ती वस्तुओं के उत्पादन में अथवा सेवायें प्रदान करने में लगा हुआ है अथवा ऐसे कार्य करना चाहता है और ऐसे संस्थान जो अपने उत्पादन या सेवाओं का 50% एक या अधिक अन्य औद्योगिक उपक्रमों को आपूर्ति करते है या प्रदान करते है अथवा ऐसा करने का प्रस्ताव करता है, उस उद्योग को सहायक उद्योग कहते है। इस प्रकार के उद्योग में स्थायी परिसम्पतियों में संयंत्र और मशीनरी, चाहे वे मालिकाना या लीज या किराया क्रय पद्धति आधार पर आधारित हो, में निवेश 75 लाख रुपये से अधिक न हो।

1.9 लघु उद्योगों को मिलने वाली सुविधायें (Concessions and facilities to Small Scale Industries)

उद्यमियों को देश के विभिन्न भागों में उद्योग लगाने हेतु प्रेरित करने के लिए केन्द्र व राज्य सरकार लघु उद्योगों को स्थापित करने में सुविधायें प्रदान करती है। जिनमें मुख्यतः निम्न है –

(i) लघु उद्योग लगाने हेतु विकसित भूमि उपलब्ध कराना।

(ii) लधु उद्योग हेतु कृषि भूमि का औद्योगिक प्रयोजन हेतु रुपान्तरण प्रक्रिया का सरलीकरण।

(iii) लघु उद्योगों को जिनकी विद्युत आवश्यकता 25 HP से कम हो, को शीघ्र विद्युत कनेक्शन उपलब्ध कराना व कम दर पर विद्युत सप्लाइ करना।

(iv) ऋण प्रणाली का सरलीकरण व एकल विण्डो ऋण प्रणाली की व्यवस्था।

(v) उद्योग स्थापना हेतु पूँजी विनियोजन अनुदान।

(vi) बिक्री कर में रियायत।

(vii) चुंगी व मंडी कर से मुक्ति।

(viii) लघु उद्योगों को मूल्य वरीयता (सरकारी खरीद में)।

(ix) अमानत व जमानत राशि में छूट।

(x) लघु उद्योगों को गुणवत्ता सुधारने के लिए परीक्षण उपकरण अनुदान।

(xi) महिला उद्यमियों के लिए विशेष योजना।

(xii) आर्टीजन व कुशल कारीगरों के लिए विशेष योजना।

(xiii) लघु उद्योग क्षेत्र में उत्पादन के लिए 836 वस्तुओं का आरक्षण।

(xiv) कुशल व अर्धकुशल कामगारों के लिए प्रशिक्षण सुविधा।

(xv) इंजिनियरों के लिए विशेष योजना।

(xvi) उत्पाद शुल्क में रियायतें।

(xvii) लघु उद्योग क्षेत्र के उत्पादों के निर्यात संवर्धन हेतु सहयोग।

(xviii) सीडो विपणन कार्यक्रम।

(xix) श्रेष्ठ उत्पादों के लिए पुरस्कार।

(xx) केन्द्र सरकार भण्डार खरीद कार्यक्रम के तहत लघु क्षेत्र के उत्पादों की खरीद।

(xxi) नियंत्रित कच्चे माल का न्यायोचित वितरण।

(xxii) आधुनिकीकरण कार्यक्रम के तहत उद्योग कार्यशाला, संगोष्ठी व आधुनिकीकरण पाठ्यक्रमों का आयोजन करना जिससे लघु उद्यमियों को अपनी इकाई के आधुनिकीकरण के लिए प्रोत्साहित किया जा सके।

1.10 राज्य सरकार की निवेश अनुदान योजना (Investment Subsidy Scheme of the State Govt.)

राज्य सरकार ने उद्योग रहित जिलों (No Industry District, NID), जनजाति क्षेत्र (Tribal Sub Plan Areas) में उद्योग स्थापित करने के लिए तथा अनिवासी (प्रवासी) भारतीय (Non Resident Indians, NRIs) एवं अन्य ओवरसीज कॉरपोरेट बोडिज (OCBs) द्वारा लगाये जाने वाले प्रोजेक्टस पर अधिक अनुदान (Subsidy) देने की घोषणा की है। इसके परिणाम स्वरूप राज्य सरकार द्वारा उद्योग रहित जिलों व जनजाति क्षेत्र में स्थापित किये जाने वाले बड़े, मध्यम व लघु उद्योगों को दिया जाने वाला अनुदान इस प्रकार है :

क्षेत्र	अनुदान दर	अनुदान की अधिकतम राशि
लघु उद्योग	30%	30 लाख रु०
बड़े उद्योग	20%	20 लाख रु०

राज्य में शेष स्थानों पर सभी पात्र उद्योगों को निवेश अनुदान की दर निम्न है –

(i) सभी बड़ेक व मध्यम उद्योग 15% अधिकतम 15 लाख रुपये।

(ii) सभी लघु उद्योग 20% अधिकतम 20 लाख रुपये।

(iii) सभी सम्पदा (resource) आधारित लघु तथा सहायक उद्योग 20% अधिकतम 20 लाख रुपये

(iv) अनिवासी भारतीय या ओवरसीज कॉरपोरेट बोडिज द्वारा लगाई जाने वाली इकाई 205 अधिकतम 35 लाख रुपये।

नोट :–

1. यदि अनिवासी भारतीय या ओवरसीज कॉरपोरेट बोडिज द्वारा राज्य में लगाई जाने वाली इकाई में यदि उसकी कुल इक्विटी में कम से कम 40 प्रतिशत इक्विटी विदेशी मुद्रा के रुप में लगाई जाती है, बशर्ते कि यह विदेशी मुद्रा 5 वर्ष की अवधि के पूर्व स्थानान्तरित नहीं होगी तो ऐसी औद्योगिकी इकाइयों को अनुदान दर स्थाई पूंजी निवेश का 20 प्रतिशत तथा अधिकतम 35 लाख है।

CATEGORY OF DISTRICTS OF THE STATE

The 31 districts of Rajasthan state are classified as follows:

Category A : No Industry Districts - Sirohi, Jaisalmer, Churu and Barmer.

Category B : Alwar (Ramgarh Panchayt samiti is excluded), Bhilwara, Jodhpur (Jodhpur city agglomeration area is excluded), Nagaur, Udaipur and Rajsamand (Girwa Panchayat Samiti is excluded).

Category C : Banswara, Dungarpur, Jalore, Jhunjhunu (Khetri Panchayat Samiti is excluded), Sikar, Jhalawar and Tonk.

Category D : Ajmer, Bharatpur, Bundi, Bikaner, Chittorgarh, Jaipur, Sriganganagar, Kota, Pali, Sawaimadhopur, Dholpur, Baran and Dausa.

1.11 लघु उद्योग क्षेत्र के लिए उत्पादों का आरक्षण (Reservation of Products for Small Scale Industries)

देश के औद्योगिक विकास के साथ–साथ आर्थिक सुदृढ़ता में लघु उद्योगों का महत्वपूर्ण योगदान रहा है। लघु उद्योग क्षेत्र साधारण उपभोक्ता वस्तुओं से

लेकर अति समुन्नत किस्म के उत्पादों का उत्पादन कर रहा है। वे वस्तुएँ जिनका निर्माण तकनीकी तथा आर्थिक दृष्टि से लघु क्षेत्र में उपयुक्त प्रतीत होता है, उन उत्पादों को लघु क्षेत्र के लिए आरक्षित सूची में शामिल किया जाता है। केवल लघु उद्योग क्षेत्र में विनिर्माण के लिए आरक्षित वस्तुओं/उत्पादों की सूची की पुनरीक्षा के लिए उद्योग (विकास और विनिमय) अधिनियम, 1951 के तहत सरकार ने आरक्षण पर एक उच्च अधिकार प्राप्त सलाहकार समिति का गठन किया है जिसकी सिफारिश पर केन्द्र सरकार आरक्षित सूची में परिवर्तन करती है। लद्यु उद्योग क्षेत्र के लिए आरक्षित सूची के उत्पादों को वृहत व मध्यम उद्योग क्षेत्रों में नई क्षमता के सृजन की अनुमति नहीं दी जाती है। केवल उन मामलों को छोड़कर जिसमें बड़े मध्यम पैमाने की इकाई अपने उत्पादन का अधिकतम 3 वर्ष की अवधि में कम से कम 75% निर्यात करे।

सिले–सिलाये वस्त्रों की निर्यात मूलक इकाईयां (EOU) जिनमें निवेश 3 करोड़ रु॰ तक हो तथा अपने उत्पादन का 50 प्रतिशत निर्यात तीसरे वर्ष से प्रारंभ कर दे, उन्हें लघु उद्योग क्षेत्र में मान लिया गया है।

आरक्षण की नीति 1967 में प्रारंभ की गई थी जब मात्र 47 वस्तुओं को लघु उद्योग क्षेत्र में उत्पादन के लिए आरक्षित किया गया था। तब से आरक्षण सूची कई बार संशोधित और विस्तृत हुई। राष्ट्रीय औद्योगिक वर्गीकरण (एन॰आई॰सी॰) के अपनाने तथा अनुसरण करके आरक्षण सूची को नये सिरे से तैयार किया गया।

फलस्वरूप आरक्षित वस्तुओं की सूची 1978 मे 504 वस्तुओं से 807 वस्तुओं तक हो गयी।

इस समय 836 वस्तुएँ केवल लघु उद्योग क्षेत्र में उत्पादन के लिए आरक्षित है। लघु उद्योग क्षेत्र के लिए आरक्षित 836 वस्तुओं की सूची Annexure-I में दी जा रही है। लेकिन सूची में क्र॰सं॰ 807 वस्तुओं को दर्शाया गया है। इस सूची में संशोधन के समय कुछ वस्तुएं हटायी गयी है जिन्हें Deleted दर्शाया गया है तथा कुछ वस्तुओं को उनके सम्बन्धित उत्पादों के साथ जोड़ा गया है लेकिन उनकी क्रम संख्या वही रखते हुए क्रम संख्या के साथ A, B, C, इत्यादि लिख दिया गया है। इस प्रकार संशोधित सूची में कुल क्रम संख्या 807 है लेकिन हटायी गयी व जोड़ी गई वस्तुओं के पश्चात् वास्तव में सूची कुल 836 वस्तुओं की है।

2

औद्योगिक नीति (Industrial Policy)

2.1 प्रस्तावना (Introduction)

मानव सभ्यता एवं संस्कृति के इतिहास से स्पष्ट है कि विकास के साथ मनुष्य के स्वभाव में भी परिवर्तन होता रहा है। इस परिवर्तन के दौर में भी हर युग की आवश्यकताओं, सामाजिक, राजनैतिक व्यवस्थाओं, ज्ञान– विज्ञान की स्थितियों के विकास ने औद्योगिकी के नूतन आयामों का विकास किया। बढ़ते हुए औद्योगिक विकास का सामाजिक व आर्थिक व्यवस्थाओं पर काफी महत्वपूर्ण प्रभाव पड़ने लगा, तब यह महसूस किया कि समुचित औद्योगिक विकास के लिए एक विशिष्ट नीति तैयार की जानी चाहिए, इस प्रकार औद्योगिक नीति का प्रादुर्भाव हुआ। हर राष्ट्र अपने सर्वांगीण विकास हेतु अथक् प्रयत्न कर रहा है और विकसित एवं विकासशील देशों में सरकार की औद्योगिक नीति न केवल औद्योगिक विकास के लिए आवश्यक उपकरण व मूलभूत सुविधायें उपलब्ध कराती है बल्कि उन आयामों को भी निर्धारित करती है जिन पर समुदाय की समृद्धि निर्भर करती है। वस्तुतः औद्योगिक नीति उद्योगों से सम्बन्धित सिद्धांतों, निर्णयों, पद्धतियों, नियमों व विनियमों का ब्यौरा है जिसे औद्योगिक विकास की दिशाओं व आयामों को निर्धारित करने हेतु अपनाया जाता है।

2.2 औद्योगिक नति का महत्व (Importance of Industrial Policy)

औद्योगिक नीति प्रत्येक देश की अर्थ–व्यवस्था की रीढ़ होती है, जिस पर देश का भावी विकास निर्भर करता है। उचित औद्योगिक नीति अपनाने से ही प्रगतिशील अर्थव्यवस्था, देश की आवश्यकताओं के अनुसार उत्पादन, सामाजिक उत्थान, विदेशी मुद्रा अर्जन आदि का लाभ होता है तथा देश का चहुमुखी विकास होता है। एक सुनिश्चित औद्योगिक नीति के अभाव में असंतुलित विकास, क्षेत्रीय असमानतायें, उद्योगों का असमान विकास, अनावश्यक प्रतिस्पर्धा, लघु उद्योगों का विकास रुकना तथा देश के सीमित साधनों का अपव्यय जैसी

अनेक समस्यायें उत्पन्न हो जाती है। अतः विकासशील देशों में औद्योगिक नीति ही सबसे बड़ा आधार है जो कि देश की स्पंदनशील विकास की गति को तेजी से उभारकर विकसित राष्ट्रों की श्रेणी की ओर अग्रसर कर सकती है।

2.3 स्वतंत्रता पूर्व की औद्योगिक नीति (Industrial Policy before Independence)

स्वतंत्रता प्राप्ति के पूर्व देश का आर्थिक विकास अंग्रेजी शासकों के हाथ में था जिन्होंने देश के औद्योगिक विकास के लिए न तो प्रयास किया और न ही कोई विशेष योजना बनाई। दासता के कारण भारत कच्चे माल का निर्यातकर्ता एवं ब्रिटेन में निर्मित माल का आयातकर्ता बना रहा। प्रथम विश्व युद्ध के पश्चात् लार्ड कर्जन ने भारतीय उद्योगों को प्रोत्साहन देने के लिए सन् 1906 में उद्योग विभाग खोला। सन् 1919 में भारतीय संविधान में कुछ संशोधन किये गये, उनके अनुसार उद्योगों के विकास के लिए कुछ सहायतायें देना तय हुआ जिनमें मुख्यतः आयुध कारखानें, रेलों एवं जन उपयोगिताओ के अलावा राष्ट्रीय महत्व के उद्योगों का राष्ट्रीयकरण करना, महत्वपूर्ण उद्योगों को ऋण व पूंजी प्रदान करना, भारतीय औद्योगिक उत्पादन को क्रय करना एवं औद्योगिक आवश्यकताओं की वस्तुओं को विदेशों से मंगाने की व्यवस्था करना आदि।

2.4 स्वतंत्र भारत की औद्योगिक नीतियाँ (Industrial Policies of Independent India)

स्वतंत्रता के पश्चात् प्रमुख औद्योगिक नीतियाँ 1948, 1956, 1973, 1977 व 1991 में घोषित की गई। स्वतंत्र भारत की प्रथम नीति की मुख्य विशेषतायें निम्न हैं :–

1. उद्योगों का वर्गीकरण –
   - (क) सरकार का एकाधिकार क्षेत्र
   - (ख) आधारभूत उद्योग क्षेत्र
   - (ग) सरकार द्वारा नियंत्रित क्षेत्र
   - (घ) पूर्णतया निजी क्षेत्र
2. विदेशी पूंजी नियमन
3. कुटीर एवं लघु उद्योगों का विकास
4. श्रम प्रबन्ध संबंध
5. कर प्रणाली

सन् 1956 में पूर्व घोषित औद्योगिक नीति में राष्ट्र के विकास को मद्देनजर रखते हुए परिवर्तन किये गये। इस औद्योगिक नीति की विशेषतायें निम्न हैं :–

1. उद्योगों का वर्गीकरण –
   - (क) सरकारी क्षेत्र
   - (ख) मिश्रित क्षेत्र
   - (ग) निजी क्षेत्र

2. मान्यता एवं प्रोत्साहन
3. सहकारिता एवं सहयोग का सिद्धान्त
4. ग्राम्य, कुटीर एवं लघु उद्योगों को प्रोत्साहन
5. सन्तुलित आर्थिक विकास
6. औद्योगिक एवं तकनीकी शिक्षा
7. औद्योगिक श्रम संबंधी नीति।

सन् 1973 में तत्कालीन सरकार ने औद्योगिक लाइसेंस नीति लागू करते हुए पूर्व घोषित नीति का ही समर्थन किया। इस औद्योगिक नीति की मुख्य विशेषतायें निम्न है। –

1. 1956 में घोषित नीति में उल्लेखित 16 उद्योगों को सार्वजनिक क्षेत्र में रखने एवं उनमें विनियोजन पर बल दिया।
2. वृहत् औद्योगिक घरानों पर प्रभावी नियंत्रण हेतु प्रभावी उपाय।
3. लाईसेंस लेने की छूट, जिन उपक्रमों की सम्पत्ति एक करोड रु॰ तक है या इसस कम है।
4. लघु क्षेत्रों एवं सहकारी क्षेत्रों की इकाइयों को बड़े घरानों एवं विदेशी उपक्रमों के मुकाबलें प्राथमिकता पर बल।
5. आर्थिक संकेन्द्रण की रोकथाम हेतु उपाय।

आपात काल के समय में नियम व व्यवस्थायें कड़ी होने के पश्चात् भी औद्योगिक क्षेत्र में निश्चित लक्ष्यों को प्राप्त नहीं किया जा सका। सन् 1977 में सत्ता परिवर्तन के साथ ही औद्योगिक नीति में भी परिवर्तन किया गया, जिसके मुख्य बिन्दु निम्न है –

1. गाँवों का चहुंमुखी विकास,
2. स्थानीय बेरोजगारों को रोजगार,
3. कुटीर एवं लघु उद्योगों को बढ़ावा,
4. पिछड़े क्षेत्रों का विकास,
5. बहुत छोटे (Tiny) सेक्टर की स्थापना,
6. साख का प्रबन्ध,
7. विपणन प्रबन्ध एवं सहयोग,
8. खादी एवं ग्रामीण उद्योगों का विकास,
9. उच्च स्तर तकनीकी को प्रोत्साहन,
10. मध्यम व वृहत् उद्योगों से लघु व कुटीर – उद्योगों को संरक्षण,
11. श्रम प्रधान उद्योगों को प्रोत्साहन,
12. वृहत् औद्योगिक गृहों पर नये विधान,
13. स्वदेशी प्रौद्योगिकी को प्रोत्साहन,
14. विदेशी नियोजन सीमा 40% तक,
15. नई लाईसेंसिंग नीति आदि।

2.5 नई औद्योगिक नीति (New Industrial Policy)

औद्योगिक विकास दर को बढ़ाने व आर्थिक सुदृढ़ता हेतु केन्द्रीय सरकार ने 1991 में नई औद्योगिक नीति की घोषणा की जिसकी मुख्य विशेषतायें निम्न है :–

1. वर्णित 15 उद्योगों के अतिरिक्त लाइसेंस की आवश्यकता नहीं,
2. DGTD पंजीकरण समाप्त,
3. 10 लाख से कम जनसंख्या वाले शहरों में लाइसेंस वाले उद्योगों के अतिरिक्त अन्य उद्योगों के लिए सरकार से अनुमति आवश्यक नहीं,
4. निजी, सार्वजनिक एवं मिश्रित क्षेत्रों की सीमायें समाप्त, सार्वजनिक क्षेत्र भी अन्य उद्योग क्षेत्र में प्रवेश कर सकेंगे,
5. विदेशी पूंजी विनियोजन को महत्त्व,
6. विदेशी केपीटल गुडस आयात सरलीकरण,
7. विशिष्ट उद्योगों में विदेशी पूंजी विनियोजन सीमा 51%,
8. उच्च प्राथमिकता वाले उद्योगों में तकनीकी हस्तांतरण स्वतः अनुमोदन,
9. विदेशी कुशल कारीगर लाने पर प्रतिबन्ध नहीं,
10. MRTP कानून में परिवर्तन।

नई औद्योगिक नीति के तहत सभी औद्योगिक लाइसेंसों को निवेश स्तर पर बिना विचार किये समाप्त कर दिया गया है जिनमें 15 उद्योगों की संक्षिप्त सूची शामिल नहीं है, जो सुरक्षा तथा सामरिक महत्त्व, सामाजिक कारणों, सुरक्षा तथा पर्यावरण संबंधी मुद्दों, खतरनाक किस्म के उत्पादों का विनिर्माण एवं उच्च वर्ग के उपभोग की वस्तुओं से संबंधित है। लाइसेसीकरण की यह छूट मौजूदा एककों के सभी पर्याप्त विस्तारों पर भी लागू है। अनिवार्य लाइसेंसीकरण के तहत न आने वाले किसी मद के विनिर्माण के लिए उद्यमी को औद्योगिक स्वीकृति सूचना भेजनी होती है। सभी प्रकार के पंजीकरण, छूट प्राप्त उद्योग पंजीकरण, डी॰जी॰टी॰डी॰ पंजीकरण आदि समाप्त कर दिये गये हैं। स्थापना स्थल संबंधी नीति में दस लाख से अधिक जनसंख्या वाले शहरों को छोड़कर अन्य स्थलों के लिए सरकार से औद्योगिक स्वीकृति लेने की जरुरत नहीं है, किन्तु इसमें वे उद्योग शामिल नहीं है जिनके लिए लाइसेंस लेना अनिवार्य है। दस लाख से अधिक जनसंख्या वाले शहरों से 25 कि॰मी॰ परिधि के बाहर गैर–प्रदूषणकारी उद्योग लगाये जा सकते है जैसे इलेक्ट्रोनिक्स, कंप्यूटर साफ्टवेयर, मुद्रण उद्योग आदि। औद्योगिक स्थापना स्थलों के लिए क्षेत्र एवं भूमि प्रयोग विनिमय तथा पर्यावरण संबंधी कानून लागू रहेंगे।

2.6 विदेशी निवेश व प्रौद्योगिकी (Foreign Investment and Technology)

नई औद्योगिक नीति से विदेश निवेश व प्रौद्योगिकी करार से संबंधित प्रावधान एवं नियम काफी सरल व उदार हो गये है। अब भारतीय रिजर्व बैंक उच्च प्राथमिकता वाले उद्योगों के मामले में तथा मुख्य रूप से निर्यात करने वाले उद्योगों में विदेशी निवेश 51% इक्विटी के लिए मंजूरी दे सकता है। कुल एक करोड़ रुपये तक के भुगतान वाले विदेशी प्रौद्योगिकी करारो, घरेलू बिक्री हेतु 5% रॉयलटी और 8% निर्यात के लिए भी भारतीय रिजर्व बैंक स्वतः अनुमति प्रदान करेगा। विदेशी कामगारों को किराये पर लाने एवं स्वदेश में प्रौद्योगिकी के विदेशी परीक्षण हेतु कोई पूर्व अनुमति लेने की आवश्यकता नहीं है। विदेशी निवेश संवर्धन बोर्ड के नाम से ज्ञात एक विशेष अधिकार प्राप्त बोर्ड का गठन बड़ी अन्तर्राष्ट्रीय फर्मों के साथ बातचीत करने व चुनिंदा क्षेत्रों में सीधे विदेशी निवेश को स्वीकृति देने हेतु किया गया है।

2.7 एम॰आर॰टी॰पी॰ अधिनियम (M.R.T.P. Act)

भारत में उद्योगों के लिए प्राकृतिक एवं मानवीय संसाधनों की प्रचुरता है लेकिन उद्योगों का विकास इन गिने साहसी सक्षम उद्यमियों द्वारा हुआ है। उन्होंने अपने अनुभव, योग्यता एवं दक्षता के आधार पर औद्योगिक जगत पर अपना स्वामित्व व नियंत्रण कर लिया है, जिसके फलस्वरूप आर्थिक सत्ता जनसंख्या के एक बहुत छोटे हिस्से के हाथों केन्द्रित हो गई है। जिसका अध्ययन 1964 में एकाधिकार जाँच आयोग द्वारा किया गया। जाँच आयोग की सिफारिशों को ध्यान में रखने हेतु सरकार ने "एकाधिकार एवं प्रतिबन्धात्मक व्यापार व्यवहार अधिनियम, 1969" (MRTP Act, 1969) पारित किया जो कि 1 जून, 1970 से लागू हुआ। अधिनियम की मुख्य बातें निम्न है –

1. अधिनियम के उद्देश्य
2. एकाधिकार एवं प्रतिबन्धात्मक व्यापार व्यवहारों में भेद
3. एकाधिकार एवं प्रतिबन्धात्मक व्यापार व्यवहार आयोग की स्थापना
4. प्रतिबन्धात्मक व्यापार व्यवहार रजिस्ट्रार एवं जाँच निर्देशकों की नियुक्ति
5. एकाधिकार व्यापार पद्धतियों का नियंत्रण
6. आर्थिक सत्ता के केन्द्रीयकरण पर प्रतिबन्ध
7. संचालकों की नियुक्ति पर प्रतिबन्ध आदि

सन् 1991 में घोषित औद्योगिक नीति के तहत एम॰आर॰टी॰पी॰ उद्योगों की परिसंपत्तियों के संबंध में और भारत में प्रभुत्व सम्पन्न उपक्रमों से सम्बद्ध सीमाओं

को समाप्त कर दिया गया है। इससे भारतीय उद्योग के विनिमयों से मुक्त हो जाने की आशा है जिनसे इनका पर्याप्त विस्तार पहले नियंत्रित होता था। अब एम॰आर॰टी॰पी॰ अधिनियम के तहत सरकार से नये उपक्रमों, विस्तार कार्यो, विलयन, समामेलन, अधिग्रहण तथा निदेशकों की नियुक्ति आदि के लिए कोई पूर्व अनुमति लेने की आवश्यकता नहीं है।

2.8 उद्योगों की सूची जिनके लिए औद्योगिक लाइसेंस लेना अनिवार्य होगा (List of Industries in respect of which licensing is compulsory)

1. कोयला तथा लिग्नाइट
2. पेट्रोलियम (कच्चे तेल के अलावा) तथा इसके आसवन पदार्थ
3. मादक पेयों का आसवन एवं यवासवन (Distillation & Brewing)
4. चीनी
5. पशु चर्बी तथा तेल
6. तम्बाकू के सिगार एवं सिगरेटें तथा विनिर्मित तम्बाकू प्रतिस्थापन
7. एस्बेस्ट्स एवं एस्बेस्ट्स पर आधारित उत्पाद
8. प्लाईवुड, डेकोरेटिव विनियर्स तथा लकड़ी पर आधारित अन्य उत्पाद जैसे कि पार्टिकिल बोर्ड, मीडियम डेन्सिटी फायबर बोर्ड, ब्लोक बोर्ड
9. रंगीन तथा प्रसाधित बाल वाली खाल (फरस्किन)
10. खोई पर आधारित एक को को छोड़कर कागज तथा अखबारी कागज
11. इलेक्ट्रॉनिक एयरोस्पेस तथा रक्षा उपकरण, सभी प्रकार के
12. डिटोनेटिंग फ्युज, सेफ्टी फ्युज़, गन पाउडर, नाइट्रोसेल्यूलोज तथा माचिसों सहित औद्योगिक विस्फोटक सामग्री
13. खतरनाक रसायन
14. औषध एवं भेषज (औषध नीति के अनुसार)
15. मनोरंजन हेतु इलेक्ट्रोनिक्स (वी॰सी॰आर॰, कूलर टी॰वी॰, सी॰डी॰ प्लेयर्स, टेप रिकाडर्स)

नोट : आई॰टी॰सी॰ (एच॰एस॰) वर्गीकरण पर आधारित विस्तृत मदों के लिए कृपया भारत के राजपत्र (ई) भाग–2, खंड–3, उप–खंड (ii) दिनांक 25 जुलाई, 1991 में प्रकाशित अधिसूचना सं॰ का॰आ॰ 477 (ई) की अनुसूची – 2 देखे)

2.9 सरकारी क्षेत्र के लिए आरक्षित उद्योगों की सूची (List of Industries reserved for the public sector)

1. आयुध और गोला बारुद और रक्षा उपस्कर की सहबद्ध (Allied) मद, रक्षा वायुयान तथा युद्धपोत।
2. परमाणु शक्ति।
3. कोयला और लिग्नाइट
4. खनिज तेल।
5. लोह अयस्क, मैगनीज अयस्क, क्रोम अयस्क, जिप्सम, गंधक, स्वर्ण और हीरे का खनन।
6. तांबे, सीसे, जस्ता, टिन, मोलिबडेनम और वुलफ्रेम का खनन।
7. परमाणु शक्ति (उत्पादन का नियंत्रण और उपयोग), आदेश 1953 की अनुसूची में विनिर्दिष्ट, खनिज।
8. रेल परिवहन।

2.10 विदेशी प्रौद्योगिकी समझौतों के स्वतः अनुमोदन और 51% विदेशी इक्विटी अनुमोदनों के लिए उद्योगों की सूची (List of industries for automatic approval of Foreign Technology Agreement and for 51% Foreign equity approval)

1. धातुकर्म उद्योग
2. बॉयलर और वाष्प उत्पादन संयंत्र
3. मूल गति उत्पादक (Prime movers) (वैद्युत उत्पादकों से भिन्न)
4. वैद्युत उपकरण।
5. परिवहन
6. औद्योगिक मशीनरी
7. मशीनरी औजार और औद्योगिक रोबोटस तथा उनके कंट्रोल एवं सहायक सामान
8. कृषि मशीनरी
9. अर्थ मूविंग मशीनें
10. औद्योगिक औजार
11. वैज्ञानिक तथा इलैक्ट्रोमेडिकल औजार और प्रयोगशाला उपकरण
12. नाइट्रोजीनस तथा फास्फेटिक उर्वरक

13. रसायन (उर्वरकों के अतिरिक्त)
14. औषध एवं भेषज (औषध नीति के अनुसार)
15. कागज उत्पाद सहित कागज और लुगदी
16. मोटर गाड़ी टायर ट्यूब
17. प्लेट ग्लास
18. सरेमिक
19. सीमेंट उत्पाद
20. हाई टेक्नोलॉजी रिप्रोडक्शन और मल्टीप्लीकेशन इक्विपमेंट
21. कार्बन तथा कार्बन उत्पाद
22. प्रीटेंशन हाई प्रेशर आर.सी.सी. पाइप
23. रबड़ मशीनरी
24. प्रिंटिंग मशीनरी।
25. वेल्डिंग माइल्ड स्टील के अतिरिक्त वेल्डिंग इलैक्ट्रोड्स।
26. औद्योगिक सिंथेटिक डायमंडस
27. फोटोसिंथेसिस इम्प्रूवर्स
28. गौण तेलों का निस्तारण एवं उन्नयन (Extraction and upgrading)
29. पूर्व–निर्मित भवन निमाण सामग्री
30. सोया उत्पाद
31. प्रमाणीकृत उच्च उपज देने वाले संकर बीज तथा कृतिक बीज (Synthetic Seeds)
32. लघु उद्योग क्षेत्र के लिए आरक्षित मदों को छोड़कर मिल्क फूड, माल्टिड फूड तथा फ्लोर के सिवाय सभी खाद्य प्रसंस्करण (Processing) उद्योग।
33. लघु उद्योग क्षेत्र के लिए आरक्षित मदों को छोडकर खाद्य प्रसंस्करण उद्योग के पैकेजिंग हेतु सभी मदें
34. होटल तथा पर्यटन सम्बन्धी उद्योग

नोट : आई.टी.सी. (एच.एस.) वर्गीकरण पर आधारित विस्तृत मदों के लिए औद्योगिक विकास विभाग के प्रेस नोट सं. 10 (1991 श्रृंखला) दिनांक 14 अगस्त, 1991 का अनुबंध 111 देखें)।

3

उद्यमियों सहायतार्थ संगठन
(Entrepreneurial Support Institutions)

उद्यमियों के सहायतार्थ केन्द्रीय तथा राज्य स्तर पर निम्न संगठन कार्यरत है। इन संगठनों के पते इस पुस्तक के **Annexure-III** में दिये गये हैं।

3.1 केन्द्रीय स्तर के संगठन (Central Level Organisations)

1. अखिल भारतीय लघु उद्योग बोर्ड **(A.I.S.I.B.)**
2. लघु उद्योग एवं कृषि तथा ग्रामीण उद्योग विभाग **(SSI and ARI)**
3. लघु उद्योग विकास संगठन **(S.I.D.O.)**
4. लघु उद्योग सेवा संस्थान **(S.I.S.I.)**
5. राष्ट्रीय लघु उद्योग निगम लिमिटेड **(N.S.I.C.)**
6. मुख्य नियंत्रक आयात व निर्यात
7. भारतीय राज्य व्यापार निगम लिमिटेड **(S.T.C.)**
8. भारतीय खनिज व धातु व्यापार निगम **(M.M.T.C.)**
9. राष्ट्रीय अनुसंधान एवं विकास निगम **(N.R.D.C.)**
10. आविष्कार प्रोत्साहन बोर्ड
11. राष्ट्रीय लघु उद्योग विस्तार प्रशिक्षण संस्थान **(N.I.S.I.E.T.)**
12. राष्ट्रीय उद्यमिता एवं लघु व्यवसाय विकास संस्थान **(N.I.S.B.D.)**
13. एक्सपोर्ट प्रोमोशन कौंसिल
14. निर्यात ऋण गारंटी निगम
15. राष्ट्रीयकृत, वाणिज्यिक तथा सहकारी बैंक
16. भारतीय लघु उद्योग मंडल संघ

17. खादी एवं ग्रामोद्योग आयोग (K.V.I.C.)

18. अखिल भारतीय हस्तशिल्प बोर्ड

केन्द्रीय स्तर के संगठन (Central Level Organisations)

लघु उद्योगों के विकास की मुख्य जिम्मेदारी राज्य सरकारों की है लेकिन लघु उद्योगों के विकास से सम्बन्धित कार्यक्रम में कई बिन्दु ऐसे है जो कि अखिल भारतीय प्रकृति के है जिन्हें राष्ट्रीय स्तर पर समझा जा सकता है और समस्याओं के समाधान के लिए जिस स्तर पर प्रयत्न करने की आवश्यकता है उसे मध्य–नजर रखते हुए देश में लघु उद्योगों के विकास की आयोजन तथा समन्वय की जिम्मेदारी केन्द्रीय सरकार ने अपने पास रखने का निश्चय किया ताकि लघु उद्योगों का यथोचित विकास पूरे देश में हो सके। इनके विकास के लिए एक–सी नीति अपनाई जावे ताकि ये उद्योग रोजगारोन्मुखी होकर देश के विकास में अग्रणी भूमिका निभा सकें। अतः केन्द्रीय सरकार ने लघु उद्योगों की सहायता हेतु निम्न संगठन स्थापित किये है।

3.1.1 अखिल भारतीय लघु उद्योग बोर्ड (All India Small Scale Industries Board, A.I.S.I.B.)

अखिल भारतीय लघु उद्योग बोर्ड की स्थापना 1954 में एक सलाहकार समिति के रूप में हुई थी जिसका कार्य लघु उद्योगों के विकास हेतु नीतियों तथा कार्यक्रम तय करना है। इस बोर्ड के अध्यक्ष केन्द्रीय उद्योग मंत्री होते हैं तथा बोर्ड निम्न प्रतिनिधियों द्वारा गठित होता है –

(i) केन्द्रीय सरकार के प्रतिनिधि

(ii) राज्य सरकारों के प्रतिनिधि

(iii) भारतीय रिजर्व बैंक तथा भारतीय स्टेट बैंक के प्रतिनिधि

(iv) विभिन्न संस्थाओं के प्रतिनिधि जैसे राष्ट्रीय लघु उद्योग निगम, राज्य वित्त निगम, राज्यों के लघु उद्योग बोर्ड आदि

(v) भारतीय लघु उद्योग मंडल संघ (Federation of Associations of Small Industries of India) के प्रतिनिधि तथा

(vi) अराजकीय सदस्य जैसे लोक सभा सदस्य, व्यापार, उद्योग तथा अन्य सम्बन्धित प्रतिनिधि।

साधारणतया बोर्ड की अर्द्ध वार्षिक बैठक भिन्न–भिन्न राज्यों में क्रमानुसार होती है। इससे बोर्ड के सदस्यों का ध्यान उद्योगों की महत्त्वपूर्ण समस्याओं की तरफ आकर्षित होता है, क्रियान्वयन की प्रगति पर विचार करते है तथा लघु

उद्योग क्षेत्र के विकास के लिए नये दिशा निर्देश तैयार करते हैं। साथ ही उन्हें प्रत्येक राज्य में हो रहे उद्योगों के विकास के बारे में सीधी तथा स्पष्ट जानकारी मिलती है। यद्यपि इस बोर्ड का कार्य सलाहकार के रुप में है लेकिन सरकार इसकी अनुशंसाओं को अत्यधिक महत्व देती है।

3.1.2 लघु उद्योग एवं कृषि तथा ग्रामीण उद्योग विभाग (Department of Small Scale Industries and Agro and Rural Industries, SSI & ARI)

लघु उद्योग एवं कृषि तथ ग्रामीण उद्योग विभाग की स्थापना भारत सरकार के उद्योग मंत्रालय के तहत जनवरी 1990 में की गई। यह विभाग लघु, खादी, ग्रामीण एवं कोयर उद्योगों के नीति निर्धारण, विकास, उन्नयन तथा सुरक्षा हेतु नोडल एजेंसी के रूप में कार्य कर रहा है।

देश में इन उद्योगों का सकल उत्पादन तथा रोजगार प्रदान करने में अधिक से अधिक हिस्सा रहे इसके लिए प्रभावी कदम उठाये गये हैं। यह विभाग लघु तथा ग्रामीण उद्योगों के उत्थान हेतु लगातार विभिन्न कार्यक्रम बना रहा है। नई औद्योगिक नीति के उद्देश्यों को प्राप्त करने के लिए विभाग ने कई कदम उठाये हैं। विभाग की विकास नीतियों को संबंधित कार्यालयों तथा संगठनों के मार्फत क्रियान्वित किया जा रहा है, जिनमें लघु उद्योग विकास संगठन (SIDO), खादी एवं ग्रामीण उद्योग आयोग (KVIC), राष्ट्रीय लघु उद्योग निगन (NSIC) तथा कोयर बोर्ड सम्मिलित है। नीतियों के क्रियान्वयन तथा विभिन्न सुविधाओं के विस्तार हेतु इन कार्यालयों एवं संगठनों के कार्यालयों तथा संस्थाओं का जाल पूरे देश में फैला हुआ है। इन संगठनों की विस्तृत जानकारी आगे दी जा रही है।

3.1.3 लघु उद्योग विकास संगठन (Small Industries Development Organisation, S.I.D.O.)

लघु उद्योगों के विकास हेतु भारत सरकार की नीतियों व कार्यक्रमों को क्रियान्वित करने के लिए उद्योग मंत्रालय के तहत राष्ट्रीय स्तर पर इस संगठन की स्थापना 1954 में की गई थी। यह संगठन राज्य सरकारों तथा लघु उद्योग विकास संबंधी केन्द्रीय व राज्य स्तर के विभिन्न संगठनों व संस्थाओं से निकट सम्पर्क रखता है। विभिन्न राज्यों में स्थित लघु उद्योग सेवा संस्थान (S.I.S.I.), शाखा विस्तार केन्द्र तथा उत्पादन केन्द्र इसी संगठन के तहत कार्य करते हैं।

इस संगठन के प्रमुख 'विकास आयुक्त (Development Commissioner) लघु उद्योग' है व अलग–अलग कार्यो हेतु संयुक्त निदेशक, उप निदेशक, सहायक निदेशक तथा कनिष्ट फील्ड अधिकारी है। इसका कार्यालय

औद्योगिक विकास तथा विज्ञान एवम् प्रौद्योगिकी मंत्रालय, भारत सरकार, नई दिल्ली में है।

इस संगठन के मुख्य कार्य निम्न है :–

(i) लघु उद्योगों के विकास के लिए अखिल भारतीय नीति निर्धारण करना व योजना बनाना।

(ii) राज्य सरकारों के नीतियों व कार्यक्रमों का समन्वय करना।

(iii) लघु उद्योग सम्बन्धी विभिन्न संस्थानों, राज्य व केन्द्रीय मंत्रिमंडल, योजना आयोग, भारतीय रिजर्व बैंक तथा वित्तीय संस्थानों में समनवय स्थापित करना।

(iv) बड़े लघु उद्योगों के विकास में समन्वय करना।

(v) पूरे देश में औद्योगिक ऐस्टेटों तथा सहायक उद्योगों के विकास कार्यक्रम में समन्वय करना।

(vi) पिछड़े क्षेत्रों तथा ग्रामीण क्षेत्रों के विकास व प्रशिक्षण कार्यक्रमों की योजनायें लागू करना।

(vii) विशेष चयनित उद्योगों के उत्पादन कार्यक्रमों की स्वीकृति प्रदान करना।

(viii) स्वदेशी तथा आयातित कच्चे माल की आवश्यकता की गणना करना तथा व्यवस्था करना।

(ix) लघु उद्योग क्षेत्र में उत्पादन के लिऐ कुछ उत्पादों को आरक्षित करना।

(x) विभिन्न आयातित वस्तुओं का देश में उत्पादन करने हेतु विधियों का निर्माण, प्रचलन व प्रशिक्षण का कार्य करना।

(xi) उद्यमियों के लिए अपनी योजना, प्रोजेक्ट रिपोर्ट तथा अन्य तकनीकी साहित्य तैयार करना।

(xii) लघु उद्योगों के विस्तार व उत्पादिता बढ़ाने हेतु तकनीकी आर्थिक एवं प्रबन्धकीय सलाह प्रदान करना, विपणन में सहायता करना, सरकारी क्रय कार्यक्रमों में भाग लेने के सम्बन्ध में मार्ग दर्शन तथा प्रशिक्षण की व्यवस्था करना।

यह संगठन देश में फैले लघु उद्योग सेवा संस्थानों के द्वारा विस्तृत प्रशिक्षण देने के अपने व्यापक कार्यक्रम के माध्यम से उद्यमी तैयार करने का कार्यक्रम संचालित कर रहा है।

महिला उद्यमियों के सम्मुख आने वाली विशेष समस्याओं को हल करने के लिए सीडो के कार्यक्रम में एक महिला प्रकोष्ठ कार्य कर रहा है। यह प्रकोष्ठ

(cell) महिला उद्यमियों से प्राप्त होने वाले अभ्यावेदनों (representations) पर कार्यवाही करता है और सम्पर्क (liaison) सहायता प्रदान करता है।

सीडो लघु उद्योग को कच्चे माल की आपूर्ति को उच्च प्राथमिकता देता है तथा कच्चा माल आपूर्तिकर्ताओं जैसे मुख्य उत्पादकों, पथ प्रदर्शकों, ऐजेंसियों जैसे एम॰एम॰टी॰सी॰ आदि राज्य स्तर पर कार्यरत निगमों ओर राज्य उद्योग निदेशकों से निकट सम्पर्क रखता है। सीडो अपने नेटवर्क के माध्यम से राज्य उद्योग निदेशकों को लघु उद्योग द्वारा अपेक्षित कच्चे माल का अनुमान तैयार करने में सहायता करता है।

लघु उद्योग विकास संगठन देश भर में स्थित अपने क्षेत्रीय कार्यालयों के माध्यम से विपणन सम्बन्धी सलाह और लघु उद्योग क्षेत्र से सम्बन्धित सूचनाओं के प्रसार के माध्यम से लघु इकाईयों को विपणन सहायता उपलब्ध कराता है। सीडो विपणन कार्यक्रम के अधीन निम्नलिखित योजनाएं कार्यान्वित करता है :–

(i) श्रेष्ठ उत्पादों के लिए राष्ट्रीय पुरस्कार – यह योजना 1986 में प्रारंभ की गई थी। इस योजना के अधीन चुनिंदा उद्योग उत्पादन समूहों में होने वाले उत्कृष्ट माल के उत्पादन की मान्यता के लिए लघु उद्योग इकाइयों को पुरस्कार दिये जाते हैं। इसमें ट्राफी और सम्मान पत्र के साथ प्रथम पुरस्कार 15,000 रुपये तथा द्वितीय पुरस्कार 10,000 रुपये नकद दिये जाते हैं।

(ii) केन्द्र सरकार भण्डार खरीद कार्यक्रम – लघु क्षेत्र से सरकार द्वारा की जाने वाली खरीददारी में वृद्धि करने के लिए डी॰जी॰एस॰ एण्ड डी॰ द्वारा केन्द्र सरकारी खरीद कार्यक्रम प्रारंभ किया गया था। जिसके तहत वर्तमान में 409 मदें केवल लघु उद्योग इकाइयों से ही प्राप्त करने के लिए आरक्षित है। इस सूची में और अधिक वस्तुओं को शामिल करने के प्रयास किये जा रहे हैं।

लघु उद्योग विकास संगठन देश में लघु उ़द्योगों के विकास के लिए एक नोडल एजेंसी है। पिछले दो दशकों में इसने अन्य विकासशील देशों को उनके औद्योगिक विकास में भी सहायता दी है। अन्तर्राष्ट्रीय सहयोग के क्षेत्र में सीडो के कार्यों की विशेषतायें इस प्रकार है :

विदेशों से दौरा करने वाले प्रतिनिधि मंडल को सीडो और अन्य सहयोगी अभिकरणों द्वारा लघु उद्योगों को दी जा रही सुविधाओं के विषय में नवीनतम जानकारी देने के उद्देश्य से अवस्थिति दौरौ (Exposure visits) का आयोजन किया गया।

सीडो ने लघु उद्योगों के निर्यात उन्नयन एवं विपणन को बढ़ावा देने हेतु लीपजिंग, जर्मनी में 16–22 मार्च, 1991 तक आयोजित लीपजिग स्प्रिंग फेयर तथा अक्टूबर, 1992 में आयोजित बुखारेस्ट इंटरनेशनल फेयर, बुखारेस्ट व मलेशिया इंटरनेशनल फेयर, मलेशिया में हिस्सा लिया। इन अन्तर्राष्ट्रीय प्रदर्शनियों में भाग लेने के अलावा देश के विभिन्न भागों में आयोजित अनेक

प्रदर्शनियों में लघु उद्योगों का भाग लेने का कार्यक्रम सीडो ने आयोजित किया। इन प्रदर्शनियों में भाग लेने का आयोजन लघु उद्योग क्षेत्र के सहायतार्थ उन्हें बिना खर्च वहन किये उनके उत्पादों को प्रदर्शित करने के लिए दिया गया।

सीडो का प्रकाशन विभाग अपने आवधिक और गैर–आवधिक प्रकाशनों जिनमें पुस्तिकाएं, बुकलेटस तथा फोल्डरस हैं के माध्यम से लघु उद्योग क्षेत्र विशेषतया ग्रामीण एवं पिछड़े क्षेत्र में विद्यमान और भावी उद्यमियों को सरकार की नीतियों और कार्यक्रमों, प्रोत्साहनों और रियायतों, संस्थानिक सहायता और सुविधाओं के विषय में जानकारी उपलब्ध कराता है। सीडो की मासिक पत्रिका "लघु उद्योग समाचार" लाभदायक तकनीकी तथा सूचनाप्रद सामग्री उपलब्ध कराता है। तीन खण्डों में अंग्रेजी और हिन्दी में प्रकाशित प्रोजेक्ट प्रोफाइल सीडो के अन्य महत्वपूर्ण प्रकाशन है।

3.1.4 लघु उद्योग सेवा संस्थान (Small Industries Service Institute, S.I.S.I.)

लघु उद्योग विकास संगठन (S.I.D.O.) के अन्तर्गत 28 लघु उद्योग सेवा संस्थान, 31 शाखा लघु उद्योग सेवा संस्थान, 6 विस्तार केन्द्र, 4 संभागीय परीक्षण केन्द्र, 15 फील्ड परीक्षण स्टेशन, 2 फुटवियर प्रशिक्षण केन्द्र तथा 4 उत्पादन केन्द्र कार्यरत हैं। इन संस्थानों के पते Annexure-III में दिये हुवे हैं।

लघु उद्योग विकास संगठन अपने लघु उद्योग सेवा संस्थानों के माध्यम से औद्योगिक विस्तार सेवा (Industries Extension Service) की व्यवस्था कर रहा है। औद्योगिक विस्तार सेवा की स्थापना लघु उद्योगों को सेवा तथा परामर्श सम्बन्धी सेवाओं की व्यवस्था करने हेतु की गई है। इसका प्रयोजन उन्नत तकनीक, आर्थिक तथा प्रबन्धकीय विधियों की जानकारी प्रदान करना है ताकि लघु उद्योग इनका अधिकाधिक उपयोग कर सकें। अधिकतर लघु उद्योग ऐसी स्थिति में नहीं होते कि वे योग्यता प्राप्त इंजीनियर व प्रबन्धक नियुक्त कर सकें। अतः परामर्शदाता रखने का तो प्रश्न ही नहीं उठता, जबकि बड़े उद्योगों के पास यह सभी सुविधायें उपलब्ध होती है। लघु उद्योगों को बड़े उद्योगों की अपेक्षा जो कठिनाइयाँ आती है उन्हें हल करना ही लघु उद्योग सेवा संस्थान का ध्येय है।

प्रशिक्षण एक महत्वपूर्ण औद्योगिक विस्तार सेवा है जो सीडो द्वारा विभिन्न लघु उद्योग सेवा संस्थानों, शाखा लघु उद्योग सेवा संस्थानों और विस्तार उत्पादन केन्द्रों के माध्यम से प्रदान की जाती है। ये प्रशिक्षण कार्यक्रम लघु उद्योगों के कर्मचारियों की कार्यकुशलता और प्रबन्ध कर्मचारियों की प्रबन्धकीय क्षमता में वृद्धि के लिए आयोजित किये जाते हैं। कारीगरों और कुशल तथा अर्द्ध कुशल कामगारों के लिए विभिन्न तकनीकी विषयों में नियमित और तदर्थ

कार्यक्रमों का आयोजन किया जाता है। जिससे लघु उद्योगों की विशिष्ट आवश्यकताओं की पूर्ति के लिए उनकी विद्यमान कुशलता और क्षमता के क्षेत्र को बढ़ाया जा सके।

विभिन्न तकनीकी व्यवसायों जैसे मशीन शाप, ऊष्मा उपचार (हीट ट्रीटमेंट), कांच एवं मृतिका, शीट मेटल कार्य, चर्म एवं पादुका इत्यादि के उद्योगों को सामान्य सुविधा सहायता तथा कर्मकारों को प्रशिक्षण उपलब्ध कराने की दृष्टि से 46 सामान्य सुविधा कार्यशालाएं लघु उद्योग सेवा संस्थानो/शाखा लघु उद्योग सेवा संस्थानों/विस्तार केन्द्रों के साथ जुड़ी हुई है। उनके क्षेत्र की लघु उद्योग इकाईयों की आवश्यकताओं को देखते हुए इन कार्यशालाओं को आधुनिक मशीन टूल्स द्वारा सुसज्जित किया जा रहा है। कुछ कार्यशालाओं में सी॰एन॰सी॰ बोरिंग तथा मिलिंग मशीनें, सी॰एन॰सी॰ लेथ मशीन तथा इलैक्ट्रिक डिस्चार्ज मशीन क्रय की गई हैं। इस सामान्य सुविधा कार्यशालाओं द्वारा की जाने वाली सेवाओं को किस्म तथा मात्रा दोनों के हिसाब से बेहतर बनाने के प्रयास सतत जारी है। केरल राज्य के एट्टमानूर, तिरुबल्ला, अट्रिंटगल और मुवट्टीपुझा में 4 उत्पादन/विस्तार केन्द्र तथा आगरा और चैन्नई में दो केन्द्रीय फुटवियर प्रशिक्षण केन्द्र स्थित है। उत्पादन/विस्तार केन्द्रों में छोटी मशीनों, दस्ती औजारों, इलेक्ट्रिक मोटरों, स्टेनलेस स्टील व एल्यूमिनियम के बर्तनों तथा टिन कैन व टिन प्रिंटिंग का उत्पादन हो रहा है। इसके अतिरिक्त कुछ लघु उद्योग सेवा संस्थानों के पास कार्पेटरी, लोहारगिरी, सामान्य इंजिनियरिंग, कांच एवं मृतिका तथा चर्म/पादुका जैसे विषयों में प्रदर्शनियों का आयोजन करने तथा दूरस्थ/ग्रामीण क्षेत्रों के कारीगरों और उद्यमियों को प्रशिक्षण देने के लिए चलती फिरती गाड़ियां है।

इस सेवा संस्थान के मुख्य कार्य निम्न है –

(i) विशेष उद्योग अथवा क्षेत्र के लिए सर्वेक्षण करना तथा उनके विकास कार्यक्रम हेतु निश्चित अनुशंसा करना।

(ii) तकनीकी परामर्श सेवा प्रदान करना तथा आर्थिक अनुसंधान करना।

(iii) निर्यात करने व उसे बढ़ाने हेतु परामर्श देना।

(iv) औद्योगिक प्रबन्ध की उपयुक्त विधियों, कच्चे माल की उपलब्धता तथा विपणन आदि के बारे में परामर्श देना।

(v) नई प्रौद्योगिकी, आधुनिक मशीनों तथा सामान का प्रयोग करने की विधि के बारे में प्रदर्शन करना व परामर्श देना।

(vi) कच्चे माल के सही उपयोग, मशीनों व संयंत्रों के सुधरे हुए डिजाइनों आदि के बारे में अनुसंधान करना।

(vii) सेवा संस्थानों तथा विस्तार केन्द्रों पर स्थित वर्कशाप और ट्रकों पर लगे मोबाइल वर्कशाप द्वारा तकनीकी प्रक्रमों का प्रदर्शन करना।

(viii) औद्योगिक प्रबन्ध तथा तकनीकी विषयों में प्रशिक्षण कार्यक्रम चलाना तथा नये उद्यमियों को प्रशिक्षण देना।

(ix) आदर्श योजनाओं, डिजाइन, पेम्पलेटस व बुलेटिन का प्रकाशन करना।

(x) आर्थिक, वाणिज्यिक तथा प्रौद्योगिक मामलों में सूचना केन्द्र के रूप में कार्य करना।

3.1.5 राष्ट्रीय लघु उद्योग निगम लिमिटेड (National Small Industries Corporation Ltd., N.S.I.C.)

राष्ट्रीय लघु उद्योग निगम (N.S.I.C.) की स्थापना केन्द्रीय सरकार द्वारा 1995 में की गई थी। निगम लघु उद्योगों को निम्न क्षेत्र में सहायता प्रदान करती हैं –

– स्वदेशी तथा आयातित दोनों प्रकार की मशीनों की किराया–क्रय आधार पर सप्लाई।

– स्थापित इकाईयों को विस्तार, आधुनिकीकरण एवं विशाखन (diversification) हेतु स्वदेशी तथा आयातित मशीनों की लीज पर सप्लाई।

– लघु उघोगों के उत्पादों का विपणन।

– लघु उद्योगें के उत्पाद का निर्यात एवं लघु इकाईयों में निर्यात की योग्यता का विकास करना।

– लघु उद्योगों को सरकारी भंडार क्रय कार्यक्रम में भाग लेने में सहायता करना।

– प्रोटोटाईप मशीनों, उपस्करों तथा औजारों का विकास करना जो कि आयात का प्रतिस्थापी हो एवं प्रौद्योगिक उन्नयन।

– विभिन्न तकनीकी ट्रेडस में प्रशिक्षण देना।

– स्वदेशी एवं आयातित कच्चे माल को प्राप्त करना व उसकी सप्लाई व आवंटन करना।

– टर्नकी आधार पर विकासशील देशों में लघु उद्योगों की स्थापना करना।

इसके अतिरिक्त निगम लघु उद्योगों को वित्तीय सेवा योजना के तहत कच्चा माल सहायता योजना, आकस्मिक आवश्यकताओं के लिए कार्यशील पूंजी योजना, बिल बट्टा योजना तथा निर्यात विकास वित्त योजना भी चला रही है।

राष्ट्रीय लघु उद्योग निगम अपने विपणन सहायता कार्यक्रम के अन्तर्गत लघु उद्योगों के उत्पादों के लिए वृहतर बाजार की व्यवस्था करता है। निगम अपने स्वेदशी विपणन कार्यक्रम में एक ही उत्पाद का उत्पादन करने वाली कई लघु इकाईयों को एक सहायता संघ के रूप में संगठित करता है। निगम बाजारों की खोज करता है और बड़ी मात्रा के आदेश प्राप्त करता है। इसके पश्चात् लघु इकाईयों को उनकी उत्पादन क्षमता के आधार पर ये आदेश बांटे जाते है। निगम एजेंसी आधार पर लघु उद्योगों द्वारा उत्पादित मशीनरी का विपणन भी करता है। निगम लघु उद्योगों के उत्पादों के निर्यात के लिए अपने स्तर पर पूर्ण सहायता करता है।

लघु उद्योगों को निगम के पास पंजीकरण कराने हेतु सम्बन्धित राज्य के लघु उद्योग सेवा संस्थान से फार्म प्राप्त करके तथा भरकर वापस सेवा संस्थान को जमा करना होता है। सेवा संस्थान उस इकाई का निरीक्षण करके निगम को पंजीकरण के लिए आवश्यक सिफारिश करता है। सेवा संस्थान से फार्म मय आवश्यक सूचना के प्राप्त होने पर निगम प्रत्येक इकाई को पंजीकरण संख्या जारी करता है। इस पंजीकरण के आधार पर लघु उद्योग इकाईयाँ निम्नलिखित लाभ प्राप्त करने की अधिकारी हो जाती है।

(i) ये इकाईयाँ राष्ट्रीय लघु उद्योग निगम के कार्यालयों से निःशुल्क टेण्डर प्राप्त कर सकती हैं।

(ii) सरकारी क्रय में इन इकाईयों को अमानत राशि एवं जमानत राशि जमा कराने से छूट मिल जाती है।

(iii) पंजीकरण के कारण लघु उद्योगों को सरकारी क्रय में 15 प्रतिशत की मूल्य वरीयता याने मध्यम तथा बड़े उद्योगों की तुलना में 15 प्रतिशत तक अधिक दरें हो तब भी इन उद्योगों से माल क्रय करने में प्राथमिकता दी जाती है।

राष्ट्रीय लघु उद्योग निगम लघु उद्योग इकाईयों को किराया क्रय आधार पर मशीनों की सप्लाई के रुप में औद्योगिक वित्त प्रदान करता है। इनमें आयातित मशीनें भी सम्मिलित है। यह राशि 5 वर्ष की अवधि में मय ब्याज के अर्द्धवार्षिक किस्तों में लौटानी होती है तथा समयान्तर्गत भुगतान करने पर ब्याज दर में 2 प्रतिशत की छूट का प्रावधान भी है। इस बारे में विस्तृत जानकारी "किराया क्रय आधार पर मशीनों की प्राप्ति" नामक शीर्षक में दी गई हैं।

राष्ट्रीय लघु उद्योग निगम ने नई दिल्ली, हावड़ा, राजकोट, चैन्नई व हैदराबाद में प्रोटोटाइप उत्पादन एवं प्रशिक्षण केन्द्र स्थापित किये हैं ताकि लघु उद्योगों द्वारा मशीनों का व्यापारिक उत्पादन किये जाने के उद्देश्य से मशीनों का प्रोटोटाइप सप्लाई किया जा सके तथा विभिन्न क्षेत्रों में प्रशिक्षण की व्यवस्था भी संभव हो सके। इन केन्द्रों के उद्देश्य इस प्रकार है :

(i) लघु उद्योगों हेतु मशीनों के डिजाइन तैयार करना, उनका विकास करना तथा उनके प्रोटोटाइप तैयार करना।

(ii) लघु उद्योगों में कार्यरत कुशल श्रमिकों तथा सुपरवाईजरों को विभिन्न प्रकार की आवश्यक प्रशिक्षण प्रदान करना।

(iii) लघु उद्योग इकाईयों को उत्पादन तकनीकों तथा प्रक्रमों के बारे में सामान्य सुविधायें तथा तकनीकी सेवायें प्रदान करना।

राष्ट्रीय लघु उद्योग निगम लिमिटेड का केन्द्रीय कार्यालय ओखला औद्योगिक क्षेत्र, नई दिल्ली में हैं। निगम के क्षेत्रीय कार्यालयों, शाखा कार्यालयों, प्रोटोटाइप विकास तथा प्रशिक्षण केन्द्रों, उपकेन्द्रों, विपणन विकास केन्द्रों आदि की जानकारी ANNEXURE-IV में दी गई है।

परियोजना निर्यात (Project Export)

राष्ट्रीय लघु उद्योग निगम ने टर्नकी प्रोजेक्ट (turnkey Projects) के निर्यात का कार्य 1973 में प्रारंभ किया। इसमें परियोजना रिपोर्ट तैयार करना, स्थानीय अवस्थापन सुविधाओं (infrastructural facilities) के बारे में सलाह, प्रशिक्षण, मशीनें एवं उपस्कर प्रदाय, संयंत्रों की स्थापना, प्रारंभिक प्रचालन हेतु कार्मिकों की मेजबान देश में प्रतिनियुक्ति (deputation) तथा मेजबार देश में कार्मिकों का प्रशिक्षण संबंधी सेवायें सम्मिलित हैं। निगम ने 300 से अधिक परियोजनाओं का सम्पादन विभिन्न देशों में सफलतापूर्वक किया है। दूसरे देशों में इस प्रकार के साहसिक कार्यो के सम्पादन हेतु योग्य भारतीय लघु उद्योगों को भी शामिल किया गया है। टर्नकी आधार पर परियोजना प्रदान करने के लिए कई विकासशील देशों जैसे नाइजीरिया, केन्या, उगांडा, बोट्सवाना, इंडोनेशिया, जाम्बिया, मॉरीशस, इथोपिया आदि की काफी मांग है।

निगम अपने अनुभवों तथा विशेषज्ञता का लाभ दूसरे विकासशील देशों के साथ बांट रहा है।

इसके तहत इन देशों में लघु उद्योगों के प्रसार हेतु नीतियाँ तथा प्रोग्राम निर्धारण करने, तकनीकी तथा संस्थागत अवस्थापना का निर्माण करने के लिए – Memorandum of Understandings (MOUS) पर हस्ताक्षर किये हैं। निगम अफ्रीका तथा एशिया में उनकी आर्थिक आवश्यकताओं के संदर्भ में लघु उद्योगों की महत्ता हेतु जागरुकता पैदा करने के लिए व्यावसायिक प्रशिक्षण केन्द्रों की स्थापना पहिले ही कर चुका है। निगम ने विदेशों में प्रौद्योगिकी प्रदर्शन हेतु विभिन्न आयोजन किये हैं जिसमें विभिन्न प्रकार की मशीनों एवं पूर्ण औद्योगिक परियोजनाओं को दर्शाया गया। निगम के इस दिशा में प्रयत्न बहुत ही सफल रहे हैं इससे विदेशों में तैयार माल एवं टर्नकी प्रोजेक्ट्स प्रदत्त करने की भारत की क्षमता तथा विश्वसनीयता स्थापित हुई है।

3.1.6 मुख्य नियंत्रक आयात व निर्यात (Chief Controller Imports and Exports)

आयात एवं निर्यात सम्बन्धित सरकार की नीति को क्रियान्वित करने की जिम्मेवारी मुख्य नियंत्रक कार्यालय की है। इनके शाखा कार्यालय निम्न स्थानों पर है जहां से उनके अन्तर्गत आने वाले अधिकार क्षेत्र के आयातक व निर्यातक लाइसेंस प्राप्त कर सकते हैं।

(i) संयुक्त मुख्य नियंत्रक, आयात व निर्यात – नई दिल्ली, मुबंई, चैन्नई, कोलकाता

(ii) उप मुख्य नियंत्रक आयात व निर्यात – अहमदाबाद, ईर्नाकुल, कानुपर, पंजीम, हैदराबाद

(iii) नियंत्रक, आयात व निर्यात – अमृतसर, राजकोट, पांडिचेरी, विशाखापट्टनम, बंगलोर, श्रीनगर, न्यु कांडला, शिलौंग।

1 अप्रेल, 1969 से लोहे तथा इस्पात के लाइसेंस देने वाले अधिकारी भी मुख्य नियंत्रक, आयात व निर्यात, नई दिल्ली के अधीन कर दिये गये हैं। उनके प्रादेशिक कार्यालय निम्न स्थानों पर हैं :–

(i) उप लोहा तथा इस्पात नियंत्रक – मुबंई

(ii) सहायक लोहा तथा इस्पात नियंत्रक – फरीदाबाद, कोलकाता, चैन्नई।

लाइसेंसों के लिए आवेदन पत्र निर्धारित फार्मो में भरकर अधिकार क्षेत्र से सम्बन्धित अधिकारी को भेजे जाने चाहिए। लाइसेंस के लिए निर्धारित आवेदन शुल्क, यदि देय हो तो, चालान द्वारा भारतीय रिजर्व बैंक या भारतीय स्टेट बैंक की किसी शाखा में जमा कराकर चालान की एक प्रति आवेदन पत्र के साथ संलग्न करनी चाहिए। लाइसेंसे के लिए दिये जाने वाले आवेदन पत्रों पर उस समय लागू नीति के अनुसार विचार किया जाता है।

3.1.7 भारतीय राज्य व्यापार निगम लिमिटेड (State Trading Corporation of India Ltd., S.T.C.)

इसकी स्थापना 1956 में संयुक्त पूंजी कंपनी के रुप में की गई थी। इस निगम का मुख्य उद्देश्य निर्यात की वृद्धि करना और ऐसी वस्तुएं आयात करना जिनके लिए सरकार समय समय पर निर्देश दे तथा उद्योगों का आयातित कच्चा माल उचित मूल्य पर व समय पर उपलब्ध कराना है।

विभिन्न सरकारी अभिकरण प्रति वर्ष कच्चे तथा पक्के माल का अधिकाधिक आयात करते हैं।

सरकार द्वारा इस हेतु स्थापित किये गये संस्थानों में भारतीय राज्य व्यापार निगम सबसे बड़ा अभिकरण है। ऐसी वस्तुएं जो कि निगम द्वारा आयात किये जाने के लिए आरक्षित है उपभोक्ताओं को प्रत्यक्ष रूप से अलग लाइसेंस नहीं दिये जाते है बल्कि उपभोक्ताओं की ऐसी मांग की पूर्ति के लिए राज्य व्यापार निगम को अधिकृत कर दिया जात है। इस प्रकार से निगम विभिन्न वस्तुओं की मांग की एक साथ सूची बनाकर विदेशी सप्लायर्स को थोक मात्राा में आदेश देकर सस्ती दरों पर माल की खरीद करता है। इस प्रकार निगम द्वारा आयातित वस्तुओं को वास्तविक उपभोक्ताओं तथा छोटे उद्योगों को उनकी पंजीकृत मांग के अनुसार वितरित किया जाता है। इस प्रकार निगम के आयात कार्य निम्न है –

(i) ऐसी वस्तुओं का आयात जिनके लिए निगम को सम्पूर्ण अधिकार प्राप्त है जैसे कच्चा रेशम, उर्वरक, कास्टिक सोडा, सोडा ऐश, पारा आदि

(ii) ऐसी वस्तुओं का आयात जिनसे वस्तुओं के मूल्य स्तर को देश में स्थिर रखने, सामान्य आयात की पूर्ति करने तथा वस्तुओं के आदान–प्रदान प्रणाली से आयात की व्यवस्था करने के लिए निगम को निर्देश प्राप्त होते हैं।

(iii) उपभोक्ताओं को नगद मूल्य पर अथवा आदान–प्रदान प्रणाली से अन्य आवश्यक वस्तुएं तथा कच्चा माल आयात कर उनकी पूर्ति करना।

राज्य व्यापार निगम आयात के साथ–साथ उद्योगों को निर्यात में भी सहायता प्रदान करता है तथा काफी वस्तुओं का निर्यात इस निगम के माध्यम से ही होता है। लघु उद्योगों को विपणन में सहायता देने के उद्देश्य से निगम ने लघु उद्योगों को निर्यात के लिए सहायता' नाम की योजना बनाई है। इस योजना में भाग लेने के लिए लघु उद्योगों को अपने क्षेत्र से सम्बन्धित लघु उद्योग संस्थान के माध्यम से निगम के पास अपने उद्योग को पंजीकृत कराना होता है। निगम विदेशी मांग को पूरा करने के लिए इन उद्योगों से विदेशी स्तर के वस्तुओं की खरीद कर उन्हें आपूर्ति करता है। इसके लिए निगम नाम मात्र का ही कमीशन लेता है। इस प्रकार निगम के निर्यात कार्य निम्न है :

(i) ऐसी वस्तुओं का निर्यात जिनके लिए को सम्पूर्ण अधिकार प्राप्त है जैसे कच्चा लोहा, सीमेंट तथा नमक आदि।

(ii) ऐसी वस्तुओं का निर्यात जिनके लिए निर्यात का अधिकांश भाग निगम को मिलता है जैसे कच्चा मेंगनीज।

(iii) अन्य वस्तुओं का निर्यात जिनका निजी व्यापार के प्रयासों की पूर्ति के लिए करना है। इसके द्वारा लघु उद्योगों को निर्यात द्वारा विपणन में सहायता प्रदान कर प्रोत्साहित किया जाता है।

भारतीय राज्य व्यापार निगम लिमिटेड का मुख्य कार्यालय चन्द्र लोक भवन, 36, जनपथ, नइ दिल्ली में है। निगम के प्रादेशिक कार्यालय मुबंई, विशाखापट्टनम, कोलकाता तथा चैन्नई में है। इसके कई स्थानों पर उप शाखा कार्यालय हैं। निगम के विदेशी कार्यालय बुडापेस्ट, नैरोबी, मांट्रीयल, प्राग, रोटरडम तथा मास्को में हैं तथा विदेशी शोरुम बैकांक, बगदाद, बेरुत, तेहरान, काहिरा, लागोस तथा खारतूम में हैं।

विभिन्न वस्तुएं जो कि लघु उद्योगों के लिए निर्यात सहायता योजना में आती है, इनमें से कुछ निम्न है –

- कृषि सम्बन्धी उपकरण एवं औजार
- डीजल इंजन और उनके पार्टस
- टाइपराइटर, डुप्लीकेटर आदि कार्यालय उपकरण
- कार्यालय एवं घरेलू स्टील फर्नीचर
- स्टोरेज बैटरियां
- टेलकम पाउडर
- सिलाई मशीन
- प्लास्टिक चूडियां, नेकलेस, कंघियां व अन्य सामान
- वाहनों व साइकिलों के पार्टस
- बिजली का घरेलू सामान
- डिब्बा बन्द खाद्य पदार्थ, फलों का रस, सब्जियाँ
- स्टेनलेस स्टील के बने शल्य चिकित्सा औजार व उपकरण
- वायु शोधक
- ऊनी स्वेटर, मोजे, टोपी आदि
- नकली गहने
- पी॰वी॰सी॰ की तारें व केबल आदि

विस्तृत जानकारी के लिए राज्य व्यापार निगम के किसी भी कार्यालय में सम्पर्क किया जा सकता है।

3.1.8 भारतीय खनिज व धातु व्यापार निगम (Mineral and Metals Trading Corporation of India, M.M.T.C.)

भारतीय खनिज व धातु व्यापार निगम की स्थापना 1956 में खनिजों के निर्यात व धातुओं के आयात हेतु की गई थी। इसे अधिकतर एम॰एम॰टी॰सी॰ के

नाम से जाना जाता है। इससे पूर्व यह कार्य भारतीय राज्य व्यापार निगम द्वारा किया जाता था लेकिन राज्य व्यापार निगम के पास कार्य का अधिक बोझ होने के कारण सरकार ने इसके कार्य को दो भागों में विभाजित करना उचित समझा। एम एम टी सी का मुख्य कार्य खनिजों तथा धातुओं का आयोजना, विकास तथा निर्यात को देखना है। लौह तथा अलौह धातुओं का आयात भी एम एम टी सी के माध्यम से किया जाता है। इन वस्तुओं का लघु तथा अन्य उद्योगों को वितरण व मूल्य नियंत्रण केन्द्रीय व राज्य सरकारों द्वारा किया जाता है।

भारतीय खनिज व धातु व्यापार निगम का प्रमुख कार्यालय इंडियन एक्सप्रेस बिल्डिंग, बहादुरशाह जफर मार्ग, नई दिल्ली – 110001 में है। इस निगम के प्रादेशिक कार्यालय मुबंई, कोलकाता, चैन्नई, विशाखापत्तनम तथा गोआ में है।

3.1.9 राष्ट्रीय अनुसंधान एवं विकास निगम (National Research & Development Corporation, N.R.D.C.)

भारत सरकार के विज्ञान एवं औद्योगिक अनुसंधान विभाग के अर्न्तगत राष्ट्रीय अनुसंधान एवं विकास निगम की स्थापना 1953 में मुख्यतः प्रौद्योगिक विकास में सहायता एवं देश में प्रौद्योगिकी हस्तान्तरण हेतु की गई। पिछले वर्षों में निगम ने न केवल प्रौद्योगिकी विकास संस्थाओं से सम्बन्ध कायम कियें बल्कि विभिन्न अनुसंधान एवं विकास संस्थाओं द्वारा उत्पादित स्वदेशी प्रौद्योगिकी का विशाल भण्डार तैयार किया है। राष्ट्रीय अनुसंधान एवं विकास निगम अन्य अनुसंधान संस्थानों जिनमें मुख्यतः विज्ञान एवं औद्योगिक अनुसंधान परिषद् (Council of Scientific and Industrial Research), भारतीय कृषि अनुसंधान परिषद् (Indian Council of Agricultural Research), भारतीय औषध अनुसंधान परिषद् (National Medical Research Council) तथा विभिन्न अनुसंधान एवं विकास निगमों/परिषदों के सहयोग से मिलकर कार्य करता है।

प्रौद्योगिक हस्तान्तरण के मुख्य कार्य के अतिरिक्त निगम प्रौद्योगिकी विकास के क्षेत्र में बैंच स्केल (Bench Scale) व पायलट स्केल (Pilot Scale) के प्रारुप तैयार करके नई प्रौद्योगिकीयों को आगे बढ़ाने में सहयोग कर रहा है। उपयुक्त प्रौद्योगिक विकास के साथ साथ निगम ग्रामीण जन जीवन की सहायता के लिए आवश्यक प्रौद्योगिकी को गांवों में पहुंचाने में सक्रिय है। वर्तमान में पूरे देश के विभिन्न भागों में निगम के 29 ग्रामीण प्रौद्योगिकी प्रदर्शन एवं प्रशिक्षण केन्द्र कार्यरत है। अन्य विकासशील देशों जिनमें भारतीय प्रौद्योगिकी उपयुक्त मानी गई है उन देशों को प्रौद्योगिकी हस्तान्तरण के कार्य को

सरलीकृत रूप में निगम क्रियान्वित करता है। बर्मा, फिलीपीन्स, केन्या, नेपाल, मलेशिया, श्रीलंका, अमेरिका एवं जर्मनी इत्यादि देशों को प्रौद्योगिकी हस्तान्तरण कर निगम ने अन्तर्राष्ट्रीय स्तर पर उपलब्धि अर्जित की है।

निगम उन आविष्कारको/अनुसंधानकर्ताओं को जिनके पास अनुसंधान सुविधायें उपलब्ध न हों, उन्हें आवश्यक स्रोत उपलब्ध कराके उनके विचारों को साकार रुप में बदलने में सहयोग करता है। इस कार्य के लिए निगम पुरस्कार, वित्तीय सहायता तथा पेटेन्ट सहायता आदि भी प्रदान करता है।

3.1.10 आविष्कार प्रोत्साहन बोर्ड (Invention Promotion Board)

आविष्कार प्रोत्साहन बोर्ड की स्थापना भारत सरकार ने 1960 में की थी। इसका उद्देश्य कारीगरों, शिल्पियों तथा तकनीशियनों को नये नये आविष्कार करने के लिए प्रोत्साहित करना है। बोर्ड उल्लेखनीय आविष्कारकर्ताओं को 500 रुपये से 25,000 रुपये तक पुरस्कार राशि और स्वर्ण, चांदी तथा कांसे की शील्ड एवं योग्यता प्रमाण पत्र प्रदान करता है।

आविष्कारों को बढ़ावा देने हेतु बोर्ड की योजना के अनुसार कोई भी उद्योग अपने यहां तकनीकी कक्ष स्थापित कर सकता है जिसमें उसी उद्योग में कार्यरत सभी स्तर के कर्मचारियों को नये आविष्कार हेतु प्रेरित कर सुविधायें प्रदान की जाती है तथा आविष्कार एवं सुधारों हेतु सुझाव आमंत्रित किये जाते है। प्राप्त सुझावों की उपयोगिता की जांच करने के पश्चात् उनके विकास के लिए वित्तीय सहायता की आवश्यकता हो तो बोर्ड को भिजवा दिये जाने चाहिए। बोर्ड उनकी व्यावहारिक क्षमता तथा तकनीकी सहायता की जांच के बाद उचित पाये जाने पर आवश्यकतानुसार वित्तीय सहायता देता है ताकि उद्योग द्वारा इन सुझावों के विकास के लिए आवश्यक सुविधायें उपलब्ध कराई जा सकें।

राज्य स्तर पर राज्यों के उद्योग निदेशक की अध्यक्षता में आविष्कार परामर्श हेतु स्थाई समितियां बनाई गई है, जिसमें लघु उद्योग सेवा संस्थान के निदेशक/उप निदेशक तथा उद्योगों के एक या दो प्रतिनिधि सदस्य होते हैं। इनका कार्य आवेदन पत्र प्राप्त कर उनकी जांच करके आवश्यक सिफारिशों के साथ बोर्ड को भेजना है।

3.1.11. राष्ट्रीय लघु उद्योग विस्तार प्रशिक्षण संस्थान (निसित) (National Institute of Small Industries Extension training, NISIET)

राष्ट्रीय लघु उद्योग विस्तार प्रशिक्षण संस्थान (जिसे पहले एस॰आई॰ई॰टी॰ के नाम से जाना जाता था) की स्थापना लघु उद्योग संवर्धन एवं 'कास से जुड़े

अधिकारियों व उद्यमियों को प्रशिक्षित करने के उद्देश्य से 1960 में की गई थी। संस्थान राज्यों/केन्द्र के स्तर पर लघु उद्योगों के विकास हेतु प्रशिक्षण, अनुसंधान, परामर्श तथा प्रलेख सम्बन्धी सेवायें प्रदान करता है। संस्थान को 1985 में राष्ट्रीय संस्थान घोषित किया गया। जिन प्रमुख क्षेत्रों में एन आई एस आई ई टी को विशेषज्ञता हासिल है वे हैं औद्योगिक विकास, व्यावहारिक आचरण सम्बन्धी विज्ञान, औद्योगिक प्रबन्ध, सूचना एवं प्रलेखन, उद्यमिता विकास, लघु उद्योगों को परामर्श तथा संचार सहायता आदि।

इस संस्थान का मुख्यालय हैदराबाद में स्थित है तथा पूवोत्तर क्षेत्र की राज्य सरकारों और अन्य विकास संगठनों द्वारा प्रायोजित उद्यमियों की परामर्श एवं प्रशिक्षण आवश्यकताओं को पूरा करने के लिए 1979 में संस्थान का एक केन्द्र गुवाहाटी में खोला गया।

प्रशिक्षण हेतु राष्ट्रीय तथा अन्तर्राष्ट्रीय कार्यक्रम आयोजित किये जा रहे हैं। राष्ट्रीय एवं अंतर्राष्ट्रीय **participants** के लिए अलग–अलग कार्यक्रम आयोजित किये जाते हैं। हैदराबाद तथा गुवाहाटी द्वारा आयोजित अधिकतर कार्यक्रम लघु उद्यमों से सम्बन्धित उद्यमिता विकास एवं औद्योगिक प्रबंध पर आधारित होते हैं। इसके अतिरिक्त सहायक उद्योग विकास, विपणन एवं निर्यात, उत्पाद एवं किस्म सुधार व अन्य प्रशिक्षण कार्यक्रम भी आयोजित किये जाते हैं।

3.1.12. राष्ट्रीय उद्यमिता एवं लघु व्यवसाय विकास संस्थान (निसबड) (National Institute for Entrepreneurship & Small Business Development)

लघु उद्योग तथा लघु व्यवस्था में उद्यमिता विकास में लगे विभिन्न संस्थानों के कार्यकलापों का समन्वय तथा देखभाल करने हेतु "निसबड" की स्थापना 1983 में की गई थी। इस संस्थान का मुख्यालय नई दिल्ली में स्थित है। नीसबड प्रशिक्षकों/प्रेरकों तथा उद्यमियों के लिए प्रशिक्षण कार्यक्रम चलाता है। विभिन्न लक्ष्य समूहों के प्रशिक्षण हेतु मॉडल पाठ्यक्रम तैयार करता है। निसबड प्रलेखन (documentation)/अनुसंधान के कार्य करता है, संगोष्ठियां /कार्यशालाओं और सभायें आदि आयोजित करता है, प्रशिक्षण/टीचिंग एड्स के डिजाइन तैयार कर उनको विकसित करता है तथा देश में उद्यमिता एवं लघु व्यवसाय क्षेत्र के विकास के लिए नोडल एजेंसी के रूप में कार्य करता है।

अभी तक आयोजित विभिन्न कार्यक्रमों के द्वारा देश के हजारों व्यक्ति लाभान्वित हुए हैं जिनमें उद्यमी, सहायता एवं सेवा एजेंसी/संगठनों के अधिकारी, राजकीय, अराजकीय एवं सेवा संगठनों के प्रशिक्षक/प्रवर्त्तक तथा उद्यमिता के क्षेत्र के व्यवसीय आदि सम्मिलित हैं। इसके अतिरिक्त निसबड द्वारा अंतर्राष्ट्रीय प्रशिक्षण कार्यक्रमों से अभी तक 39 विकासशील देशों के सैकड़ों

प्रशिक्षक/प्रवर्त्तक, नीति निर्धारक, उद्यमी तथा राजकीय अधिकारियों ने भाग लेकर लाभ उठाया है।

यह संस्था द्वि–मासिक समाचार पत्र भी प्रकाशित करती है। उद्यमिता उत्प्रेरक प्रशिक्षण (EMT) किटस विकसित करने के अतिरिक्त विभिन्न उद्यमिता विषयों पर 15 प्रकाशन/हैन्ड बुक भी निकाले हैं। निसबड ने उद्यमिता सम्बन्धित विषयों पर एक दर्जन से भी अधिक विड़ियो फिल्म विकसित/तैयार की है जो कि प्रशिक्षण हेतु बहुत उपयोगी हैं, इनमें से कुछ हिन्दी में भी उपलब्ध हैं।

3.1.13. एक्सपोर्ट प्रोमोशन कौंसिल (Export Promotion Council)

विकासशील अर्थव्यवस्था में आर्थिक विकास हेतु निर्यात अनिवार्य तथा महत्वपूर्ण है। देश के निर्यात व्यापार में लघु उद्योगों की महत्वपूर्ण भूमिका है। देश की अर्थव्यवस्था में निर्यात के महत्व के कारण भारत सरकार ने निर्यात को बढ़ाने के उद्देश्य से विभिन्न व्यवसायों/उद्योगों से सम्बन्धित भिन्न–भिन्न एक्स–पोर्ट प्रोमोशन कौंसिल की स्थापना की है। इन कौंसिल के मुख्य कार्य निम्न हैं :

(i) विदेशी बाजारों में सम्बन्धित उत्पादों हेतु भावी बाजारों का पता लगाने के प्रयोजन से सर्वेक्षण करवाना।

(ii) विशिष्ट प्रकार की वस्तुओं के निर्यात की सम्भावनाओं का पता लगाने के लिए मौके पर अध्ययन तथा विचार विमर्श हेतु विदेशों में अपने प्रतिनिधि तथा शिष्टमंडल भेजना तथा आमंत्रित करना।

(iii) विदेशी बाजारों की पूर्ण जानकारी प्राप्त करके सम्बन्धित लघु उद्योगों को उससे अवगत कराना।

(iv) विदेशी क्रेताओं के विषय में उनकी मांग तथा सामान की किस्म व मात्रा आदि की सूचना सभी पंजीकृत सप्लायर्स को भेजना।

(v) सरकार द्वारा समय–समय पर निर्यात नीति में किये गये परिवर्तनों की अपने सदस्यों को जानकारी देना।

(vi) विदेशी बाजार को अनुमानित दर क्रय की शर्तों, गत वर्षों के आंकड़े आदि की सम्बन्धित जानकारी लघु उद्योगों को देना।

(vii) छोटे–छोटे निर्यातकर्ता को उनके उत्पादों को विदेशी बाजार में विक्रय में सहायता करना।

इन एक्सपोर्ट प्रोमोशन कौंसिल से उपरोक्त वर्णित सुविधायें प्राप्त करने के लिए लघु उद्योगों को अपने सम्बन्धित एक्सपोर्ट प्रोमोशन कौंसिल में पंजीकरण करा लेना आवश्यक है। इसके लिए सम्बन्धित एक्सपोर्ट प्रोमोशन कौंसिल के सचिव को आवेदन पत्र मय आवश्यक वितरण के भेजना होता है।

3.1.14 निर्यात ऋण गारंटी निगम (Export Credit Guarantee Corporation)

आज हर क्षेत्र में प्रतिस्पर्धा बढ़ रही है तथा जितना बड़ा क्षेत्र उतनी ही प्रतिस्पर्धा अधिक यानि अन्तराष्ट्रीय क्षेत्र में बहुत अधिक है। इस कारण विक्रेता को विदेशी बाजार में खरीददार की शर्तों के अनुसार माल की दरें, सप्लाई व भुगतान सम्बन्धी शर्तें स्वीकृत करनी पड़ती है। अन्य शर्तों के साथ माल उधार देने की शर्त सामने आती है। उद्यमी प्रत्येक खरीददार की साख से परिचित नहीं होता और न ही यह संभव है। ऐसी स्थिति में छोटा निर्यातक तथा लघु उद्योग अपने आपको विपरीत स्थिति में पाता है क्योंकि अनेकानेक कारणों से निर्यातक की रकम विदेशों में रुक सकती है।

इस समस्या के हल के लिए सरकार ने निर्यात ऋण गारंटी निगम की स्थापना की है। निर्यातक द्वारा उधार दिये गये माल के रकम की वसूली की सुरक्षा के लिए यह निगम कार्यरत है। निर्यात ऋण गारंटी निगम की जुम्मेवारी है कि उस खरीददार फर्म की साख आदि के सम्बन्ध में स्वयं जानकारी प्राप्त करे। यह निगम ऐसे बिक्री किये जाने वाले माल की रकम का बीमा कर देता है जिससे उद्यमी को रकम डुबने का भय नहीं रहता है।

निर्यातक के लिए यह आवश्यक है कि माल को विदेशी बाजार में बेचने से पहिले निगम से माल की कीमत का बीमा करवा लेवे। कोई भी लघु उद्यमी निर्यातक बीमें की पालिसी के लिए निर्यात ऋण गारंटी निगम को आवेदन पत्र दे सकता है। यह पालिसी 1 वर्ष या 3 वष की अवधि के लिए होती है तथा इस अवधि में निर्यातक द्वारा उधार भेजे गये सभी माल की जोखिम कवर हो जाती है। इस अवधि में जितना माल उद्यमी द्वारा भेजा जाता है उस सबका वितरण, विदेशी खरीददार का विवरण, माल का प्रकार व कीमत आदि सभी जानकारी निगम को देना आवश्यक है। भेजे गये माल का भुगतान एक निश्चित अवधि में प्राप्त न होने पर बीमा धारक को निगम से माल की कीमत का 85 प्रतिशत तक कीमत की अदायगी हो सकती है। इसके अतिरिक्त लघु उद्योग इकाई इस निगम की पालिसियों के द्वारा बैंकों से ऋण सम्बन्धी सुविधा प्राप्त कर सकती है।

निर्यातक निगम से माल की घटिया किस्म की सप्लाइ के कारण जोखिम का बीमा नहीं करा सकता है और न ही ऐसा बीमा करा सकता है जो सामान्य बीमा कम्पनियों के अधिकार क्षेत्र में आता हैं।

इस निगम का प्रधान कार्यालय 4–रेम्पार्ट रोड़, मुंबई–1 में हैं। शाखा कार्यालय कोलकाता एवं चैन्नई में है और प्रतिनिधि चंडीगढ़ तथा कोचीन में हैं।

3.1.15 राष्ट्रीयकृत, वाणिज्यिक तथा सहकारी बैंक (Nationalised, Commercial and Cooperative Banks)

भारतीय स्टेट बैंक व सहायक बैंक, राष्ट्रीयकृत बैंक तथा अन्य अच्छे वाणिज्यिक बैंक उद्योगों को उनकी आवश्यकता के आधार पर ऋण प्रदान करते हैं। सार्वजनिक क्षेत्र के बैंक लघु उद्योगों को ऋण देने में विशेषकर उदार हैं निम्न है –

आन्ध्रा बैंक	इलाहाबाद बैंक
इण्डियन ओवरसीज बैंक	कॉर्पोरेशन बैंक
बैंक आफ इंडिया	बैंक ऑफ महाराष्ट्र
पंजाब नेशनल बैंक	सेन्ट्रल बैंक ऑफ इंडिया
ओरिएंटल बैंक ऑफ कॉमर्स	इण्डियन बैंक
केनरा बैंक	देना बैंक
बैंक ऑफ बड़ौदा	पंजाब एण्ड सिंध बैंक
सिंडिकेट बैंक	युनाइटेड कमर्शियल बैंक
युनाइटेड बैंक ऑफ इंडिया	विजया बैंक
स्टेट बैंक ऑफ बीकानेर एण्ड जयपुर	स्टेट बैंक ऑफ इंदौर
स्टेट बैंक ऑफ पटियाला	स्टेट बैंक ऑफ त्रावणकोर
यूनियन बैंक ऑफ इंडिया	भारतीय स्टेट बैंक
स्टेट बैंक ऑफ हैदराबाद	स्टेट बैंक ऑफ मैसूर
स्टेट बैंक ऑफ सौराष्ट्र	

राज्यों में राज्य एवं जिला सहकारी बैंक व औद्योगिक सहकारी बैंक भी है जो औद्योगिक सहकारी समितियों को ऋण देते हैं। इनमें से कुछ बैंक सहकारी क्षेत्र के बाहर की लघु उद्योग इकाईयों को भी ऋण देते हैं। ये ऋण नई इकाईयों को भूमि की खरीद, भवन के निर्माण, मशीनरी व उपकरणों आदि की खरीद, मौजूदा इकाईयों के विस्तार, आधुनिकीकरण तथा नवीनीकरण (Modernisation and renovation) एवं कार्यकारी पूंजी के प्रयोजन से दिये जाते हैं। ऋण पर ब्याज दर पूंजी की मात्रा पर निर्भर करती है तथा भारतीय रिजर्व बैंक के दिशा निर्देशों के अनुसार परिवर्तित होती रहती है।

3.1.16 भारतीय लघु उद्योग मंडल संघ (Federation of Association of Small Scale Industries of India)

लघु उद्योगों के हितों की रक्षा हेतु प्रायः सभी क्षेत्रों में राज्य स्तर पर तथा अखिल भारतीय स्तर पर लघु उद्योग मंडल बने हुए हैं। लेकिन राष्ट्रीय स्तर पर

लघु निर्माताओं के हितों की आवाज उठाने तथा लघु उद्योगों के स्वस्थ विकास के लिए कार्य करने के उद्देश्य से केन्द्रीय सरकार के प्रयास से 1969 में भारतीय लघु उद्योग मंडल संघ की स्थापना की गई। अतः विभिन्न लघु उद्योग मंडलों के लिए आवश्यक है कि वे इस संघ के सदस्य बनकर उसे अपनी समस्यायें प्रेषित कर सकें तथा अपने हितों की रक्षा हेतु प्रयासरत रहें। इस संघ के उद्देश्य निम्न प्रकार है :–

(i) लघु उद्योग के विकास हेतु सूचना के आदान प्रदान की व्यवस्था करना।

(ii) विभिन्न लघु उद्योगों के लिए एक सामूहिक संस्था के रूप में प्रतिनिधित्व करके, उनकी समस्याओं के समाधान हेतु विभिन्न सरकारी तथा गैर सरकारी संस्थाओं से सुलझाने के लिए प्रयत्न करना।

(iii) लघु उद्योगों के सम्बन्ध में सूचना एकत्रित करना और ये सूचना व्यापारिक, औद्योगिक, शैक्षणिक एवं अनुसंधान संस्थाओं आदि को प्रदान कर उनके साथ सहयोग करना।

(iv) व्यावसायिक, प्रबन्धकीय तथा तकनीकी परामर्श सेवा प्रदान करना।

(v) सर्वेक्षण एवं अनुसंधान कार्य करना।

(vi) लघु उद्योगों के उद्देश्यों को और आगे बढ़ाने के प्रयोजन से केन्द्रीय सरकार, राज्य सरकार एवं अन्य संस्थाओं को प्रतिवेदन देना व उनसे वार्ता करना।

(vii) अपने सदस्यों को सामान्य सेवाओं की सुविधा प्रदान करना।

(viii) उपरोक्त उद्देश्यों की पूर्ति हेतु अन्य सभी सम्बन्धित कार्य करना।

फेडरेशन ऑफ एसोसियेसन्स ऑफ स्माल इंडस्ट्रीज ऑफ इंडिया का कार्यालय नई दिल्ली में है तथा इसके प्रादेशिक कार्यालय मुबंई, कोलकाता एवं चैन्नई में हैं।

3.1.17 खादी एवं ग्रामोद्योग आयोग (Khadi and Village Industries Commission, KVIC)

खादी तथा ग्रामीण क्षेत्रों में उद्योगों के विकास हेतु केन्द्रीय सरकार द्वारा खादी एवं ग्रामोद्योग आयोग की स्थापना की। खादी एवं ग्रामोद्योग आयोग (के॰वी॰आई॰सी॰) की स्थापना संसद के अधिनियम के अधीन 1956 में की गई थी। 1987–88 तक खादी तथा ग्रामोद्योग के कार्य क्षेत्र में 26 ग्रामीण उद्योग थे। ग्रामीण उद्योगों का आधार मजबूत बनाने हेतु खादी एवं ग्रामोद्योग आयोग अधिनियम में 1987 में संशोधन कर ग्रामोद्योग (Village Industry) की

संशोधित परिभाषा के अन्तर्गत ऐसे सभी उद्योग जो कि ग्रामीण क्षेत्र, ग्राम या नगर में स्थित हों जिनकी जनसंख्या 10,000 या कम हो, बिजली के प्रयोग या बिना प्रयोग के किसी सामान का उत्पादन करते हों या कोई सेवा प्रदान करते हो और जिनमे प्रति कारीगर या कार्यकर्त्ता पूंजी निवेश 15000 रुपये से अधिक न हो, को सम्मिलित किया गया है।

वर्ष 1988–89 एवं 1989–90 में आयोग द्वारा नये उद्योगों/सेवाओं को सम्मिलित करने के पश्चात् अब कुल 96 उद्योग इसके कार्य क्षेत्र में है जिन्हे निम्न प्रकार से वर्गीकृत किये गये हैं –

खादी और ग्रामोद्योग आयोग के कार्यक्षत्र के अन्तर्गत आने वाले उद्योग

1. खादी (सूती) रेशमी और ऊनी
2. ग्रामोद्योग

ग्रामोद्योग को निम्न सात मुख्य समूहों में बांटा गया है :–

समूह – 1 : खनिज आधारित उद्योग

1. कुटीर कुम्हारी उद्योग
2. चूना पत्थर, चूना सी पी और अन्य चूना उत्पाद उद्योग
3. मन्दिरों और भवनों के लिए पत्थर की कटाई, पिसाइ, नक्काशी तथा खुदाई
4. पत्थर से बनी हुई उपयोगी वस्तुएं
5. स्लेट और प्लेट पैंसिल निर्माण
6. प्लास्टर आफ पेरिस निर्माण
7. बर्तन धोने का पाउडर
8. जलावन के विकेट
9. सोने, चांदी, पत्थर सीपी और कृत्रिम सामग्रियों के आभूषणों का निर्माण
10. गुलाल रंगोली निर्माण
11. चूड़ी निर्माण
12. पेन्ट, रंजक, वार्निश और डिस्टेम्पर निर्माण

समुह –2 : वन आधारित उद्योग

13. हाथ कागज उद्योग
14. कत्था निर्माण

15. गोंद और रेजिन निर्माण
16. लाख निर्माण
17. कुटीर दियासलाइ उद्योग, पटाखे और अगरबत्तियां निर्माण
18. बांस और बेंत कार्य
19. कागज के थैले, तश्तरी, झोले और कागज के डिब्बों का निर्माण
20. कापियां जिल्दसाजी, लिफाफा निर्माण, रजिस्टर निर्माण और कागज की बनाई जाने वाली कागज की अन्य लेखन सामग्री
21. खस टट्टी और झाडू निर्माण
22. वनोत्पादों का संग्रह, प्रशोधन और पैकिंग
23. फोटो जड़ना
24. जूट उत्पादों का निर्माण, (रेशा उद्योग के अन्तर्गत)

समुह – 3 : कृषि आधारित और खाद्य उद्योग

25. अनाज–दाल मसाला, चटपटे मसाले आदि का प्रशोधन, पैकिंग और विपणन
26. ताड़गुड निर्माण और अन्य ताड़ उत्पाद उद्योग
27. गन्ना, गुड़ और खाण्डसारी निर्माण
28. मधुमक्खी पालन
29. अचार सहित फल और सब्जी का प्रशोधन, परिरक्षण एवं डिब्बाबन्दी
30. घाणी तेल उद्योग
31. नारियल जटा के अलावा रेशा
32. औषधीय कार्यो के लिए जड़ी बूटियों का संग्रह
33. मकइ और रागी का प्रशोधन
34. मज्जा कार्य, मज्जा चटाइयों और हारों आदि का निर्माण
35. काजू प्रशोधन
36. दोना बनाना

समुह – 4 : बहुलक (पोलीमर) और रसायन आधारित उद्योग

37. शवछेदन चर्म शोधन तथा खाल व त्वचा से सम्बन्धित अन्य सहायक उद्योग एवं कुटीर चर्म उद्योग
38. कुटीर साबुन उद्योग

39. रबर वस्तुओं का निर्माण (डिप्डलेटेवल उत्पाद)
40. रेग्जीन पीवीसी के बने उत्पाद
41. मोमबत्ती, कपूर और मोहर वाली मोम का निर्माण
42. हाथी दांत समेत सींग और हड्डी उत्पाद
43. प्लास्टिक की पैकेजिंग वस्तुओं का निर्माण
44. बिन्दी निर्माण
45. मेहंदी निर्माण
46. इत्र निर्माण
47. शेंपू निर्माण
48. केश तेल निर्माण
49. डिटर्जेंट और धुलाई पाउडर निर्माण (आविषाक्त)

समुह – 5 : इंजीनियरिंग और गैर परम्परागत ऊजा उद्योग

50. बढ़ईगिरी
51. लुहारी
52. एल्युमिनियम के घरेलू बर्तनों का उत्पादन
53. गोबर और अन्य अपशिष्ट उत्पादों जैसे मृत पशु के मांस और मल आदि से खाद और मीथेन (गोबर) गैस का उत्पादन और उपयोग
54. कागज पिन, क्लिप, सेफ्टी–पिन, स्टोव पिन आदि का निर्माण
55. सजावटी बल्बों, बोतलों, ग्लासों आदि का निर्माण
56. छाता उत्पादन
57. सौर तथा पवन ऊर्जा उपकरण
58. हस्तनिर्मित तांबे के बर्तनों का निर्माण
59. हस्तनिर्मित पीतल के बर्तनों का निर्माण
60. हस्तनिर्मित कांसे के बर्तनों का निर्माण
61. पीतल, तांबे और कांसे से अन्य वस्तुओं का निर्माण
62. रेडियो निर्माण
63. कैसेट प्लेयर का निर्माण चाहे वह रेडियो में लगा हुआ हो या न लगा हो
64. कैसेट रिकार्ड का निर्माण भले ही वह रेडियो में लगा हुआ हो या न लगा हो।

65. वोल्टेज स्टेबलाइजर का उत्पादन
66. इलेक्ट्रानिक घड़ियों और अलार्म घड़ियों का निर्माण
67. लकड़ी पर नक्काशी और कलात्मक फर्नीचर का निर्माण
68. टिन कार्य
69. मोटर वाइडिंग
70. तार की जाली बनाना
71. लोहे की झंझरी (ग्रिल) निर्माण
72. ग्रामीण यातायात वाहन जैसे हाथगाड़ी, बैलगाड़ी, छोटी नाव, दुपहिया साईकिल/साईकिल रिक्शा, मोटर युक्त गाड़ियों आदि का निर्माण
73. संगीत साजों का निर्माण

समुह – 6 : वस्त्रोद्योग (खादी को छोड़कर)

74. पोली वस्त्र यानी ऐसा वस्त्र जो भारत में मानव निर्मित रेशे को रुई, रेशम या ऊन के साथ या इसमें से किसी दो या सभी को मिलाकर हाथ से काता गया तथा हाथकरघे पर बुना हो या भारत में बना ऐसा वस्त्र जो मानव निर्मित रेशों के धागे को सूती, रेशमी या ऊनी धागे या इसमें से किसी दो धागे या सभी धागों को मिलाकर हथकरघे पर बुना गया हो
75. लोकवस्त्र निर्माण
76. होजियरी
77. सिलाई और सिली–सिलाई पोशाक तैयार करना
78. हाथ से मछली मारने वाले नाईलन/सूती जाल तैयार करना
79. छींटकारी
80. खिलौना और गुड़िया निर्माण
81. धागे का गोला, ऊनी गोला तथा लच्छी निर्माण
82. कशीदाकारी
83. शल्य चिकित्सा पट्टी निर्माण
84. स्टोव की बत्तियां

समुह – 7 : सेवा उद्योग

85. धुलाई

86. नाई
87. नलसाजी
88. बिजली, वाइडिंग और घरेलू इलेक्ट्रानिक उपकरणों की मरम्मत
89. डीजल इंजनों, पम्प सेटों आदि की मरम्मत
90. टायर वल्कनीकरण (रिट्रेडिंग) इकाई
91. छिड़काव कीटनाशक, पम्प सेटों आदि के लिए कृषि सेवा कार्य
92. लाउड स्पीकर ध्वनिप्रसारक, माईक आदि का ध्वनि प्रणालियों को किराये पर देना
93. बैटरी भरना
94. कला फलक चित्रकारी
95. साईकिल मरम्मत की दुकानें
96. राजगीर

आयोग में अध्यक्ष के अतिरिक्त तीन सदस्य होते है जिनका कार्यकाल 3 से 5 वर्ष का होता है। ये सभी केन्द्रीय सरकार द्वारा मनोनीत किये जाते हैं। मुख्यालय मुबंई में है। प्रत्येक राज्य में इसके कार्यालय है, जिसका सर्वोच्च अधिकारी "निदेशक" होता है। प्रत्येक राज्य सरकार ने अपने राज्य में खादी तथा ग्रामोद्योग बोर्ड का गठन किया हुआ है। आयोग ग्रामीण क्षेत्र के कारीगरों, सहकारी समितियों एवं संस्थाओं को उद्योग लगाने हेतु ऋण सुविधा बोर्ड के माध्यम से प्रदान करता है।

आयोग को खादी तथा ग्रामोद्योगों के देश में विकास तथा विस्तार हेतु वित्त निम्न स्रोत से उपलब्ध होता है –

1. केन्द्रीय सरकार द्वारा
2. राष्ट्रीयकृत बैंकों से ऋण

प्रत्येक राज्य तथा केन्द्र शासित प्रदेशों के खादी तथा ग्रामोद्योग बोर्ड तथा अन्य एजेंसियां अपने क्षेत्र में खादी तथा ग्रामोद्योगों के विकास के लिए योजनाएं बनाकर प्रति वर्ष आयोग को भेजते हैं। आयोग अपने वित्त साधनों के अनुरूप उन योजनाओं का अनुमोदन करता है तथा उनके लिए उचित बाजार उपलब्ध कराता है। इस प्रकार खादी तथा ग्रामोद्योगों के सम्बन्ध और विकास कार्य में आयोग बहुत ही उल्लेखनीय कार्य कर रहा है।

खादी तथा ग्रामोद्योग महिलाओं के लिए रोजगार के काफी अवसर प्रदान करता है। जबकि अन्य आर्थिक कार्यकलापों में महिलाओं की भागीदारी लगभग 14 प्रतिशत है खादी तथा ग्रामोद्योग क्षेत्र में 46 प्रतिशत तक है खादी मे कताइ का काम अधिकांशतः महिलाओं द्वारा किया जाता है तथा बुनाई में वे सहायक

का कार्य करती है। 1987 में खादी तथा ग्रामोद्योग अधिनियम में संशोधन होने के बाद महिलाओं की भागीदारी अनेक उद्योगों में बढ़ जाने से उनके लिए रोजगार के अवसरों में काफी वृद्धि हुई हैं।

खादी तथा ग्रामोद्योग उत्पादों के वितरण – बिक्री हेतु खादी एवं ग्रामोद्योग आयोग का देश भर में एक पूर्ण विकसित विपणन नेटवर्क है। विपणन ढांचे में आयोग द्वारा प्रत्यक्ष रूप से चलाये जा रहे 10 खादी ग्रामोद्योग भवन, राज्य खादी तथा ग्रामोद्योग बोर्डों द्वारा चलाये जा रहे 14113 खादी ग्रामोद्योग भंडार तथा बिक्री डिपो, पंजीकृत संस्थान तथा सहकारी समितियां शामिल है। इन विपणन कार्यक्रमों के अलावा आयोग प्रदर्शनियों का आयोजन करता है, महत्वपूर्ण मेलों में भाग लेता है तथा ग्रामोद्योग बिक्री डिपो/ग्रामशिल्पों/भंडारों को स्थापित करने तथा चलाने में सहायता प्रदान करता है।

खादी तथा ग्रामोद्योग उत्पाद की विपणन सम्बन्धी नीतियों में सुधार करने हेतु किए गए कुछ महत्वपूर्ण उपाय इस प्रकार है :–

- राष्ट्रीय डिजाइन संस्थान, अहमदाबाद को खादी तथा सिले–सिलाये वस्त्रों में नए आकर्षक डिजाइन बनाने सम्बन्धी परियोजना को सौंपना;
- बड़े शहरों में प्रमुख भवनों की स्थापना;
- युवा पीढ़ी को खादी वस्त्रों की ओर आकृष्ट करने के उद्देश्य से फेशन शो की व्यवस्था करना;
- खादी तथा ग्रामोद्योग उत्पादों की बिक्री के लिए 140 चलते–फिरते वैनों की स्वीकृति;
- सभी ग्रामोद्योग उत्पादों के लिए "कुटीर" ब्रांड को अपनाने के लिए कदम उठाना;
- प्रमुख नगरों में "किआस्को" की स्थापना के लिए कदम उठाना।

कारीगरों तथा सुपरवाइजरी स्टाफ के कौशल में वृद्धि करने के लिए प्रशिक्षण खादी तथा ग्रामोद्योग का एक महत्वपूर्ण कार्यकलाप है। ये प्रशिक्षण कार्यक्रम 21 विभागीय प्रशिक्षण केन्द्रों तथा 21 संस्थागत प्रशिक्षण केन्द्रों में चलाए जाते हैं।

खादी एवं ग्रामोद्योग आयोग ने "अन्तःगृह अनुसंधान" तथा साथ ही अन्य अनुसंधान तथा विकास संगठनों के प्रायोजित कार्यक्रमों के माध्यम से विज्ञान एवं प्रौद्योगिकी के अन्तर्गत अपने अनुसंधान तथा विकास कार्यक्रम जारी रखे हैं। इसके अनुसंधान तथा विकास प्रयासों के उद्देश्य निम्नलिखित है :

- औजार और उपकरण चलाने में मानव को कठिन परिश्रम से बचाना।
- बढ़िया वस्तुओं का उत्पादन करना
- उत्पादों में भिन्नता लाना

– स्थानीय संसाधनों, कच्चे माल और कौशल का उपयोग

– ऊर्जा के वैकल्पिक साधनों का उपयोग

3.1.18 अखिल भारतीय हस्तशिल्प बोर्ड (All India Handicraft Board)

भारत सरकार ने हस्तशिल्प के विकास एवं शिल्पकारों के सहयोग के लिए वस्त्र मंत्रालय के अधीन अलग से एक हस्तशिल्प कार्यालय की स्थापना की जिसका प्रमुख विकास आयुक्त (हस्तशिल्प) है। इस कार्य को अधिक सक्षम रूप से चलाने के लिए अखिल भारतीय हस्तशिल्प बोर्ड की स्थापना की गई। इस बोर्ड के कार्यालय सभी राज्यों में स्थित है। हस्तशिल्प बोर्ड के मुख्य कार्य शिल्पकारों को प्रशिक्षण देना, उनके उत्पादों का विपणन तथा अन्तर्राज्यीय एवं अन्तर्राष्ट्रीय स्तर पर प्रदर्शनी आयोजित करना है। इन कार्यों का संक्षिप्त विवरण नीचे दिया जा रहा है।

1. प्रशिक्षण योजनाएं (Training Schemes)

इसके अधिन प्रशिक्षण दो स्तर पर प्रदान किया जा सकता है :

(i) विभागीय स्तर पर प्रशिक्षण (ii) अन्य संगठनों द्वारा प्रशिक्षण

(i) विभागीय स्तर पर प्रशिक्षण – विकास आयुक्त (हस्तशिल्प) कार्यालय द्वारा विभागीय स्तर पर प्रशिक्षण की दो योजनाएं है :

(अ) योजना 1 : कालीन बुनाई

इस प्रशिक्षण योजना का उद्देश्य

(क) अंतर्राष्ट्रीय बाजार में हाथ से बने कालीनों की बढ़ती मांग को पूरा करने के उद्देश्य से कालीन बुनाई के उत्पादन आधार में वृद्धि करना और उसके द्वारा

(ख) कारीगरों में रोजगार अवसरों को बढ़ाना है।

कालीन बुनाई के लिए बुनियादी प्रशिक्षण तथा उच्च प्रशिक्षण की योजना है। इस योजना को अधिक मिश्रित तथा कुशल अभिमुख बनाने के लिए दो केन्द्रो – एक बुनियादी और दूसरा उच्च, को एक के नीचे लाकर उच्च प्रशिक्षण को बुनियादी पाठ्यक्रम के साथ जोड़ने का प्रयास किया गया है।

कालीन बुनाई में बुनियादी पाठ्यक्रम के लिए उप निदेशक/क्षेत्र प्रशासनिक कक्ष/क्षेत्रीय निदेशक द्वारा विधिवत अनुमोदित एक समिति द्वारा 14 वर्ष की आयु से नीचे के अभ्यार्थियों में से 30 प्रशिक्षणार्थी चुने जाते हैं। बुनियादी

पाठ्यक्रम पूरा करने के बाद उन प्रशिक्षणार्थियों में से उच्च प्रशिक्षण केन्द्र में भर्ती के लिए योग्यता के आधार पर 20 प्रशिक्षणार्थी चुने जाते हैं।

बुनियादी व उच्च प्रशिक्षण के लिए प्रत्येक की अवधि जम्मू तथा कश्मीर के लिए 18 महीने तथा शेष भारत के लिए 12 महीने है। बुनियादी प्रति पाठ्यक्रम के लिए 1 प्रशिक्षक तथा 2 सहायक प्रशिक्षक एवं उच्च पाठ्यक्रम के लिए 2 प्रशिक्षक की व्यवस्था रखी गई है। बुनियादी प्रति पाठ्यक्रम के लिए 6 करघों तथा उच्च पाठ्यक्रम के लिए 5 करघों की व्यवस्था रखी गई है।

बुनियादी पाठ्यक्रम के लिए छात्रवृति की दर प्रति प्रशिक्षणार्थी प्रति माह 250 रुपये तथा उच्च पाठ्यक्रम के लिए 350 रुपये है। प्रशिक्षण पाठ्यक्रम पूरा होनेके बाद प्रत्येक प्रशिक्षणार्थी को 500 रुपये से अनधिक की लागत का औजार बाक्स देने का प्रावधान है ताकि वे स्वतंत्रतापूर्वक कार्य करने में सक्षम हो सकें।

(ब) योजना II : बेंत एवं बांस, धातु, वस्त्र एवं काष्ठ शिल्प

विकास आयुक्त हस्तशिल्प कार्यालय द्वारा हाथ से बने ऊनी/रेशमी कालीनों के अलावा शिल्पों में विभाग द्वारा चलाये जा रहे प्रशिक्षण कार्यक्रम निम्न हैं :

क. बेंत एवं बांस
ख. कलात्मक धातुपात्र
ग. हाथ से छपे वस्त्र
घ. काष्ठ शिल्प

इन प्रशिक्षण योजनाओं के उद्देश्य :

(i) उपरोक्त शिल्पों का उत्पादन आधार बढ़ाना;

(ii) वर्तमान शिल्पकारों की कुशलता को बढ़ाना; और

(iii) कारीगरों के लिए रोजगार अवसरों का सृजन करना है।

प्रत्येक पाठ्यक्रम की अवधि 12 महीने है तथा प्रति पाठ्यक्रम प्रशिक्षणार्थियों की संख्या 25 है। प्रति पाठ्यक्रम एक प्रशिक्षक तथा एक सहायक प्रशिक्षक की व्यवस्था रखी गई है। छात्रवृत्ति की दर 250 रुपये प्रति प्रशिक्षणार्थी प्रति माह है। प्रशिक्षण पाठ्यक्रम पूरा होने के बाद प्रत्येक प्रशिक्षणार्थी को 500 रुपये से अनधिक की लागत का औजार बाक्स देने का प्रावधान है ताकि वे स्वतंत्रता पूर्वक कार्य करने में सक्षम हो सकें।

(ii) **अन्य संगठनों द्वारा प्रशिक्षण** – इस शिल्प का चुनाव करने से पहिले जिसमें प्रशिक्षण दिये जाने का प्रस्ताव है यह सुनिश्चित करने के बाद ही निर्णय लिया जाना चाहिए कि :

क. ऐसा प्रशिक्षण देने की वास्तविक रूप से आवश्यकता है और यह कि प्रशिक्षण सत्र पूरा होने के बाद प्रशिक्षित व्यक्तियों को रोजगार पाना सुनिश्चित होगा।

ख. राज्य/केन्द्रीय प्रायोजित संगठनों के बीच किसी खास क्षेत्र में प्रयासों की पुनरावृत्ति या उनका टकराव नहीं होना चाहिए।

ग. प्रशिक्षण देने के लिए चुना गया प्रशिक्षक सक्षम और कुशल होना चाहिए तथा उसके पास 12 महीने की अवधि के लिए कार्य चलाने के लिऐ अपेक्षित समर्पण की भावना और योग्यता होनी चाहिए।

घ. पाठ्यक्रम के लिए निर्धारित पाठ्य विवरण व्यापक, व्यावहारिक और अनुकूल होना चाहिए ताकि प्रशिक्षणार्थी उसके बाद स्वावलम्बी बन सकें।

प्रशिक्षणार्थियों का चयन क्षेत्रीय कार्यालय/क्षेत्र प्रशासनिक कक्ष के प्रतिनिधि अथवा सहायक निदेशक, विपणन एवं सेवा विस्तार केन्द्र की उपस्थिति में लिए गए साक्षात्कार के आधार पर किया जाना चाहिए। परम्परागत शिल्पकारों के परिवारों के प्रशिक्षणार्थियों को प्राथमिकता दी जानी चाहिए।

संगठन प्रशिक्षण के दौरान प्रशिक्षणार्थियों के प्रयोग के लिए प्रति प्रशिक्षणार्थी 500 रुपये की राशि के अनधिक के औजार बॉक्स खरीदेगा। इन औजार बॉक्सों को सत्र के अंतिम कार्य दिवस को प्रशिक्षणार्थियों को स्वयं रखने के लिए देना होगा ताकि वे उसके बाद तुरन्त अपने शिल्प का कार्य आरम्भ कर सकें।

संगठन योजना में निर्धारित किए गये प्रशिक्षक को मानदेय के रुप में 1500 रुपये तथा प्रशिक्षणार्थियों को छात्रवृत्ति के रुप में 250 रुपये से कम का भुगतान नहीं करेगा। व्यय की अन्य मदों के सम्बन्ध में विकास आयुक्त (हस्तशिल्प) कार्यालय से वित्तीय सहायता पूर्ण रूप से निर्धारित वित्तीय सीमा तक सीमित होगी।

2. विपणन कार्यक्रम (Marketing Programmes)

शिल्पकारों की विभिन्न आवश्यकताओं को पूर्ण करने हेतु पूरे देश में 47 विपणन एवं सेवा विस्तार केन्द्र स्थापित किए गए हैं। ये केन्द्र विपणन, ऋण, कच्चा माल तथा डिजाइन विकास में सहायता देते हैं। ये केन्द्र मुख्य रूप से निम्न चार प्रकार के बाजार संबंधी कार्यक्रम आयोजित करते हैं :

(i) उत्पाद संवर्धन कार्यक्रम, (ii) शिल्प बाजार,
(iii) बाजार बैठक, (iv) मेले तथा उत्सव,

3. हस्तशिल्प प्रदर्शनी योजना (Handicraft exhibitions scheme)

इस योजना के अन्तर्गत हस्तशिल्प के विकास/विपणन में संलग्न संगठनों को देश/विदेश में आयोजित हस्तशिल्प सम्बन्धी प्रदर्शनियों में भाग लेने के लिए

सहायता प्रदान की जाती है। इससे हस्तशिल्प के उत्पादों के बिक्री तथा प्रचार में काफी वृद्धि होती है।

3.2 राज्य स्तर के संगठन (State Level Organisations)

राज्य में लघु उद्योगों के विकास के लिए राज्य सरकार ने विभिन्न संगठन स्थापित किये है ताकि उद्योगों का समुचित विकास हो सके एवं राज्य में उपलब्ध प्राकृतिक सम्पदाओं का समुचित उपयोग हो सकें। अतः राज्य सरकार ने लघु उद्योगों की स्थापना हेतु निम्न संगठन कार्यरत है :

1. राजस्थान लघु उद्योग मंडल (R.S.I.B.)
2. राज्य लघु उद्योग निगम (R.S.I.C.)
3. उद्योग निदेशालय व जिला उद्योग केन्द्र (D.I. & D.I.C.)
4. राज्य वित्त निगम (S.F.C. / R.F.C.)
5. राजस्थान राज्य खनिज विकास निगम लिमिटेड (R.S.M.D.C.)
6. राज्य विद्युत मंडल (R.S.E.B.)
7. प्रदूषण निवारण एवं नियंत्रण मंडल
8. राजस्थान खादी तथा ग्रामोद्योग बोर्ड
9. राजस्थान हाथकरघा विकास निगम (R.H.D.C.)
10. राजस्थान कन्सल्टेन्सी ओर्गेनाइजेशन लिमिटेड (RAJCON)

3.2.1 राजस्थान लघु उद्योग मंडल (Rajasthan Small Scale Industries Board)

राज्य सरकार द्वारा राजस्थान लघु उद्योग मंडल का गठन राज्य में लघु उद्योगों की समस्याओं पर विचार करने के लिए तथा सरकार को उनके निराकरण के लिए सलाह देने हेतु किया गया। इस मंडल में राज्य के मुख्य मंत्री अध्यक्ष, उद्योग मंत्री उपाध्यक्ष है, तथा राजस्थान खादी एवं ग्रामोद्योग मंडल के अध्यक्ष, सचिव उद्योग, विशिष्ट आयोजना विभाग, राज्य विद्युत मंडल के अध्यक्ष, निदेशक उद्योग, निदेशक लघु उद्योग सेवा संस्थान, प्रबंध निदेशक राज्य वित्त निगम, प्रबंध निदेशक राज्य खनिज विकास निगम, प्रबंध निदेशक राज्य लघु उद्योग निगम, राज्य लघु उद्योग मंडल संघ के अध्यक्ष, लोक सभा सदस्य, बैंकों के प्रतिनिधि, राज्य के प्रत्येक क्षेत्र से लघु उद्योगों के प्रतिनिधि एवं विशेषज्ञ इस मंडल के सदस्य हैं एवं अतिरिक्त सचिव उद्योग सदस्य सचिव है।

3.2.2 राज्य लघु उद्योग निगम (State Small Industries Corporation)

अधिकतर राज्यों में वाणिज्यिक कार्यो के लिए लघु उद्योग निगमों की स्थापना की गई है जो कि व्यापारिक संस्थान के रुप में कार्य करते हैं। निगम लघु उद्योगों तथा कुटीर उद्योगों के लिए व्यावसायिक प्रोत्साहनात्मक एवं कल्याणकारी योजनाएं व कार्यक्रम संचालित करता है। इनके मुख्य कार्य निम्न है:–

1. लघु उद्योगों के विकास के लिए आर्थिक, तकनीकी तथा प्रबंध सम्बन्धी सहयोग प्रदान करना।
2. लघु उ़द्योगों को मशीन व उपकरणों के क्रय में मदद करना तथा आवश्यकता होने पर सम्भरण की व्यवस्था करना।
3. सरकार के आधार (behalf) पर औद्योगिक एस्टेट बनाना तथा उनके रख रखाव की व्यवस्था करना।
4. लघु उद्योगों के उत्पादों के लिए सरकारी विभागों से आर्डर प्राप्त कर उनको सप्लाई करना। जैसे काटेदार तार, टेंट, एवं तारपोलिन, पोलीथीन के बेग के लिए राज्य सरकार द्वारा इस निगम को एकमात्र स्रोत घोषित किया गया है।
5. लघु उद्योगों द्वारा लिये गये सरकारी व अन्य ठेकों में लघु उद्योगों की प्रत्याभूतियाँ (गारंटी) प्रदान करना।
6. कम उपलब्धता वाले कच्चे माल के डिपो खुलवाकर लघु उद्योगों तथा हस्तशिल्पियों को संभरण करना। जिला स्तर पर निगम के डिपो कार्यरत है।
7. हस्तशिल्पियों से माल की सीधी खरीद कर एम्पोरियमों के माध्यम से उनकी बिक्री करना। राजस्थान व अन्य राज्यों में राज्यस्थली के नाम से एम्पोरियम चल रहे हैं।
8. अच्छे उत्पाद हेतु हस्तशिल्प के उत्पादन केन्द्र चलाना।
9. हस्तशिल्पियों को उनके क्षेत्र में विकास एवं नये डिजाइन उपलब्ध कराने की दृष्टि से हस्तशिल्प डिजाइन विकास, प्रशिक्षण व शोध केन्द्र चलाना।
10. हस्तशिल्पियों को श्रेष्ठ कलात्मक सृजन हेतु प्रेरित करने के उद्देश्य से पुरस्कार तथा सम्मान व दक्षता प्रमाण पत्र प्रदान करना। इन्हें वृद्धावस्था पेंशन की व्यवस्था करना।

11. लघु उद्योगों तथा हस्तशिल्प उत्पादों के विपणन हेतु देश तथा विदेश में एजेंसियां स्थापित करना।
12. राज्य में लघु उद्योगों के विकास के लिए कंपनियों के शेयरों में निवेश करना तथा लघु मध्यम, व बड़े उद्योगों में समन्वय स्थापित करना।

लघु उद्योग निगम निदेशक मंडल के सानिध्य में कार्य करता है। वर्तमान में मंडल में 13 निदेशक हैं, जिनमें से 7 अराजकीय तथा 6 राजकीय है। मंडल में निदेशकों तथा अधिशाषी अधिकारियों की विभिन्न उप समितियाँ बनी हुई है जैसे कच्चा माल समिति, क्रय समिति, स्थापना समिति आदि।

3.2.3 उद्योग निदेशालय व जिला उद्योग केन्द्र (Directorate of Industries & District Industries Centre)

भारतीय संविधान में प्रदत्त शक्तियों के अनुसार लघु उद्योगों के विकास तथा नियंत्रण का कार्य राज्यों के अधीन रखा गया है। राज्यों में इस कार्य को करने के जिम्मेवारी उद्योग निदेशालय की है। राज्यों में उद्योग निदेशालय का प्रमुख निदेशक कहलाता है, लेकिन कुछ राज्यों में इस पद को क्रमोन्नत कर आयुक्त कर दिया है, इस पद पर साधारणतया भारतीय प्रशासनिक सेवा का वरिष्ठ अधिकारी पदस्थापित किया जाता है।

उद्योग निदेशालय के प्रशासनिक ढाँचे में राज्य स्तर पर उद्योग आयुक्त/निदेशक के अधीन

– औद्योगिक सलाहकार होते हैं जो तकनीकी सहायता प्रदान करते हैं तथा अन्य विभागीय मामलों में सलाह देते हैं।
– तकनीकी, ग्रामीण औद्योगिक परियोजनाएँ, औद्योगिक सहकारी समितियां हेतु अतिरिक्त निदेशकों के पद होते हैं।
– प्रशासन, तकनीकी, औद्योगिक बस्तियाँ, ग्रामीण औद्योगिक परियोजनाएँ, औद्योगिक सहकारी समितियाँ हेतु संयुक्त निदेशक होते हैं तथा उनके अधीन उप निदेशक तथा सहायक निदेशक होते हैं।

क्षेत्रीय स्तर पर क्षेत्रीय संयुक्त निदेशक होते हैं तथा उनके अधीन जिला स्तर पर उप उद्योग निदेशक/सहायक उद्योग निदेशक/जिला उद्योग अधिकारी, क्षेत्र विकास अधिकारी एवं उद्योग निरीक्षक होते हैं। आवश्यकता के अनुसार जिला उद्योग अधिकारी के अधीन खण्ड स्तर पर विस्तार अधिकारी होते हैं।

भारत सरकार की जिला उद्योग केन्द्र की योजना के अन्तर्गत "ए" श्रेणी, "बी" श्रेणी, व "सी" श्रेणी के जिला उद्योग केन्द्र हैं।

"ए" श्रेणी संयुक्त निदेशक	"बी" श्रेणी उप निदेशक	"सी" श्रेणी उप सहा. निदेशक
1. जयपुर	1. टोंक	1. बूंदी
2. अजमेर	2. चित्तोड़गढ़	2. जैसलमेर
3. भीलवाड़ा	3. नागौर	3. झालावाड़
4. उदयपुर	4. बाँसवाड़ा	4. चुरू
5. अलवर	5. सवाई माधोपुर	5. डूंगरपुर
6. कोटा	6. झुन्झुनु	6. सिरोही
7. पाली	7. सीकर	7. जालोर
8. जोधपुर	8. बीकानेर	8. बाड़मेर
	9. गंगानगर	9. दौसा
	10. भरतपुर	10. राजसमंद
	11. धौलपुर	11. बांरा
		12. हनुमानगढ़

उद्योग विभाग के जिला उद्योग उप केन्द्र (Sub-Centres) ब्यावर, किशनगढ़, मकराना, फालना, आबुरोड़, बालोतरा, फलोदी व करोली में हैं। इन उप–केन्द्रों पर जिला उद्योग अधिकारी नियुक्त हैं।

उद्योगों का पंजीकरण (रजिस्ट्रेशन) राज्य के उद्योग निदेशालय द्वारा जिला उद्योग केन्द्र में किया जाता है। यह दो चरणों में होता है : अल्पकालिक (Provisional) तथा स्थाइ (Permanent)। अल्पकालिक पंजीकरण के आधार पर उद्यमी औधोगिक क्षेत्र में उद्योग लगाने के लिए प्लाट/शेड हेतु, पावर कनेक्शन के लिए, वित्तीय सहायता हेतु, आयात, किराया–क्रय आधार पर मशीनों की खरीद हेतु तथा औद्योगिक इकाई लगाने हेतु आवेदन कर सकता है तथा अन्य समस्त कार्यवाही पूरी कर सकता है। औद्योगिक इकाई के बन कर पूरी तरह तैयार हो जाने पर उद्योग के निरीक्षण के पश्चात् जिला उद्योग अधिकारी द्वारा स्थाई पंजीकरण प्रदान किया जाता है। पंजीकरण हेतु विस्तृत जानकारी अध्याय 6 में दी गई है।

उद्योग निदेशालय अपने क्षेत्रीय अधिकारियों की सहायता से औद्योगिक इकाई के सम्बन्ध में आयातित कच्चे माल तथा मशीनों और किराया–क्रय आधार पर मशीनों के दावे की वास्तविकता को प्रमाणित करता है। आयातित कच्चे माल तथा वित्तीय सहायता के समुचित उपयोग पर अंकुश रखने की जिम्मेदारी जिला स्तर पर जिला उद्योग केन्द्र के अधिकारियों की होती है।

राज्य में औद्योगिक ऐस्टेट विकसित करने की जिम्मेदारी उद्योग निदेशालय की होती है। उद्योगों को वहाँ प्लाट अथवा शेड उद्योग निदेशक या उनके सहायकों जैसे राज्य लघु उद्योग निगम या राज्य औद्योगिक विकास एवं निवेश निगम द्वारा सीधे क्रय या किराया–क्रय आधार पर आवंटित किये जाते हैं। उद्योगों को सरकारी वित्तीय सहायता के तहत उद्योग आयुक्त/निदेशक के द्वारा एक औद्योगिक इकाई को एक लाख रु. तक का ऋण राज्य सरकार द्वारा अनुमोदित रियायती ब्याज दर पर देने का प्रावधान है, लेकिन कुछ राज्यों में वास्तव में ऋण राज्य वित्त निगम द्वारा दिया जाता है।

लघु उद्योगों को विपणन में सहायता हेतु राज्य सरकारें एम्पोरियम खोलती है तथा जिला, राज्य व अखिल भारतीय स्तर पर आयोजित विभिन्न मेलों एवं प्रदर्शनियों में लघु उद्योगों के उत्पादों का प्रदर्शन, विक्रय करती है तथा सप्लाई आर्डर लेती है। निर्यात संवर्धन परिषद के माध्यम से कुछ राज्य सरकारें उत्पादों को विदेशों में विक्रय के लिए भी सहायता प्रदान करती है। राज्यों में उद्योग निदेशक सरकारी खरीद में सहायता करते हैं तथा अपने राज्यों के लघु औद्योगिक इकाईयों को प्रमुखता देते हैं।

अतः संक्षेप में इसके मुख्य कार्य इस प्रकार हैं :–

1. औद्योगिक अधिनियम को लागू करना तथा राज्य योजनाओं को क्रियान्वित करना।
2. उद्योगों का पंजीकरण करना व स्वीकृति प्रदान करना।
3. किसी भी संस्थान को उद्योगों के प्रार्थना पत्र इस विभाग द्वारा अग्रेक्षित किये जाते हैं।
4. उत्पादन कार्यक्रम की अनुमति प्रदान करना।
5. कच्चे माल व अन्य सामान का उद्योगों को वितरण करना तथा उन्हें हर प्रकार से सहायता करना।
6. राज्य सरकार द्वारा प्रदत्त सुविधायें प्रदान करना।

3.2.4 राज्य वित्तीय निगम (State Financial Corporation, S.F.C.)

राज्य वित्त निगम लघु एवं मध्यम उद्योगों की स्थापना हेतु भूमि, भवन निर्माण, प्लांट, मशीनरी आदि के लिए तथा स्थापित उद्योगों को विकास, आधुनिकीकरण आदि के लिए ऋण प्रदान करता है।

राज्य वित्तीय निगम अधिनियम, 1951 के तहत प्रत्येक राज्य में सरकार द्वारा वित्त निगम स्थापित किये जाने की व्यवस्था है, जिससे लघु तथा मध्यम उद्योगों को लम्बी अवधि के ऋण प्रदान किये जाने की व्यवस्था हो सकें तथा केन्द्र एवं राज्य सरकार द्वारा दी जाने वाली वित्तीय सहायता इन वित्त निगमों के

माध्यम से दी जा सके। इस अधिनियम के तहत राज्य वित्त निगमों को निम्न अधिकार प्राप्त हैं।

(i) औद्योगिक प्रतिष्ठानों को ऋण प्रदान करना, ऋण पत्र खरीदना, जिनकी अवधि 20 वर्ष से अधिक न हो।

(ii) औद्योगिक प्रतिष्ठानों द्वारा जुटाए जाने वाले ऋणों के लिए गारंटी प्रदान करना।

(iii) औद्योगिक प्रतिष्ठानों द्वारा जारी किए गए शेयरों, डिबेंचरों, ऋण पत्रों आदि को जारी करने की जिम्मेवारी लेना।

(iv) किसी औद्योगिक प्रतिष्ठान से लेन–देन के सम्बन्ध में राज्य अथवा केन्द्रीय सरकार या औद्योगिक वित्त निगम की ओर से अभिकर्त्ता (Agent) के रूप में कार्य करना।

राज्यों के वित्त निगमों द्वारा दी जाने वाली ऋण की राशि एकल स्वामित्व व साझेदारी फर्म को 90 लाख रु तक है तथा कंपनी या पंजीकृत सहकारी समिति को 150 लाख रु तक है।

निगम से ऋण प्राप्त करने के लिए आवेदन पत्र निर्धारित फार्म में भरकर निर्धारित फीस के साथ जमा कराना होता है। आवेदन पत्रों की जाँच निगम के अधिकारियों द्वारा की जाती है। निगम द्वारा ऋण की अदायगी से पूर्व सभी कानूनी कार्यवाईयाँ पूर्ण हो जानी आवश्यक है। ऋण की स्वीकृति के लिए मार्जिन राशि प्रायः 20 से 25 प्रतिशत है तथा विशेष मामलों में 5 से 50 प्रतिशत भी है। राज्य के वित्त निगमों ने अनेक प्रकार के उद्यमियों के सहायतार्थ विभिन्न प्रकार की योजनायें चालु कर रखी हैं। इससे सम्बन्धित विस्तृत जानकारी अध्याय 7 में दी गई है।

3.2.5 राजस्थान राज्य खनिज विकास निगम लिमिटेड (Rajasthan State Mineral Development Corporation Ltd., RSMDC)

राजस्थान राज्य खनिज विकास निगम की स्थापना कम्पनी के रूप में 1 नवम्बर, 1979 को हुई थी। इससे पूर्व यह राजस्थान राज्य औद्योगिक एवं खनिज विकास निगम का हिस्सा था। इस निगम की स्थापना का उद्देश्य राज्य की अभूतपूर्व खनिज सम्पदा का दोहन करना, खनिज दोहन क्रियाओं का वैज्ञानिक तौर पर विकास, खनिज आधारित उद्योगों की स्थापना, परामर्श सेवा (Consultancy Service) प्रदान करना तथा खनिजों और खनिज आधारित उत्पादों का आयात व निर्यात करना है।

निगम वर्तमान में 11 प्रकार के खनिजों का खदान कार्य कर रहा है। रॉक फासफेट, जिप्सम, लाइम स्टोन, मार्बल खदान कार्यो में मशीनों का उपयोग

किया जा रहा है। राज्य में उपलब्ध रॉक फॉसफेट का उपयोग फॉसफोरिक एसिड तथा खाद के बनाने में किया जाता है। केमिकल तथा सीमेन्ट ग्रेड का उपलब्ध जिप्सम देश की आधे से अधिक आवश्यकता की पूर्ति कर रहा है। इसके अतिरिक्त फलोरसपार, ग्रेफाइड, बेन्टोनाइट, बेराइट, ग्रेनाइट, स्लेट तथा मल्टी मेटल खनिजों के दोहन का कार्य इस निगम द्वारा किया जा रहा है।

इस निगम के प्रयास से खनिजों की उपलब्धता के कारण राज्य में अधिकाधिक खनिज आधारित उद्योग लगाये गये हैं तथा इनमें निरन्तर वृद्धि हो रही है। मार्बल टाइल्स तथा ग्रेनाइट टाइल्स के उद्योग काफी पनप रहे हैं। मार्बल टाइल्स तथा ग्रेनाइट टाइल्स की सप्लाई विभिन्न राज्यों को की जा रही है तथा साथही इनके निर्यात से काफी विदेशी मुद्रा भी प्राप्त हो रही है। खनिज आधारित उद्योगों के तीव्रगति से विकास के लिए निगम ने नई नीति बनाइ है, जिसके तहत संयुक्त क्षेत्र में उद्योगों की स्थापना को प्रोन्नत करने हेतु कच्चे माल की सप्लाई सुनिश्चित की जाती है तथा इक्विटी पूंजी में निवेश किया जाता है।

उद्यमियों का खनिजों के दोहन तथा खनिज आधारित उद्योगों को लगाने हेतु परामर्श सेवायें निगम द्वारा प्रदान की जा रही है। अन्य राज्यों के खनिज विकास निगम भी इस निगम से परामर्श सेवायें ले रहे हैं।

3.2.6 राज्य विद्युत मंडल (State Electricity Board)

भारतीय विद्युत अधिनियम, 1910 के तहत प्रत्येक राज्य में विद्युत ऊर्जा के जनन तथा वितरण के लिए राज्य विद्युत मंडल का गठन किया गया है।

औद्योगिक इकाइयों द्वारा पावर कनेक्शन लेने की विधि

(i) औद्योगिक क्षेत्रों में पावर लाईन डालने तथा पावर वितरण हेतु सब–स्टेशन लगाने के लिए राजस्थान राज्य औद्योगिक विकास एवं विनियोजन निगम (रीको) की राज्य विद्युत मंडल (आर॰एस॰ई॰बी॰) के साथ व्यवस्था है।

(ii) 11 के॰बी॰ तक की पावर लाइन, सिर्फ सड़क के एक तरफ, औद्योगिक इकाई की चार दीवारी तक डाली जाती है। इसके लिए उद्यमी को किसी प्रकार का भुगतान नहीं करना पड़ता है।

(iii) एच॰टी॰ उपभोक्ताओं के लिए डाली जाने वाली सर्विस लाईन का व्यय विद्युत मंडल करता है, यद्यपि प्रारंभ में इसकी राशि विद्युत मंडल द्वारा ऋण रूप में उपभोक्ता से ली जावेगी, जो बिजली के मासिक बिलों में

33 प्रतिशत सीमा तक समायोजित कर दी जायेगी। यह सुविधा केन्द्रीय/राज्य उपक्रमों/प्रतिष्ठानों को उपलब्ध नहीं होगी।

(iv) पावर कनेक्शन लेने के लिए प्रार्थना पत्र निर्धारित प्रपत्र में 5 रु के नॉन जुडिसियल स्टाम्प पेपर; प्लाट के स्वामित्व सम्बन्धी प्रमाण पत्र (Documents) तथा क्षेत्रीय प्रबन्धक, रीको द्वारा जारी अनापत्ति प्रमाण पत्र (N.O.C.) के साथ संबंधित सहायक अभियन्ता, आर॰एस॰ई॰बी॰ के पास निम्न एस्टीमेट चार्जेज सहित देना होता है।

सप्लाई की श्रेणी (Class of supply)	एस्टीमेट चार्जेज (to be adjusted in final estimate)
(a) लघु श्रेणी औद्योगिक उपभोक्ता	4,000 रु
(b) मध्यम श्रेणी औद्योगिक उपभोक्ता	6,000 रु
(c) एच॰टी॰ औद्योगिक उपभोक्ता	– –

पावर टेरीफ (Power Tariff)

(a) **लघु श्रेणी औद्योगिक उपभोक्ता (Small Industries Service)**

(i) 15 H.P. के लोड तक 112 पैसे प्रति K.W.H, 5 पैसे प्रति यूनिट की छूट यदि बिल का भुगतान समय पर किया जाए।

(ii) 15 H.P. से अधिक तथा 25 H.P. के लोड तक : 122 पैसे प्रति KWH, 5 पैसे प्रति यूनिट की छूट यदि बिल का भुगतान समय पर किया जाय। न्यूनतम चार्जेज 35 यूनिट प्रति H.P. लगे हुए लोड पर प्रति माह। विद्युत ड्यूटी तथा ईंधन सरचार्ज अलग से।

(b) **मध्यम श्रेणी औद्योगिक उपभोक्ता (Medium Industries Service)**

(i) 25 H.P. से अधिक लेकिन 60 H.P. के लोड तक : 144 पैसे प्रति K.W.H., 5 पैसे प्रति यूनिट की छूट यदि बिल का भुगतान समय पर किया जाए। न्यूनतम चार्जेज 35 यूनिट प्रति H.P. लगे हुए लोड पर प्रति माह। विद्युत ड्युटी तथा ईंधन सरचार्ज अलग से। सप्लाई वोल्टेज A.C. 3 Phase 400/ 440 V.

(ii) 60 H.P. से अधिक तथा 100 H.P. के लोड तक : उपरोक्त (i) के अनुसार 1 सप्लाई वोल्टेज A.C. 3 Phase 11 KV; उपभोक्ता को ट्रांसफार्मर की व्यवस्था करनी होती है।

(iii) 100 H.P. से अधिक लोड लेकिन अधिकतम मांग 125 KVA से अधिक न हो : 150 पैसे प्रति K W H, 5 पैसे प्रति यूनिट की छूट यदि बिल का भुगतान समय पर किया जाए। न्यूनतम चार्जेज 40 यूनिट प्रति H.P. लगे हुए लोड पर प्रति माह। विद्युत ड्यूटी तथा ईंधन सरचार्ज अलग से। सप्लाई वोल्टेज A.C. 3 Phase 11 K.V.; उपभोक्ता को ट्रांसफार्मर की व्यवस्था करनी होती है।

(c) एच॰टी॰ औद्योगिक उपभोक्ता (High Tension Tariff)

125 KVA से अधिक मांग के लिए : 162 पैसे प्रति KWH, बिल का भुगतान समय पर न करने पर 2% देर से भुगतान सरचार्ज लिया जाता है। विद्युत ड्यूटी तथा ईंधन सरचार्ज अलग से।

निम्न दर्शाई गई वोल्टेज पर उपभोक्ता द्वारा सप्लाई लेने पर बिल की रकम पर निम्न छूट दी जाती है :

33 KV – 1.5% 132 KV – 5%

66 KV – 3% 220 KV – 10%

नोट – वर्तमान में विद्युत ड्युटी 10 पैसे प्रति यूनिट तथा ईंधन सरचार्ज 60 पैसे प्रति यूनिट है।

3.2.7 प्रदूषण निवारण एवं नियंत्रण मण्डल (Pollution Prevention and Control Board)

स्वच्छ पर्यावरण जीवन की मूलभूत आवश्यकता है। स्वच्छ पर्यावरण में शुद्ध वायु, स्वास्थ्यकर जल, संतुष्ट करने वाली ध्वनि तथा आनन्दमय भूमि सम्मिलित है। इनको प्रदूषण से बचाने तथा प्रदूषण नियंत्रण हेतु सरकार द्वारा कई अधिनियम बनाये गये हैं। इन अधिनियमों के तहत केन्द्रीय तथा राज्य स्तर पर प्रदूषण निवारण एवं नियंत्रण मण्डल बनाये गये हैं। इन मण्डल के कार्य निम्न प्रकार है –

केन्द्रीय मण्डल के कार्य (Functions of Central Board)

जल प्रदूषण तथा वायु प्रदूषण निवारण व नियंत्रण हेतु केन्द्रीय बोर्ड के मुख्य कार्य निम्न हैं :

(i) राज्यों के विभिन्न क्षेत्रो में स्रोत/धाराओं (streams) तथा कुओं की सफाई को प्रोन्नत करना।

(ii) देश में वायु के गुणों को प्रोन्नत करना तथा वायु प्रदूषण का निवारण व प्रदूषण पर नियंत्रण रखना अथवा प्रदूषण को घटाना।

उपरोक्त कार्यों के संदर्भ में केन्द्रीय मण्डल द्वारा निम्न कार्य किये जाते हैं:

(i) वायु तथा जल के प्रदूषण निवारण व नियंत्रण से संबंधित किसी भी विषय पर केन्द्रीय सरकार को सलाह देना।

(ii) वायु तथा जल के प्रदूषण निवारण व नियंत्रण हेतु राष्ट्रीय स्तर की योजना बनाना तथा उसे क्रियान्वित करना।

(iii) राज्य मण्डलों के कार्यकलापों में समन्वय करना तथा उनके बीच मतभेदों (disputes) को सुलझाना।

(iv) वायु तथा जल प्रदूषण की समस्याओं तथा उनके निवारण एवं नियंत्रण संबंधी खोज तथा अनुसंधान करना और राज्य मंडलों को तकनीकी सहायता तथा माग प्रदर्शन प्रदान करना।

(v) वायु तथा जल प्रदूषण निवारण व नियंत्रण में लगे या लगाये जाने वाले व्यक्तियों के प्रशिक्षण की योजना बनाना एवं व्यवस्था केन्द्रीय मण्डल के निर्देशों के अनुसार करना।

(vi) वायु तथा जल प्रदूषण निवारण व नियंत्रण संबंधी कार्यक्रम पूरे राष्ट्र में आयोजित करना।

(vii) वायु तथा जल प्रदूषण निवारण व नियंत्रण संबंधी तकनीकी एवं सांख्यिकी आंकड़े एकत्रित करना, संकलन करना तथा उनका प्रकाशन करना एवं इससे संबंधित मेन्युअल, कोड्स तथा गाइडस तैयार करना।

(viii) वायु तथा जल के गुणत हेतु मानक बनाना।

(ix) वायु तथा जल प्रदूषण संबंधी सूचनायें इकट्ठी करना एवं उनका वितरण करना।

(x) इसी प्रकार के अन्य निर्देशित कार्य करना।

(xi) भाग 18 के उपभाग (8) के अनुसार दिये गये आदेशों में निर्दिष्ट किसी भी राज्य मण्डल के कार्यों को करना।

(xii) केन्द्रीय बोर्ड़ उपरोक्त वर्णित कार्यों को सुचारु रुप से करने के लिए प्रयोगशालायें स्थापित कर सकती है या किन्हीं प्रयोगशालाओं को प्रमाणित कर सकती है।

राज्य मण्डल के कार्य (Functions of State Board)

जल प्रदूषण तथा वायु प्रदूषण निवारण व नियंत्रण हेतु राज्य मण्डल के कार्य निम्न है –

(i) वायु तथा जल प्रदूषण निवारण व नियंत्रण हेतु ठोस योजना बनाना, एवं उसे क्रियान्वित करना।

(ii) वायु तथा जल प्रदूषण निवारण व नियंत्रण एवं वायु की किस्म सुधार संबंधी किसी भी विषय पर राज्य सरकार को सलाह देना।

(iii) वायु तथा जल प्रदूषण निवारण एवं नियंत्रण सबंधी कार्यक्रम आम जनता की जानकारी हेतु आयोजित करना।

(iv) वायु तथा जल प्रदूषण की समस्याओं तथा उनके निवारण एवं नियंत्रण संबंधी खोज तथा अनुसंधान हेतु तकनीकी सहायता तथा मार्गदर्शन प्रदान करना।

(v) वायु तथा जल प्रदूषण निवारण व नियंत्रण में लगे व्यक्तियों के प्रशिक्षण की योजना बनाना एवं व्यवस्था आवश्यक शर्तों के अनुसा करना।

(vi) वायु तथा जल प्रदूषण निवारण व नियंत्रण संबंधी तकनीकी एवं सांख्यिकी आंकड़े एकत्रित करना, संकलन करना तथा उनका प्रकाशन करना; सीवरेज और औद्योगिक उच्छिष्ठ (effluents) के उपचार तथा निस्तारण एवं स्टेकस तथा डक्टस व स्टेक गैस सफाइ उपकरणों संबंधित मेन्युअल, कोडस तथा गाइडस तैयार करना।

(vii) वायु तथा जल प्रदूषण तथा उनके निवारण व नियंत्रण संबंधित एकत्रित सूचनाओं का वितरण करना।

(viii) स्रोत/धाराओं तथा कुओं एवं वायु के किस्म के लिए राज्य सरकार के परामश से मानक तैयार करना या उसमें सुधार लाना।

(ix) ऐसे उद्योगों जिनसे धाराओं, कुओं या वायु के प्रदूषित होने की संभावना हो, उनके लगाने के स्थान के बारे में राज्य सरकार को सलाह देना।

(x) सीवरेज तथा औद्योगिक उच्छिष्ठ के उपचार, औद्योगिक इकाईयों के विकास तथा एकत्रित गैस (Stock Gas) सफाई विधि, ऑटोमोबाइल्स तथा अन्य वायु प्रदूषित करने वाले स्रोतों के सम्बन्ध में मानक तैयार करना।

(xi) सीवरेज तथा औद्योगिक उच्छिष्ठ के भूमि पर निस्तारण की प्रभावी विधि निकालना।

(xii) सीवरेज तथा औद्योगिक उच्छिष्ठ के उपचार एवं वायु प्रदूषण उपकरणों हेतु विश्वास योग्य तथा मितव्ययी विधिया तैयार करना।

(xiii) वायु (प्रदूषण निवारण व नियंत्रण) अधिनियम, 1981 के अनुसार राज्य में वायु प्रदूषण नियंत्रण क्षेत्र/क्षेत्रों का निर्धारण करना।

(xiv) जल तथा बेकार (Waste) जल उपचार संयंत्रों, वायु प्रदूषण नियंत्रण क्षेत्रों, प्रदूषण नियंत्रण उपकरणों, औद्योगिक संयंत्रों अथवा उत्पादन प्रक्रमों का वायु तथा जल की किस्म का निर्धारण करने हेतु निरीक्षण करना तथा वायु एवं जल प्रदूषण निवारण व नियंत्रण के लिए कदम उठाना।

3.2.8 राजस्थान खादी तथा ग्रामोद्योग बोर्ड (Rajasthan Khadi and Village Industries Board)

राजस्थान में खादी तथा ग्रामोद्योग के माध्यम से राज्य की ग्रामीण क्षेत्रों की आर्थिक व्यवस्था को सुदृढ़ करने की दृष्टि से राजस्थान खादी तथा ग्रामोद्योग बोर्ड का गठन राज्य विधान सभा द्वारा पारित राजस्थान खादी तथा ग्रामोद्योग बोर्ड अधिनियम 1955 के अन्तर्गत अप्रैल 1955 में किया गया। बोर्ड के अध्यक्ष के अतिरिक्त बोर्ड में 12 सदस्य होते हैं, जिनमें 4 पदेन और 8 गैर सरकारी सदस्य है। गैर सरकारी सदस्य राज्य सरकार द्वारा मनोनीत किये जाते हैं जिनका कार्यकाल 2 वर्ष का होता है।

बोर्ड द्वारा कर्तव्यों के पालन एवं मंत्रणा देने के लिए निम्नांकित स्थाई समितियों का गठन किया गया है : 1. कार्यकारिणी समिति, 2. अर्थ समिति, 3. चयन/सेवा समिति। तदर्थ समितियों के गठन का भी प्रावधान है। आवश्यकतानुसार समय–समय पर ऐसी समितियां विभिन्न कार्यों के लिए गठित की जाती है। बोर्ड एवं समितियों के निर्णयों की अनुपालना, मार्ग दर्शन तथा प्रशासनिक कार्य हेतु राज्य स्तर मुख्यालय, जिला स्तर और पंचायत समिति के स्तर की संरचना की हुई है।

बोर्ड का मुख्यालय जवाहर लाल नेहरू मार्ग, बजाज नगर, जयपुर में स्थित है। जिला स्तर पर जिला उद्योग केन्द्र के उपनिदेशक/सहायक निदेशक /जिला उद्योग अधिकारी द्वारा कार्य सम्पादित किया जाता है। राज्य के दूरस्थ ग्रामों में खादी ग्रामोद्योग के प्रचार प्रसार के लिए पंचायत समिति स्तर पर ग्रामोद्योग प्रसार अधिकारी (237) हैं जो ग्रामीण विकास एवं पंचायती राज विभाग में प्रतिनियुक्ति पर है। ग्रामोद्योग प्रसार अधिकारी कामगारों के ऋण पत्र तैयार करवाता है। इसके अतिरिक्त कामगारों को कच्चा माल उपलब्ध करवाने, तकनीकी मार्गदर्शन देने तथा तैयार माल की बिक्री में भी सहायता करता है।

ग्रामीण क्षेत्रों में आर्थिक विकास एवं बेरोजगारी की समस्या के निवारण हेतु खादी व ग्रामोद्योग ही सबल माध्यम है। बोर्ड द्वारा खादी और ग्रामोद्योग आयोग द्वारा परिभाषित खादी (सूती रेशमी और ऊनी) तथा 96 ग्रामीण उद्योगों (विस्तृत जानकारी "खादी एवं ग्रामोद्योग आयोग" शीर्षक में देखें) को ग्रामीण क्षेत्र में स्थापित करने हेतु निर्धारित पैटर्न पर ऋण व अनुदान उपलब्ध कराया जाता है। राजस्थान खादी एवं ग्रामोद्योग बोर्ड ने अपने अधिकारों का उपयोग करते हुए कुछ और उद्योगों को ग्रामोद्योग में शामिल किया है। इनमें रंगाई, छपाई, गलीचा निर्माण, पेंटिंग कार्य, कांच की कसीदाकारी तबले, ढोलक, नगारा व कांच पर सोने का काम शामिल है। बोर्ड द्वारा आयोग की योजना के अन्तर्गत ग्रामोद्योग में लगे कामगारों, सहकारी समितियों एवं संस्थाओं को आर्थिक सहायता, तकनीकी जानकारी व सुधरे औजार उपलब्ध कराये जाकर इन्हें अधिक से अधिक प्रोत्साहन दिया जा रहा है। बोर्ड के गठन से पूव ग्रामोद्योगों का कोई संगठन नहीं था। मार्च 1991 तक बोर्ड द्वारा 260 संस्थाओं, 1561 समितियों तथा 114563 व्यक्तिगत इकाइयों को आर्थिक सहायता उपलब्ध की जा चुकी है। खादी क्षेत्र में रोजगार सृजन का स्तर 1,58,376 व्यक्तियों तक तथा ग्रामोद्योगों में यह स्तर 8,97,654 तक पहुंच गया है। इस प्रकार मार्च 91 तक लगभग 4,56,030 व्यक्त्यिों को राज्य में खादी ग्रामोद्योग क्षेत्र में रोजगार उपलब्ध करा दिया गया है।

बोर्ड को खादी तथा ग्रामोद्योगों के विकास एवं विस्तार हेतु धन राशि निम्न स्रोतों से उपलब्ध होती है :–

1. खादी तथा ग्रामोद्योग आयोग
2. राज्य सरकार आयोजना व गैर–आयोजना
3. राष्ट्रीयकृत बैंको से ऋण

कामगारों तथा संस्था/समितियों को आर्थिक सहायता के लिए मांग पत्र निश्चित प्रपत्र में भरकर जिला उद्योग निरीक्षक/ग्रामोद्योग प्रसार अधिकारी की सिफारिश के साथ जिला उद्योग केन्द्र को भेजना होता है। 10,000 रु तक की राशि स्वीकृत करने के अधिकार जिला उद्योग केन्द्र में गठित कमेटी को दिये हुवे हैं, जिनसे कामगारों को उनके जिले में ही आर्थिक सहायता मिल जाती है। 10,000 रु से अधिक लेकिन 25,000 रु तक की राशि स्वीकृत करने के अधिकार बोर्ड के सचिव को दिये हुवे हैं तथा 25,000 रु से अधिक की राशि के ऋण स्वीकृत करने के अधिकार बोर्ड को दिये हुवे हैं।

बोर्ड द्वारा निम्न व्यवसायिक केन्द्र संचालित किये जा रहे हैं :

1. खादी ग्रामोद्योग भवन, जयपुर, 2. ऊनी उत्पति केन्द्र, बीकानेर, 3. ऊन अनुभाग, बाड़मेर, 4. ऊन उत्पादन केन्द्र, फलोदी, 5. अम्बर पूणी प्लांट, आबूरोड, 6. मधुमक्खी पालन केन्द्र, माऊन्ट आबू।

खादी बिक्री हेतु आयोग के पैटर्न के अनुसार इस समय आयोग व बोर्ड द्वारा अनुदानित 690 खादी भण्डार प्रदेश में कार्यरत हैं। राज्य सरकार द्वारा ग्रामीण दस्तकारों के उत्पादित माल को बड़े उद्योगों की मूल कीमत से 10 प्रतिशत मूल्य वरीयता की सुविधा दी गई है। राज्य सरकार द्वारा ग्रामोद्योग उत्पादों की बिक्री कर से मुक्त रखा गया है किन्तु समितियों में व्यक्तिगत इकाईयों को क्रमशः 5 लाख रु व 2 लाख रु तक के उत्पादन को ही बिक्री कर से मुक्त रखा गया है। बोर्ड समय–समय पर जिला स्तरीय, राज्य स्तरीय व राष्ट्र स्तर के मेलों में अपने उत्पादित माल के प्रदर्शन व बिक्री हेतु प्रदर्शनियां लगाकर उनमें भाग लेता है।

3.2.9 राजस्थान हाथकरघा विकास निगम (Rajsathan Handloom Development Corporation, R.H.D.C.)

हाथकर्घा विकास निगम की स्थापना समाज के गरीब व अविकसित तबके को रोजगार उपलब्ध कराने व गरीबो को सस्ती दरों पर कपड़े उपलब्ध कराने के लिए की गई। हाथकर्घा कपड़ा बनाने की प्राचीनतम तकनीक है, जिसके द्वारा विभिन्न प्रकार के कपड़े निर्मित किये जाते हैं। आज भी भारत के गांवों में हाथकर्घा रोजगार का साधन है। हाथकर्घा निगम बुनकरों को निम्न सुविधायें उपलब्ध कराता है।

– कपड़ा बुनने के लिए सूत उपलब्ध कराना;
– कपड़ा बुनने का उचित पारिश्रमिक देकर कपड़ा प्राप्त करना।
– बुनकरों द्वारा हाथकर्घा पर निर्मित कपड़े का विपणन करना।

राजस्थान हाथकर्घा निगम का मुख्य कार्यालय चौमू हाऊस, जयपुर में स्थित है। इसके पूरे राज्य में 47 डिपो व 16 उप डिपो हैं। विपणन व्यवस्था के लिए राजस्थान के अतिरिक्त तीन अन्य केन्द्र दिल्ली, कोलकाता, एव अहमदाबाद में स्थित हैं। भारत सरकार ने भी हाथकर्घा के विकास के लिए जनता कपड़े के निर्माण को प्रोत्साहित किया है तथा सरकार द्वारा निर्धारित दरों पर जनता कपड़ा बेचने पर अनुदान भी प्रदान किया जाता है। जिसकी वर्तमान दर रु 3.20 प्रति मीटर है।

3.2.10. राजस्थान कन्सल्टेंसी ऑर्गेनाइजेशन लिमिटेड (Rajasthan Consultancy Organisation Ltd., RAJCON)

लघु तथा मध्यम श्रेणी के उद्योगों के योजनाबद्ध विकास में सहयोग की आवश्यकता हेतु अखिल भारतीय वित्तीय संस्थानों में राज्य स्तरीय वित्तीय संस्थाओं, विकास एजेंसियों तथा बैंकों के सहयोग से देश के विभिन्न राज्यों में तकनीकी परामर्शदात्री संस्थाओं (Technical Consultancy Organisations) का प्रायोजन किया। इसी क्रम में भारतीय औद्योगिक वित्त निगम (IFCI) के तत्वाधान में "राजकॉन" की स्थापना तकनीकी, प्रबन्धकीय, विपणन तथा वित्तीय परामर्श सेवा उद्यमियों को प्रदान करने हेतु की गई।

राजकॉन का प्रायोजन राष्ट्रीय स्तर पर आई एफ सी आई, आई डी बी आई तथा आई सी आई सी आई, राज्य स्तर पर आर एफ आई सी एवं राज्य में छः लीड बैंकों स्टेट बैंक ऑफ बीकानेर एण्ड जयपुर, बैंक ऑफ राजस्थान, बैंक ऑफ बड़ौदा, सेन्ट्रल बैंक ऑफ इंडिया, पंजाब नेशनल बैक तथा यूनाइटेड कमर्शियल बैंक द्वारा किया गया।

राजकॉन तकनीकी क्षेत्रों में नवीनतम विकास, मार्केट, राजकीय नियमों तथा प्रनोतक योजनाओं की पूर्ण जानकारी रखता है। साथ ही भविष्य की आवश्यकताओं का आंकलन भी करता रहता है। राजकॉन राज्य में अत्यन्त लघु तथा मध्यम क्षेत्र के उद्योगों के विकास के लिए आर एफ सी, रीको तथा उद्योग विभाग के साथ मिलकर कार्य करता है।

राजकॉन के निदेशक मंडल में राष्ट्रीय तथा राज्य स्तर की वित्तीय संस्थाओं के अनुभवी विशेषज्ञ, बैंकों के उच्चाधिकारी, उद्योग निदेशक तथा उद्योगपति होते हैं। राजकॉन के कन्सलटिंग स्टाफ में इंजीनियरी के विभिन्न क्षेत्रों के विशेषज्ञ, व्यापार प्रबन्ध, वित्त, अर्थशास्त्र तथा मार्केटिंग के विशेषज्ञ हैं। इसके अतिरिक्त इसके प्रायोजित संस्थाओं के तकनीकी विशेषज्ञ एवं सहयोग तकनीकी परामर्शदात्री संस्थाओं से भी उद्यमियों की कंसलटेंसी की आवश्यकताओं को परिपूर्ण करने हेतु सहायता लेता है।

राजकॉन निम्न प्रकार की सेवाएँ प्रदान करता है –

1. उद्यमियों की पहचान, उनका प्रशिक्षण तथा विकास।
2. प्रोजेक्टस की पहचान।
3. बाजार सर्वेक्षण तथा विपणन सहायता।
4. प्रोजेक्ट प्रोफाइल, संभाव्यता अध्ययन (Feasibility studies) तथा प्रोजेक्ट रिपोर्ट तैयार करना।
5. ऋण के लिए वित्तीय संस्थाओं को अनुमोदित करना।
6. प्रोजेक्ट का तकनीकी – आर्थिक आंकलन (appraisal)।
7. प्रोजेक्ट प्रगति की मोनिटरिंग करना।
8. विस्तार, आधुनिकीकरण तथा विसाखन (diversification) कार्यक्रम तैयार करना।
9. पुनर्निर्माण तथा पुनर्स्थापन (rehabilitation) अध्ययन करना एवं बीमार इकाईयों (sick Units) के उत्थान हेतु कार्यक्रम बनाना।

10. प्रबन्धकीय परामर्श देना।
11. औद्योगिक सूचनाओं तथा आंकड़ों का संकलन।
12. औद्योगिक इंजीनियरी अध्ययन करना।
13. ऊर्जा का आडिट करना (Energy Audits)।
14. प्रदूषण नियंत्रण हेतु अध्ययन, सलाह तथा रिपोर्ट तैयार करना।

उद्योग लगाने के लिए परामर्श के साथ सम्भाव्यता अध्ययन व प्रोजेक्ट रिपोर्ट बनाने हेतु राजकॉन द्वारा लिया जाने वाला शुल्क निम्न प्रकार है :–

प्रोजेक्ट लागत (Project Cost)	लिया जाने वाला शुल्क (Fees to be charged)
1. 2 लाख रु॰ तक	कुल शुल्क 3,000 रु
2. 2 लाख रु से अधिक व 5 लाख रु तक	कुल शुल्क 5,000 रु
3. 5 लाख रु से अधिक व 10 लाख रु तक	प्रोजेक्ट लागत का 1 प्रतिशत
4. 10 लाख रु से अधिक व 20 लाख रु तक	प्रोजेक्ट लागत का 0.75 प्रतिशत व न्यूनतम शुल्क 10,000 रु
5. 20 लाख रु से अधिक व 50 लाख रु तक	प्रोजेक्ट लागत का 0.5 प्रतिशत व न्यूनतम शुल्क 15,000 रु
6. 50 लाख रु से अधिक	सामान्यतः प्रोजेक्ट लागत का 0.4 प्रतिशत व न्यूनतम शुल्क 25,000 रु

नोट –

(i) राजकॉन द्वारा प्रोजेक्ट लागत में भूमि, भवन; संयंत्र तथा मशीनरी व्यय, प्रारंभिक व्यय, कार्यकारी पूंजी, मार्जिन राशि आदि सभी राशियां ली जाती है।

(ii) राजकॉन अनुसूचित जाति व जनजाति के उद्यमियों से 5 लाख रु तक की प्रोजेक्ट लागत के लिए कोई शुल्क नहीं लेता है।

(iii) राजकॉन प्रारंभ में 10 प्रतिशत शुल्क लेता है तथा शेष शुल्क राजकॉन द्वारा बनाई गई रिपोर्ट के आधार पर आर एफ सी/बैंक द्वारा ऋण स्वीकृति के पश्चात् लिया जाता है।

राजकॉन निम्न विभागों के तत्वाधान में प्रायोजित "उद्यमिता विकास कार्यक्रम" (E.D.P's) का आयोजन विभिन्न स्थानों पर करता है :

1. विज्ञान एवं प्रौद्योगिकी विभाग (Deptt. of Science & Technology)
2. भारतीय औद्योगिक वित्त निगम (I F C I)
3. भारतीय औद्योगिक ऋण एवं निवेश निगम (I C I C I)
4. भारतीय औद्योगिक विकास बैंक (I D B I)

इसके अतिरिक्त राजकॉन आई एफ सी आई, आई डी बी आई की विभिन्न प्रवर्तित योजनाओं (Promotional schemes) में परामर्श हेतु अनुदान योजनाओं (Scheme of Subsidy) के लिए कार्यकारी एजेंसी है।

3.2.11 राज्य में उद्योगों को रियायतें तथा सुविधायें (Concerrious & Facilities to Industries in Rajasthan)

1. निवेश अनुदान (Investment Subsidy)–सभी पात्र उद्योगों को निवेश अनुदान दिया जाता है। फिलहाल यह योजना 31 मार्च 96 तक लागू है।
2. बिक्री दर छूट योजना (Sales Tax Exemption Scheme) 1987 इस योजना के तहत राज्य में स्थापित होने वाले सभी नये उद्योगों को तैयार माल पर 7 वर्ष की अवधि के लिए बिक्री कर के भुगतान से छूट हैं। इसकी विस्तृत जानकारी "कर प्रणाली तथा बीमा" अध्याय में दी गई है।
3. मूल्य वरीयता (Price Preferecnde) – राज्य की लघु उद्योग इकाईयों को ISI मार्क उत्पादों पर 15% तक तथा वे उत्पाद जिन पर ISI मार्क नहीं है 10% तक मूल्य वरीयता दी जाती है।
4. क्रय वरीयता (Purchase Pereference) – मूल्य तथा किस्म स्पर्धी हों तो, राज्य में स्थापित इकाईयों से राजकीय/सार्वजनिक क्षेत्र की आवश्यकता का 70% क्रय आरक्षित है।
5. भूमि पर विशेष रियायत (Special Rebate on land) – अ॰जा॰/अ॰ज॰जा॰, विकलांग, भूतपूव सैनिकों एवं महिला उद्यमियों को तथा इलैक्ट्रानिक्स उद्योगों को।
6. भूमि के आवंटन पर वरीयता (Priority in Land Allotment) – श्रम गहन इकाईयों तथा कृषि एवं पशुधन आधारित इकाईयों को।
7. चुंगी में छूट (Octroi Exemption) आठवीं पंच वर्षीय योजना में स्थापित नई इकाईयों को 5 वर्ष तक कच्चा माल पर, नई इकाईयों को मशीनरी एवं संयंत्र आयात करने पर तथा स्थापित इकाईयों को प्रसारण हेतु मशीनरी एवं संयंत्र पर।
8. सीड केपीटल सहायता (Seed Capital Assistance) – प्रथम पीढ़ी उद्यमियों को जिनके पास तकनीकी योग्यता/संबंधित क्षेत्र में अनुभव हो, को प्रोजेक्ट लागत का 10% तथा अधिकतम 15 लाख रु॰ तक।
9. बीमार इकाईयों को सहायता (Relief to Sick Units) – पुनर्वास सहायता में RSEB द्वारा पावर कट के कारण न्यूनतम चार्जेज से छूट, पुनर्वास अवधि में 5 वर्ष के लिए विद्युत कर का आस्थगन (deferment), आस्थगित राशि पर ब्याज, जुर्माना एवं दंडनीय ब्याज से माफी, बिक्री कर

बकाया का पुनः सुनिश्चित करना, लघु इकाईयां जिनमें परिसम्पतियों में निवेश 10 लाख रु तक हो, को राज्य वित्त निगम द्वारा 5 लाख रु॰ तक का कार्यशील पूंजी ऋण देना आदि सम्मिलित हैं।

3.3 अनुसंधान, परीक्षण एवं मानक संगठन/संस्थान (Research, Test and Standard Organisations)

उद्योगों के विकास तथा सहायतार्थ सरकार ने निम्न अनुसंधान/परीक्षण एवं मानक संगठन/संस्थान की स्थापना की है।

1. राष्ट्रीय अनुसंधान प्रयोगशालाएं एवं संस्थान
2. राष्ट्रीय परीक्षण गृह
3. भारतीय मानक ब्यूरो (B.I.S.)

3.3.1 राष्ट्रीय अनुसंधान प्रयोगशालाएं एवं संस्थान (National Research Laboratories and Institutions)

भारत सरकार ने विज्ञान तथा औद्योगिक विकास हेतु 1942 में औद्योगिक विकास, विज्ञान एवं प्रोद्योगिकी मंत्रालय (Ministry of Industrial Development, Science and Technology) के अधीन एक स्वायतशाषी संस्था के रूप में वैज्ञानिक एवं औद्योगिक अनुसंधान परिषद (Council of Scientific and Industrial Research, C.S.I.R.) की स्थापना की थी, ताकि देश में वैज्ञानिक तथा औद्योगिक अनुसंधान को प्रोत्साहन दिया जा सके, उद्योगों की समस्याओं को हल करने तथा अनुसंधान हेतु प्रयोगशालाएं स्थापित की जा सकें, अनुसंधान के परिणामों तथा अन्य सम्बन्धित मामलों की सूचना को संग्रह कर उपयोग हेतु प्रसारित किया जा सके।

लघु उद्योगों के मार्गदर्शन करने तथा उनकी समस्याओं को हल करने में उनकी सहायता करने के उद्देश्य से सी॰एस॰आर॰ के नई दिल्ली स्थित प्रधान कार्यालय में सूचना तथा सम्पर्क कक्ष की स्थापना की है। इस कक्ष में लघु उद्योग सेवा संस्थानों के माध्यम से इस प्रकार की समस्याएं आती है जिन्हें प्रयोगशालाओं में हल करना होता है। यह कक्ष लघु उद्योगों को उनसे सम्बन्धित सभी मामलों में आवश्यक जानकारी प्रदान करता है, जो उसके पास उपलब्ध होती है।

सी॰एस॰आई॰आर॰ द्वारा देश के विभिन्न भागों में 36 राष्ट्रीय प्रयोगशालाएं तथा अनुसंधान संस्थान स्थापित किये गये हैं। इनमें निम्न प्रकार के कार्य होते हैं –

(i) नये उत्पादों तथा नई तकनीकों एवं प्रक्रियाओं का विकास करने के लिए अनुसंधान किये जाते हैं।

(ii) प्राकृतिक साधनों के विकास तथा उपयोग के बारे में अनुसंधान किया जाता है।

(iii) देश में उपलब्ध कच्चे माल का उत्पादन हेतु अपनाने के लिए कार्य किया जाता है।

(iv) पहिले से ज्ञात तरीकों तथा तकनीकों में संशोधन करने और उन्हें अपनाने के लिए कार्य किया जाता है।

(v) आयातित वस्तुओं का उत्पादन देश में करने हेतु बहुत कार्य होता है।

(vi) उद्योगों के लिए विकसित तरीकों व तकनीकों का प्रदर्शन आयोजित किया जाता है।

(vii) लघु तथा बड़े उद्योगों की समस्याओं का समाधान ज्ञात कर उन्हें सहयोग प्रदान किया जाता है।

3.3.2 राष्ट्रीय परीक्षण गृह (National Test House)

यह भारत सरकार का उपक्रम है तथा उद्योग एवं व्यापार के कच्चे माल, मध्यवर्ती उत्पाद और तैयार माल के परीक्षण का कार्य करता है। परीक्षणों का शुल्क परीक्षणों की संख्या तथा उनकी किस्म पर निर्भर करता है। लघु उद्योग इकाईयों से परीक्षण शुल्क में कुछ छूट दी जाती है अथवा उनसे रियायती शुल्क लिया जाता है। इसके परीक्षण प्रमाण पत्र का बहुत महत्व होता है तथा इसे कानूनी दस्तावेज के रुप में प्रस्तुत किया जा सकता है।

परीक्षण गृह की सेवाएं प्राप्त करने के लिए जिन वस्तुओं का परीक्षण करवाना हो उनके नमूने परीक्षण गृह को भेजने होते हैं। परीक्षण गृह में नमूने प्राप्त होने पर परीक्षण शुल्क के बारे में सूचित कर दिया जाता है। परीक्षण शुल्क राशि प्राप्त हो जाने पर आवश्यक जांच व परीक्षण किये जाते हैं तथा परीक्षण प्रमाण पत्र जारी किया जाता है जिसमें परीक्षण सम्बन्धी विस्तृत रिपोर्ट होती है। यदि उत्पादों की तुलना भारतीय मानक ब्यूरो अथवा अन्य मानकों से करनी हो तो उसकी रिपोर्ट भी परीक्षण प्रमाण पत्र में दी जाती है। यह परीक्षण प्रमाण पत्र परीक्षण गृह की सरकारी मोहर के साथ जारी किया जाता है।

3.3.3 भारतीय मानक ब्यूरो (Bureau of Indian Standards; B.I.S.)

भारतीय मानक ब्यूरो (भा॰मा॰ब्यूरो) जिसे पूर्व में भारतीय मानक संस्थान (Indian Standards Institute, I.S.I.) के नाम से जाना जाता था, की स्थापना भारत सरकार द्वारा विभिन्न प्रकार के कच्चे व तैयार माल की गुणवता बनाये रखने के लिए की गई थी। इस ब्यूरों द्वारा विभिन्न वस्तुओं के आदर्श गुण, उनके परीक्षण के लिए आवश्यक उपकरण/परीक्षण विधि तथा स्टेंडर्डस

आदि के विषय में भारतीय मानक प्रकाशित किये जाते हैं। अभी तक ब्यूरो द्वारा 10,000 से अधिक मानक एवं उनके संशोधन प्रकाशित किये जा चुके हैं।

भारत सरकार द्वारा सभी तकनीकी समितियों में लघु उद्योगों के प्रतिनिधि को अवश्य रखा जाता है। इन्हीं समितियों को भारतीय मानक तैयार करने का कार्य सौंपा जाता है। इस प्रकार छोटे उद्यमियों को अपने विचार व्यक्त करने तथा बड़े उद्योगपतियों को समझने का अवसर प्राप्त होता है।

भारतीय मानक ब्यूरो प्रमाणन योजना

भारतीय मानक ब्यूरो एक प्रमाणन योजना चलाता है जिसके अन्तर्गत निर्माताओं और उत्पादकों को अपने माल पर मानक मुहर लगाने के लाइसेंस जारी किये जाते हैं। ये लाइसेंस ऐसे माल के लिए होते है जिनका उत्पादन तत्सम्बन्धी भारतीय मानकों के अनुरुप हुआ हो। यह योजना भारतीय मानक ब्यूरो अधिनियम 1986 और उसके अधीन नियमों व विनियमों द्वारा ब्यूरों को उक्त कार्यों के लिए प्रदत्त अधिकारों के अधीन चलाई जाती है।

मानक महुर लगाने के लाइसेंस की स्वीकृति

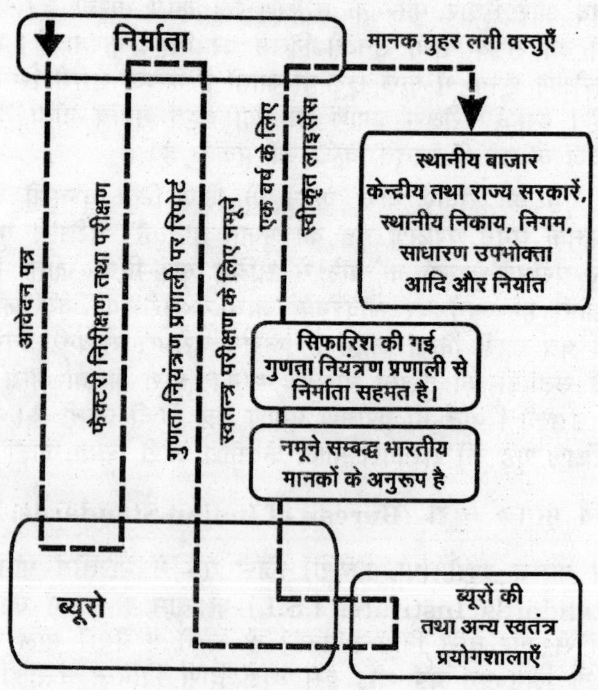

मानक मुहुर लगे माल पर पर्यवेक्षी नियंत्रण

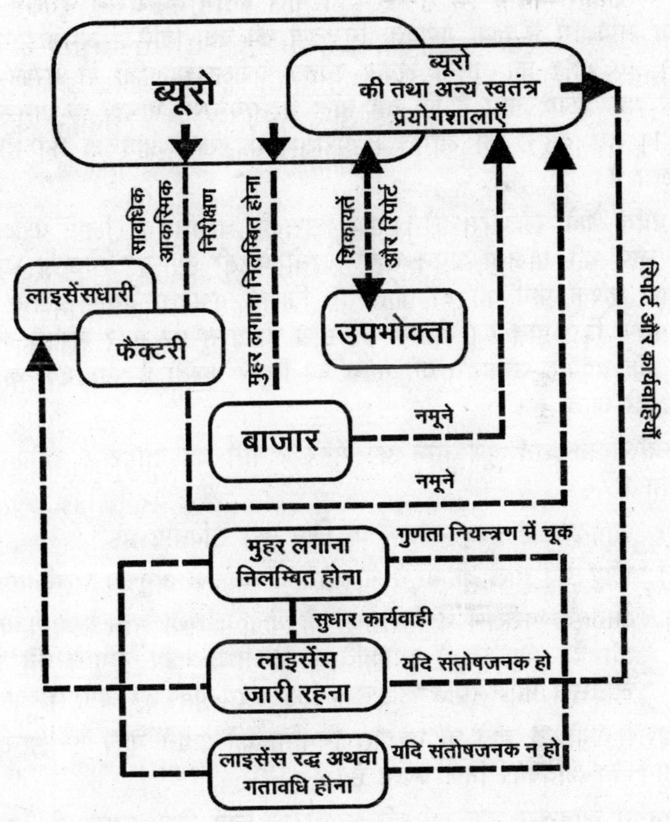

लाइसेंस लेने की विधि –

मानक मुहर लगाने की लाइसेंस लेने की विधि इस प्रकार है :–

(i) मुहर लगाने का लाइसेंस लेने के इच्छुक निर्माता को भारतीय मानक ब्यूरों को आवेदन पत्र निर्धारित फार्म में तीन प्रतियों में भर कर भेजना होता है। आवेदन–पत्र के साथ प्रत्येक लाईसेंस के लिए 500 रुपये आवेदन फीस भेजनी होती है।

(ii) किसी विशेष भारतीय मानक के अधीन आने वाली वस्तुओं में से प्रत्येक पर मुहर लगाने का लाइसेंस लेने के लिए अलग आवेदन पत्र देना होता है। यदि मानक के कई भाग हों तो हर भाग के लिए अलग आवेदन पत्र देना जरुरी होगा।

(iii) आवदेन–पत्र प्राप्त होने पर ब्यूरो फैक्टरी का प्रारंभिक मुआयना यह देखने के लिए करवाता है कि उसके यहाँ माल बनाने के दौरान परीक्षण के लिए क्या सुविधायें है तथा गुणवता नियंत्रण की क्या विधियां अपनाई जाती है? बने हुए माल का नमूना लेकर स्वतंत्र परीक्षणशालाओं से परीक्षण करवा कर यह देखा जाता है कि वह माल तत्सम्बन्धसी मानक के अनुरुप है या नहीं। इन नमूनों की लागत व परीक्षण का खर्च आवेदक को ही उठाना पड़ता है।

(iv) आवेदक को लाइसेंस लेने तथा उसको चलाने के लिए परीक्षण और निरीक्षण की योजना अपने यहां रखनी पड़ती है। यह योजना ब्यूरो द्वारा तैयार करके फर्म को दी जाती है, जिसमें गुणवता बनाए रखने के लिए नियंत्रण दिए होते हैं। योजना के साथ ही वस्तु पर मुहर लगाने की फीस, जो कि वार्षिक उत्पादन की मात्रा पर निर्भर करती है, आवेदक को सूचित कर दी जाती है।

(v) निम्नलिखित शर्ते पूर्ण होने पर मुहर लगाने का लाइसेंस स्वीकृत किया जाता है –

(क) आवेदक के यहां परीक्षण के लिए पूरी सुविधाएं हो,

(ख) लिए गए माल के नमूने भारतीय मानकों के अनुरुप उतरें, तथा

(ग) आवेदक परीक्षण व निरीक्षण की योजना तथा मुहर लगाने की फीस की दर पर अपनी स्वीकृति दे दे तथा मुहर लगाने की फीस व लाइसेंस फीस (प्रति लाइसेस 500 रुपये वार्षिक) जमा करवा दे।

(vi) लाइसेंस स्वीकृत होने के पश्चात निर्माता को अपने माल पर मानक मुहर लगाने का अधिकार मिल जाता है।

(vii) प्रारंभ में लाइसेंस एक वर्ष की अवधि के लिए दिया जाता है। तत्पश्चात् इसी अवधि के लिए नवीनीकरण किया जा सकता है। लाइसेंसधारी को लाइसेंस की वैधता अवधि की समाप्ति से एक माह पूर्व नीवनीकरण के लिए आवेदन भेजना चाहिए। नवीनीकरण के लिए प्रति आवेदन पत्र 300 रुपये फीस है। यदि ब्यूरो यह पाता है कि योजना सन्तोषजनक रुप से नहीं चलाई गई है तो हो सकता है वह लाइसेंस का नवीनीकरण नहीं करे अथवा जब तक फर्म संतोषजनक रुप से योजना चलाने योग्य नहीं बन पाती, उसका नवीनीकरण स्थगित भी किया जा सकता है।

लाइसेंस स्वीकृति के पश्चात् नियंत्रण

लाइसेंस लागू रहने की अवधि में यह निश्चित करने के लिए कि जिस माल पर मानक मुहर लगी हो वह तत्सम्बन्धी भारतीय मानक में दी गई

अपेक्षाओं के अनुसार ही तैयार किया जाए, इसके लिए ब्यूरों कई आवश्यक कदम उठाता है, जैसे –

(i) ब्यूरो के योग्यता प्राप्त निरीक्षक अकस्मात तथा नियमित रुप से जाकर लाइसेंसधारी की फैक्टरी का मुआयना करते हैं। तैयार तथा बनते हुए माल के जहां जहां से नमूने लेकर भारतीय मानक ब्यूरो की तथा अन्य स्वतंत्र परीक्षणशालाओं में उन नमूनों का परीक्षण करवाया जाता है। इसके अतिरिक्त लाइसेंसधारी भी दी गई योजना के अनुसार नमूने लेकर अपने यहां जो परीक्षण करता रहता है उनके रिकार्ड की जांच की जाती है।

(ii) मानक मुहर लगा माल बाजारों से ब्यूरों द्वारा सीधा खरीद लिया जाता है और उसकी जांच ब्यूरों की तथा अन्य स्वतंत्र परीक्षणशालाओं में कराई जाती है।

(iii) मानक मुहर लगे माल के बारे में उपभोक्ताओं और खरीददारों से जो शिकायतें प्राप्त होती है उनकी जांच की जाती है और जब कभी कोई शिकायत सही पाई जाती है तो उसे घटिया माल के बदले ठीक माल बिना किसी लागत के दिलाने का प्रबन्ध किया जाता है।

मानक मुहर लगे माल की लाइसेंसधारी अपने यहां जो परीक्षण करता है और उसके नमूनों की ब्यूरों की अथवा अन्य परीक्षणशालाओं में जो जांच की जाती है, उनके परिणाम एक दूसरे से मेल खाने चाहिए, तभी यह ज्ञात होता है कि गुणवत्ता नियंत्रण प्रणाली ठीक काम कर रही है। अगर ये दोनों परिणाम आपस में मेल नहीं खाते तो कारणों की जांच की जाती है और यदि आवश्यक हुआ तो भारतीय मानक ब्यूरो अधिनियम 1986 के नियमों व विनियमों के तहत लाइसेंसधारी के विरुद्ध कार्यवाही भी की जाती है। अगर किसी गलती के पीछे कोई बदनीयती न हो तो उसे ठीक करने के उपाय किये जाते हैं तथा प्रणाली में सुधार हो जाने की अवधि तक माल पर मुहर लगाना बन्द रखा जाता है।

पूर्व में दो चार्ट दर्शाये गये हैं इनमें से एक में मानक मुहर लगाने के लिए लाईसेंस स्वीकृत करने की विधि दर्शाई गई है तथा दूसरे में मानक मुहर लगे माल का उत्पादन तत्सम्बन्धी भारतीय मानकों के अनुरुप ही हो इसके लिए आवश्यक पर्यवेक्षी नियंत्रण बताए गए हैं।

प्रमाणन योजना के लाभ

भारतीय मानक ब्यूरों की प्रमाणन योजना से विभिन्न क्षेत्रों को अनेक प्रकार से लाभ प्राप्त होते हैं।

निर्माताओं को –

– उत्पादन विधियों में सुधार तथा गुणवता प्रणाली का लागू होना

- भारतीय मानक ब्यूरो द्वारा गुणवत्ता नियंत्रण प्रणाली की स्वतंत्र रुप से जांच
- मानकीकरण के कारण उत्पादन में होने वाली किफायत का लाभ
- देशी और विदेशी बाजारों में माल की अच्छी ख्याति
- स्टाकिस्टों, थोक व्यापारियों तथा खुदरा व्यापारियों के लिए उपभोक्ताओं का विश्वास व साख प्राप्त होना
- संगठित खरीददारों, केन्द्रीय तथा राज्य सरकारी एजेन्सियों, स्थानीय निकायो, सरकारी व निजी क्षेत्र के उद्यमों इत्यादि द्वारा खरीद में मानक मुहर लगे माल को प्राथमिकता। कुछ खरीददार मानक मुहर लगे माल के लिए अधिक कीमत देने को भी तैयार रहते हैं।
- भारतीय औद्योगिक विकास बैंक (आई डी बी आई) तथा अन्य वित्तीय संस्थानों द्वारा वित्तीय प्रोत्साहन दिया जाना।

उपभोक्ताओं को –

- भारतीय मानक ब्यूरों द्वारा निर्धारित मानकों के अनुरुप माल की उपलब्धि
- मानक वस्तु के चुनाव में सहायता
- मानक मुहर लगा माल घटिया निकलने पर मुफ्त में बदलने की व्यवस्था
- धोखा धड़ी और ठगी से बचाव
- जान और माल के खतरों से बचाव का भरोसा

सम्बन्धित खरीददारों को –

- संविदाओं के लिए सुसंगत आधार
- खरीदे गये माल के निरीक्षण व परीक्षण की आवश्यकता न होने से समय, श्रम और धन की बचत
- मानक मुहर लगा माल घटिया निकलने पर मुफ्त बदलने की व्यवस्था

निर्यातको को–

- जहां भी अनुमति हो लदान पूर्व निरीक्षण से छूट
- नर्यात संविदाओं के लिए सुसंगत आधार
- विदेशी बाजार में निर्यातक की साख

निर्यात निरीक्षण अधिकारियों को –

– देश से निर्यात होने वाले माल के विषय में विषद निरीक्षण की आवश्यकता से छूट तथा श्रम, समय और धन की बचत।

3.3.4 आई०एस०ओ० (International Standard Organization)

आई०एस०ओ० (अन्तर्राष्ट्रीय मानकीकरण संस्थान) मानकीकरण के क्षेत्र में एक विशेष संस्था है। वर्तमान में भारत सहित कुल 91 देशों के मानकीकरण संगठन इसके सदस्य हैं। आई०एस०ओ० में लगभग 180 तकनीकी कमेटियां हैं। प्रत्येक कमेटी अनेक क्षेत्रों में से किसी एक क्षेत्र के लिए जिम्मेदार है।

आई०एस०ओ० का उद्देश्य

1. मानकीकरण विकास को उन्नत करना।
2. माल और सेवाओं के अन्तर्राष्ट्रीय आदान–प्रदान को आसन बनाना।
3. बौद्धिक, वैज्ञानिक, तकनीकी एवं आर्थिक कार्य क्षेत्रों में सहयोग विकसित करना।

आई०एस०ओ० के तकनीकी कार्य का परिणाम अन्तर्राष्ट्रीय मानक के रूप में प्रकाशित होता है।

आई०एस०ओ० – 9000 मानक श्रेणी तथा इसका विकास

सम्पूर्ण विश्व में गुणवत्ता (Quality) की महत्ता के देखते हुए विश्व के विभिन्न मानक संस्थानों ने गुणवत्ता के क्षेत्र में विभिन्न मानक तैयार किये। हालांकि इन सब मानकों में से कईयो में समानताएं थी, इससे कुल मिलाकर गुणवत्ता की तस्वीर अत्याधिक भ्रान्तिमय बन गई। शब्दावली जैसे एक क्वालिटी मैनेजमेंट, क्वालिटी कन्ट्रोल, क्वालिटी सिस्टम, क्वालिटी एश्योरेंस एवं क्वालिटी पॉलिसी ने एक राष्ट्र से दूसरे राष्ट्र के मध्य, एक ही राष्ट्र में और बल्कि एक ही उद्योग में भी भिन्न एवं कभी कभी परस्पर विरोधी अथ उपार्जित कर लिये। इस कारण अन्तर्राष्ट्रीय स्तर पर मानकीकरण की आवश्यकता महसूस की गई। इसके लिए आई०एस०ओ० – 9000 ने कार्य प्रारंभ किया और 1987 में छः मानक जारी किये। जिनमें से एक मानक शब्दावली एवं शेष पांच मानक (जिनको आई०एस०ओ० – 9000 श्रेणी के रूप में जाना जाता है) जो कि गुणवत्ता के संदर्भ में विभिन्न धारणाओं को स्पष्ट करते हैं एवं क्वालिटी एश्योरेंस सिस्टम के तीन नमूने प्रस्तुत करते हैं।

आई०एस०ओ०–9000 मानक श्रेणी, प्रदायकों एवं निर्माताओं को क्वालिटी सिस्टम अनुस्थापन के लिए क्या क्या आवश्यक हैं, के बारे में जानकारी देती

हैं। यह न सिर्फ छोटी–छोटी विशिष्ट अहर्ताऐं जिनकी सिर्फ कुछ ही फर्मों की आवश्यकता हैं, के बारे में जानकारी देती, बल्कि यह तो क्वालिटी सिस्टम हेतु एक प्रायोगिक मानक हैं जिसे भारत की सभी कंपनियां काम में ले सकती हैं।

आई॰एस॰ओ॰ के उपयोग की आवश्यकता

आई॰एस॰ओ॰–9000 सभी विकासशील देशों के लिए एक अवसर एवं चुनौती हैं। अब वे अच्छी गुणवत्ता स्तर जिसकी विक्रेता आदेश करता है, के बारे में निश्चित तौर पर जान सकेंगे। वे क्वालिटी मैनेजमेंट हेतु पूर्वापेक्षाओं एवं अभिलक्षणों को भी जान सकते हैं। विकासशील देशों के सामने निम्न चुनौतियां हैं –

1. प्रक्रमियों एवं निर्माताओं द्वारा इन मानकों को स्वीकार एवं कार्य करने हेतु प्रेरित करना।
2. एक विश्वसनीय राष्ट्रीय गुणवत्ता पंजीयन योजना स्थापित करना जो कि ट्रेडिंग पार्टनर्स द्वारा मान्य हो।

बाजार एवं उद्योगों की बढ़ती हुई संख्या के साथ–साथ थर्ड पार्टी द्वारा गुणवत्ता मूल्यांकन एवं पंजीयन, व्यापार करने के लिए पूर्वापेक्षा बनती जा रही हैं। आई॰एस॰ओ॰ – 9000 हेतु पंजीयन किसी सप्लायर के लिए निम्नतम स्वीकार्य स्तर समझा गया है। जो सप्लायर यह निम्नतम स्तर प्रमाणित नहीं कर सकते उन्हें न केवल बाजार में व्यापार करना दुर्लभ होगा बल्कि वे बाजार से बाहर भी हो सकते हैं। सप्लायर्स जिसका की आई॰एस॰ओ॰–9000 हेतु पंजीयन नहीं है, को ज्यादा इंश्योरेंस रेट देनी पड़ सकती हैं व हो सकता है कि किन्ही स्थानों पर उन्हें इंश्योरेंस के लिए भी मना कर दिया जाए।

बीमाकर्ताओं के ऐसे व्यवहार का कारण उत्पाद से दायित्व सम्बद्ध नई पहल जो यूरोपियन कम्यूनिटी के 12 राष्ट्रों द्वारा लागू की गई है, की वजह से है। अपने उत्पाद के लिए उसे न केवल सफाई देने में सक्षम होना चाहिए बल्कि यह प्रदर्शित करने में सक्षम होना चाहिए कि उसका उत्पाद श्रेष्ठ रूपांकित व समस्त मानकों एवं अधिनियमों के अनुरुप हैं, बल्कि उसे यह प्रदर्शित करने में भी समर्थ होना चाहिए कि उत्पाद निर्बाध रूप से निश्चित प्रणानी के तहत कम से कम, अन्तर्राष्ट्रीय स्तर पर स्वीकार्य मानकों के अनुरूप बना है।

इसके अतिरिक्त भी आई॰एस॰ओ॰–9000 मानक श्रेणी :–

1. निर्यातकों को प्रेरित करती हैं।
2. आधारभूत रेखा निर्धारित करती हैं।
3. शासकीय आवाप्तियों के लिए वांछनीय मानक स्थापित करती हैं।

4. प्रशिक्षण व व्यावसायिक विकास पर ध्यान केन्द्रीभूत करती हैं।
5. स्वास्थ्य व सुरक्षा नियंत्रण के लिए सामान्य बाजार कार्य विधि निर्धारित करती है।
6. क्रेता व नियंत्रणकर्ता द्वारा की जाने वाली टाईम कन्जूमिंग आडिट कम करती है।
7. विपणन लाभ एवं ई॰सी॰ 92 स्तर प्रदान करती है।
8. प्रेरणा, सहयोग एवं गुणवत्ता जागृति का स्तर उन्नत करती है।
9. दक्षता बढ़ाती हैं व रद्दी व रिवर्क कम करती हैं।

श्रेणी के कार्य कर की विधि –

मानकों का रूपांकन उपभोक्ता की सुविधा के अनुसार किया गया है। प्रकृति से वे व्यापक हैं व एक ऐसे तर्कसंगत, सुग्राह्य ग्रन्थाकार का अनुसरण करते हैं। फिर भी प्रत्येक कम्पनी विलक्षण होती है ऐसे में मानकों के लागू करने में कम्पनी की तैयारी में वृहत अन्तर हो सकता है।

श्रेणी के लिए आई॰एस॰ओ॰–9000 एक मार्गदर्शक हैं। इसका उद्देश्य उपभोक्ता को आई॰एस॰ओ॰ श्रेणी के मानको के चयन व प्रयोग हेतु निर्देश प्रदान करना है।

निम्नलिखित रेखा–आलेख एवं सारणी इसे दर्शाते हैं।

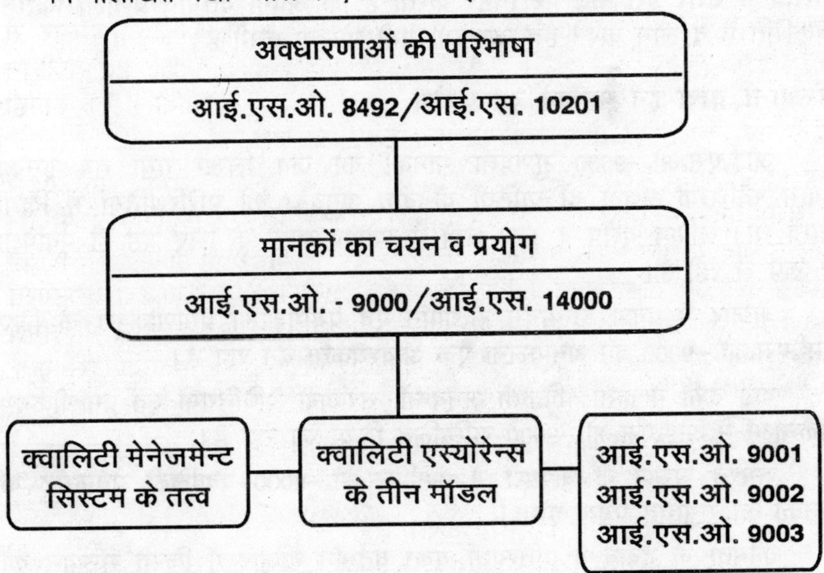

गुणवत्ता प्रणाली के तुल्य मानक

आई॰एस॰ओ॰	आई॰एस॰	ई॰एन॰	शीर्षक
9000	14000	29000	क्वालिटी मेनेजमेंट एवं क्वालिटी एश्योरेंस मानकों का चयन व उपयोग
9001	14001	29001	रूपांकन/विकास उत्पादन, स्थापना (इन्सटालेशन) व सर्विसिंग के लिए क्वालिटी एस्योरेंस मॉडल
9002	14002	29002	उत्पादन व स्थापना के लिए क्वालिटी एस्योरेंस मॉडल
9003	14003	29003	अन्तिम निरीक्षण के लिए क्वालिटी एस्योरेंस मॉडल
9004	14004	29004	लागत कम करने व मैनेजमेंट सिस्टम के विकास के लिए दिशा निर्देश।

इन मानकों को लागू करने के लिए व्यय व समय का अनुमान

दुर्भाग्यवश इसका कोई निश्चित उत्तर नहीं है। प्रत्येक कम्पनी भिन्न है। वास्तव में उत्तर इस बात पर निर्भर करता है कि अपनी वर्तमान प्रणाली कितनी विकसित है व लागू करने हेतु अपनायी गयी योजना कैसी है।

संस्थानों द्वारा इन मानकों का प्रयोग

आई॰एस॰ओ॰–9000 गुणवत्ता मानकों को जब लिखा गया तब इनका प्रयोग स्वैच्छिक अथवा दो पार्टियों के बीच अनुबन्ध की परिस्थितियों में किया जाना था। लेकिन यूरोप व अन्य क्षेत्रों में व्यापार करने के लिए यह ही पूर्वापेक्षा के रूप ले रही है।

बाजार में प्रवेश, उत्पादन सत्यापन एवं प्रयोगशाला प्रमाणीकरण के लिए आई॰एस॰ओ॰–9000 की अनुपालना एक आवश्यकता बन रहा है।

कई देशों में क्रेता/विक्रेता अनुबन्धों, सरकारी अधिनियमों एवं प्रमाणीकरण प्रक्रियाओं में आई॰एस॰ओ॰–9000 सम्मिलित किया जा रहा है।

समस्त संसार के बाजारों में आई॰एस॰ओ॰–9000 क्वालिटी मेनेजमेंट के मानकों का समुचित प्रभाव होगा।

कीमतों के दबाव व प्रतिस्पर्धा युक्त वर्तमान बाजार में किसी संस्थान को अपना अस्तित्व बनाये रखने व आगे बढ़ने के लिए आई॰एस॰ओ॰–9000 को आज

ही लागू करना चाहिए। यद्यपि इस हेतु कानूनन कोई अनिवार्यता नहीं है। परन्तु व्यापारिक परिस्थितियोवश उक्त की अनुपालना की अनिवार्यता सुनिश्चित है।

आई.एस.ओ. – 9000 पंजीकरण का आशय व विधि

आई.एस.ओ.–9000 पंजीकरण का आशय यह है कि कम्पनी के क्वालिटी सिस्टम का प्रमाणीकरण किसी तीसरी पार्टी की पंजीकरण कार्याविधि द्वारा किया जाना। आई.एस.ओ.–9000 सीरीज से सम्बन्धित यह एक महत्वपूर्ण बिन्दु है।

अधिक से अधिक यूरोपीय ग्राहक, भारतीय कंपनियों से यह अपेक्षा करते हैं कि उनके क्वालिटी सिस्टम का पंजीकरण आई.एस.ओ.–9001, 9002 या 9003 के अर्न्तगत हो।

सामान्यतया किसी तीसरी अधिकृत व स्वतंत्र संस्था द्वारा वांछनीय मानक की आवश्यकताओं के अनुसार, कंपनी के कार्य कलापों/गतिविधियों का साईट पर जाकर ऑडिट किया जाता है।

ऑडिट के सफलतापूर्वक समापन के पश्चात् कंपनी को एक पंजीकरण प्रमाण पत्र प्राप्त होगा जो यह दर्शाता है कि आपकी क्वालिटी कम्पनी का नाम, अधिकृत तीसरी पाटी प्रमाणीकरण संस्था के रजिस्टर में अंकित कर दिया गया हैं। आप अपने प्रमाणीकरण का प्रचार कर सकते हैं व तीसरी पार्टी के पंजीकृत प्रमाणीकरण मार्क का उपयोग प्रचार हेतु अपने लेटरपेड व अन्य प्रकार सामग्रियों (परन्तु उत्पादों पर नही) पर कर सकते हैं।

वर्तमान में, भारत वर्ष में पंजीकरण हेतु कोई संस्था उपलब्ध नहीं है। लेकिन बहुत सारे अन्य राष्ट्रों में पंजीकरण संस्थायें स्थापित हो चुकी हैं, जो कि अपनी सेवायें भारत को अग्रसर करने को इच्छुक है।

संसार के सबसे बड़े बाजार (यूरोपियन कम्यूनिटी बाजार) से व्यावसायिक अवरोधों (ट्रेंड बेरियर्स) को दूर करने हेतु तीसरी पार्टी द्वारा मूल्यांकन व आई.एस.ओ.–9000 पंजीकरण एक आधार भूत सिद्धान्त बनता जा रहा है।

यूरोपीय बाजार का गुणवत्ता व तीसरी पार्टी द्वारा मूल्यांकन पर जोर देना, बाकी संसार में आई.एस.ओ.–9000 अंगीकरण के लिए एक प्रमुख उत्प्रेरक बन चुका हैं।

पंजीकरण की अवधि

अधिकृत तीसरी पार्टी पंजीयक (रजिस्ट्रार) समय–समय पर पर्यावलोन करेंगे कि आपका क्वालिटी सिस्टम कायम है या नही। पर्यावलोक की आवृति, उद्योग/कंपनी की प्रकृति, लागू प्रणाली आदि पर निर्भर करती है।

3.3.5 लघु उद्योग इकाईयों द्वारा आई एस ओ 9000 श्रेणी प्रमाणन प्राप्त करने हेतु भारतीय लघु उद्योग विकास बैंक (सिडबी) द्वारा सीधी सहायता की नई योजना (Small Industries Development Bank of India New Scheme of Direct Assistance for Acquisition of ISO 9000 Series Certification by SSI Units)

इस योजना का उद्देश्य लघु उघोगों में गुणवत्ता प्रबन्ध पद्धति को प्रोन्नत करना है ताकि उनकी विपणन एवं निर्यात क्षमताओं को सुदृढ़ बनाया जा सके।

लघु उद्योग क्षेत्र में स्थापित औद्योगिक संस्थायें जिनका पूर्व निष्पादन रिकॉर्ड अच्छा हो तथा वित्तीय स्थिति सुदृढ़ हो, इस योजना की सहायता के लिए योग्य हैं। इसके लिए संस्थायें

(i) कम से कम चार वर्ष की अवधि से प्रचालन में हों;

(ii) लाभ में हो और/या पिछले दो वित्तीय वर्षों में डिविडेन्ड घोषित किया हो;

(iii) संस्थाओं/बैंकों के उनके बकाया के भुगतान में दोषी न हो; तथा

(iv) प्रत्यक्ष या अप्रत्यक्ष रूप से अपने उत्पादों का निर्यात कर चुके हो या निर्यात के लिए उत्पादों के निर्माण की योजना हो।

इस हेतु. ऋण आवश्कता की गणना के लिए कंसलटेंसी प्रलेखन (documentation), ऑडिट, प्रमाणन फीस, आवश्यक उपस्कर तथा अंशशोधन यंत्रों (Calibration instruments) पर खर्चों को सम्मिलित किया जावेगा। ऋण की राशि आवश्यकता पर आधारित होगी। प्रवर्तकीय अंशदान 15%, ब्याज दर 15.5% (त्रैमासिक देय), पुनर्भुगतान अवधि अधिकतम 5 वर्ष जिसमें प्रारंभिक 12 माह का पुंसवनकाल (moratorium) भी सम्मिलित हैं। ऋण के प्रतिभूति बतौर इकाई की परिसम्पतियों को गिरवी अथवा दृष्टिबंधक रखना होगा।

सिडबी कार्यालय में उपलब्ध निर्धारित प्रोफार्मा में वित्तीय सहायता हेतु प्रार्थना देना होगा।

भारत सरकार की प्रोत्साहन योजना – इस योजना के तहत सहायता प्राप्त तथा आई॰एस॰ओ॰–9000 प्रमाणन प्राप्त इकाईयां प्रमाण पत्र प्राप्त करने की लागत का 50 प्रतिशत, अधिकतम 75,000 रु. तक भारत सरकार से प्रोत्साहन अनुदान (subsidy) प्राप्त करने वालों की योग्यता की श्रेणी मे आते हैं। यह अनुदान उन 25 लघु उद्योग इकाईयों को 'पहिले आओ पहिलो पाओ' आधार पर दिया जावेगा, जिन्होंने 30 जून, 1996 या उससे पूर्व सम्बन्धित आई एस ओ प्रमाणन प्राप्त कर लिया हो।

इसके लिए इकाई को जिला उद्योग केन्द्र/उद्योग निदेशक का लघु उद्योग/सहायक उद्योग का स्थाई पंजीकरण प्रमाण पत्र जरो कि उस तिथि तक

मान्य हो, इकाइ को दिया गया आई एस ओ 9000 श्रेणी प्रमाणन तथा प्रमाणन एजेंसी को दिये गये चार्जेज के बिलों सहित सीधे डिप्टी कमिश्नर (लघु उद्योग), भारत सरकार को सम्पर्क करना होगा।

लघु इकाईयों को भारत सरकार से प्रोत्साहन अनुदान मिला हो अथवा नहीं, लेकिन सिडबी से सावधि ऋण (term loan) सहायता सभ्झी योग्य इकाईयों को देय होगी।

4

उद्यमिता विकास
(Entrepreneural Development)

4.1 प्रस्तावना (Introduction)

मनुष्य ने अपनी आवश्यकता की पूर्ति के लिए अपने विकास के साथ अनेक कार्य प्रारंभ किये। औद्योगिक आविष्कारों के साथ साथ विभिन्न प्रकार के उद्योग स्थापित होने लगे। परिणामस्वरूप व्यवसाय व रोजगार का विकास विस्तार होने लगा। लेकिन उद्योग किसी शहर या औद्योगिक क्षेत्र में ही पनपने लगे। भारत जैसे विशाल देश में जहाँ अधिकतर आबादी गांवों में रहती हैं, उन्हें रोजगार उपलब्ध कराने के लिए उद्यमिता विकास पर विशेष ध्यान दिया जा रहा है। युवा पीढ़ी को किसी रोजगार की तलाश में भटकना न पड़े तथा स्वयं अपना उद्योग जिसे वह अपने गांव अथवा घर में ही स्थापित कर सके, इस बात को ध्यान रखते हुए संबंधित जानकारी इस अध्याय में विस्तृत रुप से दी जा रही है। स्वयं का उद्योग सिर्फ उद्यमी के स्वयं का विकास ही न करके देश के सर्वांगीण विकास में सहायक होता है।

4.2 उत्पाद का चयन (Product Identification)

उद्योग की सफलता न केवल उद्यमी के अनुभव, साहस, पूंजी एवं बाजार स्थिति पर निर्भर करके एक अन्य प्रमुख बात पर भी निर्भर करती है, जिसे सही उत्पाद का चयन कहते है। उत्पाद का चयन उद्योग लगाने वाले उद्यमी का पहला कदम है। जब कभी नया उद्योग लगाया जाता है तो उद्यमी के लिए यह आवश्यक है कि वह अपनी पूर्ण क्षमता का उपयोग करके सही उत्पाद का चयन करें, क्योंकि उत्पाद का चयन एक बार ही किया जाता है तथा उसे साधारणतः एक बार उद्योग स्थापित होने के पश्चात् उत्पाद बदला जाना कठिन होता है। प्रारंभ में उद्यमी को कुछ उत्पाद तय करने होते हैं। तत्पश्चात् प्रत्येक उत्पाद के बारे में विस्तृत जानकारी प्राप्त की जाती है। प्रत्येक उत्पाद के बारे में एकत्रित

जानकारी के अनुसार इन उत्पादों के लाभ, भविष्य, जोखिम आदि के बारे में विश्लेषण के आधार पर अन्त में एक उत्पाद का चयन किया जाता है।

उत्पाद के चयन करने में उद्यमी को निम्न जानकारी एकत्रित करनी चाहिए –

(i) उत्पाद का बाजार सर्वेक्षण (ii) उद्यमी की पूंजी निवेश क्षमता

(iii) उत्पाद के कच्चे माल की उपलब्धता (iv) उत्पादन प्रक्रिया एवं प्रौद्योगिकी (v) उद्यमी की दक्षता, ज्ञान एवं क्षमता (vi) उद्योग द्वारा संभावित लाभ (vii) औद्योगिक नीति

(i) बाजार सर्वेक्षण (Market Survey) – उद्योग की स्थापना के पश्चात् उद्यमी के सामने प्रमुख कार्य उत्पाद के विपणन का होता है। उचित समय में उत्पाद के न बिकने पर उद्योग को कठिनाई के दौर से गुजरना पड़ सकता है। अतः उत्पाद चयन की प्रक्रिया के दौर में ही प्रत्येक उत्पाद के विपणन संभावनाओं की जानकारी प्राप्त कर ली जाती है।

बाजार सर्वेक्षण में प्रत्येक उत्पाद के बारे में निम्न विस्तृत जानकारी एकत्रित की जाती है –

– वर्तमान में उत्पाद के उत्पादन स्रोत

– विभिन्न स्रोत में प्रतिस्पर्धा

– उत्पाद की वर्तमान मांग

– उत्पाद की बाजार में उपलब्धता

– उत्पाद की भविष्य में मांग की स्थिति

– उद्यमी द्वारा उत्पादित उत्पाद के विपणन की संभावनायें आदि

बाजार सर्वेक्षण के बारे में विस्तृत जानकारी अध्याय 5 में दी गई है।

(ii) उद्यमी की पूंजी निवेश क्षमता (Investiment Capacity of Entrepreneur) – उद्योग को स्थापित करने के लिए मुख्य प्रभावी घटक उद्यमी की पूंजी निवेश क्षमता है। अतः उत्पाद चयन के समय यह भी ध्यान रखना आवश्यक है कि चयनित उत्पाद को निर्मित करने हेतु लगाये जाने वाले उद्योग में आवश्यक पूंजी उद्यमी द्वारा निवेश की जानी संभव हो। उद्योग का आकार इतना बड़ा हो जिसके द्वारा उत्पादित उत्पादों का निर्माण लाभप्रद भी हो तथा पूंजी निवेश भी उपलब्ध स्रोतों के अनुरुप हो। उद्योग का स्थापन पूंजी निवेश पर लाभ अर्जन के लिए किया जाता है। अतः उद्योग में पूंजी निवेश पर आकर्षक लाभ भी आवश्यक है।

(iii) कच्चे माल की उपलब्धता (Availability of Raw Material) – प्रत्येक उत्पाद के निर्माण के लिए कच्चे माल की आवश्यकता होती है। अतः

उत्पाद चयन किये जाने में उद्योग के लिए कच्चे माल के बारे में विस्तृत तौर पर मुख्यतः निम्न बिन्दुओं की जानकारी एकत्रित करनी आवश्यक हैं :

- कच्चे माल की आवश्यकता (मात्रा में)
- कच्चे माल की भंडारण क्षमता एवं आवश्यकता
- कच्चे माल के स्रोत एवं उनकी दूरी
- कच्चे माल के स्रोतों से उपलब्धता
- कच्चे माल के स्रोतों से यातायात सुविधा
- विभिन्न स्रोतों पर कच्चे माल की दर
- उपलब्ध कच्चे माल की गुणवत्ता

उपरोक्त बिन्दुओं का विश्लेषण करने के पश्चात् निश्चित स्रोत से कच्चे माल की लागत निकाली जाती है। उद्योग अधिकतर कच्चे माल के स्रोत के निकट लगाया जाता है। अतः उत्पाद के लिए आवश्यक उचित गुणवत्ता वाले कच्चे माल की प्रचुर मात्रा में उचित लागत पर उपलब्धता भी उत्पाद चयन के लिए आवश्यक घटक है।

(iv) उत्पाद प्रक्रिया एवं प्रोद्योगिकी (Manufacturing Process & Technology) – उत्पाद के निर्माण में उच्च एवं आधुनिक प्रोद्योगिकी का उपयोग करना चाहिए। उच्च एवं आधुनिक प्रोद्योगिकी के उपयोग करने से उत्पाद उच्च गुणवत्ता का तैयार होगा, जिसे उत्पाद की मांग भी अधिक होगी तथा बाजार में साख बनी रहेगी। उत्पादन प्रक्रिया का चयन भी उत्पाद की लागत कीमत को प्रभावित करता है तथा प्रतिस्पर्धा में खड़े रहने की क्षमता प्रदान करता है। उचित एवं सही उत्पादन प्रक्रिया के चयन से उत्पाद के उत्पादन लागत में कमी आती है। उत्पादन लागत कम होने से उद्योग के लाभ में वृद्धि होती है।

(v) उद्यमी की दक्षता, ज्ञान एवं क्षमता (Knowledge, Capacity & Efficiency of Entrepreneur) – उत्पाद के चयन के समय उद्यमी की शिक्षा यानि की उसके ज्ञान, उसके कार्य अनुभव व किसी कार्य विशेष को करने की क्षमता तथा उसे सही रूप से पूर्ण करने की दक्षता भी उत्पाद चयन का एक घटक है। किसी उत्पाद विशेष में उद्यमी की पूर्ण जानकारी जो कि उस उत्पाद निर्माण में विशेष महत्व रखती हो या उत्पाद के विपणन स्रोतों से पूर्ण अच्छा सम्पर्क, अपने निजी तौर पर कच्चे माल को बिना किसी परेशानी के सस्ते दर पर उपलब्ध कराना इत्यादि कई अन्य प्रकार के विशेष बिन्दु जो कि उत्पाद के निर्माण या विपणन या किसी अन्य प्रकार से उद्योग को सफल बनाने में सहयोग कर सके, ऐसी कोई महत्वपूर्ण दक्षता, जानकारी या क्षमता उद्यमी में उपलब्ध हो तो उद्यमी का झुकाव भी उसी उत्पाद की ओर होगा। क्योंकि अन्यथ उक्त

जानकारी के लिए उसे पूंजी लगानी पड़ेगी। यदि उद्यमी स्वयं दक्ष एवं सक्षम होगा तो उसे अन्य व्यक्तियों पर निर्भर नहीं रहना पड़ेगा तथा उसे पूंजी निवेश भी कम करना पड़ेगा। अतः उत्पाद चयन के समय उद्यमी की दक्षता को ध्यान में रखना आवश्यक है।

(vi) उद्योग द्वारा संभावित लाभ (Profitability) – प्रत्येक उद्यमी उद्योग की स्थापना अपनी पूंजी लगाकर इसलिए करता है कि उस उद्योग द्वारा धन अर्जन कर सके। उत्पाद के चयन में यह आवश्यक है कि उस उत्पाद के उत्पादन से अधिक मात्रा में धन अर्जित किया जा सके। धन अर्जन उत्पाद के अधिक मांग व कम लागत कीमत पर निर्भर करता है।

(vii) औद्योगिक नीति (Industrial Policy) – चयनित उत्पाद के बारे में राज्य एवं केन्द्र सरकार की नीति उद्योग की सफलता की एक कड़ी है। राज्य एवं केन्द्र सरकार द्वारा दी जाने वाली प्रदत्त सुविधायें जैसे कि विनियोजन अनुदान, बिक्री कर में छूट, उत्पाद कर रियायत, मूल्य प्राथमिकता, लघु उद्योग क्षेत्र के लिए आरक्षण इत्यादि। ये सभी घटक उत्पाद चयन को प्रभावित करते हैं। औद्योगिक नीति के बारे में हम पूर्व में ही विस्तृत अध्ययन कर चुके हैं।

4.3 स्थान चयन (Site Selection)

उत्पाद के चयन के पश्चात् उद्योग सथापना का अगला महत्वपूर्ण कदम स्थान चयन का है।

स्थान चयन से समकित पहलुओं का अध्ययन करने के पश्चात् विभिन्न स्थानों का तुलनात्मक विश्लेषण के आधार पर एक स्थान का चयन किया जाता है। स्थान चयन की प्रक्रिया के लिए निम्नलिखित जानकारी एकत्रित करनी पड़ती है।

स्थान चयन प्रक्रिया के घटक (Factors related to site selection)

(i) कच्चे माल हेतु –

- उचित दर पर कच्चे माल की उपलब्धता
- उद्योग में कच्चे माल को लाने हेतु यातायात सुविधा, लागत एवं समय की आवश्यकता

(ii) उत्पादन हेतु –

- उचित दर पर भूमि की उपलब्धता
- विद्युत एवं जल की उपलब्धता
- मरम्मत के लिए आवश्यक कुशल मैकेनिक

– बैंक एवं वित्तीय संस्थायें
– कुशल, अर्धकुशल एवं अकुशल श्रमिकों की उपलब्धता
– औद्योगिक नीति द्वारा प्रोत्साहन
– केन्द्र एवं राज्य सरकार द्वारा विनियोजन अनुदान
– श्रम विधायन
– अग्निशमन उपलब्धता
– उपयुक्त जलवायु
– स्थान का भौगोलिक संतुलन
– इकाई के विस्तार की संभावनायें
– दुषित जल एवं अपक्षय सामग्री के निकास की सुविधा

(iii) विपणन हेतु –
– विपणन केन्द्रों की क्षेत्र से दूरी
– विपणन केन्द्रों के लिए यातायात सुविधायें
– विपणन लागत

(iv) अन्य उद्योग समूह –
– क्षेत्र की अन्य प्रतिष्ठित इकाईयां
– अन्य प्रतिस्पर्धा वाली इकाईयां
– उस क्षेत्र में उद्योग को मिलने वाले विशिष्ठ लाभ
– उद्योग को शीघ्र प्रारंभ करने की संभावनाएं

(v) अन्य विविध जानकारी –
– मनोरंजन सुविधा
– शिक्षा केन्द्र
– वायु एवं रेल यातायात
– चिकित्सा सुविधा
– श्रमिकों के लिए आवास उपलब्धता
– सामाजिक एवं सामुदायिक वातावरण

उपरोक्त जानकारी के आधार पर स्थान का चयन निम्न तीन पदों में किया जाता है –

क्षेत्र का चुनाव (Selection of Region)

शहर/कस्बे का चुनाव (Selection of Locality - City/Town)

स्थान विशेष का चुनाव (Selection of Exact Site)

(i) **क्षेत्र का चुनाव** – उद्योग के लिए क्षेत्र का चुनाव अधिकतर निम्न तौर पर किया जाता है।

– जब कच्चा माल भारी (Bulky), अधिक मात्रा (Quantity) में उपयोग किया जाना हो तो उद्योग को कच्चे माले स्रोत वाले क्षेत्र में ही लगाना उपयोगी होता है। जैसे शक्कर के कारखाने उत्तर प्रदेश व महाराष्ट्र में, इस्पात उद्योग बिहार, उड़ीसा में, मारबल उद्योग राजस्थान में आदि।

– निर्मित वस्तु का भार मुख्य कच्चे माल की तुलना में अधिक हो तथा उसकी खपत किसी स्थान विशेष पर हो तो उद्योग मंडी या विपणन केन्द्र के निकट स्थापित करना चाहिए।

– चालक शक्ति स्रोत के निकट भी उद्योग स्थापित किया जाता है जब उद्योग में ऊर्जा स्रोत का पूर्ण महत्व हो, जैसे कोयले पर आधारित उद्योग बिहार में ज्यादा सफल होंगे।

– जलवायु के आधार पर सूती कपड़े की मिलें गुजरात व महाराष्ट्र की जलवायु के आधार पर वहीं लगानी लाभदायक है।

(ii) शहर/कस्बे का चुनाव – शहर या कस्बे का चुनाव उद्योग को सुचारु रुप से चलाने वाले सभी घटकों पर निर्भर करता है। जैसे

– श्रमिकों की उपलब्धता एवं उनकी मजदूरी दर

– विद्युत, जल एवं यातायात

– पुलिस, अग्निशमन एवं संचार सुविधा

– आवास व मनोरंजन

– चिकित्सा एवं शिक्षण संस्था उपलब्धता

– बैंकिंग एवं अन्य वित्तिय संस्था

– सामाजिक संतुलन एवं सामुदायिक स्थिति

(iii) स्थान विशेष का महत्व – शहर/कस्बे या गांव का चुनाव करने के पश्चात् अन्तिम कार्य उस शहर/गांव में उपयुक्त स्थान का चुनाव है। किसी निश्चित स्थान का चुनाव मुख्यतः दो बातों पर निर्भर करता है।

– भूमि की उचित दरों पर उपलब्धता

– अपक्षय सामग्री के निस्तारण की सुविधा

इन दो बातों को ध्यान में रखते हुए भूमि का चयन किया जाता है तथा भविष्य में विस्तार के लिए भूमि उपलब्ध हो सके इसके लिए भी संभावनायें ध्यान में रखी जाती है।

4.4 प्लांट ले–आउट (Plant Layout)

उद्योग में निर्माण प्रक्रम में विभिन्न यंत्रों व संयंत्रों की आवश्यकता होती है। उन यंत्रों व संयंत्रों का कार्यशाला/उद्योग में स्थापन्न के तरीके को प्लांट ले आउट कहते हैं। उद्योग में मशीनों (यंत्रों व संयत्रो) को इस तरह से लगाना चाहिए जिससे कच्चे माल व अर्द्धनिर्मित उत्पाद को एक मशीनें से दूसरी मशीन पर ले जाने में कम से कम दूरी तय करनी पड़े जिससे उद्योग में सामान ले जाने में (Material Handling with in Industry) कम से कम समय लगेगा तथा सामान लाने ले जाने में लागत भी कम आयेगी। मशीनों का स्थापन्न भी इस प्रकार से करना चाहिए जिससे प्रत्येक मशीन पर कार्य भार भी सामान रहे तथा अकारण ही सामान को बार बार घसीटना न पड़े। प्लांट ले आउट पर इकाई की संभाव्यत निर्भर करती है। अतः प्लांट ले आउट को काफी सोच समझ कर निश्चित करना आवश्यक है।

प्लांट ले–आउट को प्रभावित करने वाले मुख्य घटक (Factors affecting Plant Layout)

(i) **सामग्री** (Material) – प्रत्येक उत्पाद के निर्माण में कच्चा माल काम में लिया जाता है। जिसे अन्तिम उत्पाद बनने से पूर्व कई प्रक्रियाओं से गुजरना पड़ता है। जिसके अन्तर्गत कच्चे माल व अर्द्धनिर्मित उत्पाद को एक स्थान से दूसरे स्थान पर ले जाना पड़ता है। इसके अतिरिक्त पैकिग सामग्री (Packing Material), अपक्षय सामग्री (Waste Material), एवं अनुरक्षण सामग्री (Maintenance Material) आदि की आवश्यकता होती है। इन सब सामग्री को इकाई में लाने व ले जाने का कार्य प्लांट ले आउट को प्रभावित करने वाला मुख्य घटक हैं।

(ii) **मशीनें** (Machines) – उद्योग में उत्पाद को तैयार करने के लिए विभिन्न प्रकार के मशीनन प्रक्रम (Machining Process) करने पड़ते हैं। उक्त मशीनन कार्य में उपयोग होने वाली मशीनों की संख्या, उनके विनिर्देश (specfications) एवं प्रक्रमों में काम आने वाले औजार (Tools) आदि की संख्या व आकार प्रकार पर इकाई का प्लांट ले आउट निर्भर करता है।

(iii) श्रमिक (Workers) – इकाई में उत्पादन कार्य में विभिन्न स्तर के श्रमिक एवं अधिकारी कार्य करते हैं। इकाई में निरीक्षक, पर्यवेक्षक, श्रमिक इत्यादि की संख्या, उनके कार्य क्षेत्रों की योजना व उनके लिए आवश्यक स्थान आदि पर उद्योग का प्लांट ले आउट निर्भर करता है।

(iv) प्रक्रम (Process) – उद्योग में कई प्रकार के निर्माण प्रक्रम (Manufacturing Process) होते हैं जिनके कारण कम्पन, धूल, धुआं, उष्मा

विकिरण, शोर इत्यादि उत्पन्न होते हैं। अतः प्लांट ले आउट उनके प्रक्रम पर बहुत निर्भर करता है।

(v) स्थानान्तरण (Transfer) – उद्योग में अन्तः विभागीय स्थानान्तरण एक प्रमुख घटक है। अतः उद्योग में कच्चे माल, अर्द्धनिर्मित उत्पाद एवं अन्तिम उत्पाद को एक विभाग से दूसरे विभाग में ले जाने के लिए प्रयुक्त सामग्री प्रहस्तन उपकरणों (Material Handling Equipment) तथा उनके भंडारण की सुविधा आदि पर भी उद्योग का प्लांट ले आउट निर्भर करता है।

(vi) प्रतीक्षा (Waiting) – उत्पादन क्रिया की गति को स्थिर एवं मशीनन कार्य को सुचारु रूप से चलाने के लिए तथा उत्पादन मात्रा को घटाने या बढ़ाने के लिए उत्पादन क्रिया को तीव्र या मंद किया जाता है। इस कारण अर्द्धनिर्मित उत्पाद को विभिन्न स्थानों पर रोक लिया जाता है अथवा निर्माण प्रक्रिया के समय अर्द्धनिर्मित उत्पाद को कही रुकना पड़ सकता है। इस प्रकार उत्पाद के किसी अगले प्रक्रम के पूर्व प्रतीक्षा करना पड़ सकती है। इस प्रकार की प्रतीक्षा का उद्योग के प्लांट ले आउट पर बहुत ही फर्क पड़ता है। अतः प्लांट ले आउट निर्धारित करके समय इस घटक पर ध्यान देना आवश्यक है।

(vii) अनुरक्षण एवं सेवा (Maintenance & Services) – इस घटक के अन्तर्गत इस बात का ध्यान रखना चाहिए कि उद्योग में होने वाले अनुरक्षण कार्य, मरम्मत कार्य, निरीक्षण कार्य आदि कार्य करने वाले व्यक्तियों को उचित स्थान मिल सके, उनके औजारों एवं उपकरणों को रखने के लिए सुनिश्चित एवं समुचित स्थान उपलब्ध हो सकें तथा उनके कार्य करते समय उद्योग में किसी प्रकार का गतिरोध उत्पन्न न हो।

(viii) भवन (Building) – उद्योग में दो प्रकार के भवन होते हैं – 1. प्रशासकीय 2. कार्यशाला। कार्यशाला का निर्माण–उसका क्षेत्रफल, ऊंचाई, भविष्य में विस्तार की संभाव्यता आदि के अनुसार भवन का निर्माण किया जाता है। निर्मित भवन में प्लांट ले आउट उसके सही रुप से उपयोग से प्रभावित होता है।

(ix) परिवर्तन (Change) – उद्योग को किसी निश्चित उत्पाद के निर्माण के लिए लगाया जाता है। कई बार चयनित उत्पाद से उद्योग को समुचित लाभ नहीं हो पाता है। ऐसी स्थिति में किसी अन्य उत्पाद को भी उसी उद्योग में निर्मित करने से लाभ अर्जित हो सकता है तथा कभी कभी उद्योग को अपना उत्पाद भी बदलान पड़ सकता है। ऐसी संभावनाओं के लिए प्लांट ले आउट में लचीलापन, परिवर्तन की क्षमता आदि होना अति आवश्यक है। अतः प्लांट ले आउट को निर्धारित करते समय निम्न बातें भी ध्यान रखनी चाहिए।

– उत्पाद के आकार प्रकार में परिवर्तन,

– मशीनों में परिवर्तन,

– श्रमिकों की संख्या मे परिवर्तन

– अन्य उत्पाद का उत्पादन करना

– उत्पाद में परिवर्तन आदि।

4.5 प्रोजेक्ट प्रोफाइल (Project Profile)

उद्योग के चयन के लिए उद्योग विकास की सहयोगी संस्थायें उद्यमियों के मार्गदर्शन हेतु विभिन्न उत्पादों की प्रोजेक्ट प्रोफाइल तैयार करते हैं। उद्यमी को उत्पाद के बारे में मुख्य जानकारी छोटे रूप में प्रोजेक्ट प्रोफाइल द्वारा दी जाती है। प्रोजेक्ट प्रोफाइल में उत्पादों के विषय में कुछ मुख्य निम्न सूचनाएं होती है।

– उत्पाद एवं उसके उपयोग

– बाजार संभाव्यता

– तकनीकी जानकारी

– उत्पादन विवरण

– विनिर्माण प्रक्रियायें

– कच्चे माल एवं उसकी आवश्यकता

– कार्यशील पूंजी

– पूंजी निवेश एवं

– उत्पादन लागत आदि।

उपरोक्त बिन्दुओं के बारे में प्रोजेक्ट प्रोफाइल में मोटे तौर पर जानकारी होती है। जिनके आधार पर उद्यमी विस्तृत जानकारी एकत्रित करता है और उन जानकारियों के आधार पर उत्पाद का चयन किया जाता है। प्रोजेक्ट प्रोफाइल बनाना इसलिए आवश्यक होता है कि उद्यमी के लिए उत्पाद चयन उद्योग लगाने का पहला और महत्वपूर्ण कदम होता है। प्रत्येक उद्यमी के लिए यह आवश्यक नहीं होता है कि जो उत्पाद वह बनाने की सोच रहा है उसके लिए आवश्यक कच्चा माल या तकनीकी जानकारी आदि कहाँ से मिल सकती है तथा उस उद्योग की संभावित लागत क्या होगी इत्यादि। अतः उत्पाद चयन की प्रक्रिया में उद्यमी विभिन्न प्रकार के उत्पादों की प्रोजेक्ट प्रोफाइलों का अध्ययन करता है। अध्ययन के दौरान उद्यमी अपनी पूंजी निवेश क्षमता, अपनी तकनीकी जानकारी या उत्पाद निर्माण प्रक्रिया की दक्षता, उत्पाद के विक्रय में संभावित स्रोत आदि के आधार पर कुछ प्रोजेक्ट प्रोफाइल का चयन करता है। उद्योग विकास में कार्यरत संस्थायें इस तरह की प्रोजेक्ट प्रोफाइल उद्यमियों को उत्पाद चयन में सहयोग करने के लिए बनाकर तैयार रखते हैं। अधिकतर संस्थायें ये प्रोजेक्ट प्रोफाइल उद्यमी को निशुल्क उपलब्ध कराते हैं। इस तरह की कुछ प्रोजेक्ट प्रोफाइल इसी अध्याय में आगे दी हुइ हैं।

4.6 योजनाबद्ध एवं समन्वित प्रयास (Planned & Co-ordinated Efforts)

किसी कार्य की सही शुरुआत ही उस कार्य के सफलता की कुंजी है अर्थात् उद्योग लगाने के लिए उठाये गये प्रत्येक कदम योजनाबद्ध तरीके से उठाना ही उद्योग को लाभान्वित करता है। उद्योग लगाने के अर्थ मात्र पूंजी निवेश अर्थात् कार्यशाला बनाकर उसमें मशीनें स्थापित करना ही नहीं है बल्कि उस उद्योग को सही रूप से चलाने के लिए विभिन्न विभागों से सम्बन्धित पंजीकरण, बिजली उपलब्धता, कच्चा माल क्रय के लिए अथवा विक्रय के लिए अनुज्ञापत्र (License) आदि को समय पर प्राप्त करना आदि के समन्वित प्रयास करान भी उद्योग स्थापन्न एवं संचालन के लिए आवश्यक अंग है। उद्योग स्थापन्न एवं संचालन के लिए उद्यमी को जिन बिन्दुओं के लिए योजनाबद्ध एवं समन्वित प्रयास आवश्यक है वे निम्न है –

भूमि सम्बन्धी
- भूमि क्रयण/आवंटन
- भूमि समतलीकरण
- भूमि लीज डीड निष्पादन

निर्माण सम्बन्धी
- भवन निर्माण के लिए नक्शे तैयार कराना एवं अनुमोदन करवाना
- भवन निर्माण सामग्री क्रयण
- भवन निर्माण कार्य सम्पादन

यंत्र एवं संयंत्र सम्बन्धी
- मशीनों व उपकरणों का चयन
- मशीनों व अपकरणों के क्रय के आदेश देना
- मशीनों व उपकरणों का कार्यशाला में परिवहन
- प्लांट ले–आउट
- मशीनों का स्थापन्न
- बिजली की लाइनों एवं उपकरणों का स्थापन्न
- प्रदूषण नियंत्रण यंत्रों का स्थापन्न

उत्पादन संबंधी
- विद्युत सप्लाई कनेक्शन
- जल प्रदाय कनेक्शन
- अपक्षय सामग्री निकास
- कच्चा माल क्रयण
- कच्चा माल भण्डारण एवं वस्तु सूची (Inventory)
- उत्पाद निरीक्षण
- उत्पाद पैकिंग

– उत्पाद भंडारण
– योग्य श्रमिकों एवं अधिकारियों का चयन
– प्रदुषित जल/धुम्र निष्कासन

अन्य विविध
– उद्योग पंजीकरण
– बिक्रीकर विभाग में पंजीकरण
– आयात–निर्यात अनुज्ञापत्र
– पूंजी स्रोत एवं पूंजी आंकलन
– विपणन हेतु वितरक नियुक्त करना
– औद्योगिक बीमा
– तार–संचार व्यवस्था
– विपणन सम्वर्धन कार्यक्रम
– विभिन्न विभागों में सम्पर्क

4.7 अनुसरण (Follow up)

कार्य को मात्र प्रारंभ करना ही लाभ अर्जन का स्रोत नहीं बनता। अतः किसी भी कार्य को प्रारंभ करने के पश्चात उसका कार्य के समापन तक अनुसरण करना कार्य द्वारा सम्पूर्ण लाभ अर्जित करने में सहायक होता है। अनुसरण एक आवश्यक क्रिया है जो कि प्रत्येक कार्य को त्वरित करता है एवं सही अनुसरण के कारण कार्य में विलम्ब नहीं होता है तथा बिगड़ने की संभावना कम रहती है। इसी तरह उद्योग की स्थापना एवं संचलन में कई इस प्रकार के कार्य होते हैं उनमें अनुसरण अति आवश्यक है। अतः उद्यमी के लिए यह आवश्यक है कि वह धैर्य से कार्य करे एवं कार्य के लिए अनुसरण से खीझ उत्पन्न न हो। उदाहरण के तौर पर उद्यमी बिजली कनेक्शन के लिए आवेदन करता है, लेकिन यह निश्चित है कि आवेदन मात्र से ही बिजली कनेक्शन नहीं होगा। उद्यमी के लिए यह आवश्यक है कि वह समय समय पर अनुसरण करता रहे तथा उसकी समयानुसार प्रगति का आंकलन करे। कई बार ऐसा होता है कि किसी सूचना या जानकारी के अभाव में संबंधित पत्रावली किसी अधिकारी के पास रोक ली जाती है तथा पत्र द्वारा सूचना भेजकर उद्यमी से मांगी जाती है।

यदि उद्यमी अनुसरण करता रहे तथा आवश्यक सूचना या जानकारी वह समय समय पर उपलब्ध कराता रहे तो अनावश्यक विलम्ब नहीं होगा। यह आवश्यक नहीं है कि अनुसरण की आवश्यकता सिर्फ सरकारी या अर्ध सरकारी विभागों में ही होती है, अनुसरण की आवश्यकता प्रत्येक कार्य में होती है। जहां

या तो विलम्ब की संभावना हो या उस कार्य में जिसमें समय समय पर विभिन्न स्तरों पर अपना पक्ष प्रस्तुत करने या उद्योग के बारे में विस्तृत जानकारी देनी जरुरी होती है। अतः अनुसरण के कारण उद्यमी अपने आवश्यक कार्य समय पर पूर्ण कराने में सक्षम होता है तभी वह अपने उद्योग को सही समय पर स्थापन करके उत्पादन कार्य प्रारंभ कर सकता है। अनुसरण का कार्य मात्र स्थापन एवं उत्पादन कार्य तक ही सीमित नहीं है, विपणन कार्य में भी अनुसरण का बहुत महत्व होता है। इससे स्पष्ट होता है कि अनुसरण प्रत्येक कार्य को पूर्ण करने की क्रिया को त्वरित करने वाली एक आवश्यक प्रक्रिया है।

4.8 संस्थागत सहायता की आवश्यकता (Institutional Support Needed)

उद़्योग लगाते समय उद्यमी को विभिन्न प्रकार की जानकारी एकत्रित करनी पड़ती है तथा साथ साथ ही कई सरकारी या अर्द्ध सरकारी विभागों से कार्य करवाना पड़ता है। उद्योगों के लगाने के लिए केन्द्र सरकार एवं राज्य सरकारों ने विभिन्न कार्यों के लिए भिन्न भिन्न संस्थाएं स्थापित की है जो कि उद्यमी को मार्गदर्शन एवं सहायता प्रदान करती है। कुछ विशिष्ट कार्य जिसके लिए उद्यमी को संस्थाओं की सेवाये लेनी पड़ती है, वे निम्न हैं –

कार्य का प्रकार	संस्थायें
1. उद्योग मार्गदर्शन	– राज्य इण्डस्ट्रीयल प्रमोशन ब्यूरो (BIP)
	– उद्योग निदेशालय, जिला उद्योग केन्द्र (Di/DIC)
	– लघु उद्योग सेवा संस्थान (SISI)
2. उद्योग पंजीयन	– उद्योग निदेशालय (DI)
	– जिला उद्योग केन्द्र (DIC)
	– महानिदेशक तकनीकी विकास (DGTD)
3. भूमि का आवंटन	– राज्य औद्योगिक विकास निगम (SIDC)
4. तकनीकी मार्गदर्शन	– लघु उद़्योग सेवा संस्थान (SISI)
	– टेक्नीकल कन्सलटेंसी ओरगेनाइजेशन (TCO)
	– राष्ट्रीय लघु उद्योग निगम (NSIC)
5. वित्तीय सहायता	– जिला उद्योग केन्द्र (DIC)
	– राज्य वित्त निगम (SFC)
	– राज्य औद्योगिक विकास निगम (SIDC)

	– भारतीय लघु उद्योग विकास बैंक (SIDBI)
	– भारतीय औद्योगिक विकास बैंक (IDBI)
	– भारतीय औद्योगिक ऋण एवं निवेश निगम (ICICI)
	– भारतीय औद्योगिक वित निगम (IFCI)
	– राष्ट्रीय लघु उद्योग निगम (NSIC)
	– भारतीय यूनिट ट्रस्ट (UTI)
	– भारतीय जीवन बीमा निगम (LIC)
	– राष्ट्रीयकृत बैंक (Nationalised Bank)
6. विपणन (Marketing)	– राज्य लघु उद्योग निगम (SSIC)
	– राज्य व्यापार निगम (STC)
	– महानिदेशक तकनीकी विकास (DCTD)
7. आयात–निर्यात	– एक्सपोर्ट–इम्पोर्ट बैंक (EXIM Bank)
	– आयात निर्यात नियंत्रक (Controller of Exp. Imp.)
	– भारतीय रिजर्व बैंक (RBI)
	– वाणिज्य मंत्रालय भारत सरकार
8. उद्यमिता विकास	– विज्ञान एवं तकनीकी मंत्रालय भारत सरकार
	– लघु उद्योग सेवा संस्थान (SISI)
	– टेक्नीकल कन्सलटेंसी आरगेनाइजेशन (TCO)
9. परीक्षण एवं अनुसंधान	– लघु उद्योग सेवा संस्थान (SISI)
	– विज्ञान एवं औद्योगिक अनुसंधान परिषद (CSIR)
	– राष्ट्रीय अनुसंधान एवं विकास निगम (NRDC)
	– अन्य अनुसंधान संस्थायें
10. कर	– बिक्री कर विभाग (Sales Tax Deptt.)
	– उत्पाद शुल्क विभाग (Excise Duty Deptt.)
	– सीमा शुल्क विभाग (Custom Duty Deptt.)
	– आयकर विभाग (Income Tax Deptt.)
11. अन्य विविध	– फैक्टरी एवं बॉयलर निरीक्षक (Factory & Boiler Inspector)

– श्रम निरीक्षक कार्यालय (Labour Inspector Office)
– राज्य प्रदूषण निवारण मण्डल (Pollution Control Board)
– राज्य विद्युत मण्डल (State Electricity Board)
– खादी एवं ग्रामोद्योग आयोग (KVIC)
– राज्य बुनकर सहकारी संघ
– राज्य हाथकरघा विकास निगम
– बाट, माप, तोल विभाग
– राज्य जलदाय विभाग (State Water Supply Deptt.)
– साधारण बीमा निगम (General Insurance Corporation)
– प्रावधायी निधि विभाग (Provident Fund Deptt.)

विविध विभागों/संस्थाओं के बारे में विस्तृत जानकारी अलग अलग अध्यायों में दी गई है।

4.9 Model Project Profiles

Some model project profiles related to various branch of engineering are given under to understand the various factors to be considered while preparing the project report. Prevailing rates of various items should be taken into account when the report is prepared.

Electrical / Electronics Engineering

4.9.1 PROJECT PROFILE ON T.V. ANTINA

1. Product and its uses

TV Antina is used to receive signals which are fed to the input stage of TV receiver. The height depends upon the distance of TV receiver from the transmitter. It consists of three components - director, dipole, reflector. The director is always towards the transmitting station. The dipole terminals are connected with a wire leading to the input TV receiver. TV being growing industry has good scope.

2. Details of fixed Assets

i) Land & Building	Rented/Own
ii) Covered area	2000 sq. ft.
iii) Plant & Machinery	— Pipe bending machine 1/2" dia — Drill machine 1/4" — Hand Shearing machine — Hand Press No. 3 — Injection molding machine
iv) Testing equipment	— Continuity tester

3. Raw Materials :

- Alluminium pipe 1/2" dia, Aluminium clamps
- Aluminium square Section 3/4" x 3/4"
- Plastic powder, Hardware etc.

4. Installed Capacity : 6000 Nos. TV Antina per Annum

5. Cost of Project (Rs. in Lacs) | **Source of Finance (Rs. in Lacs)**

(a) Land & Building	Rented / Own	Own Capital	0.40
(b) Plant & Machinery	0.40	Term Loan	0.30
(c) Furniture & Fixture	0.05	Working	
(d) Prel. & Pre. op. exp.	0.05	Capital Loan	0.50
(e) Working capital	0.70		
Total	1.20	Total	1.20

6. Cost of Production

(a) Raw Material & Utilities	0.30
(b) Salary & Wages	0.06
(c) Admn. Expenses	0.10
(d) Intt. & Depreciation	0.06
	0.52
By Sale of TV Antina	0.55
Less : Cost of Production	0.52
Profit/Month	0.03 Lac
	= Rs 3,000/-

7. Profit before taxes per annum 36,000/-

Automobile Engineering

4.9.2 PROJECT PROFILE ON COMPUTERISED WHEEL ALIGNING SYSTEM

CAR SCANNING SYSTEM

1. Product & its uses — As the no. of vehicles are increasing manifold creating good scope for repairing, aligning, wheel balancing, engine analyzing by way of computers.

2. Details of fixed asses :

Land & Building : Rented

Covered Area :

Pucca Construction : 2000 sft

Plant & Machinery :

- Balco Wheel balancer made in USA.
- FKI Cryption Engine Analyser made in U.K.

Supplier : M/S Benz Trading Company
G-10, Hauz Khas, New Delhi.
M/S FKI Crypton, U.K.
M/s Unipro Transport Equipment, Madras.
M/s Balco Incorption, California.

3. Raw Material : Computer Stationery, Oil, Grease etc.

4. Cost of project : (Rs in Lacs) Sources of finance : (Rs in Lacs)

Land & Building	Rented	Own Capital	3.50
Plant & Mach.	11.00	Term Loan	8.25
Prel. & Pre-op. exp.	0.25		
Furniture & Fixtures	0.25		
Working capital	0.25		
Total	11.75	Total	11.75

5. Cost of production (Per annum)

- Raw Material	—	1,00,000
- Salary & Wages	—	1,08,000
- Other overheads	—	1,08,000
- Interest	—	1,20,000
- Depreciation	—	1,65,000
	—	6,01,000

6. Income by job work

Car engine analysing, wheel balancing, aligning etc.	Rs. 7,65,000
Less : Cost of production	Rs. 6,01,000
	Rs. 1,64,000

7. Profit per annum

Mechanical / Production Engineering

4.9.3 PROJECT PROFILE ON MANUFACTURING OF HACKSAW BLADES

1. Product & its uses

Hacksaw Blades.

Hacksaws both hand and power operated are idly used in engineering industries for cutting of metals to the required size.

2. Details of fixed assets :

(a) Land — 500 sq.m.

(b) Building — 1500 sq.ft. workshed
300 sq.ft. office & store.

(c) Plant & Machinery (Major)

- Power press 15 M.T.
- Overhead Crane 1 M.T. Capacity
- Teeth Cutting Machine
- Rolling Mill

	- Slitting Machine
	- Electric Furnace (500 kg. cap.)
3. Major Raw Materials	Mild Steel Strips
4. Plant Capacity	
- No. of working days/annum	300
- No. of shifts/day	one
- Installed Capacity	
- Per minute	40 blades
- Per day	19200 blades
- Per annum	57.60 lacs blades
- Product Mix	50% edge cutting & holes. 50% for teeth direction.
Production Envisaged (Overall cap. utilisation 30%)	17.28 lac blades p.a or 34.56 MT/Annum.
5. Employment	15-17 persons.
6. Power Required	70 H.P.

7. Cost of project and sources of finance (Estimated) :

(Rs. IN LACS)

Particulars	Cost	Sources of Finance		
		Term Load	W/C Loan	Own Capital
Land & Building	2.00	1.50	–	0.50
Plant & Machinery	6.00	4.50	–	1.50
Furniture & Fixtures	0.20	–	–	0.20
Pre. & Pre-op. Exp.	0.80	–	–	0.80
Working Capital	2.80	–	2.10	0.70
	11.80	6.00	2.10	3.70

8. Cost of Production (Per Annum) - Rs. 9.59 lacs

9. Profitability

-Sales	34.56 M.T./Annum on cutting & hole 17.78 MT @ 28000/- MT	4.84 lacs
	Teeth Directin 17.78 MT @ Rs. 35000/- per MT	6.05 lacs
		10.89 lacs

10. Gross Profit Per Annum before taxes Rs. 1.30 lacs

Civil Engineering

4.9.4 PROJECT PROFILE ON MANUFACTURE OF STONE CHIPS

1. Products & Its uses Crushed stone chips.

It is used for building construction and road construction.

2. Details of fixed assets

(a) Land 1000 sq. m.

(b) Building 200 Sq. ft. (Office)

(c) Plant & Machinery (Major)

- Jaw Crusher 16" x 9"
- Vibrating screen
- Conveyor 24" wide 230 ft.
- Manfeed conveyor 60 ft.
- Electric Motors, Starters etc.
- Hammer, Tasl; as etc.

(d) Misc. Fixed assets

- D.G. Set etc.

3. Major Raw Material Rough Stone Rock

4. Employment 10-12 persons

5. Capacity

No. of hrs//shift	Eight
No. of shifts/day	Single
No. of working days/Annum	300
Installed capacity	7 lac MT
Efficiency	75%
Production envisaged	5.25 lac MT

6. Cost of project & Means of finance (Estimated) (Rs. in lacs.)

Particulars	Cost	Sources of Finance		
		Term Load	W/C Loan	Own Capital
(a) Land & Building	1.00	0.75	–	0.25
(b) Plant & Machinery	6.80	5.10	–	1.70
(c) Misc. fixed Assets	0.80	0.60	–	0.20
(d) Furniture & Fixtures	0.20	–	–	0.20
(e) Pre. & Pre-op. Exp.	0.10	–	–	0.10
(f) Working Capital	1.20	–	0.90	0.30
	10.10	6.45	0.90	2.75

7. Cost of Production (per annum) (Rs. in lacs.)

(a) Raw Material	0.95
(b) Utilities	0.62
(c) Repairs & Maintenance	0.90
(d) Salary & Wages	1.10
(e) Overhead expenses	0.50
(f) Interest	1.05
(g) Depreciation	1.20
Total	6.32 lacs

8. Profitability (Annual)

- Total cost of Production 6.32 lacs.
- Total Sales revenue 8.87 lacs.
- Gross profit (Before taxes) 2.55 lacs.

Chemical Engieering

4.9.5 PROJECT PROFILE ON MANUFACTURING OF PHENYL

1. Product & its uses Phenyl.

Used as disinfectant for maintaining hygienic condition and sanitation for drains, floors, toilets etc.

2. Details of fixed Assets :

(a) Land 300-500 sq. m.

(b) Building Workshed - 150 sq. m.
Office & Store - 50 sq. m.

(c) Plant & Machinery (Major)

- Tank for tar acids 5000 lit. cap.
- Caustic dye measuring tank 600 lit cap.
- Cresote oil measuring tank 600 lit cap.
- Pilot water tanks 2000 lit cap.
- Soft soap dizzoping vessel 1000 lit cap.
- Colloid mill cap. 200 kg/Batch.
- Mixing vessels 2000 lit. cap.
- Cassein solution vessel 1000 lit. cap.

(d) Other misc. fixed Assets

- Laboratory equipment
- Weighing machine
- Mechanical accesories
- Pipe fitting & valves
- Air compressor.
- Oil pump & Cresote oil pump etc.
- Fire fighting equipment

3. Major raw material

- Cresylic Cresote (Contains (25-30% Tar aciss)
- Castor oil
- Caustic soda
- Packing materials (Drums)

4. Employment 7-8 persons

5. Total power required 30 H.P.

6. Manufacturing process

The process of manufacturing phenyl is very simple and can be divided into two stages :

i) Preparation of soft soap.

ii) Mixing of cresote oil in soft soap and forming stable solution.

7. Cost of Project & Sources of finance (Estimated) (Rs.in lacs.)

Particulars	Project Cost	Sources of Finance		
		Term Load	W/C Loan	Own Capital
(a) Land & Building	1.80	1.35	–	0.45
(b) Plant & Machinery	2.40	1.80	–	0.60
(c) Other misc. fixed assets	1.20	0.90	–	0.30
(d) Furniture & Fixtures	0.20	–	–	0.20
(e) Prel. & Pre-op. Expenses	0.30	–	–	0.30
(f) Working Capital	7.00	–	5.00	2.00
	12.90	4.05	5.00	3.85

8. Capacity

No. of Hrs./Shift	Eight
No. of shifts/day	Single
No. of working days/Annum	300
Installed capacity	150000 lit./Annum
Efficiency	90%
Production Envisaged	135000 lit./Annum

9. Profitability (Per annum)

Sales revenue	Rs. 24,30,000
Cost of production	Rs. 21,60,000
Profit (Before taxes)	Rs. 2,70,000

5

बाजार सर्वेक्षण व अनुसंधान (Market Survey and Research)

5.1 प्रस्तावना (Introduction)

उद्योग को स्थापित करना ही मात्र उद्योग की सफलता नहीं कहलाती, बल्कि उद्योग द्वारा निर्मित उत्पादों को सही समय पर विपणन पर उद्योग का भविष्य निर्भर करता है। अतः उद्योग को लगाने के पूर्व ही उद्योग द्वारा निर्मित किये जाने वाले उत्पाद की बाजार में मांग व खपत की संभाव्यता की जानकारी एकत्रित करने को बाजार सर्वेक्षण व अनुसंधान कहते हैं। जैसा कि विदित है कि बाजार सर्वेक्षण का कार्य उद्योग की स्थापना के पूर्व ही किया जाता है अतः इसे पूर्व बाजार सर्वेक्षण (Pre-market Survey) भी कहते हैं। बाजार सर्वेक्षण व अनुसंधान का मुख्य उद्देश्य यह ज्ञात करना है कि किस उत्पाद का निर्माण किया जाय, उसकी मात्रा, गुणवत्ता, निश्चित या विविध प्रकार की किस्म, विक्रय क्षेत्र, विपणन के तरीके, ग्राहकों की पसंद तथा विज्ञापन, विक्रय व सेवाओं के स्तर आदि आदि। उपरोक्त जानकारी के आधार पर विश्लेषण कर उत्पाद का चयन, उत्पादन क्षमता, उत्पाद के विनिर्देश, उत्पाद के विक्रय करने के तरीके आदि का निश्चय किया जाता है।

दूसरे शब्दों में बाजार सर्वेक्षण व अनुसंधान का तात्पर्य किसी उत्पाद के बारे में प्रमुख एवं व्यवस्थित सूचनाओं को एकत्रिकरण, लिपिबद्ध करना, वर्तमान एवं संभावित बाजार की मांग की व्याख्या, विपणन प्रक्रिया की रचना तथा वर्तमान में उत्पाद की मांग की आपूर्ति के स्रोत, उनकी क्षमता व उत्पाद की किस्म आदि का अध्ययन करना है।

5.2 बाजार सर्वेक्षण व अनुसंधान के विभिन्न चरण (Steps for Market Survey & Research)

उत्पाद चयन की प्रक्रिया के साथ ही उत्पाद की बाजार संभाव्यता का पता लगाना आवश्यक होता है। बाजार संभाव्यता ज्ञात करना अथवा बाजार

सर्वेक्षण व अनुसंधान कार्य विभिन्न चरणों में किया जाता हैं, जिनमें मुख्यतः निम्न है –

(अ) मांग विश्लेषण (ब) अनुपूरक सूचना एकत्रीकरण (स) सर्वेक्षण

(द) मांग पूर्वानुमान (य) अनिश्चितताओं का आंकलन।

5.3 मांग विश्लेषण (Demand Analysis)

उद्यमी जब किसी उत्पाद विशेष का उत्पादन करने जा रहा हो तब उसी प्रकार का कोई न कोई उत्पाद पूर्व में ही बाजार में उपलब्ध होगा, जो कि किन्ही अन्य इकाईयों द्वारा उत्पादित किये जा रहे होंगे। ऐसी स्थिति में वर्तमान में कितने उत्पाद बाजार में उपलब्ध है, उनका मूल्य, उनके उपभोक्ता, उत्पाद की बाजार में उपलब्धता आदि का विश्लेषण ही मांग विश्लेषण कहलाता है। मांग विश्लेषण के मुख्य भाग निम्न है :

(अ) वर्तमान एवं अतीत में उत्पाद की प्रभावी मांग (Effective demand of the product in past & present) – प्रत्येक उत्पाद की पूर्ण खपत उसके निर्माण करने वाले गांव, शहर, प्रांत या देश में ही हो यह आवश्यक नहीं है। अतः यदि स्थानीय मांग की तुलना में उत्पादन अधिक हो तो अतिरिक्त उत्पाद को अन्य स्थानों पर विक्रय हेतु भेजा जाता है। इसी प्रकार स्थानीय मांग से उत्पादन कम होने पर अन्य स्थानों से उत्पाद को आयात किया जाता है। अतः प्रभावी मांग की गणना प्रत्येक स्तर (गांव, शहर, जिला, प्रांतीय, राज्य, अन्तर्राज्यीय एवं अन्तर्राष्ट्रीय) पर उत्पादन क्षमता के अनुसार की जानी चाहिए।

उत्पादन + आयात – निर्यात = प्रभावी मांग

(ब) मांग का विभाजन (Division of Demand) – मनुष्य मात्र अपने जीवन में भिन्न भिन्न प्रकार के उत्पादों का उपभोग करता है, उत्पाद की मांग उसके प्रकार एवं प्रकृति पर निर्भर करती है। उत्पाद का उपभोग करने वाला उपभोक्ता कोई उद्योग विशेष या आम मनुष्य भी हो सकता है तथा साथ साथ उत्पाद की मांग भौगोलिक परिस्थितियों पर भी निर्भर करती है। अतः उत्पाद के मांग का विभिन्न भागों में विभाजन किया जा सकता है जिनमें मुख्यतः निम्न है–

(अ) उत्पाद के प्रकृति के अनुसार

(ब) उपभोक्त के आधार पर (स) भौगोलिक स्थिति के आधार पर

(स) मूल्य (Price) – उत्पाद के बाजार सर्वेक्षण के समय उत्पाद के विभिन्न मूल्यों की जानकारी भी एकत्रित की जाती है जो कि उत्पाद के मांग विश्लेषण का आवश्यक अंग है। अतः उत्पाद के निम्न मूल्यों की जानकारी प्राप्त करनी चाहिए :

(i) उत्पादनकर्ता का विक्रय मूल्य (लागत + बीमा + यातायात लागत + लाभ आदि) (ii) आयातित उत्पादों की पहुँच मूल्य (iii) औसत थोक मूल्य (iv) औसत खुदरा मूल्य आदि।

(द) विपणन प्रबन्ध (Marketing Management) – उत्पाद को विभिन्न स्थानों पर वितरण उसके आकार एवं प्रकार पर निर्भर करता है। इसी प्रकार बिक्री संवर्धन (Sales promotion) कार्यक्रम जैसे कि विज्ञापन, छूट, उपहार योजना आदि भी प्रत्येक उत्पाद की प्रकृति पर निर्भर करता है। अतः बाजार में उपलब्ध उत्पादों द्वारा अपनाये जाने वाले विपणन कार्यक्रमों का अध्ययन तथा बिक्री संवर्धन की तकनीकों आदि का अध्ययन करके उद्योग द्वारा अपनाये जाने वाले विपणन प्रबन्ध की नीति तय की जाती है।

(य) उपभोक्ता (Consumers) – उत्पाद का उपभोग करने वाला उपभोक्ता कहलाता है। अतः बाजार सर्वेक्षण में उपभोक्ता के बारे में विस्तृत जानकारी एकत्रित करनी आवश्यक है। उपभोक्ता के बारे में दो प्रकार की जानकारियाँ एकत्रित की जाती है। पहली सामाजिक जानकारी जैसे कि उपभोक्ता की उम्र, लिंग, आय, उद्यम, व्यवसाय, निवास, धर्म, रीति रिवाज, एवं सामाजिक स्तर इत्यादि। दूसरी प्रकार की जानकारियां उपभोक्ता की रुचि एवं पसंद संबंधी है।

(र) नीति (Policies) – राज्य एवं केन्द्र सरकार की नीतियों का उत्पाद की मांग पर बहुत असर पड़ता है। अतः मांग विश्लेषण में उत्पाद के संबंधित सभी प्रकार की नीति, अधिनियम, आदि का विस्तृत अध्ययन करना आवश्यक होता है।

(ल) आपूर्ति एवं प्रतिस्पर्धा (Supply & Competition) – बाजार सर्वेक्षण में वर्तमान में मांग को पूरी करने के लिए आवश्यक उत्पाद की आपूर्ति संबंधी विस्तृत अध्ययन करना चाहिए, चाहे वह स्वदेशी हो या आयातित। जो उत्पाद पूर्व में देश में ही निर्मित हो रहा हो तो उस आपूर्ति स्रोत के स्थान, वर्तमान में उत्पादन क्षमता, विस्तार की संभावना, क्षमता का उपयोग, तथा उसकी लागत कीमत आदि का अध्ययन आवश्यक है। इसके साथ ही वर्तमान में उपलब्ध उत्पादों में आपस में प्रतिस्पर्धा का स्तर एवं इकाई द्वारा उत्पाद तैयार किये जाने पर संभावित प्रतिस्पर्धा की संभावना एवं स्तर आदि का अध्ययन भी मांग विश्लेषण में किया जाता है।

5.4 अनुपूरक सूचना एकत्रिकरण (Collection of Secondary Information)

बाजार सर्वेक्षण में सूचनायें जो एकत्रित की जाती है उन्हें प्राथमिक सूचना एवं अनुपूरक सूचना कहते हैं। जो सूचनायें किसी निश्चित उद्देश्य के तहत

एकत्रित की जाती है उन्हें प्राथमिक सूचना कहते हैं। जबकि अनुपूरक सूचनायें वे हैं जो कि किसी अन्य उद्देश्य के पूर्व में ही एकत्रित की जा चुकी है तथा उनका महत्व अन्य सर्वेक्षण में भी हो, उन्हें अनुपूरक सूचना कहते हैं। बाजार सर्वेक्षण के लिए अनुपूरक सूचनाऐं निम्न स्रोतों से प्राप्त हो सकती है –

– जनगणना	**India Year Book**
– राष्ट्रीय सर्वेक्षण रिपोर्ट	**Techo-Economic Survey**
– सांख्यिकी सर्वेक्षण	**The Stock Exchange Directory.**
– अर्थशास्त्रीय सर्वेक्षण	**Bulletin of RBJ.**
– उद्योग सर्वेक्षण	
– आयात निर्यात सांख्यिकी	

जब अनुपूरक सूचनाऐं एकत्रित हो जाये तब उनकी विश्वस्तर यथार्तता एवं सर्वेक्षण के उद्देश्य से सम्बद्धता आदि की जांच करके सूचनाओं को सर्वेक्षण में शामिल करना चाहिए।

5.5 सर्वेक्षण (Survey)

अनुपूरक सूचनाओं के आधार पर उत्पाद के बाजार सर्वेक्षण व अनुसंधान को मूर्त रुप नहीं दिया जा सकता जब तक कि उत्पाद की विस्तृत सूचनायें एकत्रित नहीं कर ली जाती। सर्वेक्षण कार्य में मुख्यतः निम्न प्रकार की सूचनायें एकत्रित की जाती है।

– उत्पाद की कुल मांग व क्रमशः मांग वृद्धि दर

– बाजार के विभिन्न पक्षों में उत्पाद की मांग

– आय एवं मांग के संदर्भ में मूल्य में लचीलापन

– क्रय प्रबन्ध

– वर्तमान में उपलब्ध उत्पाद के बारे में धारणा

– असन्तुष्टि के कारण व निवारण

– वितरण प्रणाली एवं

– ग्राहकों का सामाजिक एवं आर्थिक स्तर इत्यादि

5.6 मांग पूर्वानुमान (Demand precasting)

सभी प्रकार की सूचनायें एकत्रित होने के पश्चात् उन्हे सही रुप से लिपिबद्ध किया जाता है तथा उसका विश्लेषण किया जाता है। विश्लेषण में यह

देखा जाता है कि पिछले वर्षों में उत्पाद की मांग प्रत्येक क्षेत्र में कितनी रही तथा मांग वृद्धि की दर क्या रही। आयातीत एवं स्वदेशी उत्पाद प्राप्त होने के पश्चात् मांग व आपूर्ति में क्या संबंध रहा। इन सभी सूचनाओं के आधार पर उत्पाद की भविष्य में संभावित मांग का पूर्वानुमान निकाला जाता है। जिससे इकाई की उत्पादन क्षमता तय की जा सके।

5.7 अनिश्चितताओं का आकंलन (Evaluation of uncertainties)

बाजार सर्वेक्षण व उत्पाद के मांग विश्लेषण के अनुसार मांग के पूर्वानुमान आंकलन में त्रुटि निम्न अनिश्चितताओं के कारण हो सकती है।

वर्तमान एवं भूतकाल के बाजार संबंधी आंकड़े **(Data about past & Present market)**, पूर्वानुमान के तरीके **(Methods of forecasting)**

परिस्थितियों में परिवर्तन (Environmental change)

जो आंकड़े वर्तमान एवं भूतकाल के बाजार के बारे में उपलब्ध हैं उनमें संभवतः सूचना एकत्रिकरण के तरीकों, उपलब्ध जानकारी सीमित सर्वेक्षण के कारण आंकड़े बाजार की वास्तविक स्थिति दर्शाने में असमर्थ हों। बाजार मांग के पूर्वानुमान के लिए जो आधार तय किया गया है वह उपयुक्त न हो, तथा समयान्तराल के साथ मनुष्य की प्रकृति, इच्छा व रुचि में परिवर्तन होता रहता है। तथा इस परिवर्तन के कारण भी बाजार में उत्पाद के मांग में अनिश्चितता बन सकती है। अतः बाजार सर्वेक्षण, मांग विश्लेषण तथा बाजार अनुसंधान में अनिश्चितताओं का आंकलन करते हुए ही भविष्य की मांग का पूर्वानुमान करना चाहिए।

5.8 बाजार सर्वेक्षण के मुख्य बिन्दु (Tips for Market Survey)

बाजार सर्वेक्षण के लिए सूचना उपलब्ध कराना व सूचना प्राप्त करना दो विभिन्न कार्य है। उद्यमी के लिए आवश्यक है कि उपलब्ध आंकड़ों में से आवश्यक सूचना की विस्तृत जानकारी एकत्रित करें। उद्यमियों के मार्गदर्शन के लिए प्रभावी एवं क्रमबद्ध सर्वेक्षण के लिए निम्न बिन्दु महत्वपूर्ण है –

(i) सर्वेक्षण कार्य प्रारंभ करने से पूर्व ही कोई धारणा या भ्रान्ति मन में नहीं बनानी चाहिए।

(ii) सर्वेक्षण कार्य के समय चित को सरल, शान्त व सौम्य बनाये रखे। सर्वेक्षण कार्य में दूसरों से सूचनायें उगलवाने के लिए धैर्य बनाये रखना आवश्यक है।

(iii) सर्वेक्षक को यह समझना आवश्यक है कि वह कार्य स्वयं के लिए कर रहा है न कि दूसरों के लिए।

(iv) सर्वेक्षण को प्रत्येक सूचना को लिपिबद्ध करना अपने स्वभाव का हिस्सा बना लेना चाहिए।

(v) किसी व्यक्ति से जानकारी प्राप्त करते समय अपने पृष्ठों का उल्लेख करना त्यागना चाहिए।

(vi) क्रमबद्ध तरीके से प्रश्नों का चुनाव एवं उनका उपयोग आंकड़े एकत्रित करने में बहुत उपयोगी होता है।

(vii) अपने प्रतिस्पर्धी से उसकी बातें पूछना का उत्तम तरीका उसका ग्राहक बनकर मिलना है।

उद्यमियों के सहयोग के लिए बाजार सर्वेक्षण प्रश्नावली प्रस्तुत कर रहे है।

5.9 बाजार सर्वेक्षण प्रश्नावली (Market Survey Questionnaire)

(i) इकाई का नाम

(ii) उत्पाद/उत्पादों का विवरण

(iii) सर्वेक्षक का विवरण

(iv) उपभोक्ता की पहचान

उपभोक्ता का प्रकार	उपभोग का उद्देश्य	विक्रय प्रतिशत
(अ) कृषि एवं कृषक		
(ब) सरकारी विभाग		
(स) चिकित्सा एवं स्वास्थ्य		
(द) घरेलू उपभोग		
(य) शिक्षा एवं बच्चे		
(र) अन्य		

(v) वर्तमान प्रतिस्पर्धक

उत्पाद के विनिर्देश	प्रतिक चिन्ह	विक्रय मूल्य	उत्पादक का नाम	विक्रय प्रतिशत
(i)				
(ii)				
(iii)				

(vi) बाजार की स्थिति (पिछले पांच वर्षों में)

वर्ष	उत्पाद क्रं॰ 1.	2.	3.	4.	5.	6.

(vii) विक्रय केन्द्रों पर उत्पाद की स्थिति

अल्प आपूर्ति / सामान्य आपूर्ति / बाहुल्य आपूर्ति

(viii) उत्पाद के विज्ञापन विवरण

(अ) समाचार पत्र के नाम

(ब) दर्शनीय विज्ञापन

(स) प्रदर्शनी एवं मेले

(द) निजी सम्पर्क द्वारा

(य) वर्तमान उपभोक्ता द्वारा

(र) रेडियो एवं दूरदर्शन द्वारा

(ल) अन्य स्रोत

(ix) प्रतिस्पर्धकों के विपणन तरीके

(अ) सीधी बिक्री द्वारा

(ब) स्थानीय सम्पर्कों द्वारा

(स) निविदाओं द्वारा

(द) अधिकृत विक्रेताओं द्वारा (विक्रेताओं की सूची तैयार करे)

(य) बिक्री कार्यालयों द्वारा (कार्यालयों की सूची तैयार करे)

(र) विक्रय ऐजेन्टों के द्वारा

(x) प्रतिस्पर्धकों के व्यापार व शर्तें

(अ) भुगतान प्राप्ति – बैंक द्वारा / नगद / अग्रिम / मियाद आदि

(ब) अतिरिक्त किराया – पहुँच किराया आदि मय कीमत या अतिरिक्त

(स) नगद छूट

(द) बिक्री के बाद भुगतान की दर

(य) अन्य नियम व शर्तें

(xi) वर्तमान के उत्पादों के बारे में उपभोक्ताओं की राय

(xii) विक्रेताओं की प्रतिक्रिया एवं भविष्य में मांग के बारे में राय

(xiii) बिक्री के बाद सेवाओं की स्थिति

(xiv) पिछले कुछ वर्षों में उपलब्ध उत्पादों के विक्रय आंकड़े

(xv) विक्रय प्रणाली की विशेषता एवं अनुभव

(xvi) उपभोक्ताओं का झुकाव व दृष्टिकोण

दिनांक सर्वेक्षक के हस्ताक्षर

स्थान . . . .

6

उद्योग प्रारम्भ करने का तरीका
(How to Start an Industry)

उद्योग प्रारंभ करने के लिए उद्यमी को विभिन्न कार्य सूचीबद्ध तरीके से करने होते हैं तथा प्रत्येक कार्य का अपने आप में पूर्ण महत्व है। इस अध्याय में उद्योग स्थापित करने के लिए आवश्यक प्रक्रिया की जानकारी प्रस्तुत की जा रही है। कई बार उद्यमी को निम्न जानकारी न होने के कारण बड़ी कठिनाइयों का सामना करना पड़ता है। अतः उद्यमी को उन परेशानियों से बचने एवं समय व धन का दुरुपयोग रोकने के लिए जानकारी प्रस्तुत की जा रही है।

उद्योग प्रारंभ करने के लिए उद्यमी द्वारा लिए जाने वाले मुख्य चरण निम्न है (Steps to be taken by an Entrepreneur to start an Industry)

- उत्पाद चयन (Identification of Product)
- स्थान चयन (Site selection)
- प्रोजेक्ट रिपोर्ट तैयार करना (Preparation of Project Report)
- संगठन की संरचना (Formation of Business Organisation)
- पंजीकरण (Registration)
- वित्त पोषण (Allocation of Financial Resources)
- भूमि क्रयण (Acquisition of Land)
- भवन निर्माण (Construction of Building)
- मशीनरी चयन, प्राप्त करना एवं स्थापना (Selection, Procurement and Installation of Machinery)
- विद्युत एवं जल व्यवस्था (Supply of Water & Electricity)
- कार्मिक व्यवस्था (Recruitment of Personnels)
- कच्चा माल क्रयण (Procurement of Raw Materials)

– उत्पादन (Production)

– विपणन (Marketing)

6.1 उत्पाद चयन

उद्योग स्थापना की पहली कड़ी उत्पाद चयन है। इस प्रक्रिया के दौरान उद्यमी उद्योग विकास में सहायक विभिन्न संस्थाओं से मार्गदर्शन प्राप्त करता है तथा संस्थाओं द्वारा निर्मित प्रोजेक्ट प्रोफाइलों का अध्ययन करता है तथा संस्थाओं द्वारा निर्मित प्रोजेक्ट प्रोफाइलों का अध्ययन करने के पश्चात् कुछ उत्पादों की प्रोफाइल पर विस्तृत अध्ययन करता है। इन उत्पादों के बारे में विस्तृत जानकारी तथा बाजार सर्वेक्षण आदि के पश्चात् किसी एक उत्पाद का चयन करता है। हम अध्याय 4 में उत्पाद चयन की प्रक्रिया के बारे में विस्तृत अध्ययन कर चुके है।

6.2 स्थान चयन

उत्पाद चयन के पश्चात् उद्योग की स्थापना के लिए स्थान का चयन किया जाता है। मुख्यतः स्थान का चयन कच्चे माल की उपलब्धता, विपणन संभाव्यता, उत्पादन हेतु तकनीकी श्रमिकों की उपलब्धता, औद्योगिक नीति एवं अन्य आधारभूत सुविधायें इत्यादि। स्थान चयन प्रक्रिया का विस्तृत वर्णन अध्याय 4 में किया गया है।

6.3 प्रोजेक्ट रिपोर्ट तैयार करना

उत्पाद चयन एवं स्थान चयन के पश्चात् प्रोजेक्ट रिपोर्ट तैयार करना एक महत्वपूण कार्य है। प्रोजेक्ट रिपोर्ट के मुख्य पद निम्न हैं :–

– उद्योग का विवरण

– उत्पाद एवं इसके उपयोग

– उद्योग की उत्पादन क्षमता

– विनिर्माण प्रक्रम

– पूंजी निवेश

– उद्योग की लागत

– पूंजी स्रोत

– सावधि ऋण गणना

– कार्यशील पूंजी एवं ऋण गणना

– आवृति खर्च

– श्रमिक लागत

– उत्पादन लागत

– लाभ गणना

उक्त पदों के बारे में विस्तृत जानकारी अध्याय आठ में दी गई है।

6.4 संगठन की संरचना

उद्यमी को अपने प्रतिष्ठान की स्थापना की प्रक्रिया के पूर्व ही यह निर्णय करना होता है कि अपने प्रतिष्ठान के स्वामित्व का प्रारुप कैसा हो। उद्योग के स्वामित्व का प्रारुप उद्योग में पूंजी निवेश उद्योग का आकार आदि पर निर्भर करता है। मुख्यतः उद्योग के स्वामित्व के प्रारुप निम्न होते हैं –

(i) एकल स्वामित्व (Sole Proprietorship)

(ii) साझेदारी (Partnership)

(iii) संयुक्त पूंजी कंपनी (Joint Stock Company)

(a) निजी सीमित कंपनी (Private Limited Company)

(b) सार्वजनिक सीमित कंपनी (Public Limited Company)

(iv) सहकारी संगठन/समितियाँ (Cooperative Organisation/Societies)

(v) निगम/बोर्ड/सार्वजनिक उपक्रम (Corporation/Board/Public Enterprises)

6.5 पंजीकरण

भारत सरकार की नइ औद्योगिक नीति के अनुसार उद्योग का पंजीकरण आवश्यक नहीं है, परन्तु पंजीकरण के अभाव में सरकार द्वारा उद्योगों को मिलने वाली विभिन्न सुविधायें प्राप्त नहीं होती है। इसके अतिरिक्त विभिन्न संस्थओं से ओद्योगिक अधिनियमों के तहत आवश्यकतानुसार पंजीकरण कराना कानूनन आवश्यक है :–

– नगर पालिका/ नगर विकास न्यास अधिनियम

– फैक्टरी अधिनियम

– बॉयलर अधिनियम

– वाणिज्य संस्थान अधिनियम

– बिक्रीकर अधिनियम इत्यादि

उद्योग निदेशालय में पंजीकरण दो चरणों में किया जाता है :

– अस्थाई पंजीकरण

– स्थाई पंजीकरण

(i) अस्थाई पंजीकरण (Provisional Registration)

लघु उद्योगों व सहायक उद्योगों को अस्थाइ पंजीकरण के लिए आवेदन निश्चित प्रपत्र में जिला उद्योग केन्द्र (DIC) में प्रस्तुत करना होता है। जिला उद्योग केन्द्र पर सक्षम अधिकारी यह जांच करले की इकाई निम्न चार बिन्दुओं के अनुरुप है, उद्यमी को संभवतय उसी दिन अस्थाई पंजीकरण प्रमाण–पत्र (PRC) प्रदान कर देगी।

(i) इकाई को औद्योगिक लाइसेंस की आवश्यकता नहीं है।

(a) यदि इकाई में 50/100 श्रमिक से कम हो जहां उत्पादन पावर सहित/बिना पावर के होता है, चाहे कोई सा उत्पाद बनो के लिए प्रस्तावित किया हो, औद्योगिक लाइसेंस की आवश्यकता नहीं होती।

(b) यदि प्रस्तावित उत्पाद लघु उद्योग क्षेत्र के लिए आरक्षित मदों में से हो तो इकाई मे चाहे जितने श्रमिक हों, औद्योगिक लाइसेंस की आवश्यकता नहीं है।

(ii) प्रस्तावित इकाई में मशीनों तथा संयंत्र में विनियोजन लघु/सहायक/निर्यात मूलक इकाई के लिए निर्धारित सीमा में हो।

(iii) प्रस्तावित इकाई पर किसी अन्य औद्योगिक उपक्रम का स्वामित्व/नियंत्रण/सहायक न हो।

(iv) प्रस्तावित इकाई जिस स्थान पर लगानी हो वहां यदि कोई निषेध (restrictions) उस समय हो तो उनका उल्लंघन नहीं करे।

उपरोक्त (i) से (iv) बिन्दुओं को जिला उद्योग केन्द्र में बैठकर ही सक्षम अधिकारी द्वारा सुनिश्चित किया जा सकता है। इस कार्य के लिए Field visits की आवश्यकता नहीं है। यदि उद्योग को लगाने के लिए कही से approvals/clearances की आवश्यकता हो तो जिला उद्योग केन्द्र उद्यमी को लिखित में अस्थाई पंजीकरण प्रमाणपत्र देते समय सूचित करेगा जिससे उसे स्थाई पंजीकरण प्राप्त करने का अधिकार प्राप्त होगा।

यह अस्थाई पंजीकरण प्रमाण–पत्र 5 वर्ष की निश्चित अवधि के लिए जारी होगा। इकाइ उत्पादन में आते ही प्रमाण–पत्र की वैद्यता समाप्त हो जावेगी।

यदि उद्यमी 5 वर्ष की अवधि में इकाई स्थापित नहीं कर सकेगा तो उसे इकाई का पुनः रजिस्ट्रेशन नई इकाई की भांति कराना होगा।

अस्थाई पंजीकरण प्रमाण पत्र के आधार पर उद्यमी को प्राप्त होने वाली विभिन्न सहायताओं के लिए आवेदन दे सकता है एवं उद्योग को लगाने के लिए सभी कार्य कर सकता है, जैसे –

- औद्योगिक क्षेत्र में भूमि आवंटन हेतु आवेदन।
- औद्योगिक एस्टेट में शेड के आवंटन हेतु आवेदन।
- कृषि भूमि के औद्योगिक भूमि में रुपान्तरण हेतु आवेदन।
- कार्यशाला भवन निर्माण अनुमति हेतु आवेदन।
- राज्य वित्त निगम/बैंक/अन्य वित्तीय संस्थाओं से ऋण हेतु आवेदन।
- राष्ट्रीय लघु उद्योग निगम एवं अन्य संस्थाओं से किराया–क्रय पद्धति पर मशीनें एवं उपकरण लेने के लिए आवेदन।
- जल एवं विद्युत सप्लाई हेतु आवेदन।
- कोयला/लोहा या अन्य कच्चे माल के आवंटन हेतु आवेदन।
- बिक्रीकर, सीमा शुल्क आदि विभागों में पंजीकरण।
- आयात–निर्यात लाइसेंस हेतु आवेदन।
- राज्य लघु उद्योग निगम द्वारा उत्पाद विक्रय हेतु आवेदन।
- औद्योगिक इकाई को लगाने हेतु अन्य आवश्यक कार्यवाही पूरी करने हेतु।

(ii) स्थाई पंजीकरण (Permanent Registration)

उद्यमी द्वारा जब उद्योग स्थापना का कार्य पूर्ण हो जाता है अर्थात् उद्योग के लिए आवश्यक भवन निर्माण, मशीनों का स्थापन, श्रमिकों की नियुक्ति, जल, विद्युत कनेक्शन आदि की व्यवस्था तथा अन्य आवश्यक कार्यवाही जैसा कि अस्थाई प्रमाण पत्र के साथ सूचित की गई थी, पूरी करने के पश्चात् जब इकाई में उत्पादन प्रारम्भ हो चुका हो या उत्पादन प्रारंभ करने के लिए तैयार हो, उद्यमी इकाई के स्थाई पंजीकरण हेतु आवेदन कर सकता है। इस कार्य के लिए निश्चित आवेदन प्रपत्र में जिला उद्योग केन्द्र को प्रस्तुत करना होता है। आवेदन प्राप्ति के सात दिन में जिला उद्योग केन्द्र औद्योगिक इकाई के निरीक्षण हेतु दिनांक एवं समय सूचित करता है। निरीक्षण के दौरान उद्योग की संस्थापित क्षमता का जायजा भी लिया जाता है तथा यह निश्चय करने के पश्चात् कि इकाई उत्पादन करने में सक्षम है, जिला उद्योग केन्द्र द्वारा इकाई का स्थाई

पंजीकरण प्रमाण पत्र प्रदान कर दिया जाता है। आवेदन पत्र प्राप्त होने की तिथि से 30 दिन के भीतर स्थाई पंजीकरण जारी कर दिया जाना चाहिए।

सहायक उद्योग जिनमें निवेश 60 लाख रुपये से अधिक व 75 लाख रुपये तक है, उन्हें स्थाई पंजीकरण जारी होने की तिथि से 5 वर्ष के लिए मान्य होगा। इसके पश्चात पंजीकरण का नवीनीकरण कराना होगा जो कि 5 वर्ष की अवधि के लिए होगा।

6.6 पूंजी स्रोत के साधन (Allocation of Financial Resources)

प्रोजेक्ट रिपोर्ट जब तैयार की जाती है तो उद्योग में कुल पूंजी निवेश की गणना की जाती है तथा साथ ही साथ पूंजी प्राप्त करने के स्रोत भी निश्चित किये जाते है। उद्योग की स्थापना में समय पर उपयुक्त धनराशि उपलब्ध होने पर उद्योग सही समय पर स्थापित हो सकता है। उद्योग स्थापना में पूंजी तीन प्रकार की होती है।

– निवेश

– अनुदान एवं

– ऋण आदि।

जो धनराशि उद्यमी, साझेदार, हिस्सेदार या अंश निवेश आदि के द्वारा उद्योग में लगायी जाती है उसे पूंजी निवेश कहते हैं। उद्योग के लाभ होने पर लाभांश या हानि पर देनदारियाँ उद्यमी, उसके हिस्सेदारों के पूंजी निवेश के तुलनात्मक जिम्मेदारी होती है। अनुदान एक मुश्त सरकार द्वारा उद्योग को दी जाने वाली सहायता है। अनुदान उद्यमी को उद्योग स्थापन एवं सफल रूप से चलाने के लिए प्रोत्साहित करने के लिए दी जाती है। अनुदान की राशि भी उद्योग स्थापना में लागत पूंजी का एक हिस्सा होती है। इनके अतिरिक्त उद्योग स्थापना की कुल पूंजी का एक महत्वपूर्ण हिस्सा विभिन्न संस्थाओं से उपलब्ध ऋण है। उद्योग की लागत के लिए विभिन्न संस्थाओं से सावधि ऋण, मित्रों एवं रिश्तेदारों से ऋण, बैंक या वित्तीय संस्थाओं से लघु अवधि ऋण इत्यादि की गणना करने के पश्चात् किस–किस संस्था से कितना ऋण प्राप्त हो सकता है इसकी गणना की जाती है तथा उद्यमी को चाहिए कि उन संस्थाओं के निश्चित आवेदन प्रपत्र में वितीय सहायता के लिए आवेदन करे।

6.7 भूमि का आवंटन, क्रयण एवं रुपान्तरण (Allotment, Acquisition & Conversion of Land)

प्रत्येक राज्य में औद्योगिक विकास एवं विनियोजन निगम (रीको) उद्यमियों को इकाई की स्थापना के लिए उचित दर पर औद्योगिक क्षेत्र (Industrial

Area) में भूमि उपलब्ध करवाता है। औद्योगिक विकास एवं विनियोजन निगम (रीको) अपने द्वारा विकसित औद्योगिक क्षेत्रों में सभी आधारभूत सुविधायें उपलब्ध कराता है।

उद्योग के अस्थाई पंजीकरण के पश्चात् उद्यमी को अपने उद्योग के लिए आवश्यक भूमि हेतु निर्धारित आवेदन पत्र में आवंटन हेतु निम्नलिखित को संलग्न करते हुए निगम को आवेदन करना होता है।

(i) योजना की प्रति/प्रोजेक्ट रिपोर्ट

(ii) साझेदारी फर्म को साझेदारी विलेख (Partnership deed) की प्रति, प्राईवेट लिमिटेड या लिमिटेड कंपनियों को पार्षद सीमानियम एवं अन्तर्नियमों (Memoerandum and Articles of Association) की प्रति, कंपनी के समामेलन (Incorporation) प्रमाणपत्र की प्रति एवं प्राइवेट लिमिटेड कंपनी की स्थिति में प्रवर्तकों (Promotor) के नाम आदि।

(iii) भूमि की आवश्यकता को न्यायोचित ठहराते हुए प्रस्तावित निर्माण का रेखाचित्र।

(iv) निगम द्वारा वांछित अन्य कोई दस्तावेज।

(v) प्रतिभूति राशि 1000 रु प्रति 1000 वर्गमीटर या उसके अंश के लिए एवं आवेदित क्षेत्र के लिए निर्धारित दर का 25: विकास प्रभार (development charges) नगद अथवा डिमाण्ड ड्राफ्ट द्वारा।

भूमि का आवंटन 2 एकड़ तक जिला भूमि आवंटन समिति द्वारा 5 एकड़ तक आधारभूत सुविधा विभाग के प्रधान द्वारा एवं प्रबन्ध निदेशक/कार्यकारी निदेशक को सभी औद्योगिक क्षेत्रों में आवंटन का पूर्ण अधिकार होता हैं।

आवंटी द्वारा आवंटन की तिथि से 90 दिन के अन्दर विकास प्रभार, आर्थिक किराया (Economic Rent) एवं सेवा प्रभार का पूरा भुगतान करने पर आवंटित भूखण्ड का कब्जा दे दिया जाता है। निगम द्वारा निर्धारित वार्षिक आर्थिक किराये का भुगतान प्रत्येक वित्तीय वर्ष के प्रारंभ में प्रतिवर्ष 30 अप्रैल तक किया जाना चाहिए। भूखण्ड के पट्टे की अवधि 99 वर्ष की होती है। जिसका आगे फिर 99 वर्ष के लिए नवीनीकरण किया जा सकेगा। आवंटित भूमि का कब्जा लेने के या पट्टा अनुबन्ध क्रियान्वयन, जो भी पहिले हो, के एक वर्ष के भीतर फैक्ट्री निर्माण का कार्य आरंभ किया जाना चाहिए तथा उसे उपयोग एवं उत्पादन के लिए तीन वर्षों में पूरा समाप्त करना होगा। आवंटित भूमि पर उस पर निर्मित भवन के संबंध में नगरपालिका या अन्य किसी नागरिक संगठन द्वारा लगाये गये समस्त दरों, करों, दावों का भुगतान अलग से सम्बन्धित संगठनों को देय होगा।

यदि किसी स्थान पर औद्योगिक क्षेत्र न हो या औद्योगिक क्षेत्र में भूखण्ड उपलब्ध न हो तो ऐसी स्थिति में उद्यमी को अपनी आवश्यकतानुसार कृषि भूमि क्रय करनी पड़ती है। लेकिन कृषि भूमि पर उद्योग लगाने की अनुमति नहीं दी जाती है। अतः उद्यमी को भूमि रुपान्तरण हेतु आवेदन करना होता है। नये उद्योगों को प्रोत्साहित करने के लिए विभिन्न राज्य सरकारों ने भूमि रूपान्तरण का सरलीकरण कर दिया है। कृषि भूमि को औद्योगिक भूमि में रूपान्तरण हेतु जिला उद्योग केन्द्र में आवेदन करना होता है। अधिकतर राज्यों में तहसीलदार एवं उपखण्ड अधिकारी को 1000 से 5000 वर्ग मीटर तक के भूखण्ड को रूपान्तरित करने के अधिकार दे रखे हैं। 5 हैक्टेअर से अधिक एवं 20 हेक्टेअर तक के भूखण्ड के रुपान्तरण का अधिकार कलेक्टर को तथा इससे अधिक 30 हेक्टेअर तक रूपान्तरण का अधिकार संभागीय आयुक्त को है।

रूपान्तरित न किये जाने वाले क्षेत्रों के अलावा 5 हेक्टेअर तक भूखण्ड के रूपान्तरण हेतु प्राप्त आवेदन पत्र की जांच कर रूपान्तरण के आदेश संबंधित प्राधिकारी 30 दिन के भीतर जारी कर देगा अन्यथा उच्च प्राधिकारी को अग्रेषित कर देगा। यदि आवेदन पत्र पूर्ण कर देने की तिथि से 30 दिन के भीतर रूपान्तरण के आदेश/अमान्य (rejection) संबंधित प्राधिकारी जारी नहीं करता है तो नियमों के तहत औद्योगिक प्रयोजन हेतु रूपान्तरण स्वतः मान लिया जायेगा।

6.8 भवन निर्माण (Building Construction)

जैसा कि हम जानते हैं कि औद्योगिक इकाई में दो प्रकार के भवन होते हैं: 1. प्रशासकीय भवन, 2. कार्यशाला एवं भंडार आदि। भूमि क्रय या आवंटन के पश्चात् आवश्यक भवन का आंकलन किया जाता है तथा उसके लिए नक्शों का अनुमोदन सक्षम अधिकारी से करवाया जाता है। अनुमोदित नक्शे के आधार पर भवन निर्माण की प्रक्रिया प्रारंभ की जाती है। कार्यशाला के भवन का निर्माण, उत्पाद के विनिर्माण प्रक्रमों के आधार पर किया जाता है। आवश्यक कच्चे माल के भंडारण एवं उत्पाद के भण्डारण की समुचित व्यवस्था भी आवश्यक है।

6.9 मशीनरी चयन, खरीद एवं स्थापन (Selection, Procurement & Installation of Machinery)

उत्पाद के निर्माण के विभिन्न प्रक्रमों के अनुसार आवश्यक मशीनों की सूची तैयार की जाती है। उक्त मशीनों की आवश्यक संस्थापित क्षमता की गणना भी की जाती है। तत्पश्चात् इन मशीनों के प्राप्ति स्रोतों का तुलनात्मक अध्ययन किया जाता है। तुलनात्मक अध्ययन से मशीनों की क्षमता, लागत, गुणवत्ता एवं उपलब्धता का अध्ययन करने के पश्चात् मशीनों का चयन किया

जाता है। चयन के पश्चात् मशीनों के क्रय करने के आदेश दिये जाते हैं ताकि मशीनें जब भवन बनकर तैयार हो तब उपलब्ध हो सकें। मशीनों को कार्यशाला में लाने के पश्चात् उनका स्थापन किया जाता है। मशीनों का स्थापन उत्पाद के विनिर्माण प्रक्रमों के आधार पर बनाये गये प्लांट ले–आउट के अनुसार किया जाता है।

6.10 विद्युत एवं जल व्यवस्था (Electricity & Water Supply)

उद्योग के यंत्र एवं संयंत्रों के संचालन के लिए विद्युत शक्ति की आवश्यकता होती है। अतः कुल आवश्यक विद्युत शक्ति की गणना की जाती है तथा उसी मांग के अनुसार राज्य विद्युत मण्डल में विद्युत प्रदान करने हेतु आवेदन करना पड़ता है। उसी के अनुसार उद्योग में प्रत्येक स्थान पर विद्युत शक्ति पहुंचाने की व्यवस्था की जाती है। कई उद्योगों में निर्माण प्रक्रमों में जल की आवश्यकता होती है। अतः जल के स्रोत जल प्रदाय विभाग में नल कनेक्शन हेतु आवेदन करना पड़ता है। जल की अत्यधिक आवश्यकता होने पर उद्योग को अपने भूखण्ड पर ही नलकूप बनवाना अधिक उचित रहता है। नलकूप बनवाने हेतु सक्षम अधिकारी की अनुमति लेना आवश्यक होता है। इसी प्रकार विद्युत के लिए भी उद्यमी स्वयं का विद्युत जेनरेटर (Electric Generator) भी लगा सकता है जिसके लिए भी आवश्यक अनुमति लेनी पड़ती है।

6.11 कार्मिक व्यवस्था (Manpower Recruitment)

उद्योग के चलाने के लिए दो प्रकार के कर्मचारी एवं अधिकारी वर्ग की आवश्यकता होती है जो परोक्ष या प्रत्यक्ष रुप से कार्यशाला से जुड़े रहते हैं। जो उद्योग के उत्पादन कार्य से प्रत्यक्ष रुप से जुड़े रहते हैं जैसे श्रमिक, सुपरवाइजर, फोरमेन, वर्क्स मैनेजर आदि तथा परोक्ष रुप से जुड़ने वाले कार्मिक विभाग, क्रयण विभाग, भंडार, विक्रय विभाग एवं वित्तीय विभाग आदि के कर्मचारी एवं अधिकारी होते हैं। इन सभी प्रकार के श्रमिकों, कर्मचारियों एवं अधिकारियों का चयन उनकी योग्यता, कार्यक्षमता एवं उद्योग में आवश्यकता के अनुसार करना चाहिए। उद्योग को सक्षम रुप से चलाने में इन सबका महत्वपूर्ण कार्य है। अतः इनका चयन भी सही रूप से उद्यमी को करना चाहिए।

6.12 कच्चा माल क्रयण (Procurement of Raw Materials)

उत्पाद के निर्माण के लिए एक या अधिक प्रकार के कच्चे माल की आवश्यकता हो सकती है। अतः उद्यमी को अपने लिए आवश्यक सभी कच्चे माल की सूची तैयार करनी चाहिए। तत्पश्चात् प्रत्येक कच्चे माल के स्रोत,

आवश्यक मात्रा, उसकी गुणवता तथा यातायात खर्च आदि की गणना करके पता लगाना चाहिए कि किस स्रोत से उचित दर पर लगातार कच्चा माल मिल सकता है तथा साथ ही साथ उस कच्चे माल की कितनी मात्रा का भण्डारण आवश्यक है, इसकी भी गणना कर लेना चाहिए, जिसे कभी किसी कारणवश कच्चा माल पहुंचाने में देरी हो जाये तब भी उद्योग के उत्पादन पर असर न पड़े।

6.13 उत्पादन (Production)

उद्योग की स्थापना उत्पाद के निर्माण हेतु की जाती है। अतः उद्योग लगाते समय यह निश्चित किया जाता है कि उद्योग में उत्पाद के निर्माण की क्षमता कितनी है। साथ ही साथ यह भी पता लगाना आवश्यक है कि उद्योग में कम से कम कितना उत्पादन होना आवश्यक हो जिस पर उद्योग बिना लाभ–हानि के चल सके। उद्योग की स्थापना उद्यमी अपने लाभ–अर्जन के लिए भी करता है अतः उद्योग द्वारा उत्पाद अपनी न्यूनतम मात्रा (ब्रेक इवन) से अधिक उत्पादन पर ही लाभ अर्जित कर सकेगा। प्रत्येक उद्योग स्थापित होते ही अपनी पूर्ण क्षमता तक नहीं पहुंच सकता। उत्पादन क्षमता समय के साथ–साथ बढ़ती रहती है। अतः उद्योग अपनी उत्पादन क्षमता का अधिकतम उपयोग कर सके यही उद्यमी की चेष्टा रहनी चाहिए, तभी उद्योग अधिक लाभ अर्जित कर सकेगा। अतः उस उद्योग द्वारा किया जाने वाला उत्पादन उस उद्योग से होने वाले लाभ को पूर्णतः प्रभावित करता है।

6.1.14 विपणन (Marketing)

किसी भी उद्योग के लिए उत्पाद का निर्माण ही अपने आप में एक सम्पूर्ण कार्य नहीं है। जब तक उत्पाद उद्योग की उत्पादन क्षमता के अनुसार विक्रय न हो जाये। उद्योग की सफलता की महत्त्वपूर्ण कड़ी उत्पाद का विक्रय है। उत्पाद का विपणन उसकी गुणवत्ता, उसके मूल्य, विपणन शर्तें, बाजार मांग, बाजार स्पर्धा आदि पर निर्भर करता है। अतः विपणन विभाग की सलाह पर उत्पाद के विनिर्देशों में समय–समय पर बदलाव करना चाहिए। विपणन कार्य में अपने उत्पाद के विशिष्ट गुण को उल्लेखित करना चाहिए जिससे उत्पाद की खपत अधिक से अधिक हो सके। सफल व अच्छा उद्योग उसे माना जाता है जिसमें अन्तिम उत्पाद का भंडारण कम से कम हो अर्थात् उत्पाद की बाजार में इतनी अच्छी मांग हो कि उसे उद्योग में भंडार करने की आवश्यकता न हो। उत्पाद का निर्माण होते ही उसे बाजार में विक्रय हेतु भेज दिया जाय।

7

उद्योगों के वित्तीय स्रोत
(Financial Sources for Industries)

सभी स्तर के उद्यमियों के सहायतार्थ कई वित्तीय संस्थायें सरकार द्वारा स्थापित की गई है जो कि औद्योगिक प्रोजेक्टस के वित्त की पूर्ति हेतु मुख्य स्रोत हैं। इन संस्थाओं को तीन श्रेणी में रखा जा सकता है :

7.1 अखिल भारतीय अथवा केन्द्रीय वित्तीय संस्थाएं (All India or Central Financial Institutions)

1. भारतीय औद्योगिक वित्त निगम (Industrial Finance Corporation of India IFCI)
2. भारतीय औद्योगिक ऋण एवं निवेश निगम (Industrial Credit and Investment Corporation of India, ICICI)
3. भारतीय औद्योगिक विकास बैंक (Industrial Development Bank of India, IDBI)
4. भारतीय लघु उद्योग विकास बैंक (Small Industries Development Bank of India, SIDBI)
5. भारतीय औद्योगिक पुनः निर्माण बैंक (Industrial Reconstruction Bank of India, IRBI)
6. भारतीय निर्यात आयात बैंक (Export-Import Bank of India, EXIM Bank)
7. कृषि एवं ग्रामीण विकास राष्ट्रीय बैंक (नाबार्ड) (National Bank for Agriculture and Rural Development, NABARD)
8. राष्ट्रीय लघु उद्योग निगम की वित्तीय योजनाएँ (Financial Schemes of NSIC)
9. अन्य अखिल भारतीय संस्थाएं (Other All India Institution)

7.2 विदेशी वित्तीय संस्थाएं (Foreign Financial Institutions)

1. अन्तर्राष्ट्रीय वित्त निगम (International Finance Corporation, IFC)
2. तेल निर्यातक विकासशील देशों द्वारा निवेश (Investment by Oil Exporting Developing Countries, OED)
3. एशियन विकास बैंक (Asian Development Bank)

7.3 राज्य स्तरीय वित्तीय संस्थाएं (State Level Financial Institutions)

1. राज्य वित्त निगम द्वारा ऋण (Loan from State Financial Corporations, SFC/RFC)
2. राज्य औद्योगिक विकास एवं निवेश निगम लिमिटेड द्वारा ऋण (Loan from State Industrial Development & Investment Corporation Limited, RIICO)
3. बैंकों द्वारा ऋण (Credit Facilities by Banks)
4. खादी एवं ग्रामोद्योग आयोग द्वारा ऋण (Loan form Khadi & Village Industries Commission, K.V.I.C.)

इन वित्तीय संस्थाओं के पते Annexure-V में दिये गये हैं।

लघु उद्योगों को ऋण सुविधा (Credit Facilities to Small Scae Industries)

लघु उद्योग क्षेत्र अपने कार्यकारी पूंजी एवं सावधि ऋण की आवश्यकता बैंकों तथा राज्य वित्त निगम द्वारा मुख्यतः पूंजी विनियोजन हेतु ऋण मिलता है। इसके अतिरिक्त लघु उद्योगों को राष्ट्रीय लघु उद्योग निगम (NSIC) एवं राज्य लघु उद्योग विकास निगम (SSIDC) किराया क्रय आधार पर मशीनों की सप्लाई व अन्य सहायतायें प्रदान करते हैं तथा खादी एवं ग्रामोद्योग आयोग (K.V.I.C) ग्रामीण क्षेत्रों में लघु एवं कुटीर उद्योगों के विकास के लिए कार्यरत है। इन वित्तीय स्रोतों की विस्तृत जानकारी इसी अध्याय में दी जा रही है। लघु उद्योग क्षेत्र को वित्त प्रदान करने हेतु भारतीय लघु उद्योग विकास बैंक (SIDBI), कृषि एवं ग्रामीण पुनर्निमाण बैंक (IRBI) बैंकों एवं वित्तीय निगमों को पुनर्वित सुविधा प्रदान करते हैं। बैंकों द्वारा लघु उद्योग क्षेत्र को दिये जाने वाले ऋण को 'प्राथमिकता क्षेत्र' (Priority Sector) को ऋण माना जाता है।

7.1 अखिल भारतीय वित्तीय संस्थाएं (All India Financial Institutions)

अखिल भारतीय स्तर पर कार्यरत वित्तीय संस्थाओं द्वारा उद्योगों को दी जाने वाली विभिन्न सहायताओं की संक्षिप्त जानकारी निम्नानुसार है :

7.1.1 भारतीय औद्योगिक वित निगम (Industrial Finance Corporation of India, IFCI)

भारतीय औद्योगिक वित्त निगम (आई एफ सी आई) की स्थापना भारत की औद्योगिक संस्थाओं को मध्यम एवं दीर्घकालीन ऋण उपलब्ध कराने के लिए औद्योगिक वित निगम अधिनियम, 1948 (1948 का 15) के अधीन 1948 में की गई थी। इसकी स्थापना का मूल उद्देश्य सार्वजनिक सीमित कंपनियों (Public Limited Companies), सहकारी समितियों तथा सार्वजनिक उद्यमों को उत्पादन एवं अन्य कार्यक्रमों के लिए सहायता प्रदान करना था।

इस समय आई एफ सी आई की 50% शेयर पूंजी भारतीय औद्योगिक विकास बैंक और शेष शेयर पूंजी राष्ट्रीयकृत और अन्य अनुसूचित बैंकों, सहकारी बैंको, बीमा संस्थानों, निवेश न्यासों द्वारा धारित है।

आई एफ सी आई द्वारा इस समय दी जा रही सुविधाएं एवं सेवाएं मुख्यतः इस प्रकार है :

(अ) परियोजना वित्तपोषण (Project Finance)

(ब) वित्तीय सेवाएं (Financial Services)

(स) प्रवर्तन सेवाएं (Promotional Services)

(अ) परियोजना वित्तपोषण (Project Finance)

परियोजना वित्तपोषण के अधीन औद्योगिक वित्त निगम अधिनियम, 1948 की धारा 2 (ग) के अधीन पात्र निगमित (Corporated) एवं सहकारी क्षेत्र की औद्योगिक संस्थाओं को अपनी नई इकाईयों तथा अपने विस्तार, विशाखन (diversification) और आधुनिकीकरण के लिए निम्न सहायता उपलब्ध हो सकती है :–

(i) मध्यम तथा दीर्घकालीन सावधि ऋण, रुपये तथा विदेशी मुद्रा दोनों में

(ii) शेयर बांड तथा डिबेन्चरस में प्रत्यक्ष अभिदान (Subscription);

(iii) शेयर, बांड तथा डिबेन्चरस का अभिगोपन (Underwriting);

(iv) औद्योगिक संस्थाओं द्वारा लिए जाने वाले ऋण की गारंटी प्रदान करना;

(v) विदेशों से आयातित मशीनों अथवा भारत में खरीदी मशीनों से संबंधित आस्थगित अदायगियों (Deferred payments) की गारंटी तथा

(vi) विदेशी स्रोत से विदेशी मुद्रा में लिए जाने वाले ऋण की गारंटी।

(ब) वित्तीय सेवाएं (Financial Services)

वित्तीय सेवाएं उपलब्ध कराने हेतु आई एफ सी आई ने वर्ष 1986–87 में मर्चेन्ट बैंकिंग एवं समवर्गीय सेवाओं (allied services) के क्षेत्र में प्रवेश किया। आई एफ सी आई का मर्चेट बैंकिग एवं समवर्गीय सेवा विभाग वित्त सेवाओं के अधीन उपस्कर लीजिंग, उपस्कर उपार्जन (procurement), उपस्कर उधार (Credit), पूर्तिकार (supplier's) उधार, क्रेता उधार, लीजिंग एवं किराया खरीद (Hire purchase) संस्थाओं का वित्तपोषण, आदि अनेक योजनाएं प्रारंभ करने के अतिरिक्त निधि (Fund) आधारित तथा गैर निधि आधारित, दोनों प्रकार के क्रियाकलापों का विस्तार किया है। वर्ष 1991–92 के दौरान किस्त उधार योजना (Installment Credit Scheme) नामक एक नई योजना प्रारंभ की गई, जिसका उद्देश्य औद्योगिक उपयोग हेतु प्राप्त किये जाने वाले उपस्कर के लिए इच्छुक भावी ऋणियों को विविध प्रकार की मिश्रित सुविधाएं उपलब्ध कराना है। मर्चेट बैंकिंग एवं समवर्गीय सेवा विभाग ने परियोजना परामर्श (Counselling), ऋण सामूहिकीकरण (Syndication) तथा डिबेंचर न्यासिता (Trusteeship) आदि से संबंधित कार्यों के क्षेत्र में भी अपने क्रियाकलापों को गहन किया है।

(स) प्रवर्तन सेवाएं (Promotional Services)

आई एफ सी आई प्रवर्तन सम्बन्धी भूमिका ने विगत कुछ वर्षों में अत्यन्त महत्वपूर्ण स्थान प्राप्त कर लिया है। प्रवर्तन सेवाओं के क्षेत्र में विशेष रुप से बनाई गई योजनाओं के माध्यम से ग्रामीण एवं लघु उद्योगों को समर्थन प्रदान करने एवं उन्हें गतिशील बनाने, सलाहकारी सेवाएँ (Consultancy Services) उपलब्ध कराने, उद्यमिता विकास, प्रबन्ध विकास, श्रम विकास, ग्रामीण विकास एवं इनसे सम्बन्धित कार्यकलापों, जोखिम पूंजी, उद्यम पूंजी (Venture Capital) एवं प्रोद्योगिकी वित्त, पर्यटन एवं पर्यटन से सम्बन्धित क्रियाकलापों, पूंजी बाजार के विकास, बायो–टेक्नोलॉजी का विकास, विज्ञान एवं प्रौद्योगिकी उद्यम पार्कों का विकास, अनुसंधान एवं विकास तथा सम्बन्धित अनुसंधानोन्मुख क्रियाकलापों (research oriented activities) की व्यवस्था के लिए उप–सहायता (fund support) उपलब्ध करने हेतु विशेष ध्यान दिया जाता है।

ब्याज दर, प्रतिभूति एवं पुर्नभुगतान अवधि (Interest Rates, Security and Repayment Period)

आई एफ सी आई ने अन्य सावधि ऋण संस्थानों के साथ मिलकर परियोजना वित्तपोषण के लिए 22 अगस्त, 1991 से 18% से लेकर 20% प्रतिवर्ष तक की अत्यधिक लचीली ब्याज दर संरचना लागू की जो ऋणियों की साख की अवधारणा पर आधारित है। इस ब्याज दर में वित्त (सं॰ 2) अधिनियम, 1991 द्वारा लागू ब्याज कर सम्मिलित है।

ऋण के प्रतिभूति बतौर ऋण से निर्मित व प्राप्त की जाने वाली परिसम्पतियों को निगम के नाम गिरवी (mortgage) रखना होता है। इसके अतिरिक्त निगम स्वीकृत पत्र में कुछ शर्तें निर्धारित करता है, जिन्हें ऋण अवधि में संबंधित औद्योगिक इकाई को स्वीकार करना होता है। अन्य वित्तीय संस्थाओं के साथ ऋण भागीदारी करके भी यह निगम ऋण प्रदान करता है।

ऋण पुनर्भुगतान की अवधि अधिकतम 15 वर्ष है, लेकिन यह अवधि साधारणतया 12 वर्ष से अधिक नहीं रखी जाती है जिसमें प्रोजेक्ट लगाने की अवधि के दौरान ऋण स्थगन (Moratorium) अवधि भी सम्मिलित है।

7.1.2 भारतीय औद्योगिक ऋण एवं निवेश निगम (Industrial Credit and Investment Corporation of India, ICII)

भारतीय औद्योगिक ऋण एवं निवेश निगम की स्थापना 1955 में लिमिटेड कम्पनी के रुप में भारत सरकार, विश्व बैंक तथा अन्य विदेशी संस्थाओं की सहायता से की गई थी। इसका मुख्यालय बम्बई में हैं। इसकी स्थापना का विशिष्ट उद्देश्य किसी भी प्रकार की निजी क्षेत्र की इकाईयों को सहायता प्रदान करना है, विशेषकर उनकी विदेशी विनिमय (foreign exchange) की आवश्यकताओं की पूर्ति करना है। इस निगम पर किसी भी आकार के उद्योग को सहायता करने की सीमा नहीं है तथा इसके द्वारा किये जाने वाले निवेश की कोई न्यूनतम व अधिकतम सीमा नहीं है। फिर भी इस निगम द्वारा लिमिटेड कंपनियों में निवेश की न्यूनतम सीमा 5 लाख रु निर्धारित की हुई है। यह नई औद्योगिक इकाईयों की स्थापना, उद्योगों के विस्तार तथा आधुनिकीकरण के लिए वित्तीय सहायता देता है।

आई सी आई सी आई द्वारा उद्योगों को निम्न प्रकार की सहायता दी जाती है : (i) लम्बी अवधि तथा मध्यम अवधि के ऋण रुपये तथा विदेशी मुद्रा दोनों में, (ii) इक्विटी पूंजी में निवेश, (iii) इक्विटी तथा डिबेंचर निर्गम या अभिगोपन (underwriting), (iv) अन्य स्रोतों के भुगतान की गारंटी देना; (v) सुगम ऋण; (vi) लीज फाइनेंसिंग आदि।

इस निगम ने व्यापारिक बैंकिंग गतिविधियों में विशेषज्ञता प्राप्त कर ली है तथा सार्वजनिक निर्गम (Public issues) एवं विदेशी मुद्रा ऋण प्रदान करने के क्षेत्र में बहुत लम्बा अनुभव हासिल किया है। इस निगम ने देश में औद्योगिक विकास में महत्वपूर्ण भूमिका अदा की है। इसके विदेशों में अच्छे सम्बन्ध है। इसके विश्व बैंक, विदेशी व्यापारिक बैंकों तथा निवेश बैंकों से सहयोग के कारण दूसरे देशों से काफी राशि मिल जाती है।

निगम द्वारा वित्तीय सहायता स्वीकृत करने का तरीका लगभग आई एफ सी आई की तरह ही है। उद्योगों से प्राप्त आवेदन पत्रों की वित्तीय सहायता हेतु पात्रता की वैधता का अनुमान निगम के अधिकारियों द्वारा लगाया जाता है तथा प्रस्ताव बोर्ड के समक्ष वित्तीय सहायता की स्वीकृति हेतु पेश किया जाता है। निगम द्वारा अनुज्ञा पत्र (letter of intent) जारी किया जाता है जिसमें स्वीकृत सहायता सम्बन्धी मानक शर्तें होती है जिनका पालन ऋण अवधि के लिए सम्बन्धित औद्योगिक इकाई को करना होता है। संयुक्त वित्तीय (joint financing) सहायता प्रदान करने के मामले में निगम सह आवेदन पत्र तथा सह दस्तावेज (common documentation) की नीति का अनुसरण करता है एवं संयुक्त वित्तीय सहायता प्रदान करने के मामले में लीड़ संस्था की अवधारणा का अनुसरण किया जाता है। साधारणतया 3 करोड़ रु से अधिक की लागत के प्रोजेक्टस को वित्तीय सहायतार्थ लिया जाता है। लेकिन विदेशी मुद्रा ऋण के लिए इस प्रकार की कोई सीमा निर्धारित नहीं है।

7.1.3 भारतीय औद्योगिक विकास बैंक (Industrial Development Bank of India, IDBI)

भारतीय औद्योगिक विकास बैंक की स्थापना 1964 में हुई थी तथा अब इसका स्थान विश्व के सबसे बड़े राष्ट्रीय विकास बैंकों में आता है। भारतीय औद्योगिक विकास बैंक सबसे बड़ी वित्तीय संस्था है तथा अन्य वित्तीय संस्थाओं के साथ मिलकर वित्तीय सहायता प्रदान करने के अतिरिक्त विभिन्न संस्थाएं जो कि उद्योगों को वित्त प्रदान करने या/और विकास में जुटी है, उनमें आपसी सहयोग बनाना इस बैंक का मुख्य कार्य है।

यद्यपि आई डी बी आई सभी प्रकार के औद्योगिक इकाईयों को वित्त प्रदान कर सकता है तथा सहायता की अधिकतम व न्यूनतम राशि पर भी कोई सीमा नहीं है, फिर भी सीधी वित्तीय सहायता साधारणतया उन प्रोजेक्टस को देने में प्राथमिकता रहती है जो कि बड़े और Complicated हैं तथा जिनमें बहुत बड़ी धन राशि की या sophisticated तकनीक की आवश्यकता होती है, कम विकसित क्षेत्र में लगाये जाने वाले प्रोजेक्टस हो तथा तकनीकी उद्यमियों द्वारा प्रोन्नत (promoted) प्रोजेक्ट हो। आई डी बी आई उन औद्योगिक इकाईयों को

सहायता देने में प्राथमिकता नहीं देती जिनकी आवश्यकतायें अन्य वित्तीय संस्थाओं से पूर्ण हो सकती हों। इस बैंक द्वारा eligible वित्तीय संस्थाओं को पुनर्वित (refinance) भी किया जाता है।

आई डी बी आई का विभिन्न औद्योगिक इकाईयों को सहायता कार्यक्रम इस प्रकार है :

(i) रुपये तथा विदेशी मुद्रा में ऋण, शेयर तथा डिबेंचर में अंशदान (subscribe) देकर तथा अभिगोपन (underwriting) द्वारा औद्योगिक इकाईयों को सीधी सहायता;

(ii) आधुनिकीकरण, पुनर्स्थापन (replacement) तथा नवीनीकरण (renovation) के लिए सुगम ऋण (soft loan);

(iii) बैंकों तथा अन्य वित्तीय संस्थाओं द्वारा स्वीकृत औद्योगिक ऋणों का पुनर्वित (refinance);

(iv) आस्थगित भुगतान (deferred payment) आधार पर देश में निर्मित मशीनों के विक्रय संबंधी बिलों का पुनर्छूट (rediscounts);

(v) निर्यात के लिए सीधा ऋण प्रदान करना तथा निर्यातक की गारंटी दनो, वाणिज्यिक बैंकों द्वारा मध्यम अवधि के निर्यात उधार (export credit) का पुनर्वित करना;

(vi) अन्य वित्तीय संस्थाओं को उनके शेयरस तथा बोंडस में अंशदान द्वारा सहायता करना;

(vii) औद्योगिक विकास बढ़ाना, खासकर कम विकसित क्षेत्रों में।

संयुक्त वित्त प्रदान करने (Joint Financing) के मायने में "लीड संस्था" तथा मिलकर सहायता करने का उद्देश्य रहता है। इस प्रकार के मामलों में विभिन्न संस्थाओं के वरिष्ठ अधिकारियों (Senior executive) की मीटिंग में यह निश्चय किया जाता है कि आईडीबीआई, आई सी आई सी आई अथवा आई एफ सी आई में से लीड संस्था का दायित्व कौन निभायेगी तथा कौन–कौनसी वित्तीय संस्थानों का कितना–कितना हिस्सा सहायतार्थ रहेगा। इससे उद्यमी का सभी संस्थानों से एक साथ सम्पर्क करने की आवश्यकता नहीं रहती है। उसे एक संस्था से ही सम्पर्क करना होता है जिसे प्रोजेक्ट के सह आवेदन पत्र के साथ सभी आवश्यक प्रपत्र जैसे विस्तृत संभाव्यता रिपोर्ट, मार्केट सर्वे रिपोर्ट, उद्यमियों अथवा प्रोन्नतरों (promoters) के बारे में विस्तृत जानकारी; Articles of Association and Memorandum एक साथ प्रस्तुत कर देने चाहिए ताकि देरी होने की संभावना न रहे तथा आवेदन पर शीघ्र निर्णय हो सके।

साधारणतया आई डी बी आई उन प्रोजेक्टस के लिए वित्तीय सहायता प्रदान करती है जिनकी लागत 3 करोड़ रु से अधिक हो। लेकिन यह 3 करोड़

रु से कम लागत के प्रोजेक्टस में भी सहायता हेतु अदृश्य रुप में सम्मिलित रहती है क्योंकि ऋणदात्री संस्थाओं जैसे राज्य वित्त निगम/राज्य औद्योगिक विकास निगम/बैंकों आदि को पुनर्वित (refinance) करती है।

7.1.4 भारतीय लघु उद्योग विकास बैंक (Small Industries Development Bank of India, SIDBI)

इसकी स्थापना मार्च, 1990 में संसद के अधिनियम (Act of parliament) के तहत भारतीय औद्योगिक विकास बैंक (आई डी बी आई) के सम्पूर्ण स्वामित्व वाली सहायक संस्थान के रुप में की गई थी। इसने आई डी बी आई से लघु उद्योग क्षेत्र का कार्य अपने पास ले लिया। इस प्रकार सीडबी लघु क्षेत्र में उद्योगों के प्रोन्नत करने, वित्त प्रदान करने तथा विकास के लिए एवं इसी प्रकार के कार्यक्रमों में संलग्न संस्थाओं के कार्यों में समन्वय के लिए मुख्य वित्तीय संस्था है। लघु क्षेत्र के विकास के लिए इसी बैंक से सीधे सम्पर्क कर सकते है। इसके स्थापना के पश्चात् इस छोटी अवधि में सीडबी ने वर्तमान सहायता की योजनाओं में कमियों को पहिचानने में, आवश्यकतानुसार नई योजनाएं लागू करने में, ताकि सेवाओं को व्यापक बनाया जा सके, तौर–तरीकों को सरल बनाने में तथा लघु क्षेत्र की उत्पन्न होने वाली आवश्यकताओं के लिए समय पर उचित कार्यवाही हेतु गहरी दिलचस्पी ली है।

मुख्यतया सिडबी निम्न प्रकार की सहायता प्रदान करती है :

(i) सावधि वित्त प्रदान करना, सीधे तथा पुनर्वित दोनों प्रकार के;

(ii) बिलों के बतौर वित्त प्रदान करना;

(iii) कार्यकारी पूंजी के लिए वित्त प्रदान करना,

(iv) कच्चे माल, विपणन तथा फैक्ट्री संबंधित सुविधाओं के लिए ऋण;

(v) अंशदान (इक्विटी) के लिए सहायता; तथा

(vi) विकास (Extension) एवम् सहायक (Support) सेवायें।

उपरोक्त श्रेणियों के अन्तर्गत सीडबी ने विशेष उद्देश्यों, कार्यक्रमों तथा संस्थाओं की आवश्यकताओं को पूरा करने के लिए योजनायें तैयार की हैं। लघु उद्योग क्षेत्र की विशिष्ट आवश्यकताओं के अनुसार सीडबी की निम्न योजनायें प्रचलित हैं :

(1) विपणन संगठनों को सीधी सहायता;

(2) राज्य लघु उद्योग विकास निगमों (SSIDCs) को ऋण प्रदान के मार्ग दर्शन;

(3) कम अवधि तथा मध्यम अवधि के बिलों का डिस्काउंटिंग (Discounting);

(4) औद्योगिक अवस्थापन (Infrastructure) के विकास के लिए सीधी सहायता;

(5) लीजिंग तथा किराया–क्रय सुविधाओं के लिए वित्तीय सहायता;

(6) एक एजेंसी से सावधि ऋण तथा कार्यशील पूंजी हेतु एकल विन्डो योजना;

(7) सहायक उद्योगों (ancillarisation) तथा प्रौद्योगिकी उन्नयन (upgradation) के लिए सीधी सहायता।

सिडबी की विभिन्न योजनाओं को इस प्रकार बनाया है जिससे लघु उद्योग क्षेत्र आवश्यक संसाधन जुटाकर अधिकाधिक विकास कर सके तथा देश के औद्योगिक क्षेत्र में अपना महत्वपूर्ण स्थान बनाकर बाजार प्रतिस्पर्धा में ठहर सकें।

सिडबी का मुख्यालय लखनऊ में हैं तथा 5 संभागीय एवं 21 शाखा कार्यालयों के माध्यम से सभी राज्यों एवं केन्द्र शासित प्रदेशों को सहायता प्रदान की जा रही है।

7.1.5 भारतीय औद्योगिक पुनर्निर्माण बैंक (Industrial Reconstruction Bank of India, IRBI)

रुग्ण इकाईयों को वित्तीय सहायता देने के लिए 1975 में भारतीय औद्योगिक पुर्ननिर्माण निगम लिमिटेड (IRCI) की स्थापना की गई थी तथा 1984 में इसका नाम बदलकर भारतीय औद्योगिक पुनर्निर्माण बैंक (IRBI) रखा गया है। इसका मुख्य कार्य उन औद्योगिक इकाईयों को जो बन्द हो गई है अथवा बन्द होने की अवस्था में है याने रुग्ण इकाईयों (Sick units) को फिर से चालु करने (revive) अथवा पुनर्वासन (rehabilitation) में सहायता करना है। आई आर बी आई बैंकों तथा वित्तीय संस्थाओं द्वारा अनुशंषित (recommended) रुग्ण इकाईयों को पुनः चालू करने तथा आधुनिकीकरण, जिन्हें इन संस्थानों द्वारा सहायता मिल चुकी है, के लिए आवेदनों को भी स्वीकार करती है। आधुनिकीकरण सहायता के अन्तर्गत आई आर बी आई प्रोजेक्ट लागत का 2% तक देती है तथा शेष राशि अन्य भाग लेने वाली संस्थाओं को देनी होती है।

यह बैंक अपने उद्देश्यों को पूर्ण करने हेतु योग्य औद्योगिक इकाईयों को निम्न प्रकार से सहायता प्रदान करता है :

(i) ऋण स्वीकृत करके जिसमें कार्यशील पूंजी के लिए वित्तीय सुविधा भी सम्मिलित है।

(ii) शेयरस में अंशदान तथा अभिगोपन (underwriting)

(iii) गारंटी अथवा counter guarantee देकर तथा third Parties से प्राप्त ऋणों की indemnity देकर।

आर आर बी आई ने सभी प्रकार की बड़ी व लघु रुग्ण औद्योगिक इकाईयों को काफी मात्रा में सहायता प्रदान की है।

Fortune India पत्रिका के 1 अक्टूबर 1992 के अंक के अनुसार वर्तमान में रुग्ण औद्योगिक इकाईयों की संख्या 3 लाख से भी अधिक है जिनमें करीब 98 प्रतिशत लघु उद्योग इकाईयां है एवं इनमें लगभग 3000 करोड़ रु बैंकों का ऋण बकाया है।

7.1.6 भारतीय निर्यात–आयात बैंक (Export-Import Bank of India, EXIM Bank)

भारतीय निर्यात–आयात बैंक (एक्जिम बैंक) की स्थापना 1982 में भारत के विदेशी व्यापार को प्रोन्नत करने, सुविधायें तथा वित्तीय सहायता प्रदान करने के लिए की गई थी। निर्यात तथा आयात व्यापार के लिए वित्त प्रदान करने वाली संस्थाओं के कार्य को समन्वय करने के लिए यह प्रमुख वित्तीय संस्था है। एक्जिम बैंक द्वारा ऋण देने की विभिन्न योजनाएं हैं जिसका उपयोग निम्न पांच प्रकार के ग्रुप कर सकते हैं :

(a) भारतीय निर्यातक (Indian Exporters)

(b) विदेशी खरीददार (Overseas Buyers)

(c) विदेशी सरकार (Overseas Government)

(d) विदेशी वित्तीय संस्थायें

(e) अन्तर्राष्ट्रीय बैंक तथा व्यापारिक बैंक

एक्जिम बैंक के कार्य इस प्रकार हैं :

(i) वित्त पोषण (Finance)

एक्जिम बैंक का मुख्य कार्य निर्यात के लिए वित्त उपलब्ध कराना है। भारतीय मशीनरी, उत्पादित माल, कंसल्टेंसी तथा प्रौद्योगिकी के निर्यात के लिए आस्थगित भुगतान (deferred payments) की शर्तों पर बैंक वित्त उपलब्ध कराता है। एक्जिम बैंक से वित्तीय सहायता निर्यात के लिए उत्पादन हेतु भी मिल सकती है। एक्जिम बैंक विश्व तथा क्षेत्रीय विकास एजेंसीज के साथ मिलकर भी वित्तीय सहायता प्रदान करता है ताकि भारतीय निर्यातकों को विदेशी योजनाओं में भाग लेने में उनके प्रयास सफल हो सकें।

भारतीय निर्यातकों को विदेशों में प्रोजेक्ट लगाने के लिए तीसरे देशों से आयात के लिए बैंक धन उपलब्ध कराता है। निर्यात से संबंधित कार्यों के लिए आयात हेतु भी बैंक वित्तीय सहायता देता है ताकि निर्यात को बढ़ावा मिल सके। खपत वाली वस्तुओं के बड़ी मात्रा में आयात के लिए बैंक वित्त उपलब्ध कराता है।

(ii) सेवाऐं (Services)

एक्जिम बैंक भारतीय निर्यातकों को निर्यात के अवसर, प्रतिस्पर्धा तथा अन्तर्राष्ट्रीय जोखिमों की जानकारी हेतु सूचनायें तथा सलाहकार सेवायें प्रदान करता है।

(iii) अनुसंधान तथा विश्लेषण (Research and Analysis)

एक्जिम बैंक द्वारा विशेष उद्योग से संबंधित निर्यात की संभावनाओं तथा अन्तर्राष्ट्रीय व्यापार से संबंधित विषयों पर अनुसंधान तथा विश्लेषण भी किया जाता है। बैंक निर्यात के लिए वित्तीय सहायता से भी अधिक निर्यात की क्षमताओं को बढ़ाने में संलग्न है।

निर्यात चक्र के विभिन्न कार्यक्रमों जैसे उत्पाद विकास, उत्पादन, विपणन, शीपमेंट से पूर्व तथा पश्चात् याने निर्यात क्षेत्र के सभी कार्यो हेतु बैंक द्वारा सहायता प्रदान की जाती है। इस प्रकार बैंक भारतीय निर्यात को प्रोन्नत करने के लिए सभी प्रकार की व्यूह रचना करता है।

7.1.7 कृषि एवं ग्रामीण विकास राष्ट्रीय बैंक (नाबार्ड) (National Bank for Agriculture and Rural Development, NABARD)

नाबार्ड की स्थापना 1981 में निम्न प्रकार के कार्यक्रमों को प्रोत्साहित करने के उद्देश्य से उन्हें ऋण प्रदान करने के लिए की गई थी –

(i) कृषि (Agriculure)

(ii) हस्तशिल्प एवं संबंधित कार्यक्रम (Handicraft and allied activities)

(iii) कुटीर एवं ग्रामीण उद्योग (Cottage and Village industries)

(iv) समवर्गीय लघु उद्योग (Allied Small Scale Industries)

कृषि तथा ग्रामीण विकास के लिए ऋण उपलब्ध कराने हेतु नीतियां और योजनायें बनाने तथा उन्हें व्यापारिक बैंकों के माध्यम से क्रियान्वित करने के लिए यह प्रमुख संस्था है। इसके तहत व्यापारिक बैंकों द्वारा नाबार्ड की योजनाओं के तहत स्वीकृत ऋणों के लिए पुनवित सुविधा नाबार्ड द्वारा प्रदान की

जाती है। इस प्रकार स्वीकृत ऋणों के लौटाने की अवधि 15 वष तक हो सकती है तथा सामान्यतया इसका 80 प्रतिशत नाबार्ड द्वारा पुनर्वित (refinance) कर दिया जाता है।

नाबार्ड ने प्राथमिकता वाले क्षेत्रों पर विशेष ध्यान देना सुनिश्चित करने के लिए नवीन एकमुश्त उपाय किये है। लघु सिंचाई के लिए सावधि ऋणों के नाबार्ड पुनर्वितपोषण की दर को उत्तर – पूर्वी राज्यों के मामलों में 90 प्रतिशत तक और कृषि तथा संबंध कार्यकलापों की शत–प्रतिशत, निर्यातोन्मुखी इकाईयों के निवेश के संबंध में भी इसकी वृद्धि की जा रही है। नाबार्ड 125 करोड़ रु के परिव्यय से पांच चुने हुए जिलों में ग्रामीण उद्योगों के सघन विकास के लिए प्रायोगिक परियोजनायें आरंभ कर रहा है। नाबार्ड कृषि और गैर कृषि क्षेत्रों में नवीन निवेशों की सहायतार्थ 5 करोड़ रु के आरंभिक संग्रहण से एक उद्यम पूंजी निधि और सहकारी बैंकों में प्रबन्ध प्रणालियों तथा दक्षताओं को सुधारने में सहायता देने के लिए 10 करोड़ रु के आरंभिक संग्रहण से एक सहकारी विकास निधि की स्थापना वर्ष 1993–94 से की है।

7.1.8 राष्ट्रीय लघु उद्योग निगम की वित्तीय योजनाएँ (Financial Schemes of NSIC)

राष्ट्रीय लघु उद्योग निगम की लघु उद्योगों के वित्तीय सहायतार्थ योजनाएं निम्न है :

1. मशीनों के लिए वित्त (Finance for Machines)

(i) किराया–क्रय आधार पर मशीनों की सप्लाई (Supply of Machines on Hire-Purchase Basis)

लघु उद्योग जो कि राज्य उद्योग निदेशालय या जिला उद्योग केन्द्रों के साथ पंजीकृत हैं, इस योजना के तहत आते हैं। राष्ट्रीय लघु उद्योग निगम द्वारा स्वदेशी मशीनें तथा आयातित मशीनें किराया–क्रय आधार पर सप्लाई की जाती है। इसके लिए आवेदन निर्धारित प्रपत्र में चार प्रतियों में देना होता है जोकि निगम के कार्यालय, लघु उद्योग सेवा संस्थान, तथा जिला उद्योग केन्द्रों से निर्धारित मूल्य देकर प्राप्त कर सकते हैं। किराया–क्रय आधार पर मशीनों की सप्लाई के लिए निगम को दिये जाने वाले आवेदन–पत्र के साथ उपयुक्त योजना या परियोजना रिपोर्ट जिसमें उद्यमी/उद्यमियों की पृष्ठ भूमि, परियोजना की आर्थिक स्थिति और इसका वित्तीय तथा विपणन संबंधी विवरण, पोस्टल आर्डर या बैंक ड्राफ्ट के रूप में निर्धारित आवेदन शुल्क, आवेदित मशीनों के लिए राष्ट्रीय लघु उद्योग निगम के नाम पर दर सूचियाँ, लघु उद्योग पंजीकरण प्रमाणपत्र की सत्यापित प्रतिलिपि, आवेदन पत्र में दी गई सूचना के समर्थन में

प्रलेख तथा निगम द्वारा यथा निर्धारित घोषणायें एवं शपथ–पत्र प्रस्तुत किये जाने चाहिए।

निगम के शाखा/क्षेत्रीय कार्यालय द्वारा आवेदन पत्र पर लिए गए निर्णय की सूचना यथास्थिति स्वीकृति पत्र या अस्वीकृति पत्र के रूप में आवेदनकर्ता को दे दी जाती है। आवेदन पत्र स्वीकृति होने के बाद, आवश्यकता होने पर आवेदन पत्र में उल्लिखित सप्लाईकर्ताओं से पुनः पूछताछ करने से लेकर मशीनों की सुपुर्दगी तक की पूरी खरीद प्रक्रिया की जिम्मेदारी निगम अपने ऊपर लेता है। आयातित मशीनों के मामले में निगम विदेशी विनिमय की व्यवस्था करता है, आयात लाइसेंस प्राप्त करता है, साख पत्र जारी करता है और सीमाशुल्क संबंधी अपेक्षाओं तथा बन्दरगाह से मशीनों के विकासी के कार्य की व्यवस्था कराता है एवं इकाई को मशीनों प्रेषित कर देता है। लघु उद्योग आरंभ करने वाले उद्यमी की भूमिका केवल इतनी ही है कि वह आवश्यक प्रलेखों सहित आवेदन पत्र प्रस्तुत करें, प्रस्ताव किये जाने पर बयाना राशि (**Margin money**) का भुगतान कर दे और किराया पत्र अनुबंध पत्र निष्पादित कर दें। मशीनें उसे निगम द्वारा घर बैठे पहुचा दी जायेगी।

इसके पश्चात मशीनों को दक्षतापूर्वक प्रयोग करना, उनके सदुपयोग से धन अर्जित करना तथा निगम को ठीक समय पर किराया–क्रय की किश्तों का भुगतान कर देना ही उसका कार्य है। किराया–क्रय की अन्तिम किश्त तथा अन्य देयतायें, यदि कोई हो, का भुगतान कर देने के बाद मशीनों की सम्पति उद्यमी के नाम हस्तांतरित कर दी जाती हैं तथा वह उस सम्पति का मालिक बन जाता है।

इस योजना के मुख्य लक्षण निम्न है –

1. आवेदन शुल्क की दर	50,000 रु तक	50 रु॰
	50,001 रु से 2 लाख रु तक	250 रु
	2,00,001 रु से 10 लाख रु तक	500 रु
	10 लाख रु से अधिक	1000 रु
2. वित्त की अवधि (**Term of finance**)	5 वर्ष	
3. पुंसवनकाल/परिपक्व अवधि (**Gestation period**)	नई इकाईयों के लिए 12 माह मौजूदा इकाईयों के लिए 6 माह	
4. ब्याज दर (**Rate of Interest**)	20% तथा 19% प्रति वर्ष, समय पर भुगतान करने पर 2% की छूट	
5. बयानाराशि (**Margin Money**)	साधारणतया मशीनों की लागत का 25%	
6. पुनर्भुगतान (**Repayment**)	परिपक्व अवधि के आधार पर 9 या 10 अर्द्धवार्षिक किश्तो में	

7. प्रतिभूति (Security)	6 लाख रु से अधिक की सहायता के लिए भूमि तथा अन्य अचल सम्पति के रुप में प्रतिभूति या बैंक गारन्टी; 50% बयाना राशि जमा कराने पर प्रतिभूति से छूट।

(ii) उपस्करों को लीज पर देने की योजना (Equipment leasing Scheme)

राष्ट्रीय लघु उद्योग निगम द्वारा मौजूदा लाभ कमाने वाली इकाईयों को आधुनिकीकरण, विस्तार, प्रौद्योगिकी उन्नयन (upgradation) तथा विशाखन (diversification) कार्यकलापों के लिए इस योजना के तहत एवं सेवा उद्योग (Service Industry) को नई इकाईयों के लिए उपस्करो/मशीनों को लीज पर देने की वित्तीय सहायता योजना है। निगम द्वारा 1 लाख रु या अधिक लागत के स्वदेशी तथा आयातित मशीनें लीज पर दी जाती है। इसके लिए आवेदन निर्धारित प्रपत्र में दो प्रतियों में निगम के शाखा/क्षेत्रीय कार्यालय में आवेदन शुल्क के साथ जमा कराना होता है। आवेदन पत्र के साथ चाही गई मशीनों के पूर्ण विनिर्देश (Specification) तथा तकनीकी जानकारी, लीफलेट, निर्माणकर्ता/सप्लायर से निगम के नाम मशीनों की निविदा चार प्रतियों में तथा अन्य प्रलेख जैसाकि आवेदन पत्र के परिशिष्ट ब (Annexure B) में उल्लिखित हैं, दिये जाने चाहिए।

आवेदन पत्र के स्वीकृति होने पर अग्रिम राशि मांग पत्र के अनुसार 30 दिन के भीतर जमा करानी होती है, लीज डीड भर देना होता है तथा अन्य कोई राशि देय हो तो जमा करानी होती है। इसके पश्चात मशीनों का आदेश सप्लायर को दिया जाता है ताकि लघु उद्योग को उनकी सप्लाई हो सके। आयातित मशीनों की सप्लाई निगम को विदेशी विनिमय व आयाता लाइसेंस की व्यवस्था होने पर निर्भर करती है।

लीज अवधि में निगम को लीज किराये पर पट्टाधारी द्वारा समय से भुगतान होता रहे, इसके लिए पूरे लीज किराये की राशि की समपार्श्विक प्रतिभूति (Colleteral security) स्थाई परिसम्पतियों के रूप में जैसे भूमि, मकार आदि या एक वर्ष के लीज किराये की राशि के बराबर पांच वर्ष की बैंक गांरटी या तृतीय पक्ष की जमानत निगम को देनी होती है।

1. आवेदन शुल्क की दर	5 लाख रु तक	100 रू॰
	5 लाख रु से अधिक	250 रू॰
2. अनिवार्य लीज अवधि	5 वर्ष	
3. लीज किराया (Lease Rent)	रु॰ 24 प्रतिमाह प्रति हजार	

4. अग्रिम जमा (Advance deposit)	13.2% जिसमें एक त्रैमासिक किराया (7.2%), 5 वर्ष का बीमा शुल्क, निगम के सेवा, प्रोसेसिंग, संग्रहण (Collection) तथा अन्य प्रभार (6%)
5. भुगतान का तरीका	20 त्रैमासिक किराये
6. परिपक्व अवधि (Gestation period)	बिल्कुल नहीं
7. प्रतिभूति	पूर्ण समपार्श्विक प्रतिभूति (Collecteral security)

पांच वर्ष के अन्त में दो विकल्प हैं –

1. व्यवस्थित इकाईयों को प्रारंभिक लागत का 10% की दर से भुगतान करने पर मशीनों की सम्पत्ति का उद्यमी के नाम हस्तान्तरण।
2. एक–तिहाई लीज किराये के दर से अगले तीन वर्षों के लिए लजी का नवीनीकरण यानें लीज किराया 24 रु॰ प्रति माह प्रति हजार के बजाय 8 रु॰ प्रति माह प्रति हजार।

अन्य निजी या सार्वजनिक वित्तीय संस्थाओं की लीजिंग योजनाओं की अपेक्षा निगम की यह योजना सबसे सस्ती है।

2. वित्तीय सेवा योजना (Financial Services Schmes)

(i) कच्चा माल सहायता योजना (Raw Material Assistance Scheme, RMA)

निगम कच्चे माल के क्रय हेतु लघु उद्योगों को वित्त प्रदान करता है तथा इसके लिए सीमा निर्धारित कर दी जाती है। इस योजना के तहत कच्चा माल आयात भी किया जा सकता है, यह एक छोटी अवधि के लिए वित्त प्रदान करने की योजना है जिसके लक्षण निम्न हैं –

1. अधिकतम वित्त अवधि	90 दिन
2. ब्याज दर	17% प्रति वर्ष
3. सेवा शुल्क	
(अ) सामान्य	1% ऋण 45 दिन तक 2% ऋण 75 दिन तक 3% ऋण 90 दिन तक
(ब) स्वीकृत कच्चा माल मात्रा में तथा बैंक गारंटी/साख पत्र (L.C.) के तहत वित्त	0.5% प्रत्येक 30 दिन के लिए

4. बयाना राशि (Margin money)	नही (ताला–चाबी वित्त के तहत 20%)
5. माल की अदायगी	पूर्ण अदायगी (Full delivery)
6. प्रतिभूति	बैंक गारंटी या बैंक से अन्तर्देशीय साख पत्र (ILC)

(ii) कार्यशील पूंजी योजना (Working Capital Scheme)

निमग ने यह योजना लघु उद्योगों की आकस्मिक आवश्यकताओं जैसे बिजली के बिल, पानी के बिल, टेलीफोन बिल और इसी प्रकार के खर्चों के लिए वित्त प्रदान करने हेतु प्रारंभ की है। वित्त के लिए निम्न शर्तें हैं –

1. ब्याज दर	18% प्रति वर्ष
2. सेवा शुल्क	कच्चा माल सहायता योजना के अनुसार
3. प्रतिभूति	बैंक गारंटी

(iii) बिल बट्टा योजना (Bill Discounting Scheme)

बड़े, मध्यम तथा सरकारी उद्यमों को लघु उद्योग क्षेत्र से सप्लाई/क्रय किये बिलों के लिए निगम द्वारा वित्त प्रदान करने की योजना है। इसके तहत क्रेता, जिसने लघु उद्योग से माल या पुर्जे खरीदे हैं, स्वीकृत किये गये बिल निगम को अग्रेषित कर देगा एवं निगम लघु उद्योग विक्रेता का उन बिलो का शीघ्र भुगतान कर देगा। क्रेता को निम्न चार्जेज देने होंगे –

1. ब्याज	– 17% प्रति वर्ष की दर से
2. सेवा शुल्क	– 0.5% यदि उपयोग 60 दिन तक हो
	1.0% यदि उपयोग 90 दिन तक हो

लम्बी अवधि के लिए उधार से बचने के लिए लघु उद्योग क्षेत्र के सप्लायर इस योजना का लाभ उठा सकते हैं।

(iv) निर्यात विकास वित्त योजना (Export Development Finance Scheme)

यह योजना निर्यात मूलक इकाईयों (EOUs) तथा अन्य निर्यातक इकाईयों को उनकी आकस्मिक आवश्यकताओं के लिए है। शीपमेंट से पूर्व तथा पश्चात् निगम बैंकों द्वारा लिये जाने वाली ब्याज दर पर वित्त प्रदान करता है। सेवा शुल्क जैसा कि कच्चा माल सहायता या बिल बट्टा योजना में है, लिया जाता है जो कि शीपमेंट के पूर्व/पश्चात् ऋण पर निर्भर है।

7.1.9 अन्य अखिल भारतीय संस्थाएं (Other All India Institutions)

(i) रिस्क केपिटल फाउंडेशन (Risk Capital Foundation, RCF)

रिस्क केपिटल फाउंडेशन भारतीय औद्योगिक वित्त निगम (आई एफ सी आई) द्वारा प्रवर्तित (sponsored) है तथा इसकी स्थापना 1975 से समिति के रूप में समिति पंजीकरण अधिनियम, 1860 के तहत की गई थी। प्रथम पीढ़ी उद्यमियों (first generation entrepreneurs) द्वारा प्रवर्तक प्रोजेक्टस में अपने हिस्से की इक्विटी राशि जुटा पाने में जो कमी रह जाती है उसके लिए आर सी एफ आसान शर्तों पर सहायता प्रदान करती है, यदि प्रोजेक्ट की लागत 3 करोड़ रु से 10 करोड़ रु. तक हो। यह साधारणतया एक बार ही सहायता देती है तथा इसके लिए अन्य वित्त के स्रोतों को भी ध्यान में रखा जाता है। इस ऋण की अधिकतम सीमा यदि एक प्रवर्तक (promoter) है तो 15 लाख रु है, यदि दो प्रवर्तक हो तो 30 लाख रु तथा तीन या अधिक योग्य प्रवर्तक हो तो 40 लाख रु है। इस ऋण पर कोई ब्याज नहीं लिया जाता है एवं उद्यमी/उद्यमियों की भुगतान क्षमता के अनुसार भुगतान की अवधि निश्चित की जाती है। नामूली सेवा शुल्क लिया जाता है जो कि प्रथम पांच वर्षों के लिए 1 प्रतिशत है अगले पांच वर्षों के लिए 2 प्रतिशत है तथा इससे आगे की अवधि के लिए 3 प्रतिशत है। वर्तमान में आर सी एफ की वित्त की पूर्ण आवश्यकता आई एफ सी आई द्वारा ब्याज रहित ऋण द्वारा पूरी की जाती है।

(ii) भारतीय साधारण बीमा निगम (General Insurance Corporation of India, GIC)

साधारण बीमा निगम की स्थापना 1974 में हुई थी। इसकी सहायक (Subsidiaries) कंपनियां निम्न है तथा इनकी देश व विदेशों में 4200 से अधिक शाखायें है :–

नेशनल इंश्योरेंस कम्पनी लिमिटेड
न्यू इंडिया एश्योरेंस कम्पनी लिमिटेड
ओरियेंटल इंश्योरेंस कंपनी लिमिटेड
यूनाइटेड इंडिया एश्योरेंस कंपनी लिमिटेड

निगम तथा इसका सहायक कम्पनियां केन्द्रीय और राज्य सरकार की प्रतिभूतियों तथा सार्वजनिक क्षेत्र के उपक्रमों द्वारा निर्गमित प्रतिभूतियों और ऋण पत्रों में निवेश करती है।

निगम तथा इसकी सहायक कंपनियां अखिल भारतीय वित्तीय संस्थाओं के साथ मिलकर कार्य करती है तथा इक्विटी शेयरो, अधिमान (preferential) शेयरों और ऋणपत्रों में निवेश तथा सावधि ऋण देने में इसको दिये गयो हिस्से

में इसकी सहायक कंपनियां अपनी आन्तरिक नीतियों के अनुसार निवेश करती है।

(iii) भारतीय जीवन बीमा निगम (Life Insurance Corporation of India, LIC)

भारत में जीवन बीमा व्यवसाय के राष्ट्रीयकरण के पश्चात् 1956 में भारतीय जीवन बीमा निगम की स्थापना हुई। इसका प्राथमिक कार्य जीवन बीमा का व्यवसाय करना है फिर भी जीवन बीमा निगम विकास वित्त संस्था के रूप में उभर रही है तथा आई डी बी आई/आई एफ सी आई/ आई सी आई सी आई के साथ मिल कर कार्य कर रही है और संयुक्त ऋण प्रदान करने में हिस्सा लेती है।

एल आई सी द्वारा उद्योगों को वित्तीय सहायता इस प्रकार दी जाती है : (i) रुपये में मियादी ऋण (term loan) स्वीकृत करना; (ii) सार्वजनिक लिमिटेड कंपनियों तथा सार्वजनिक उपक्रमों आदि के शेयरस/बोंडस/डिबेंचर्स में अंशदान देकर एवं अभिगोपन (underwriting) द्वारा।

(iv) भारतीय यूनिट ट्रस्ट (Unit Trust of India, UTI)

आम जनता को बचत के लिए प्रोत्साहन देने तथा इसे उत्पादक निगमित निवेश (Corporate investments) के उद्देश्य से भारतीय यूनिट ट्रस्ट की स्थापना 1964 में की गई थी। इसका मुख्य वित्त स्रोत विभिन्न प्रकार की यूनिट योजनाओं द्वारा आम जनता को यूनिटों की बिक्री से है। यूनिट ट्रस्ट उद्योगों को निम्न प्रकार सहायता प्रदान करती है :

(i) इक्विटी तथा बोंडस/डिबेंचर्स के नये इश्यू में अंशदान द्वारा; (ii) इक्विटी तथा बोंडस/डिबेंचर्स के नये इश्यू के अभिगोपन (underwriting) द्वारा; (iii) प्रतिभूतियों की खरीद द्वारा।

भारतीय यूनिट ट्रस्ट पब्लिक इश्यू में इक्विटी अंशदान में अधिक निवेश करती है। यह अंशदान इश्यू केपीटल का 10 प्रतिशल तक सीमित रहाता है और यह साधारणतया पब्लिक इश्यु में से आरक्षित रखा जाता है। यू टी आई ने प्रोमोटर कोटा के इक्विटी हिस्से में सीधा निवेश भी प्रारंभ कर दिया है। स्थापित कंपनियों के डिबेंचर्स में भी यह अंशदान करती है। अखिल भारतीय संस्थाओं के साथ मिलकर भी यह प्रोजेक्टस के लिए संयुक्त ऋण प्रदान करने में हिस्सा लेती है। यह छोटी अवधि के लिए राज्य सस्थाओं तथा सार्वजनिक लिमिटेड कंपनियों को डिपोजिट देती है। इस पर ली जाने वाली ब्याज की दर लम्बी अवधि वाले ऋणों की अपेक्षा कम होती है।

7.2 विदेशी वित्तीय संस्थाएं (Foreign Financial Institutions)

7.2.1 अन्तर्राष्ट्रीय वित्त निगम (International Finance Corporation, IFC)

अन्तर्राष्ट्रीय वित्त निगम (आई एफ सी) विकासशील देशों में निजी उद्यमों में सीधे प्रोजेक्ट वित्त पोषण का विश्व का सबसे बड़ा स्रोत है। इसकी स्थापना 1956 में हुई थी। यह विश्व बैंक ग्रुप का स्वतंत्र सदस्य है, जिसका अपना स्टाफ तथा वित्त स्रोत है। यह विशेषकर निजी उद्यमों को इक्विटी तथा ऋण, जैसा भी प्रोजेक्ट के लिए जरुरी हो बगैर सरकारी गारंटी के प्रदान कर विश्व बैंक कार्यक्रम को क्रियान्वित करता है। सहायता प्रोजेक्ट लागत के 25 प्रतिशत तक सीमित है तथा 10 लाख डालर से 500 लाख डालर तक हो सकती है। आई एफ सी ऋण की अवधि साधारणतया 7 से 12 वर्ष तक होती है। ब्याज की दर ऋण के किस्म पर निर्भर करती है।

आई एफ सी के 147 विकसित तथा विकासशील देश सदस्य हैं जिनमे से करीब 110 विकासशील देश में। हर सदस्य देश आई एफ सी को एक गवर्नर तथा उसके उत्तराधिकारी का नाम भेजता है। आई एफ सी की सारी शक्तियां बोर्ड ऑफ गवर्नरस में निहित होती है जो अधिकतर निदेशक मंडल के दे दी जाती है। निदेशक मंडल में सात निदेशक चीन, फ्रांस, जर्मनी, जापान, सऊदी अरब, यूनाईटेड किंगडम तथा यूनाइटेड स्टेटस से है तथा 15 निदेशक अन्य सदस्य देशों के ग्रुप में से निर्वाचित होते हैं। आई एफ सी के सभी प्रोजेक्टस की स्वीकृति निदेशक मंडल द्वारा होती है।

आई एफ सी द्वारा विनियोजन के लिए सम्बन्धित देश के सरकार की गारंटी की आवश्यकता नहीं होती है। लेकिन आई एफ सी यह निश्चित कर लेती है कि सरकार को प्रोजेक्ट लगाने तथा उसमें आई एफ सी के योगदान में कोई आपति नहीं है। आई एफ सी का मुख्य ध्येय निजी क्षेत्र को बढ़ावा देना है, लेकिन सरकारी तथा निजी उद्यमों के संयुक्त क्षेत्र में भी निवेश करती है यदि इससे निजी क्षेत्र के विकास को बढ़ाने में सहायता मिलती हो। इसके अतिरिक्त विकासशील देशों की वित्तीय संस्थाओं में भी निवेश करती है तथा उन्हें तकनीकी सहयोग भी प्रदान करती है।

आई एफ सी अपने लम्बे अनुभव के आधार पर सरकारों तथा कंपनियों को सलाहकार सेवायें तथा तकनीकी सहायता प्रदान करता है। इसकी विशेषज्ञता निवेश के अवसरों को पहचानने तक सीमित नहीं है बल्कि विकासशील देशों में निवेश की समस्याओं के समाधान भी निकाले जाते हैं। इस प्रकार यह विकास शील देशों में निजी उद्यमों के चहुंमुखी विकास के लिए कार्यरत है।

7.2.2 तेल निर्यातक विकासशील देशों द्वारा निवेश (Investment by Oil Exporting Developing Countries, OED)

तेल निर्यातक विकासशील देश भारत में नये प्रोजेक्टस में 40 प्रतिशत तक निवेश कर सकते हैं। ये निवेश निम्न में हो सकते हैं :–

(i) नई कंपनियां जो कि निर्यात मूलक है।

(ii) नई कंपनियां जो कि औद्योगिक नीति के परिशिष्ठ–1 में वर्णित उत्पादों को लेती है।

(iii) नये अस्पताल के प्रोजेक्टस।

(iv) नये होटल के प्रोजेक्टस।

ये निवेश इक्विटी, डिबेंचर्स, बोंडस या सीधे ऋण के रुप में हो सकते हैं।

7.2.3 एशियन विकास बैंक (Asian Development Bank)

यह भारतीय कंपनियों को इक्विटी सहायता तथा सावधि ऋण (term loan) के रूप में सहायता प्रदान करता है। यह भारतीय वित्तीय संस्थाओं को भी सहायता प्रदान करता है तथा विदेशी मुद्रा ऋण भी देता है।

7.3 राज्य स्तरीय वित्तीय संस्थाएं (State Level Financial Institutions)

राज्य स्तर पर कार्यरत वित्तीय संस्थाओं द्वारा उद्योगों को दी जाने वाली सहायता का विवरण निम्न प्रकार है –

7.3.1 राज्य वित्त निगम द्वारा ऋण (Loan from State Financial Corporation, SFC/RFC)

राज्य वित्त निगम लघु तथा मध्यम उद्योगों को लम्बी अवधि के ऋण प्रदान करता है। निगम उद्योगों की स्थापना हेतु भूमि, भवन निर्माण, मशीनरी, उपकरणों आदि के लिए तथा स्थापित उद्योगों को विकास, आधुनिकीकरण आदि के लिए ऋण प्रदान करता है। उद्यमियों तथा समाज के विभिन्न वर्गों की आवश्यकताओं की पूर्ति हेतु निगम की अनेक ऋण योजनाएं हैं, जिनका विस्तृत विवरण आगे दिया जा रहा है।

राज्य वित्त निगमों की ऋण योजनायें (Various Loan Schemes of State Financial Corporation)

राज्य वित्त निगमों की योजनायें (Schemes) तथा प्रदत्त सुविधायें (Facilities) की संक्षिप्त जानकारी नीचे दर्शाई गई है –

ऋण योजना Loan Scheme	पात्रता Eligibility	सहायता की अधिकतम सीमा Max Quantum of Assistance	न्यूनतम प्रवर्तकीय अंशदान Min Promoters Contribution	पुनर्भुगतान की अवधि Repayment period
1. सामान्य सावधि ऋण (Normal Term Loan) – स्थायी परिसम्पतियों के लिए 150 लाख रुपये तक प्राइवेट/ पब्लिक लि॰ कंपनियों के लिए तथा 90 लाख रुपये तक एकल स्वामित्व /साझेदारी फर्मों और ऐसी अन्य औद्योगिक गतिविधियों के लिए जिनका एस॰एफ॰सी॰ अधिनियम में प्रावधान है। पब्लिक काल ऑफिस (P.C.O.) और टेलेक्स सुविधाओं के लिए भी वित्तीय सहायतादीजाती है।	कोई भीसार्वजनिक / निजी लि॰ कंपनियां/एकल स्वामित्व/ साझेदारी संस्थान। प्रोजेक्ट लागत 5 करोड़ रु॰ से अधिक न हो।	150 लाख रूपये तक सार्वजनिक/ निजी कंपनियों को तथा 90 लाख रु तक एकल/ साझेदारी फर्मों को।	A श्रेणी जिलों में 12.5% B श्रेणी जिलों में 17.5% C श्रेणी जिलो में 20.0% D श्रेणी जिलों में 22.5% कुल परियोजना लागत का ऋण समानुपात (DER) ऋण 10 लाख रु तक 3:1 ऋण 10 लाख रु से अधिक 2:1	10 वर्ष की अवधि तक जिसमें 2 वर्ष का पुंसवनकाल (Moratorium) भी सम्मिलित है।
2. तकनीकी उद्यमियों के लिए ऋण (Loan for Technocrats) – विशेष व्यावसायिक योग्यता वाले व्यक्तियों को उदार शर्तों पर बिना किस मार्जिन एवं प्रतिभूति के 5 लाख रुपये तक का ऋण।	डिग्री या डिप्लोमा धारी इंजीनियर्स के लिए अपारम्परिक उद्योगों की स्थापना हेतु। एम॰बी॰बी॰एस॰ डॉक्टर्स और रेडियोलॉजिस्ट को विद्युतीय चिकित्सा उपकरणों जैसे एक्सरे प्लांटस, इलेक्ट्रो कार्डियोग्राम्स आदि के व्यावसायिक उपयोग हेतु।	5 लाख रुपये तक	कुल लागत का 17.5% ऋण समानुपात 3:1	निगम के नियमों के अनुरुप सामान्य पुनर्भुगतान अवधि।

3. सिंगल विन्डो ऋण योजना (Single Window Schme) – लघु तथा अतिलघु क्षेत्र के इकाइयों की स्थायी परिसम्पतियों तथा कार्यशील पूंजी दोनों की आवश्यकताओं की आपूर्ति हेतु।	सभी लघु/ अति लघु इकाईयां, स्थापित इकाईयों के आधुनिकीकरण, प्रौद्योगिकी उन्नयन तथा बीमार इकाईयों के पुनर्वास जिनमें प्रोजेक्ट लागत तथा कार्यशील पूंजी की आवश्य–कता 50 लाख रु. से अधिक न हो।	50 लाख रुपये तक सावधि ऋण तथा कार्यशील पूंजी दोनों को सम्मिलित करते हुए।	ऋण समानुपात ऋण 10 लाख रु तक 3:1 ऋण 10 लाख रु से अधिक 2:1	10 वर्ष तक जिसमें 3 वर्ष का अधिकतम पुंसवनकाल सम्मिलित है।
4. एकीकृत सावधि ऋण (Composite Term Loan) – भवन निर्माण, उपकरणों और कार्यशील पूंजी की आवश्यकताओं की आपूर्ति हेतु।	ग्रामीण शिल्पियों एवं दस्तकारों के लिए और ग्रामों में पात्रता रखने वाली सभी औद्योगिक गतिविधियों के लिए (छोटे कस्बो/ शहरों के लिए जिनकी आबादी 5 लाख से अधिक न हो)	50,000 रुपये तक जिसमें कार्यशील पूंजी भी सम्मिलित है।	–	10 वर्ष की अवधि तक जिसमें 18 माह का अधिकतम पुंसवनकाल सम्मिलित होगा।
5. उपकरण पुनर्वित ऋण (Equipment Refinance) – लघु तथा मध्यम उद्योगों को विदेशी मुद्रा का सीधा ऋण जो पूंजीगत सामग्री/ यंत्र संयंत्रों की खरीद/ आधुनिकीकरण हेतु आवश्यक उपकरणों यथा विस्तार संतुलन, ऊर्जा बचत, प्रदूषण निवारणार्थ आदि जो किसी विशिष्ट परियोजना से सीधा सम्बन्धित न हो।	विद्यमान ऐसी औद्योगिक इकाईयां पुनर्वित प्राप्ति की पात्रता रखती हैं जिनका पिछला रिकार्ड श्रेष्ठ, हो तथा वित्तीय स्थितियां सुदृढ़ हो और पिछले 4 वर्षों से परिचालन की प्रक्रिया में हो तथा लाभ अर्जित कर रही हो, पिछले 2 वर्षों से शेयरस पर लाभांश दे रही हो तथा किसी वित्तीय संस्थान अथवा	अधिकतम 150 लाख रुपये या 90 लाख रुपये तक जो इकाई की वैधानिक संरचना पर निर्भर करेगा।	कुल परियोजन लागत का 22.5% ऋण समानुपात ऋण 10 लाख रु तक 3:1 ऋण 10 रु से अधिक 2:1	5 वर्ष की अवधि तक जिसमें 6 से 12 महीने तक का पुंसवनकाल सम्मिलित होगा।

	बैंकों की डिफाल्ट इकाई नहीं हो।			
6. डीजल जेनरेटिंग सेट हेतु ऋण (D.G. Set Loan) – इकाई में अतिरिक्त ऊर्जा की आपूर्ति हेतु नया डीजल जेनरेटिंग सेट क्रय करने के लिए।	सभी इकाइयों का यह ऋण सुविधा उपलब्ध है।	अधिकतम 150 लाख रुपये या 90 लाख रुपये तक जो इकाई की वैधानिक संरचना पर निर्भर करेगा।	कुल परियोजना लागत का 10 प्रतिशत	निगम से सहायता प्राप्त इकाइयों के लिए अधिकतम 30 समान मासिक किस्तों या सावधि ऋण के भुगतान की अन्तिम तिथि जो भी पूर्व हो। निगम से सहायता विहीन इकाइयों के लिए 30 समान मासिक किस्तों में।
7. गुणवत्ता नियंत्रण सुविधा हेतु ऋण (Loan for quality Control Facility) – परीक्षण उपकरणों तथा गुणवता नियंत्रण के उपायों के लिए लघु उद्योगों को पुनर्वित सहायता ताकि उनके उत्पाद बाजार में अच्छी प्रकार स्वीकृत हो सकें।	निगम से सहायता प्राप्त इकाईयों को नये उपकरण प्राप्त करने लिए प्रस्तावित उपकरण/सुविधायें हर दृष्टि से पूर्ण और सक्षम होनी चाहिए ताकि ध्येय की पूर्ति हो सके।	7.5 लाख रु तक, उपकरणों की लागत के अनुसार	कोई अंशदान नहीं। ऋण समानुपात 3:1	8 वर्ष तक, जिसमें 3 वर्ष का अधिकतम पुंसवनकाल भी सम्मिलि है।
8. आधुनिकीकरण के लिऐ ऋण (Modernization Load) – तकनीकी / प्रक्रम/ उत्पाद के उच्च विकास / प्लांट तथा मशीनरी के नवीनीकरण शेष उपकरणों की आपूर्ति हेतु जो गुणवता तथा अधिष्ठापित क्षमता	अतिलघु, लघु व मध्यम स्तर की सभी इकाइयों तथा सहायक उद्योग जो 5 वर्ष की अवधि से अस्तित्व में हैं के आधुनिकीकरण योजना के लिए।	150 लाख रुपये या 90 लाख रुपये तक जो इकाई की वैधानिक स्थिति के अनुरुप होगा।	कुल परियोजना का 10 प्रतिशत ऋण समानुपात ऋण 10 लाख रु तक 3:1 ऋण 10 लाख रु तक से अधिक 2:1	पुनर्भुगतान की क्षमता पर लेकिन 10 वर्ष से अधिक नहीं।

की दृष्टि से उत्पादकता को बढ़ा सके।				
9. विपणन उद्यमियों के लिए सहायता (Assistance for Marketing Entrepreneurs) – लघु, कुटीर, तथा ग्रामोद्योगों के उत्पाद के विपणन हेतु नये विक्रय केन्द्र स्थापित करने के लिए और / या विद्यमान इकाई के विक्रय केन्द्रों के नवीनीकरण / विस्तार के लिए।	कोई भी एकल स्वामित्व, साझेदारी फर्म, प्राइवेट या पब्लिक लि॰ कम्पनी परियोजना लागत 25 लाख रुपये से अधिक न हो।	परियोजना लागत का 75 प्रतिशत	परियोजना लागत का 25 प्रतिशत	अधिकतम 10 वर्ष तक जिसमें 18 माह का पुंसवनकाल सम्मिलित है।
10. मोबाईल विक्रय वाहनों के क्रय हेतु सहायता (Assistance for purchase of Mobile Sales Van) – मोबाईल विक्रय वाहनों की आपूर्ति के लिए जो कुटीर तथा ग्रामोद्योगों उत्पादों के अभिरक्षण, प्रदर्शन एवं विक्रय हेतु।	ऐसे सभी संस्थानों के लिए जो खादी एवं ग्रामोद्योग कमीशन द्वारा स्वीकृत हो।	अधिकतम 6 वाहनों की लागत तक।	कुल लागत का 25 प्रतिशत	5 वर्ष, जिसमें 9 माह का पुंसवनकाल सम्मिलित है।
11. महिला उद्यमियों के लिए ऋण (Loan to Women Entrepreneurs) – लघु उद्योग क्षेत्र में स्थापित किये जाने वाले सभी उद्योगों के लिए	साझेदारी फर्मो में महिला उद्यमियों का अंश न्यूनतम 51% होना चाहिए।	150 लाख रुपये या 90 लाख रुपये तक जो इकाई की वैधानिक संरचना पर निर्भर करेगा।	ए श्रेणी के जिलों में कुल परियोजना लागत का 12.5 प्रतिशत तथा अन्य जिलों में 15 प्रतिशत, ऋण समानुपात 10 लाख रु तक	10 वर्ष तक जिसमें 2 वर्ष का पुंसवनकाल सम्मिलित है।

जिनमें अतिलघु ग्रामीण व कुटीर उद्योग भी सम्मिलित हैं जिनका प्रवर्तन तथा प्रबन्ध महिला उद्यमियों द्वारा किया जाए।			3:1 10 लाख रु से अधिक 2 :1	
12. महिला उद्यम निधि योजना (**Mahila Udhyam Nidhi Scheme**) – बीज पूंजी को सम्मिलित करते हुए सुगम ऋण सहायता उन महिला उद्यमियों के लिए जिनकी परियोजना लागत 10 लाख रु से अधिक नहीं हो।	साझेदारी फर्मों में महिला उद्यमियों का अंश न्यूनतम 51 प्रतिशत होना चाहिए।	प्रवर्तक अंशदान को सम्मिलित करने के पश्चात् कुल परियोजना लागत का 15 प्रतिशत इक्विटी के अन्तराल की पूर्ति हेतु।	कुल लागत का 10 प्रतिशत, ऋण समानुपात 3:1	10 वर्ष की अवधि जिसमें 5 वर्ष का पुंसवनकाल सम्मिलित है।
13. अनुसूचित जाति/ जनजाति के उद्यमियों के लिए ऋण **Loan to SC/ST Entrepreneurs)** – 2000 रुपये से 5 लाख रुपये तक का ऋण उदार व रियायती शर्तों पर स्थायी परिसम्पतियों, परिवहन वाहन आदि के लिए। किराये भवन मे यंत्र संयंत्रों की स्थापना हेतु सहायता प्रकरणों की निजी स्थिति पर निर्भर होगी।	आवेदकों के जाति प्रमाण पत्र तहसीलदार या प्रथम श्रेणी मजिस्ट्रेट से प्रमाणित करवाकर प्रस्तुत करना होगा।	5 लाख रुपये तक।	कुल लागत का 5 प्रतिशत ऋण समानुपात 3:1	निगम के सामान्य ऋणों के अनुसार पुनर्भुगतान अवधि
14. नेशनल इक्विटी फंड (**National**	लघु और अति लघु क्षेत्र में स्थापित होने	प्रोजेक्ट लागत का 15% तक अधिकतम 1.5	कुल लागत का 10 प्रतिशत	7 वर्ष की अवधि जिसमें 3 वर्ष का अधिकतम

Equity Fund) – लघु उद्योग क्षेत्र में स्थापित होने वाली इकाइयों को इक्विटी सहायता सुगम ऋण के रुप में।	वाली ऐसी नई इकाईयों के लिए जिनकी परियोजना लागत 10 लाख रु से अधिक नहीं है तथा ऐसे क्षेत्रों में जहां आबादी 5 लाख से अधिक नहीं हो (पुनर्वास के प्रकरणों में आबादी 15 लाख तक भी हो सकती है।)	लाख रु		पुंसवनकाल सम्मिलित है।
15. देशज आयात विकल्प हेतु ऋण (Loan for Indigenisation / Import Substitution) – लघु उद्योग इकाईयों / सहायक इकाईयों को नवीन उत्पादों के लिए जो देशज / आयात का विकल्प हो।	वे सभी विद्यमान लघु उद्योग जिनमें सहायक उद्योग भी सम्मिलित है, जो तकनीकी योग्यता उद्यमशीलता, अपेक्षित योग्यता, अनुभव सम्पन्न व्यक्तियों द्वारा संचालित व प्रबन्धित की जाती है।	जिनकी अधिकतम अनुमानित व्यय सीमा प्रति उत्पाद 5 लाख रु से अधिक न हो।	ऋण समानुपात ऋण 10 लाख रु तक 3:1 ऋण 10 लाख रु से अधिक 2:2	अधिकतम 5 वर्ष जिसमें 1 वर्ष का पुंसवनकाल भी सम्मिलित है।
16. अस्पतालों तथा नर्सिंग होम के लिए ऋण (Loan for Hospital & Nursing Homes) – नये अस्पताल/ नर्सिंग होम की स्थापना के लिए जहां एलोपैथिक चिकित्सा एवं निदान (diagnosis) की सुविधायें आउटडोर तथा इनडोर रोगियों के लिए (निम्न आय वर्ग के लिए	वे सभी प्रतिष्ठान जो प्राईवेट / पब्लिक लिमिटेड कम्पनी / एकल स्वामित्व / साझेदारी संस्थान या ट्रस्ट के अधीन संगठित हो और जहां 20 शैय्याओं तथा एक औषध / शल्य विशेषज्ञ (MD/MS) की पूर्णकालिक व्यवस्था हो।	150 लाख रुपये अथवा 90 लाख रुपये तक जो इकाई कि वैधानिक संरचना पर निर्भर करता है।	विभिन्न श्रेणीगत जिलों के अनुरुप परियोजना लागत के 22.5 प्रतिशत तक ऋण समानुपात ऋण 10 लाख रु तक 3:1 ऋण 10 लाख रु से अधिक 2:1	10 वर्ष तक जिसमें 24 माह का पुंसवनकाल सम्मिलित है।

रियायती दर पर) उपलब्ध हो। पूर्व में स्थापित ऐसी संस्थाओं को जो योजना के अनुसार मापदंड पूरे करती है, उन्हें भी यह सुविधा उपलब्ध है।				
17. होटल तथा पर्यटन संबंधित गतिविधियों हेतु ऋण (Loan for Hotels & Tourism Activities) – पर्यटन से संबंधित गतिविधियों के लिए तथा नये होटल/मोटल/रेस्टोरेंट के निर्माण के लिए नवीनीकरण/परिवर्तन अधि–विस्तार के लिए जो पूर्व में संस्थापित हैं, आवश्यक यंत्र संयंत्र उपकरण फर्नीचर आदि की खरीद तथा संस्थापन के लिए।	इस परियोजना में न्यूनतम 10 कमरे, उनमें से आधे वातानूकुलित एक चौथाई प्रसाधन कक्षों से युक्त तथा शेष में प्रत्येक चार कमरों के लिए एक बाथरुम की व्यवस्था हो/ इनके अतिरिक्त पर्याटक निदेशक की संस्तुति राज्य सरकार की अनुमति तथा साइट प्लान के लिए स्थानीय निकाय का अनापत्ति प्रमाण पत्र विचारार्थ स्वीकारे जाने से पूर्व आवश्यक होंगे।	150 लाख रु अथवा 90 लाख रु तक जो इकाई की वैधानिक संरचना पर निर्भर करता है।	कुल लागत का 25 प्रतिशत ऋण समानुपात ऋण 10 लाख रु तक 3:1 ऋण 10 लाख रु से अधिक 2:1	सावधि ऋणके लिए 10 वर्ष तक की अवधि जिसमें 18 माह का प्रारंभिक पुंसवनकाल भी सम्मिलित है।

इसके अतिरिक्त भी राज्य वित्त निगम की परियोजनायें हैं जिनकी जानकारी निगम से प्राप्त की जा सकती है :

18. टैंकर्स के लिए ऋण **(Loan for Tankers)**
19. खनन गतिविधियों के लिए ऋण **(Loan for Mining Activities)**
20. सड़कों के विकास/परिरक्षण और निर्माण हेतु सहायता **(Assistance for Development/Maintenance and construction of Roads)**
21. पुनर्जीवन एवं पुनर्वास हेतु ऋण **(Revival and Rehabilitation Loan)**
22. बंद इकाईयों के पुनराम्भ हेंतु ऋण **(Loan for Re-starting closed units)**

23. मुक्त बंदी पुर्नवास योजना (Loan to Ex-Convicts)
24. भूतपूर्व सैनिकों के लिए ऋण (SEMFEX Loan)
25. योग्य व्यवसायी के लिए सहायता (Assistance to Qualified Professionals)
26. लघु उद्योग इकाईयों द्वारा कम्प्युटरस लगाने हेतु सहायता (Assistance for Acquisition fof computers by SSI units)
27. राष्ट्रीय कपड़ा निगम मिलों के बुनकरों को सहायता (Assistance to Weavers of NTC Mills)
28. अतिथि आवासीय योजना (Paying guest Accomodation Scheme)

राज्य वित्त निगमों की ब्याज दर (SFC Interest Rate Structure)

इकाई का स्वरूप	ब्याज दर (ब्याज कर सहित) प्रतिशत वार्षिक
A. मध्यम उद्योग (नॉन एस.एस.आई.)	18.50
B. लघु उद्योग (मय एकीकृत ऋण योजना, सिंगल विडो योजना, विपणन योजना)	
(i) 25,000 रु तक	12.50
(ii) 25,000 रु से अधिक व 2 लाख रु तक	14.00
(iii) 2 लाख रु से अधिक के सभी ऋण (साधारण ब्याज दर 20%)	18.00

नोट :

1. सिडबी के प्रावधानों के अनुसार पुनर्वित योजना के तहत स्वीकृत ऋण राशि पर 1% up-front fee लागु होगी, सिवाय निर्दिष्ट ऋण योजनाओं के।
2. समयान्तर्गत भुगतान नहीं करने पर चूक की राशि पर चूक की अवधि के लिए साधारण रियायती ब्याज दर के अतिरिक्त 3.25% की दर से दंडात्मक ब्याज (Panel interest/Liquidated damages) देय होगा। 25,000 रु तक के ऋणों पर दंडात्मक ब्याज देय नहीं होगा।
3. अ.जा./अ.ज. जाति के उद्यमियों के लिए 5 लाख रु तक के ऋणों पर ब्याज दर अन्य उद्यमियों से ब्याज दर 2% कम देनी होगी।
4. विकलांग व्यक्तियों को (यदि फर्म हो तो, उसमें उसका हिस्सा 51% से कम न हो) अन्य उद्यमियों से ब्याज दर 2% कम देनी होगी।
5. आस्थगित भुगतान से परिसम्पतियां बेचने पर/ऋणी की प्रार्थना/राय से प्रबन्ध का स्थानान्तरण करने पर ऋण की मात्रा पर आधारित प्रचलित (Prevailing) रियायती ब्याज दर लागू होगी।
6. जनजाति क्षेत्र (Tribal sub Area Plan) में इकाई लगाने पर ब्याज दर 1% कम होगी।

7. आई॰डी॰बी॰आई॰/सिडबी द्वारा समय पर दिये गये निर्देशों के अनुसार उपरोक्त दरों में परिवर्तन किया जा सकता है।

राज्य वित्त निगम से सहायता प्राप्त करने की विधि (Seeking Financial Assistance from SFC/RFC)

1. उद्यमी ऋण के लिए प्रार्थना पत्र अपने नजदीकी निगम के शाखा कार्यालय को दे सकता ह।
2. प्रार्थना पत्र निर्धारित प्रपत्र में सभी आवश्यक सूचनाओं एवं संलग्नकों सहित देना होता है। निर्धारित प्रपत्र (Form) निगम के प्रधान कार्यालय अथवा किसी भी सम्बन्धित शाखा कार्यालय से प्राप्त किया जा सकता है।
3. प्रार्थना पत्र के स थ उद्यमी को प्रार्थना पत्र शुल्क (Application Fee) जमा कराना होता है, जिसकी निर्धारित दर निम्न है :

(a) 25,000 रु॰ तक के ऋण के लिए	25 रु॰
(b) एकीकृत ऋण/शिल्पबाड़ी ऋण	50 रु॰
(c) 25,000 रु॰ से अधिक लेकिन 2 लाख रु॰ से कम के ऋण के लिए	200 रु॰
(d) 2 लाख रु॰ से 5 लाख रु॰ तक के ऋण के लिए	400 रु॰
(e) 5 लाख रु॰ से अधिक के ऋण के लिए	100 रु॰ प्रति लाख या उसके हिस्से के ऋण हेतु।

राज्य वित्त निगम की अन्य ऋण योजनायें (Other Loan Schemes of State Financial Corporation)

राज्य वित्त निगम की विभिन्न ऋण योजनाओं की विस्तृत जानकारी इससे पूर्व सारणी में दी गई है। इसके अतिरिक्त ऋण योजनाओं का विवरण निम्नानुसार है :

1. सावधि ऋण सहायता (Term Loan Assistance)

(i) उद्देश्य तथा ऋण सहायता (Purpose & Loan Assistance)

राज्य वित्त निगम भूमि, भवन, यंत्र तथा संयंत्रों की आवश्यकता और ऐसी अन्य औद्योगिक गतिविधियों के लिए जिनका एस॰एस॰सी॰ अधिनियम में प्रावधान है, के लिए ऋण स्वीकृत करता है। इस सहायता की सीमा प्राइवेट पब्लिक/लिमिटेड कम्पनी या पंजीकृत सहकारी समिति को 150 लाख रु॰ तथा एकल स्वामित्व/साझेदारी फर्म के लिए 90 लाख रु॰ है। यदि ऋण की आवश्यकता 150 लाख रु॰ से अधिक तथा 5 करोड़ रु॰ तक हो तो निगम राज्य औद्योगिक

निवेश निगम (रीको) तथा व्यावसायिक बैंक के साथ मिलकर सहायता प्रदान करता है।

(ii) पुनर्भुगतान की अवधि (Period of Repayment)

ऋण की पुनर्भुगतान की अवधि प्रोजेक्ट के पूंजी पैदा करने के अनुरुप निर्धारित की जाती है, जो कि 5 से 10 वर्ष तक होती है। ऋण की अदायगी प्रथम वितरण तिथि से 12 से 24 माह के पश्चात् त्रैमासिक किश्तों में करनीहोती है। यह पुंसवनकाल (moratorium period) प्रोजेक्ट के लगाने की अवधि तथा व्यावसायिक उत्पादन की संभावित तिथिा को ध्यान में रखते हुए निर्धारित किया जाता है।

(iii) प्रतिभूति / परिसम्पतियों को गिरवी (Security / Mortgage of Assets)

ऋण के प्रतिभूति (Security) बतौर मॉजूद तथा भविष्य में निर्मित स्थाई परिसम्पतियों (यानि फर्म की भूमि, भवन, मशीनें तथा अन्य परिसम्पतियों) को प्रथम चार्ज के रुप में निगम के नाम गिरवी (mortgage)/दृष्टिबंधक (hypothecation) रखना होता है। यदि कार्यकारी पूंजी के लिए बैंकों सें वित्त उपलब्ध हो तो व्यावसायिक बैंकों को प्रतिभूति के रुप में कच्चे माल, निर्माणाधीन माल, तैयार माल, वसूली बिल आदि को गिरवी अथवा दृष्टिबंधक रखना होता है।

(iv) व्यक्तिगत गांरटी तथा अचल सम्पति प्रतिभूति (Personal Guarantee & Colletral Security)

एकीकृत सावधि ऋण तथा महिला उद्यमी योजना के अतिरिक्त यदि ऋण की राशि 2 लाख रुपये तक हो तथा इकाई किराये के भवन में लगाई जानी हो तो परिसम्पतियों के गिरवी रखने के साथ–साथ इकाई के प्रवर्तक को तृत्तीय व्यक्ति गांरटी (Third party personal guarantee) भी देनी होती है। सिंगल विंडो ऋण योजना के तहत कार्यकारी पूंजी के ऋण की मात्रा के बराबर अचल सम्पति प्रतिभूति भी ली जाती है।

(v) ऋण मार्जिन राशि (Margin of Loans)

निगम द्वारा स्वीकृत किये जाने वाले ऋण पर मार्जिन राशि साधारणतया 25% होती है, लेकिन A, B, C, तथा D जिलों में लगाये जाने वाली इकाइयों के लिए न्यूनतम प्रवर्तकीय योगदान (मार्जिन) कुल परियोजना लागत का क्रमशः 12.5%, 17.5%, 20.0%, तथा 22.5% है। मोल्ड, डाईज, किलंस तथा कुछ उद्योग जैसे कॉटन जीनिंग, टेक्सटाइल, ऑयल, ग्वारगम, मार्बल स्लेब आदि के

लिए मार्जिन राशि की दर 40% से 50% तक है। निगम की विभिन्न योजनाओं के लिए मार्जिन राशि की दर उपरोक्त सारणी में दी गई है।

उपरोक्त मार्जिन राशि पर ऋण की admissibility ऋण के समानुपात (Debt-equity ratio) पर निर्भर करती है जो कि 10 लाख रु॰ तक के ऋण के लिए 3:1 तथा 10 लाख रु॰ से अधिक के ऋण के लिए 2:1 है। कुछ विशेष प्रकार के उद्यमियों जैसे दस्तकार तथा शिल्पकार, अपंग, अनुसूचित जाति/जनजाति के उद्यमियों के मामलों में मार्जिन राशि की दर काफी कम है। फिर भी मार्जिन राशि को बढाने तथा कम करने की पूरी discreation निगम का है।

(vi) ब्याज दर (Interest Rate)

निगम की ब्याज की साधारण दर वर्तमान में 20: है। यदि निगम को आई॰डी॰बी॰आई॰ से पुनर्वित उपलब्ध होता है तो निगम द्वारा लिए जाने वाले ब्याज की रियायती दर 12.5 प्रतिशत से 18.50 प्रतिशत तक है जो कि ऋण राशि पर निर्भर करती है। इस बारे में विस्तृत जानकारी पूर्व में ब्याज दर सारणी में दी गई है। यह ब्याज दर में रियायत तभी उपलब्ध होती है यदि ऋण के किश्तों की अदायगी समय पर होती रहे, अन्यथा प्रवर्तक को इन दरों से 3.25 प्रतिशत अधिक ब्याज देना होता है।

2. सुगम ऋण योजना (Soft Loan Scheme)

जैसाकि नाम से विदित होता है यह योजना सुगम रुप से अर्थात् विशेष औपचारिकता पूर्ण किये बिना ही यह ऋण राज्य वित्तीय निगम द्वारा उपलब्ध कराया जाता है। इस योजना को बनाने का उद्देश्य छोटे उद्यमियों को कम ब्याज दर पर बिना किसी प्रतिभूति के वित्तीय सहायता उपलब्ध कराना है। वर्तमान में इस योजना के तहत अधिकतम ऋण सहायता दो लाख रूपये तक भूमि, भवन, यंत्र व संयंत्र आदि के लिए उपलब्ध करायी जाती है। दो लाख रुपये की ऋण राशि तक वर्तमान में ब्याज दर भी मात्र 14 प्रतिशत वार्षिक है।

3. कार्यशील पूंजी ऋण (Working Capital Loan)

उद्योग को सुचारु रूप से चलाने के लिए कार्यशील पूंजी की आवश्यकता होती है। साधारणतः कार्यशील पूंजी ऋण बैंकों द्वारा उपलब्ध कराया जाता है लेकिन उद्यमियों की परेशानियों को देखते हुए राज्य वित्तीय निगम सावधि ऋण के साथ–साथ कार्यशील पूंजी ऋण भी एकल विंडो योजना के तहत उपलब्ध कराता है। इस योजना में सावधि ऋण तथा दोनों को सम्मिलित करते हुवे कार्यशील पूंजी की अधिकतम सीमा रुपये 50 लाख तक है। इस योजना के अन्तर्गत कार्यशील पूंजी की मात्रा के बराबर स्थायी पूंजी की प्रतिभूति गिरवी रखनी होती है।

4. अमानत राशि सहायता (Assistance for Earnest Money)

राज्यों में सरकारी खरीद में लघु उद्योगों को लाभ देने हेतु वित्त विभाग (केन्द्रीय भण्डार क्रय संगठन) ने 1966 में क्रय नियम निर्धारित किये जो कि समय–समय पर आवश्यकतानुसार संशोधित किये जाते रहे हैं। सरकारी खरीद में वस्तुऐं निविदा (Tender) द्वारा खरीदी जाती है। उद्योग विभाग द्वारा राज्य की लघु उद्योग इकाइयों को मूल्य वरीयता प्रमाण पत्र जारी किया जाता है जिससे इकाइयों को राजकीय खरीद में 50 प्रतिशत तक टेण्डर की कीमत में छूट मिलती है तथा अमानत राशि से भी मुक्ति का लाभ मिलता है।

5. ग्रामीण दस्तकारों तथा शिल्पकारों के लिए वित्त–पोषण योजना (Scheme for financing Rural Artisans and Craftsmen)

इस योजना का प्रयोजन –

(i) विभिन्न शिल्पों में रत ग्रामीण दस्तकारों तथा शिल्पकरों को उनके कौशल तथा सामाजिक और आर्थिक स्थिति के अनुरुप व्यापक परिदृष्य में एक ही छत के नीचे निवास तथा कार्यशाला एवं प्रदर्शन गवाक्ष (show window) उपलब्ध कराना,

(ii) ग्रामीण दस्तकारों तथा शिल्पकारों को उनकी व्यावसायिक तथा आवासीय आवश्यकताओं के लिए उन्हें शिल्पबाड़ियों में अपनी स्वयं की औद्योगिक इकाई स्थापित करने हेतु सहायता प्रदान करता है।

पात्रता

समस्त औद्योगिक परियोजनायें, जो कि ग्रामीण दस्तकारों तथा शिल्पकारों द्वारा प्रवर्तित (promoted) एवं व्यवस्थित हों और निम्न में से किसी एक कार्य में अथवा समान अन्य किसी कार्य में व्यस्त हो या उसके इच्छुक हों, इस योजना के अन्तर्गत सहायता प्राप्त करने की पात्रता रखती हैं :

1. दक्ष इनामेल कारीगर (Skilled enamel workers) – मीनाकारी, सोने में थेवा कार्य चांदी में इनामेल कार्य
2. आभूषण निर्माण (Jewellary) – बालों, कानों, नाक, गर्दन, ऐडी तथा कलाई के लिए सोने व चांदी के आभूषण, हाथी दांत की चूड़ियां, लाख की चूडियां
3. मूर्ति निर्माण (Sculptures) – देवी, देवताओं क मूतियाँ तथा मानवीय आकृतियाँ टेराकोटा की मूर्तियाँ, पीतल की मूर्तियाँ
4. कपड़े पर हाथ से छपाई (Hand printed fabrics) बाड़मेर की ज्यामितिक (geometric), अजरक प्रिन्टस, बगरु के फूल–पत्तों वाले प्रिन्टस, सांगानेरी प्रिन्टस, कोटा–डोरियां साड़ियां।

5. हाथ द्वारा निर्मित पीतल के बर्तन (Hand beaten brass wares)
6. ब्ल्यू पौट्री तथा ग्रामीण पौट्री (Blue pottery, Village pottery)
7. गलीचेख टोंक व बीकानेरी नमदे
8. मोजड़ियां तथा परम्परागत जूते
9. ऊंट की खाल (Camel hide) पर सुनहरी कार्य
10. सिलेसिलाये (Readymade) ग्रामीण वस्त्र
11. चांदी के बर्तन
12. सफेद धातु (White metal) के सजावटी आइटम्स
13. लुहारगिरी (Blacksmihy)
14. सुथारी, लकड़ी का फर्नीचर, लकड़ी के खिलौने
15. ग्रामीणी कशीदाकारी, सिलाई तथा बुनाई
16. चमड़े की सफाई एवं रंगाई
17. चंदन की लकड़ी पर खुदाई (Sandel wood carving) आदि–आदि।

उद्देश्य (Purpose)

कौशल एवं शिल्प की प्रकृति के आधार पर ग्रामीण दस्तकारों तथा शिल्पकारों को स्थापित पद्धतियों व प्रचलित व्यवहार के अनुरुप कच्चे माल और आवश्यक उपकरणों के क्रय हेतु वित्तीय सहायता प्रदान की जाती है। निवास तथा कार्यशाला एवं प्रदर्शन गवाक्ष, जिसका कि निर्माण किया जाना है, हेतु सहायता दी जाती है। कार्यशील पूंजी के हिस्से का वित्त पोषण करते समय दस्तकारों तथा शिल्पकारों की सम्पूर्ण कार्यशील पूंजी का वास्तविक आकलन कर कच्चे माल, अर्द्ध निर्मित माल तथा निर्मित माल हेतु समुचित वित्त की व्यवस्था की जाती है।

सहायता की राशि (Quantum of Assistance)

इस योजना के अन्तर्गत अधिकतम ऋण की राशि प्रति योजना 50,000 रुपये है तथा ऋण राशि का विभाजन निम्नानुसार होता है, जिसका आकलन योजना के वास्तविक मूल्यांकन के आधार पर किया जाता है :

विवरण	राशि	कुल का प्रतिशत
(अ) निवास	15,000 रुपये	30
(ब) कार्यशाला	10,000 रुपये	20
(स) कच्चा माल	15,000 रुपये	30
(द) उपकरण	10,000 रुपये	20

प्रवर्तक का अंशदान (Promoter's Contribution)

इस योजना के अन्तर्गत ऋण हेतु प्रवर्तक के किसी प्रकार के अंशदान पर जोर नहीं दिया जाता है यद्यपि जहां भी संभव हो वहां प्रवर्तक का अंशदान परियोजना की लागत तथा दस्तकार/शिल्पकार की आर्थिक स्थिति पर निर्भर करेगा।

प्रतिभूति (Security)

ऋण के प्रतिभूति बतौर चल व अचल सम्पति जिसमें उद्योग की भूमि, भवन, यंत्र, उपकरण, कच्चा माल, अर्द्ध निर्मित माल, तैयार माल रिसीवेबल्स स्टोर्स तथा कन्ज्यूमेबल्स आदि सम्मिलित है, को गिरवी दृष्टिबंधक रखा जाता है।

पुनर्भुगतान अवधि (Repayment Period)

सावधि ऋण अंश जो कि स्थायी परिसम्पतियों के सृजन हेतु दिया गया है, इसे अधिकतम 10 वर्ष की अवधि में वापस अदा करना होगा जिसमें प्रारंभ में 18 माह की छूट होगी। कार्यशील पूंजी का अंश, इसके प्रथम वितरण की तिथि से 5 वर्ष की अवधि में वापस अदा करना होगा, जिसमें प्रारंभ के 24 माह की अवधि की छूट होगी।

ब्याज (Interest)

इस योजना के अन्तर्गत योजना के लगाने की अवधि (Implementation period) के लिए ब्याज दर 10 प्रतिशत तथा उसके पश्चात 11 प्रतिशत है चाहे इकाई राज्य के किसी भी हिस्से में स्थापित हो। इस योजना में कोई भी कमिटमेंट चार्ज नहीं लिया जावेगा।

प्रत्येक तिमाही के लिए ब्याज प्रथम जनवरी, अप्रेल, जुलाई तथा अक्टुम्बर को देय हो जाता है।

पूंजी निवेश अनुदान (Capital Investment Subsidy)

राज्य सरकार की अनुदान योजना के तहत राज्य के सभी जिलों में इस योजना के तहत लगने वाली इकाइयों को 20 प्रतिशत पूंजी निवेश अनुदान उपलब्ध होगा।

ऋण आवेदन प्रपत्र (Loan Application Form)

इस ऋण के लिए निगम ने "एफ" ("च") आवेदन प्रपत्र निर्धारित किया है जो कि मात्र 5 रुपये की कीमत पर निगम की समस्त शाखा/फिल्ड कार्यालयों

तथा पंचायत समिति स्तर पर उद्योग प्रसार अधिकारी तथा जिला उद्योग केन्द्रों पर उपलब्ध है।

उद्यमी को ऋण आवेदन पत्र पूर्ण करके 50 रुपये आवेदन शुल्क के साथ निगम के सम्बन्धित शाखा कार्यालय पर जमा कराना होता है। ऋण आवेदन का निपटारा निगम के सम्बन्धित शाखा में आवेदन पत्र प्राप्ति के एक पखवाड़े में कर दिया जायेगा।

समाज के कमजोर वर्गों को रियायतें (Concessions to Weaker Sections of the Society)

अनुसूचित जाति/जन जाति वर्ग तथा विकलांग उद्यमियों को इस योजना में इकाई लगाने पर ब्याज दर मे 2 प्रतिशत की छूट है एवं आवेदन शुल्क में 50 प्रतिशत की रियायत है।

7.3.2 राजस्थान राज्य औद्योगिक विकास एवं निवेश निगम लिमिटेड द्वारा ऋण (Loan from Rajasthan State Indstrial Development & Investment Corporation Limited, RIICO)

राजस्थान राज्य औद्योगिक विकास एवं निवेश निगम जिसे "रीको" के नाम से जाना जाता है, कि स्थापना राज्य में सभी प्रकार के उद्योगों (लघु, मध्यम व बड़े) के विकास हेतु 1 नवम्बर, 1979 को एक कम्पनी के रुप में की गई। इससे पूर्व यह राजस्थान राज्य औद्योगिक एवं खनिज विकास निगम के रुप में विद्यमान था।

रीको मध्यम तथा बड़े उद्योगों की स्थापना हेतु भूमि, भवन निर्माण, प्लांट, मशीनरी, उपकरणों आदि के लिए वित्तीय सहायता प्रदान करता है। रीको द्वारा 250 लाख रुपये तक का सावधि ऋण उद्योग को दिया जाता है। इससे अधिक ऋण की आवश्यकता की पूर्ति के लिए रीको तथा आर॰एफ॰सी॰ संयुक्त ऋण देते हैं और व्यापारिक बैंकों के साथ मिलकर भी वित्तीय सहायता देते हैं। रीको आवश्यकतानुसार उद्योगों के इक्विटी पूंजी में सीधे निवेशी भी करता है।

आई॰डी॰बी॰आई॰ की "उपकरण पुनः वित योजना" के अन्तर्गत इकाई की उत्पादकता बढ़ाने के लिए लगाये जाने वाले अतिरिक्त उपकरणों के लिए रीको तथा आर॰एफ॰सी॰ 150 लाख रु॰ तक का ऋण प्रदान करते हैं।

आई॰डी॰बी॰आई॰ की आधुनिकीकरण योजना के तहत लघु तथा मध्यम उद्योगों के आधुनिकीकरण जिसमें प्रक्रम प्रोद्योगिकी व उत्पाद का उन्नयन (upgration), निर्यात मूलक, आयात पूरक (substition) आदि सम्मिलित हैं के लिए आर एफ सी तथा रीको वित्तीय सहायता देते हैं बशर्ते के इकाई ने कम से कम 5 वर्ष तक कार्य किया हो। इसमें प्रवर्तक को आधुनिकीकरण की लागत

का कम से कम 10 प्रतिशत लगाना होता है। इसके लिए विकसित तथा पिछडे जिलों के लिए ब्याज दर क्रमशः 15 प्रतिशत तथा 13.5 प्रतिशत है।

रीको उद्यमियों को विभिन्न प्रकार की तकनीकी सहायता प्रोद्योगिकी एवं प्रबन्धकीय सेवाओं के द्वारा जिनमें सम्बन्धित तकनीकी सूचना, प्रोजेक्ट प्रोफाईल, प्रोजेक्ट रिपोर्ट, तकनीकी आर्थिक सम्भाव्यता रिपोर्ट, अनुसंधान, वित्तीय तथा प्रबन्धकीय परामर्श तथा प्रोजेक्ट पुनर्स्थापन (Rehabilitation) सम्मिलित है, प्रदान करता है।

राज्य में औद्योगिक क्षेत्रों का विकास रीको द्वारा किया जाता है तथा सभी प्रकार के उद्योगों को भूमि का आवंटन भी रीको द्वारा किया जाता है। अभी तक पूरे राज्य में 187 औद्योगिक क्षेत्र रीकों द्वारा विकसित किये जा चुके हैं। जिनमें सभी प्रकार की मूलभूत सुविधायें जैसे सड़क, बिजली, पानी, बैंक, पोस्ट ऑफिस, शॉपिंग काम्पलेक्स आदि उपलब्ध कराई गई हैं। इनमें उद्योगों को बहुत ही moderate दर पर (जो कि क्षेत्र के अनुसार 10 रुपये से 250 रुपये वर्ग मीटर है) भूखण्ड दिये जाते हैं।

समाज के विभिन्न प्रकार के लोगों को उद्योग लगाने में प्रोत्साहित करने हेतु रीको द्वारा औद्योगिक क्षेत्र में भूमि में निम्न प्रकार की छूट (Rebate on Land) दी जाती है :

(i) अनुसूचित जाति तथा जनजाति के लोगों को 4000 व॰मी॰ तक के आंवटन में 50 प्रतिशत की अनुदानित दर।

(ii) इलेक्ट्रोनिक उद्योग को 4000 व॰मी॰ तक आवंटन में 20 प्रतिशत तक की भूमि दर में छूट।

(iii) अपाहित लोगों को अपना उद्योग लगाने के लिए 2000 व॰मी॰ तक के आवंटन में 15 प्रतिशत की भूमि दर में छूट।

(iv) भूतपूर्व सैनिक को भूमि आवंटन में 2 प्रतिशत आरक्षण व 25 प्रतिशत की भूमि दर में छूट, 2000 व॰मी॰ तक के आवंटन में।

(v) 2000 व॰मी॰ तक के भूमि आवंटन पर महिला उद्यमियों को 10 प्रतिशत की भूमि दर में छूट तथा युद्ध के दौरान हुई विधवाओं को 25 प्रतिशत की भूमि दर में छूट।

नोट :

उपरोक्त छूट में से किसी एक प्रकार की छूट जो भी अधिक हो आवंटी प्राप्त करने का हकदार है।

भूमि आवंटन के लिए फार्म 30 रुपये का क्रासड पोस्टल आर्डर या ड्राफ्ट "रीको लिमिटेड" के नाम का अथवा नकद जमाकर प्राप्त किया जा सकता है।

फार्म को भरकर उसे साथ आवश्यक प्रपत्र लगाकर तथा 1000 रुपयें प्रति 1000 व०मी० या उसके हिस्से के हिसाव से अमानत राशि एवं भूमि दर की राशि का 25 प्रतियात विकास शुल्क के साथ जमा कराना होता है।

वित्तीय सहायता के लिए फार्म 25 रुपये का क्रास्ड पोस्टल आर्डर या ड्राफ्ट "रीको लिमिटेड" के नाम का अथवा नगर जमाकर प्राप्त किया जा सकता है। फार्म को भरकर उसके साथ आवश्यक प्रपत्र तीन प्रतियों में जमा कराना होता है, साथ ही निम्न दर से प्रोसेंसिंग चार्जेज भी देने होते हैं।

सहायता का प्रकार	चाही गई राशि का प्रतिशत
(i) सावधि ऋण (Term loan)	0.1%
(ii) बीज पूंजी (Seed Capital)	नहीं
(iii) इक्विटी निवेश (Equity participation)	0.1%
(iv) राज्य अनुदान (State Subsidy)	250/– रु
(v) उपकरण वित्त (Equipment Financing)	0.1%
(vi) अभिगोपन (underwriting)	0.1% कमीशन के अतिरिक्त

7.3.3 बैंकों द्वारा ऋण (Credit Facilities by Banks)

(i) सभी बैंक उद्यमियों को माल के निर्माण, संसाधन, परिरक्षण, सर्विसिंग तथा मरम्मत हेतु सभी प्रकार की औद्योगिक इकाईयां स्थापित करने के लिए आवश्यकता के आधार पर ऋण प्रदान करते हैं। यह ऋण नई इकाईयों के लिए भूमि की खरीद, भवन के निर्माण, मशीनरी, उपकरण आदि की खरीद, मौजूदा इकाईयों के विस्तार, आधुनिकीकरण तथा मशीनरी (modernisation and renovation) तथा कार्यकारी पूंजी के प्रयोजन से दिया जाता है।

(ii) सावधि ऋण (Term Loan) के मामले में मूल प्रतिभूति (Principal Security) बतौर ऋण से निर्मित परिसम्पतियों को दृष्टिबंधक (hypothecation) रखना होता है। कार्यकारी पूंजी के मामले में मूल प्रतिभूति के रुपमें कच्चे माल, निर्माणधीन माल, तैयार माल, वसूली बिल आदि को गिरवी अथवा दृष्टिबंधक रखना होता है। यदि सावधि ऋण तथा कार्यकारी पूंजी ऋण राशि 25,000 रुपये से अधिक हो तो मूल प्रतिभूति (Principal Security) के अतिरिक्त सहायक प्रतिभूति (Colleteral Security) के रुप में तृतीय पक्ष (Third party) की जमानत भी देनी होती है।

(iii) सावधि ऋण के लिए मार्जिन 25,000 रुपये तक कुछ नहीं है, 25,000 रुपये से अधिक परन्तु 1.5 लाख तक 25 प्रतिशत तथा 1.5 लाख से अधिक के लिए 20 प्रतिशत है। कार्यकारी पूंजी के लिए मार्जिन 25,000

रुपये तक कुछ नहीं, 25,000 रुपये से अधिक के लिए गिरवी (Pledge) के मामले में 20 प्रतिशत, दृष्टिबंधक के लिए 25 प्रतिशत, वसूली बिल के लिए ए बी सी (Advance against Bill for Collection) ऋण सीमा जिसमें अनुमोदित परिवहन परिचालकों की आर॰आर॰ तथा एम॰टी॰आर॰ शामिल है 20 प्रतिशत सरकारी सप्लाई बिल के लिए 10 प्रतिशत तथा मौजूदा भारमुक्त मशीनरी पर अथवा बही ऋणों (Book Debts) पर 25 प्रतिशत है। मध्यावधि सावधि ऋण को चुकाने के लिए अवधि 5 से 7 वर्ष है जिसमें 6 से 12 महीने की ऋण स्थगन (moratorium) अवधि सम्मिलित है।

(iv) बैंक द्वारा कारीगरों (Artisans), ग्रामीण तथा कुटीर उद्योगों को 25,000 रुपये तक के ऋण अचल परिसम्पतियों (वर्कशेड की मरम्मत तथा निर्माण सहित) तथा कार्यकारी पूंजी के लिए दिये जाते हैं। नगरों तथा ग्रामीण क्षेत्रों में बहुत छोटी इकाइयों (Tiny units) को बैंक द्वारा वित्तीय सहायता देने की योजना है, जिनमें संयंत्र तथा मशीनरी में निवेश 2 लाख रुपये से अधिक नहीं होना चाहिए तथा मियादी ऋण व कार्यकारी पूंजी सहित कुल स्वीकृत पूंजी ऋण सीमा 4 लाख रुपये से अधिक नहीं होनी चाहिए।

(v) बैंकों द्वारा तकनीकी उद्यमियों को अपने उद्यम स्थापित करने के लिए ऋण देने हेतु विशेष योजना है। इसके तहत 3 लाख रुपये तक का ऋण अकेले को तथा 5 लाख रुपये तक का ऋण यदि एक से अधिक तकनीकी उद्यमी साझेदारी में कार्य करते हों तो दिया जाता है। इसमें मार्जिन राशि 2 लाख रुपये तक कुछ नहीं है, 2 लाख रुपये से अधिक व 3 लाख रुपये का 10 प्रतिशत, 3 लाख रुपये से अधिक 4 लाख रुपये तक 15 प्रतिशत, 4 लाख रुपये से अधिक व 5 लाख रुपये तक 20 प्रतिशत है। यह योजना उन तकनीकी उद्यमियों के लिए है जो पर्याप्त वित्तीय स्रोतों के अभाव में उद्योग लगाने में असमर्थ है।

(vi) लघु उद्योगों के लिए वर्तमान में (20.4.95 से) ब्याज दर (ब्याज कर सहित) निम्न प्रकार है :

कार्यकारी पूंजी अग्रिम (Working Capital Advance)

1. दो लाख रुपये तक कार्यकारी पूंजी के लिए ऋण पर ब्याज दर
   (a) 25,000 रुपये तक 12.5 प्रतिशत
   (b) 25,000 रुपये से ऊपर तथा 2 लाख रुपये तक 14.00 प्रतिशत
2. दो लाख रुपये से अधिक कार्यकारी पूंजी अग्रिम ब्याज दर निम्न है जो कि लघु उद्योग द्वारा पैरामीटर की पूर्ति पर निर्भर करता है –

स्कोर का योग	रेटिंग	ब्याज दर
– 7 मे से 7 पैरामीटर की पूर्ति	AA	16.50
– 7 में से 6 पैरामीटर की पूर्ति	A+	17.25
– 7 में से 5 पैरामीटर की पूर्ति	A	18.75
– 7 में से 4 या कम पैरामीटर की पूर्ति	B	20.25

सावधि ऋण (Term Loan)

दो लाख रु॰ तक सावधि ऋण (पुनर्भुगतान अवधि 3 वर्ष या अधिक) पर ब्याज दर निम्न है :

(a) 25000 रुपये तक 12.5 प्रतिशत

(b) 25,000 रुपये से ऊपर तथा 2 लाख रुपये तक 14.00 प्रतिशत

2. दो लाख रु॰ से अधिक सावधि ऋण पर ब्याज दर निम्न है जो कि पैरामीटर की पूर्ति पर आधारित है –

स्कोर का योग	रेटिंग	ब्याज दर
– 7 मे से 6/7 पैरामीटर की पूर्ति	AA & A+	16.50
– 7 में से 5 पैरामीटर की पूर्ति	A	17.25
– 7 में से 4 या कम पैरामीटर की पूर्ति	B	19.25

नोट :

1. सावधि ऋण तथा कार्यकारी पूंजी अग्रिम के मामलों में नये प्रोजेक्टस लगाने वाले उद्यमियों को ब्याज दर निर्धारित करने के लिए प्रारंभ में । रेटिंग दी जाती है जब तक की उनकी कार्यप्रणाली सुनिश्चित हो जावे। फिर भी योग्य मामलों में बैंक का मुख्यालय (Head Office) उन्हे अच्छी रेटिंग प्रदान कर सकता है।
2. रिजर्व बैंक के निर्देशानुसार ब्याज दर में समय समय पर परिवर्तन होता रहता है।

7.3.4 खादी एवं ग्रामोद्योग आयोग द्वारा ऋण (Loan from Khadi & Village Industries Commission, K.V.I.C.)

खादी एवं ग्रामोद्योग आयोग ग्रामीण जनसंख्या के मुख्यतया सामाजिक तथा आर्थिक रुप से पिछडे कामगारों को रियायती दरों पर वित्त प्रदान करता है। खादी एवं ग्रामोद्योग आयोग के प्रमुख उद्देश्य निम्नलिखित है :

– ग्रामीण क्षेत्रों में रोजगार के अवसर सृजित करना।

– प्रौद्योगिकी का हस्तान्तरण (Transfer of technology)

– खादी और ग्रामोद्योगों को मूल संरचनात्मक तथा विपणन सम्बन्धी सहायता की व्यवस्था।

खादी एवं ग्रामोद्योग आयोग ग्रामीण कारीगरों व उद्यमियों को, पंजीकृत समितियों तथा संस्थाओं को खादी तथा ग्रामोद्योग की इकाईया लगाने के लिए सहायता उपलब्ध कराता है। वर्तमान में आयोग 96 प्रकार के उद्योगों (जिनकी विस्तृत जानकारी "खादी एवं ग्रामोद्योग आयोग" शीर्षक के अन्तर्गत अध्याय 3 में दी गई है) के लिए सहायता दे रहा है, इनमें खनिज आधारित उद्योग, वन आधारित उद्योग, कृषि आधारित और खाद्य उद्योग, पोलीमर व रसायन आधारित उद्योग, इंजीनियरी व गैर परम्परागत ऊर्जा उद्योग, वस्त्र उद्योग और सेवा उद्योग सम्मिलित है। ग्रामीण क्षेत्रों की आवश्यकतानुसार आयोग इन उद्योगों की सूची में वृद्धि करता रहता है ताकि ग्रामीण क्षेत्रों का अधिकाधिक विकास हो सके।

आयोग द्वारा सहायता राज्यों के खादी तथा ग्रामोद्योग बोर्ड एवं अन्य एजेंसियों को उपलब्ध कराई जाती है। बोर्ड तथा एजेंसियां अपने क्षेत्रों के ग्रामीण कामगारों, पंजीकृत समितियों तथा संस्थाओं को उनकी इकाइयों हेतु आयोग के निर्देशों के अनुसार ऋण व अनुदान देते हैं। साधारणतया 500 रुपये से 1.5 करोड़ रुपये तक की खादी तथा ग्रामोद्योग की परियोजना लागत के लिए भूमि, भवन, संयंत्र व उपकरणों के लिए तथा कार्यशील पूंजी के लिए ऋण स्वीकृत किया जाता है। आयोग पंजीकृत समितियों तथा संस्थाओं को सीधे वित्तीय सहायता भी प्रदान करता है जिनकी परियोजना लागत 2.5 लाख रुपये से ऊपर हो।

कामगारों, संस्था/समितियों को अपने उद्योग के आर्थिक सहायता के लिए मांग पत्र निश्चित प्रपत्र में भरकर उचित माध्यम द्वारा बोर्ड/आयोग को भेजना होता है। उद्योग की स्कीम की स्वीकृति के पश्चात उद्यमी को उस उद्योग से सम्बन्धित प्रशिक्षण आयोग/बोर्ड द्वारा निर्धारित प्रशिक्षण केन्द्रों पर दिया जाता है। इस प्रशिक्षण को पूर्ण करने पर उद्योग को लगाने हेतु ऋण सुविधा उपलब्ध कराई जाती है। करीब एक लाख रुपये तक की ऋण राशि और इससे थोड़ी अधिक भी उद्योग के हिसाब से बोर्ड/आयोग द्वारा सीधे ही दी जाती है। अधिक ऋण राशि होने पर आयोग द्वारा ऋण क्षमता प्रमाण पत्र जारी किया जाता है, जिसके आधार पर किसी भी बैंक से ऋण उपलब्ध होता है।

खादी तथा ग्रामोद्योग योजनाओं के अन्तर्गत महिला उद्यमियों द्वारा उद्योग स्थापित करने पर स्थाई परिसम्पतियों में निवेश का 50 प्रतिशत अनुदान आयोग द्वारा दिया जाता है। अनुसूचित जाति तथा जन जाति के व्यक्तियों द्वारा उद्योग लगाने पर स्थाई परिसम्पतियों में निवेश का 90 प्रतिशत अनुदान दिया जाता है इस प्रकार समाज के कमजोर तथा पिछडे वर्गों को प्रोत्साहित करने के लिए आयोग ने अनूठी योजनायें प्रारंभ की हैं।

आयोग ने जिला ग्रामीण विकास एजेंसी (डी॰आर॰डी॰ए॰) एवं बैंकों के साथ मिलकर क्षेत्र को ध्यान में रखते हुए खादी तथा ग्रामोद्योगों के सघन विकास को जारी रखने और उसका विस्तार करने के लिए चुने हुए पिछड़े जिलों में एक विशेष कार्यक्रम प्रारम्भ किया गया था। यह कार्यक्रम आरंभ में कर्नाटक के तीन जिलों तक सीमित था जिसका अब विस्तार करके 12 राज्यों के 23 से अधिक जिलों में चलाया जा रहा है। आठवीं पंचवर्षीय योजना के अन्त तक इस कार्यक्रम को विस्तार करीब 60 जिलों में करने का लक्ष्य है। इस योजना की कुल लागत प्रति जिला 20 करोड़ रु होगी। इसमें 8 करोड रु का डी॰आर॰डी॰ए॰ से अनुदान, 8 करोड रु का बैंक वित्त, 3 करोड़ रु की आयोग से मार्जिन राशि तथा शेष 1 करोड रु या आयोग से अनुदान होगा। इससे प्रत्येक जिले में लगभग 10,000 व्यक्तियों को रोजगार उपलब्ध कराया जा सकेगा।

8

प्रोजेक्ट रिपोर्ट
(Project Report)

8.1 प्रस्तावना (Introduction)

उद्योग के स्थापना से पूर्व उत्पाद के निर्माण, उद्योग के स्थापन्न, विपणन आदि की सम्पूर्ण जानकारी प्रोजेक्ट रिपोर्ट में दर्शायी जाती है। प्रोजेक्ट रिपोर्ट के आधार पर ही आगामी वर्षों में उद्योग में होने वाले संभावित उत्पादन तथा उद्योग स्थापना, संचालन आदि पर होने वाले खर्चे इत्यादि की गणना के साथ–साथ लाभ की गणना की जाती है। अतः सम्पूर्ण जानकारी एकत्रित करने के पश्चात् सही एवं व्यवस्थिगत रुप से प्रोजेक्ट रिपोर्ट तैयार करनी चाहिए। इसी प्रोजेक्ट रिपोर्ट के आधार पर उद्योग का पंजीकरण, उद्योग लगाने के लिए भूमि का आवंटन, ऋण स्वीकृति, अनुदान स्वीकृति, बिक्री कर छूट, कच्चे माल के कोटा का आवंटन तथा अन्य सहायतायें आदि का लाभ मिलता है। अतः इसे तैयार करना उद्यमी के लिए अति आवश्यक एवं लाभप्रद कार्य है।

8.2 प्रोजेक्ट रिपोर्ट तैयार करना (How to prepare project report)

विस्तृत प्रोजेक्ट रिपोर्ट के मुख्य मद निम्न है जिनके आधार पर प्रोजेक्ट रिपोर्ट तैयार की जाती है –

(i) उद्योग का विवरण (Description of an Industry)

(ii) उत्पाद एवं इसके उपयोग (Product & its uses)

(iii) उद्योग की उत्पादन क्षमता (Production Capacity of an Industry)

(iv) विनिर्माण प्रक्रम एवं प्रौद्योगिकी (Manufacturing Process & Technology)

(v) पूंजी निवेश (Captial Investment)

(vi) उद्योग की लागत (Cost of Project)

(vii) सावधि ऋण गणना (Calculation of Term Loan)

(viii) आवृति खर्च (Recurring Expenses)

(ix) उत्पादन लागत (Cost of Production)

(x) कार्यशील पूंजी एवं मार्जिन राशि गणना (Calculation of Working Capital Loan & Margin Money)

(xi) पूंजी स्रोत (Means of Finance)

(xii) विक्रय प्राप्तियां (Sales Realisation)

(xiii) लाभ विश्लेषण (Profitability Analysis)

(i) उद्योग का विवरण (Description of an Industry)

प्रोजेक्ट रिपोर्ट बनाते समय उद्योग की विस्तृत जानकारी जैसे कि उद्योग का नाम, पता, पंजीयन संख्या, स्वामित्व आदि की जानकारी प्रोजेक्ट रिपोर्ट के प्रथम पृष्ठ पर ही दी जाती है। जैसे कि –

(a) उद्योग का नाम व पता (Name & Address of Unit)

(b) उद्यमी का विवरण (Bio data of Entrepreneur)

(c) उद्योग का प्रकार (Type of an Industry)

(i) लघु मध्यम वृहत क्षेत्र (SSI Medium Large Scale)

(ii) उत्पादन/सहायक/सेवा (Production/Ancillary/Service)

(d) स्वामित्व का प्रकार (Type of Ownership)

(e) पंजीयन संख्या (Registration No.)

(ii) उत्पाद एवं इसके उपयोग (Product & Its uses)

उद्यमी एवं उद्योग दोनों दोनों के लिए यह अति आवश्यक है कि जो उत्पाद तैयार किया जाना है उसकी सम्पूर्ण जानकारी एकत्रित कर ली जाये। जैसे कि –

उत्पाद का नाम (Name of Product)

उत्पाद का तकनीकी/प्रचलित नाम (Trade Name of Product)

उत्पाद का आकार (Shape of Product)

उत्पाद का प्रकार (Shape of Product)

उत्पाद का रंग रुप (Colour of Product)

उत्पाद का डिजाइन (Design of Product)

उत्पाद के विनिर्देश (Specifcation of Product)

उत्पाद की गुणवता (Quality of Product)

उत्पाद का भार (Weight of Product)

उत्पाद का उपयोग (Uses of Product)

अन्य समोपयोगी उत्पाद (Other Similar Use Products)

(iii) उद्योग की उत्पादन क्षमता (Production Capacity of an Industry)

उद्यमी द्वारा जो उद्योग स्थापित किया जाना है उसके द्वारा प्रतिमाह या प्रतिवर्ष कितना उत्पादन किया जायेगा इसकी गणना उद्योग की स्थापना से पूर्व ही की जाती है। उद्योग की उत्पादन क्षमता उद्यमी उत्पाद की विपणन क्षमता (Marketability), पूंजी निवेश (Capital Investment), उद्योग की तकनीकी एवं वित्तीय संभाव्यता (Techno-Economic Feasibility) आदि पर निर्भर करती है। उद्योग की क्षमता निम्न प्रकार की होती है।

लाइसेंस क्षमता (Licensed Capacity)

स्थापित क्षमता (Installed Capacity)

उपयोगी क्षमता (Capacity Utilised)

वृहत क्षेत्र के या मध्य क्षेत्र में या कभी उद्योग विशेष के लिए सरकार द्वारा पंजीकरण किसी निश्चित क्षमता के लिए ही किया जाता है। इस प्रकार की क्षमता को लाइसेंस क्षमता कहते हैं। यह जरुरी नहीं है कि उद्योग उसी क्षमता का लगाया जाय लेकिन उद्योग की पूर्ण स्थापना के पश्चात् उसकी कुल उत्पादन क्षमता लाइसेंस क्षमता से अधिक न हो।

उद्योग में कुल लगाये जाने वाले यंत्रों व संयंत्रों को यदि उनकी पूर्ण क्षमता के साथ चलाया जाये तो उनके द्वारा संभावित अधिकतम उत्पादन को उस उद्योग की स्थापित क्षमता कहते हैं। स्थापित क्षमता उद्योग की 100% उपयोगी क्षमता के बराबर होती है।

उद्योग की स्थापना करने ही कोई भी उद्योग अपनी पूर्ण क्षमता का उपयोग नहीं कर पाता है। उत्पादन में कई प्रकार की प्रारंभिक कठिनाइयां आदि होती है जिससे उद्योग की दक्षता भी कम होती है। उद्योग के चलने के साथ-साथ उसकी क्षमता में वृद्धि होती रहती है। अतः उद्योग की किस दक्षता का उपयोग हो रहा है उसके अनुसार जो उत्पादन किया जाता है या उद्योग की जिस क्षमता का उपयोग किया जाता है उसे उद्योग की उपयोगी क्षमता कहते हैं।

उद्योग की क्षमता निम्न बातों पर निर्भर करती है –

– श्रमिक व्यवस्था (Manpower Employment)

– यंत्रों एवं संयंत्रों का चुनाव (Selection of Plant & Machinery)

– प्लांट ले–आउट (Plant Lay-out)

– कच्चे माल की व्यवस्था (Arrangement of Raw Material)

– कार्य दिवस प्रतिवर्ष (Annual Working days)

– शिफ्टों की संख्या (Nos. of Shiftys)

– कार्यकारी घण्टे प्रति शिफ्ट (Working Hours per Shifty)

– दक्षता आदि (Efficiency etc.)

(iv) विनिर्माण प्रक्रम एवं प्रौद्योगिकी (Manufacturing Process & Technology)

उत्पाद के निर्माण कार्य के दौरान कच्चे माल को विभिन्न प्रक्रियाओं से गुजरना पड़ता है। प्रत्येक प्रक्रिया भिन्न–भिन्न मशीनों एवं उपकरणों द्वारा की जाती है तथा प्रत्येक प्रक्रिया में निश्चित समय भी लगता है। उद्योग को लगाने से पूर्व ही उत्पाद के निर्माण की विस्तृत तकनीकी जानकारी एकत्र कर लेनी आवश्यक होती है। कई बार एक ही उत्पाद को तैयार करने की विभिन्न प्रौद्योगिकी होती है ऐसी स्थिति में प्रोद्योगिकी का चयन इस आधार पर किया जाता है कि प्रोद्योगिकी नवीनतम हो, उत्पादन लागत कम हो, उत्पाद की गुणवत्ता बेहतर हो तथा अधिकतम उत्पादन किया जा सके। तकनीकी के चयन के पश्चात उत्पाद के निर्माण कार्य में होने वाली प्रत्येक प्रक्रिया को क्रमवार सूचीबद्ध कर लिया जाता है तथा प्रत्येक के लिए निश्चित मशीन का चयन किया जाता है।

(v) पूंजी निवेश (Capital Investment)

उद्योग की स्थापना में काम आने वाली पूंजी को स्थायी पूंजी (Fixed Capital) कहते हैं तथा उद्योग को चलाने में काम आने वाली पूंजी को कार्यकारी पूंजी (Working Capital) कहते हैं। उद्योग को लगाने में काम आने वाली पूंजी मुख्यतः निम्न प्रकार से एकत्रित की जाती है।

– निवेश – अनुदान, एव – ऋण आदि।

पूंजी निवेश वह धनराशि है जो कि उद्योग के स्थापना में प्रवर्तकों (Promotors) द्वारा लगायी जाती है। उद्योग को लाभ होने पर निवेश पर लाभांश

दिया जाता है तथा हानि की स्थिति में निवेशक को देनदारियां भी चुकानी पड़ सकती है। पूंजी निवेश का प्रकार भी उद्योग के स्वामित्व के प्रकार पर निर्भर करता है।

(a) एकल स्वामित्व उद्योग – स्वयं की पूंजी

(b) साझेदारी उद्योग – प्रत्येक हिस्सेदार द्वारा किया जाने वाला निवेश तथा कुल निवेश। कुल निवेश व प्रत्येक हिस्सेदार की निवेश में प्रतिशतता व निवेश का प्रकार।

(c) संयुक्त पूंजी कम्पनी – कम्पनी के प्रत्येक डायरेक्टर द्वारा कम्पनी में निवेश की जाने वाली धनराशि, प्रत्येक डाइरेक्टर के निवेश की कुल निवेश से प्रतिशतता। प्रवर्तकों के मित्रों, रिश्तेदारों, कर्मचारियों आदि द्वारा किया गया निवेश। वित्तीय संस्थाओं द्वारा किया गया निवेश। जनसाधारण द्वारा कंपनी में किया गया निवेश।

(d) संगठन/समिति/निगम/बोर्ड/सार्वजनिक उपक्रम – राज्य/केन्द्र द्वारा किया गया निवेश, विभिन्न वित्तीय संस्थाओं द्वारा निवेश। जनसाधारण द्वारा अंशों में किया गया निवेश।

(vi) उद्योग की लागत (Cost of Project & Capital Investment)

उद्योग की लागत का तात्पर्य उद्योग की स्थापना के लिए होने वाले कुल संभावित व्यय से है। उद्योग स्थापना में होने वाले व्यय मुख्यतः निम्न मदों में होते हैं।

1. भूमि (Land)
2. भवन (Building)
3. यंत्र व संयंत्र (Plant & Machinery)
4. औजार एवं डाइ (Tools & Dies)
5. अन्य विविध उपकरण (Misc. Fixed Assets)
6. प्रौद्योगिकी हस्तान्तरण फीस (Technology Transfer/ Consultancy Fee)
7. वास्तुशिल्प फीस (Architect Fee)
8. फर्नीचर एवं फिक्सचर (Furniture & Fixture)
9. प्रारंभिक एवं पूर्व स्थापना खर्च (Preliminary & Pre-operative exrenses)
10. कार्यशील पूंजी मार्जिन (Working Capital Margin)

1. भूमि (Land) – उद्योग की स्थापना के लिए आवश्यक भूमि, उसका माप, उसकी लागत के पश्चात् यदि भूमि कृषि भूमि है तो उसकी रुपान्तरण लागत, भूमि का पंजीकरण या लीज डीड बनवाने के खर्च। यदि भूमि समतल नहीं है तो भूमि के समतलीकरण की लागत तथा उद्योग परिसर में किसी प्रकार की सड़क आदि का निर्माण किया जाये तो उसकी लागत आदि, उपरोक्त सभी प्रकार के खर्चे को भूमि की लागत में माना जाता है।

2. भवन (Building) – उद्योग में मुख्यतः कार्यशाला, कार्यालय, गोदाम व चारदीवारी ही बनायी जाती है लेकिन उद्योग की आवश्यकता के अनुसार अन्य भवन जैसे बिजली कक्ष, चौकीदार कक्ष, कैंटीन, एक्साईज गोदाम, विश्राम कक्ष, पानी की टंकी, जन सुविधायें आदि आदि भी बनाये जाते है। अतः प्रोजेक्ट रिपोर्ट मे उन सभी प्रकार की भवनों की साइज एवं उन पर होने वाले खर्च आदि की सम्पूर्ण जानकारी दी जाती है। कुल भवनों की लागत निकालने के पश्चात् आकस्मिक व्यय का प्रावधान भी रखा जाता है।

3. यंत्र एवं संयंत्र (Plant & Machinery) – उत्पाद के विनिर्माण प्रकार के चयन के पश्चात् विभिन्न यंत्रों व संयंत्रों का चयन किया जाता है। प्रोजेक्ट रिपोर्ट में उद्योग में लगाये जाने वाले सभी यंत्रों व संयंत्रों का विवरण दिया जाता है, साथ ही उनकी संख्या, उनकी कीमत, उनके विनिर्देश तथा उनके स्रोत का पूरा विवरण भी दिया जाता है। मशीनों को स्रोत से उद्योग स्थल तक लाने का खर्च मशीनों का स्थापन, विद्युत व्यवस्था खर्च आदि के खर्च का प्रावधान भी प्रोजेक्ट रिपोर्ट के इस मद में किया जाता है।

4. औजार एवं डाइ (Tools & Dies) – उत्पाद के निर्माण प्रक्रिया में विभिन्न प्रकार के औजारों की आवश्यकता होती है, प्रोजेक्ट रिपोर्ट में मुख्य क्रय किये जाने वाले औजारों एवं डाइ इत्यादि की सूची, उनकी मात्रा उनकी लागत एवं प्राप्ति के स्रोत आदि की सम्पूर्ण जानकारी दर्शानी होती है। अन्य छोटे औजारों की प्राप्ति के लिए भी निश्चित धनराशि का प्रावधान किया जाता है।

5. अन्य विविध परिसम्पतियां (Misc. Fixed Assets) – उत्पाद के निर्माण के प्रत्यक्ष रुप से जुडे उपकरणों के अलावा भी अन्य कई प्रकार के संयंत्र व उपकरणों की उद्योग में आवश्यकता होती है, उन्हें इस मद में रखा जाता है जैसे कि ट्रांसफार्मर, विद्युत रिले, तड़ित चालक, विद्युत जेनरेटर, प्रदूषण नियंत्रण उपकरण, अग्निशमन उपकरण, मालवाहक वाहन, गुणवत्ता जांच उपकरण आदि। इन सभी आवश्यक उपकरणों की सूची, मात्रा, कीमत एवं प्राप्ति स्रोत की जानकारी एवं कुल लागत प्रोजेक्ट रिपोर्ट में दर्शायी जाती है।

6. प्रौद्योगिकी हस्तान्तरण शुल्क (Technology Transfer/ Consultancy Fee) – उद्यमी के लिय यह आवश्यक नहीं कि जिस उत्पाद का निर्माण वह करने जा रहा है उसकी सम्पूर्ण तकनीकी जानकारी उसके पास है।

नये–नये आविष्कारों व प्रौद्योगिकी के आधुनिकीकरण के कारण उत्पाद की लागत एवं गुणवत्ता पर असर पड़ता है। उद्यमी जब नवीनतम प्रौद्योगिकी के आधार पर उद्योग लगाता है तो प्रौद्योगिकी हस्तान्तरण एवं उद्योग स्थापना की कंसलटेंसी फीस आदि भी देनी पड़ सकती है। विभिन्न अनुसंधान संस्थायें इसी आधार पर प्रौद्योगिकी का हस्तान्तरण करती है। जिनका प्रावधान भी प्रोजेक्ट रिपोर्ट में उल्लेखित किया जाता है।

7. वास्तुशिल्प फीस (Architect Fees) – उद्यमी के लिए भवन निर्माण सम्बन्धी विस्तृत जानकारी स्वयं को, यह आवश्यक नहीं है। अतः उसे भवन के प्रारुप, आकार व प्रकार की संरचना व निर्माण के लिए वास्तुशिल्प की सेवायें लेनी पड़ सकती है। अतः वास्तुशिल्प को दी जाने वाली फीस तथा वास्तुशिल्प द्वारा दी जाने वाले सेवाओं को विवरण भी प्रोजेक्ट रिपोर्ट में दिया जाता है।

8. फर्नीचर व फिक्सचर (Furniture & Fixture) – उद्योग में कार्यशाला, कार्यालय व अन्य स्थानों पर कर्मचारियों, अधिकारियों के बैठने, कार्य करने एवं विभिन्न कार्यालय उपकरणों को रखने हेतु भिन्न–भिन्न आकार–प्रकार के फर्नीचर व फिक्सचर आदि की आवश्यकता होती है। प्रोजेक्ट रिपोर्ट में सभी आवश्यक फर्नीचर आदि का विवरण तथा उसकी संभावित लागत का प्रावधान रखा जाता है।

9. प्रारंभिक एवं पूर्व स्थापना खर्च (Preliminary & Pre-operative Expenses) – उद्योग को प्रारंभ करने से पूर्व तथा स्थापना से पूर्व भी कई प्रकार के खर्चों का सामना करना पड़ता है। ऐसे सभी खर्चे इस मद में दर्शाये जाते हैं। प्रारंभिक एवं पूर्व स्थापन्न खर्च में मुख्यतः विभिन्न संस्थाओं में पंजीकरण व आवेदन के लिए लगने वाली फीस, परिवहन, यात्रा, टंकण कार्य, बाजार सर्वेक्षण खर्चे आदि दर्शाये जाते हैं। इनके अतिरिक्त वे सभी छोटे–बड़े खर्चे जो कि अन्य मदों में शामिल न हो वे सभी मद में दर्शाये गये हैं।

10. कार्यशील पूंजी मार्जिन (Working Capital Money) – उद्योग में उत्पादन कार्य के लिए कार्यशील पूंजी की आवश्यकता होती है। कार्यशील पूंजी की विस्तृत गणना इसी अध्याय में अगले पृष्ठों पर करेंगे। कार्यशील पूंजी के लिए विभिन्न बैंकों द्वारा ऋण दिया जाता है। लेकिन कार्यशील पूंजी की एक निश्चित मात्रा में पूंजी उद्यमी को स्वयं लगानी होती है उसे कार्यशील पूंजी मार्जिन कहते हैं। शेष राशि के लिए बैंकों द्वारा ऋण प्राप्त होता है। कार्यशील पूंजी उद्योग की लागत में शामिल नहीं होती लेकिन कार्यशील पूंजी मार्जिन जो कि उद्यमी द्वारा लगाया जाता है, इसे पूंजी निवेश मानते हुए उद्योग की लागत का एक हिस्सा माना जाता है।

(vii) सावधि ऋण की गणना (Calculation of Term Loan)

विभिन्न वित्तीय संस्थाओं द्वारा उत्पाद के निर्माण कार्य में आने वाले खर्चों पर उद्योगों के प्रकार, उद्योग लगाये जाने वाले क्षेत्र, उद्यमी की योग्यता आदि के आधार पर ऋण दिया जाता है। जो ऋण लम्बी अवधि के लिए दिया जाये उसे सावधि ऋण कहते हैं। वित्तीय संस्थाओं द्वारा प्रत्येक मद में निश्चित प्रतिशतता के आधार पर ऋण की गणना की जाती है। शेष राशि उद्यमी को अन्य स्रोतों से करनी होती है। सावधि ऋण मुख्यतः निम्न मदों में दिया जाता है।

- भूमि एवं उसका विकास (Land & its development)
- भवन निर्माण (Construction of Building)
- यंत्र व संयंत्र खरीद (Acquisition of Plant & Machinery)
- औजार एवं डाइ खरीद (Acquisition of Tools & Dies)
- विविध उपकरण खरीद (Acquisition of Misc Fixed Assets)
- प्रोद्योगिकी हस्तान्तरण फीस (Technology Transfer/ Consultancy fee)
- वास्तुशिल्प फीस (Architect Fee)
- फर्नीचर व फिक्सचर (Furniture & Fixture)

जैसाकि ऊपर बताया जा चुका है कि उक्त मदों में होने वाले खर्च की प्रतिशतता तक सावधि ऋण दिया जाता है। साधारणतः भूमि, भवन व यंत्र–संयंत्र पर 75% से 90% तक लागत मूल्य के समान ऋण दिया जाता है। शेष अन्य मदों में उनकी उपयोगिता के आधार पर 50% से 75% तक ऋण स्वीकृत किया जाता है। प्रोजेक्ट रिपोर्ट में ऋण की गणना करना आवश्यक होता है, उसी के अनुसार वित्तीय संस्था में सावधि ऋण हेतु आवेदन किया जाता है।

(viii) आवृति खर्च (Recurring Expenses)

उद्योग के संचालन में कई खर्च इस प्रकार के होते हैं जिन्हें बार–बार अर्थात् एक निश्चित अवधि के पश्चात दोहराया जाता है उन्हें आवृति खर्च कहते हैं। आवृति की मासिक, त्रैमासिक या वार्षिक आधार पर गणना की जाती है। आवृति खर्च मुख्यतः निम्न मदों में किया जाता है –

1. कच्चा माल (Raw Material)
2. ईधन व उपयोगी वस्तु (Consumables & Fuel)
3. पैकिंग सामग्री (Packing Mateial)
4. यूटिलिटीज (Utilities)

5. मरम्मत व अनुरक्षण (Repair & Maintenance)
6. मानव शक्ति की आवश्यकता एवं उनके वेतन भत्ते (Manpower Requirement and Salary-Wages)
7. ब्याज (Interest etc.)

1. कच्चा माल (Raw Material) – उत्पाद के निर्माण के लिए विभिन्न कच्चे माल की सूची तैयार की जाती है तथा कच्चे माल की मात्रा दर भी दर्शाई जाती है। उद्योग की क्षमता के अनुसार जितना उत्पाद तैयार किया जाना है उतने उत्पाद के निर्माण के लिए आवश्यक कच्चे माल की गणना के साथ–साथ उसकी लागत भी निकाली जाती है। आवृति खर्चे में मुख्य खर्च कच्चे माल पर होता है।

2. ईधन व अन्य उपयोगी वस्तु (Fuel & other Consumables) – उत्पाद के निर्माण के दौरान कई बार भट्टी की आवश्यकता पड़ती है। यदि उद्योग में किसी प्रकार की भट्टी लगायी जाती है तो उसके लिए ईंधन की भी आवश्यकता होगी। इसके अतिरिक्त उद्योग में विभिन्न प्रकार के स्नेहन तेल, काटन वेस्ट, ग्रीस, आयल, पेन्ट आदि की आवश्यकता होती है। अतः इन सब पर होने वाले संभावित मासिक खर्चे की गणना की जाती है।

3. पैकिंग सामग्री (Packing Material) – उद्योग में उत्पाद निर्माण के पश्चात् उसके लिए निश्चित प्रकार की पैकिंग सामग्री में बंद करके ही विपणना हेतु भेजा जाता है। अतः पैकिंग सामग्री की आवश्यकता उद्योग की उत्पादन क्षमता के अनुसार ही होती है। प्रतिमाह, त्रेमासिक या वार्षिक आधार पर उत्पादों की उत्पादन के अनुसार ही पैकिंग सामग्री क्रय करनी पड़ती है। अतः इस व्यय को बार–बार दोहराना पड़ता है।

4. उपयोगितायें (Utilities) – उद्योग को चलाने के लिए विद्युत शक्ति की आवश्यकता होती है। विद्युत शक्ति राज्य विद्युत मण्डल से उपलब्ध करायी जाती है तथा पावर कट के समय स्वयं के विद्युत जनित्र द्वारा बिजली का उत्पादन किया जाता है। उद्योग में कुल आवश्यक बिजली शक्ति की गणना की जाती है तथा उसमें से संभवतः राज्य विद्युत मण्डल द्वारा प्राप्त होने वाली विद्युत एवं उसकी लागत की गणना की जाती है। इस प्रकार शेष आवश्यक बिजली जो कि स्वयं के जनित्र से उत्पादन की जाये उसकी उत्पादन लागत की गणना की जाती है। इसके अतिरिक्त उद्योग में आवश्यक जल की मात्रा चाहे वह निर्माण प्रक्रिया का अंग हो या श्रमिकों, कर्मचारियों एवं अधिकारियों के दैनिक उपयोग के लिए आवश्यक हो, की गणना की जाती है। उसके प्राप्ति स्रोत जलदाय विभाग या स्वयं के नलकूप से तथा उसकी लागत की गणना भी इसी मद में की जाती है।

5. मरम्मत एवं अनुरक्षण (Repair & Maintenance Expenses) – उद्योग की स्थापना के पश्चात् समय बीतने के साथ–साथ न केवल मशीनों बल्कि भवन में भी टूट–फूट होती रहती है। उक्त टूट–फूट की मरम्मत के लिए धनराशि की आवश्यकता है। इस मद में भवन, यंत्र–संयंत्र, फर्नीचर फिक्सचर एवं अन्य विविध उपकरणों के मरम्मत एवं अनुरक्षण व्यय का प्रावधान रखा जाता है। साधारणतः उक्त सभी की लागत का 3 प्रतिशत प्रति वर्ष की दर से मरम्मत एवं अनुरक्षण व्यय हेतु धनराशि को आवृति खर्च में माना जाता है।

6. मानव शक्ति की आवश्यकता एवं वेतन भते (Manpower Requirement & Salary Wages) – उद्योग के संचालन के लिए विभिन्न प्रकार की मानव शक्ति (Manpower) की आवश्यकता होती है। उद्योग में मानव शक्ति का उत्पाद के प्रत्यक्ष व परोक्ष रुप से सम्बन्ध होता है। प्रत्यक्ष रुप में मानव शक्ति उत्पाद के निर्माण में उपयुक्त श्रमिकों, अधिकारियों आदि के रुप में होती है। कार्यशाला में कार्य करने वाले अकुशल, अर्द्ध कुशल व कुशल श्रमिकों, सुपरवाईजर, फोरमेन, वर्क्स मैनेजर, शिफ्ट इंचार्ज आदि के रुप में नियोजित की जाने वाली मानव शक्ति उद्योग के आकार व प्रकार पर निर्भर करती है। इन मानद शक्ति को दिया जाने वाला पारिश्रमिक की मासिक आधार पर गणना की जाती है तथा प्रत्येक स्तर पर कार्य करने वाले व्यक्तियों की संख्या भी निर्धारित की जाती है। इनके अतिरिक्त प्रबन्ध, कार्मिक, विक्रय, क्रय, लेखा आदि विभागों में नियोजित किये जाने वाली मानव शक्ति कर्मचारियों व अधिकारियों के रुप में होती है। प्रोजेक्ट रिपोर्ट में इनकी संख्या व उनको दिये जाने वाले वेतन की गणना की जाती है। इस प्रकार कुल मानव शक्ति की संख्या एवं उन पर मासिक तौर पर होने वाले आवृति खर्च प्रोजेक्ट रिपोर्ट में दर्शाये जाते हैं।

7. ब्याज (Interest) – उद्योग की स्थापना के लिए सावधि ऋण लिया जाता है तथा उद्योग के संचालन के लिए कार्यशील पूंजी ऋण लिया जाता है। इसके अतिरिक्त भी उद्योग को कभी अन्य ऋण की आवश्यकता होती है। इन सभी प्रकार के ऋणों पर ब्याज की दर भिन्न–भिन्न होती है। ऋणों पर ब्याज का भुगतान भी मासिक, त्रैमासिक या वार्षिक तौर पर करना होता है। अतः उद्योग द्वारा लिये गये सभी ऋणों के ब्याज की गणना करना आवश्यक होती है क्योंकि इसका भुगतान भी आवृति तौर पर करना पड़ता है। इसकी गणना के अनुसार ब्याज के आंकलन को प्रोजेक्ट रिपोर्ट में दर्शाना पड़ता है।

(ix) उत्पादन लागत (Cost of Production)

उद्योग में उत्पाद के निर्माण में होने वाले आवृति खर्च के बारे में जान चुके है, लेकिन उत्पाद की उत्पादन लागत में कुछ अन्य खर्च भी जो कि उद्योग

में होते हैं उन्हें भी शामिल किया जाता है। उत्पादन लागत में गिने जाने वाले खर्चे निम्न है :

1. आवृति खर्च (Recurring Expenses)
2. प्रबन्ध एवं शासकीय खर्च (Management/Administrative Expenses)
3. मूल्य ह्रास (Depriciation)

1. आवृति खर्च (Recurring Expenses) – हम अभी इस मद में होने वाले खर्च को विस्तृत रुप में जान चुके है। इस मद में कच्चे माल पर होने वाले खर्च, ईंधन व अन्य उपयोगी सामग्री, पैकिंग सामग्री, विद्युत एवं जल, अनुरक्षण व मरम्मत व्यय व वेतन एवं भत्ते आदि शामिल किये जाते है।

2. प्रबन्ध/शासकीय खर्चे (Management/Administrative Expenses) – उद्योग में प्रबन्ध, कार्मिक विभाग, लेखा विभाग, क्रय विभाग व विक्रय विभाग द्वारा कई विभिन्न प्रकार के खर्चे किये जाते हैं जिनका उत्पाद के उत्पादन से प्रत्यक्ष रूप में कोई सम्बन्ध नहीं होता है, लेकिन उद्योग में इन खर्चों का होना अति आवश्यक होता है। अतः इन सभी खर्चों को उत्पादन लागत में शामिल किया जाता है। मुख्यतः इस मद में होने वाले व्यय निम्न है –

- इकाई का बीमा (Insurance of Unit)
- डाक खर्च (Postage)
- स्टेशनरी व प्रिण्टिंग (Stationary & Printing)
- टेलीफोन व टेलीग्राम (Telephone & Telegram)
- टेलेक्स व फेक्स (Telex & Fax)
- कर एवं किराया (Rent & Tax)
- यात्रा व्यय (Tours & Travel)
- विज्ञापन व बिक्री खर्च (Advertisement & Sales Expenses)
- अनुसंधान खर्च (Research Expenses)
- अन्य आकस्मिक खर्च (Misc. Expenses)

3. मूल्य ह्रास (Depriciation) – उद्योग में यंत्र–संयंत्र व उपकरणों की स्थापना के पश्चात् कालान्तर में उनकी दक्षता, क्षमता व पूर्नबिक्री कीमत में कमी होती है। इसी प्रकार से भवन की कीमत में भी कमी होती है। इस प्रकार भवन, यंत्र–संयंत्र व अन्य उपकरणों की लागत मूल्य में समय के साथ–साथ कमी आती रहती है। मूल्य में लगातार होने वाली इस कमी को मूल्य ह्रास कहते हैं। इस स्थायी निवेश में होने वाले मूल्य ह्रास को भी प्रतिमाह, त्रैमासिक या

वार्षिक गणना करके उत्पादन लागत में जोडा जाता है। यह एक प्रकार से उत्पादन पर होने वाला परोक्ष व्यय है। साधारणतः सीधी रेखा विधि (Straight line method) के अनुसार इसकी गणना की जाती है। भवन की लागत मूल्य का 3.39% प्रतिवर्ष के आधार पर मूल्य ह्रास की गणना की जाती है। यंत्र–संयंत्र व उपकरणों का मूल्य ह्रास, उनके आकार–प्रकार, प्रारुप, निर्माण प्रक्रम, विनिर्देश व उत्पाद पर निर्भर करता है। साधारणतः इनका मूल्य ह्रास 12% से 33-1/3% तक माना जा सकता है।

(x) कार्यशील पूंजी व मार्जिन राशि की गणना (Calculation of Working Capital & Margin Money)

उद्योग के संचालन के लिए कार्यशील पूंजी की आवश्यकता होती है। कार्यशील पूंजी की गणना के लिए निम्न जानकारी की आवश्यकता होती है –

- कच्चे माल का न्यूनतम व अधिकतम भंडारण
- निर्माण प्रक्रिया अवधि
- उत्पाद निर्माण पश्चात् विक्रय अवधि
- विक्रय पश्चात् मूल्य प्राप्ति की अवधि
- वेतन व भत्ते
- जल व विद्युत
- अन्य आकस्मिक खर्चे आदि।

कार्यशील पूंजी व मार्जिन राशि गणना (Calculation of Working Capital & Margin Money)

क्र॰ सं॰	विवरण Description	अवधि Period	मात्रा Qty.	दर Rate	लागत Cost	मार्जिन Margin	बैंक ऋण Bank Loan	मार्जिन राशि Margin Money
1.	कच्चा माल (Raw meterial)				25 to 40 %			
2.	निर्माण प्रक्रिया से कच्चा माल (Raw material in Process)				25 to 40%			
3.	बिल्स तथा रसीदें (Bills & Receipts)				25 to 40%			
4.	जल व विद्युत (Power & Water)				100%			

5.	वेतन व भत्ते (Salary & Wages)	100%
6.	अनुरक्षण व मरम्मत व्यय (Repair & Maintenance Exp.)	100%
7.	रोकड़ (Cash)	100%
	कुल योग	

उक्त जानकारी के आधार पर उद्योग में कितना कच्चा माल भंडार में रखा रहेगा तथा उसकी लागत कितनी होगी, इसकी गणना की जाती है। कच्चे माल का भंडारण इसी उपलब्धता स्रोत एवं लागत पर निर्भर करती है। निर्माण प्रक्रिया के दौरान कितना कच्चा माल कार्यशाला में होगा उसकी लागत की गणना की जाती है। उत्पाद बनने के पश्चात् उसके विक्रय में लगने वाली समय अवधि के अनुसार एवं उत्पाद की उत्पादन लागत के आधार पर पूंजी की गणना की जाती है। यह आवश्यक नहीं है कि उत्पाद का विक्रय होते ही उसकी मूल्य प्राप्ति हो जाती है लेकिन मूल्य प्राप्ति में कुछ समय जरुर लगता है। इस समय अवधि के लिए कितनी पूंजी उत्पाद के निर्माण के पश्चात् भी उसमें निवेशित है उसकी गणना भी की जाती है। इन सभी मदों में आवश्यक पूंजी हेतु कार्यशील पूंजी ऋण उद्योग की प्राथमिकता के आधार पर 60% से 75% तक विभिन्न बैंकों द्वारा उपलब्ध कराया जाता है। इसके अतिरिक्त कुछ अन्य आवृति खर्च कार्यशील पूंजी में गिने जाते है लेकिन इन पर कार्यशील पूंजी ऋण नहीं मिलता है, वे है देतन एवं भते, जल व विद्युत, अनुरक्षण व मरम्मत व्यय, अन्य आकस्मिक खर्च इत्यादि।

(xi) पूंजी स्रोत (Means of Finance)

उद्योग के लागत की गणना के पश्चात उस लागत के लिए आवश्यक धनराशि जुटाना एक महत्वपूर्ण कार्य है। उद्योग स्थापना के लिए आवश्यक पूंजी तीन प्रकार की होती है –

1. निवेश (Investment)
2. अनुदान (Subsidy)
3. ऋण (Loans) आदि

1. निवेश (Investment) : उद्योग की स्थापना में निवेश वह पूंजी है जो कि उद्योग की लाभ अथवा हानि से प्रभावित होती है। पूंजी निवेश निम्न प्रकार के हो सकते हैं –

(i) प्रवर्तकों की स्वयं की पूंजी (Promotors Capital)

(ii) मित्रों व रिश्तेदारों द्वारा पूंजी निवेश (Capital Investment by Friends & Relatives)

(iii) जन साधारण द्वारा अंशों में निवेश (Investment in Shares by public)

(iv) वित्तीय संस्थाओं द्वारा पूंजी निवेश (Equity Participation or Investment in Shares by Financial Institutions)

(v) विदेशी पूंजी निवेश (Foreign Equity)

उपरोक्त सभी प्रकार से प्राप्त की गई धनराशि उस उद्योग का पूंजी निवेश कहलायेगा। साधारणतः उद्योग में होने वाला पूंजी निवेश पिछडे क्षेत्र में उद्योग की लागत से 12.5% तथा अन्य विकसित क्षेत्रों में 20.05% से 22.5% से कम नहीं होना चाहिए।

2. अनुदान (Subsidy) – केन्द्र एवं राज्य सरकार उद्योगों को प्रोत्साहित करने के लिए उद्योगों को अनुदान राशि प्रदान करते हैं। अनुदान राशि क्षेत्र व उद्योग के प्रकार के आधार पर निर्भर करती है। साधारणतयाः भूमि, भवन, यंत्र–संयंत्र व विविध उपकरणों की लागत पर ही अनुदान स्वीकृत किया जाता है। अनुदान राशि का भी पूंजी स्रोत में महत्वपूर्ण योगदान होता है।

3. ऋण (Loan) – उद्योग स्थापना व संचालन के लिए उद्यमी को विभिन्न ऋण लेने पड़ते हैं, जिनमें मुख्य निम्न है –

(a) सावधि ऋण (Term Loan)

(b) मित्रों व रिश्तेदारों द्वारा ऋण (Loan from Freinds & Relatives)

(c) कार्यशील पूंजी ऋण (Working Capital Loan)

उद्योग की लागत में कार्यशील पूंजी को नहीं जोडा जाता है लेकिन प्रोजेक्ट रिपोर्ट में इस पर लगने वाले ब्याज को उत्पादन लागत में जोड़ा जाता है। सावधि ऋण उद्योग लगाने के लिए विभिन्न वित्तीय संस्थाओं द्वारा प्रदान किया जाता है। सावधि ऋण की गणना हम पूर्व में पढ़ चुके है। इसके पश्चात् भी यदि वित्तीय स्रोतों द्वारा पूर्ण पूंजी की व्यवस्था न हो सके तो उद्यमी को अपने मित्रों या रिश्तेदारों से आवश्यक पूंजी के लिए ऋण लेना पड सकता है।

(xii) विक्रय प्राप्तियां (Sales Realisation)

उद्योग द्वारा उत्पाद निर्माण कार्य के समय उद्योग में सह उत्पाद (By product), स्क्रेप (Scrap) आदि भी स्वतः ही बन जाते हैं। अतः उद्यमी न केवल अपने उत्पाद का विपणन करता है बल्कि सह उत्पाद व स्क्रेप आदि का

विक्रय भी करता है। कभी–कभी किसी किसी उद्योग में इनके विक्रय से उद्योग का लाभ प्रभावित होता है। अतः उद्योग द्वारा कुल विक्रय राशि की गणना की जाती है। कई उद्योगों में उत्पाद के विपणन कार्य के लिए विभिन्न एजेन्टों आदि को कमीशन भी देना पड़ता है। अतः विक्रय राशि में से कमीशन राशि घटाने पर शुद्ध विक्रय धनराशि प्राप्त होती है। प्रोजेक्ट रिपोर्ट में कुल शुद्ध धनराशि की गणना करना पड़ती है।

(xiii) लाभ विश्लेषण (Profitability Analysis)

उद्योग द्वारा सकल बिक्री में से उत्पादन लागत घटाने पर प्राप्त धनराशि को उद्योग द्वारा संभावित लाभ कहते हैं। शुद्ध लाभ की गणना उस लाभ पर लगने वाले कर इत्यादि की गणना के पश्चात् ज्ञात करते हैं। लाभ गणना के साथ–साथ उद्योग के कुछ परिमाप (Parameters) भी ज्ञात किये जाते है जैसे कि –

– सम विच्छेद बिन्दु (Break-Even-Point)

– ऋण सेवा कवरेज अनुपात (Dept-Service-Coverage Ratio)

– ऋण इक्विटी अनुपात (Debt-Equity Ratio)

– विनियोग पर प्रतिदान की दर (Rate of Return on Investment)

8.3 प्रोजेक्ट रिपोर्ट का प्रारुप (Performa of Model Project Report)

भाग – अ (Part - A)

उद्योग का विवरण (Description of an Industry)

1. उद्योग का नाम व पता
   (Name of Unit & Address)
2. उद्यमी का विवरण
   (Bio-Data of Entrepreneur)
3. उद्योग का प्रकार
   (Type of Industry)
   लघु / मध्यम / वृहत क्षेत्र
   SSI/Medium/Large
   उत्पादन / सहायक / सेवा
   Production / Ancillary / Service
4. स्वामित्व का प्रकार
   (Type of Ownership)

5. पंजीयन संख्या (Registration No.)
6. उत्पाद एवं इसके उपयोग (Product & its Uses)
7. बाजार संभाव्यता (Market Scope)
8. उत्पादन विधि तथा प्रौद्योगिकी (Manufacturing Process and Technology)
9. उद्योग की क्षमता प्रतिवष (Capacity of An Industry)
   लाइसेंस क्षमता (Licenced Capacity)
   स्थापित क्षमता (Installed Capacity)
   दक्षता (Efficiency)
   संभावित उत्पादन (Production Envisaged)

I Yr.	II Yr.	III Yr.	IV Yr.	V Yr.
....	....	....	....	....

उद्योग की लागत (Cost of Project)

भाग – ब (Part B)

(a) भूमि (Land)
   क्षेत्रफल ....
   रजिस्ट्री खर्च ....
   भूमि विकास आदि ....

(b) भवन (Building)

	क्षेत्रफल	लागत दर	मूल्य
(i) कार्यशाला	....	....	....
(ii) कार्यालय	....	....	....
(iii) गोदाम	....	....	....
(iv) अन्य भवन व चारदीवारी	....	....	....
(v) पानी की टंकी एवं कुआ आदि			

भवन का कुल मूल्य ....

+ Contingencies 5% ....

(c) यंत्र एवं संयंत्र

यंत्र का नाम	संख्या	विनिर्देश	मूल्य

(i) ....

(ii) ....

(iii) ....

यत्र संयंत्रों की कुल लागत ....

+ बीमा कर व परिवहन खर्च 10% ....

+ स्थापन्ना एवं बिजली खर्च 10% ....

+ Contingencies @ 5% ....

सकल लागत यंत्र, संयंत्र ....

(d) अन्य विविध उपकरण (Misc. Fixed Assets)

(e) फर्नीचर एवं फिक्स्चर आदि (Furniture & Fixture etc.)

	नाम	संख्या	विनिर्देश	मूल्य
(i)	....	....	....	....
(ii)	....	....	....	....
(iii)	....	....	....	....

लागत ....

कर, परिवहन एवं स्थान्न आदि @ 10% ....

कुल लागत ....

(f) औजार एवं डाइ आदि (Tools & Dies) ....

(g) प्रारंभिक एवं पूर्व स्थापना खर्च ....
(Preliminary & operative Expenses)

(h) प्रौद्योगिकी हस्तान्तरण खर्च ....
(Consultancy Fee/Technology Transfer Fee)

(i) कार्यशील पूंजी मार्जिन (Working Capital Margin) ....

(j) वास्तुशिल्प फीस (Architect Fee) ....

कुल ....

भाग – स (Part - C)

सावधि ऋण की गणना (Calculation of Term Loan)

क्र॰सं॰	निवेश मद	पूंजी निवेश (रु)	ऋण की मात्रा	सावधि साधारण ऋण (रु)	स्वयं की पूंजी (रु)
1.	भूमि (Land)	....	75%	....	....

2.	यंत्र एवं संयंत्र (Plant & Machinery)	....	75%	....	....
3.	अन्य विविध (Misc. Fixed Assets)	....	75%	....	....
4.	प्रौद्योगिकी हस्तान्तरण फीस (Technology / Consultancy Fee)	....	75%	....	....
5.	फर्नीचर व फिक्सचर (Furniture & Fixture)	....	50%	....	....
6.	वास्तुशिल्प फीस (Architect Fee)	....	50%	....	....
7.	औजार एवं डाइ (Tools & Dies)	....	50%	....	....
	कुल	....		....	....

कुल पूजी निवेश रु. ....

कुल सावधि ऋण रु. ....

स्वयं की पूंजी रु. ....

अनुदान की गणना – कुल स्थायी निवेश (Fixed Cost) का केन्द्र या राज्य सरकार की नीति के अनुसार 15%, 20% या 25% जो भी हो।

भाग – द (Part - D)

पूंजी स्रोत (Means of Finances)

(a) सावधि ऋण (Term Loan) ....

(b) अनुदान (यदि हो तो) (Subsidy) ....

(c) स्वयं/हिस्सेदारों की पूंजी (Promotor's Capital) ....

(d) रिश्तेदारों एवं मित्रों द्वारा ऋण व निवेश (यदि हो तो) (Loan from Friends & Relatives & Investment) ....

(e) जन साधारण द्वारा अंशों में निवेश (Share Capital from Public) ....

(f) विदेशी पूंजी निवेश (यदि हो तो) (Foreign Equity) ....

(g) वित्तीय संस्थाओं द्वारा अंशों में निवेश (यदि हो तो) (Equity Participation by Financial Institution) ....

(h) बीज पूंजी (यदि हो तो) (Seed Capital) ....

कुल रु. ....

नोट :– उद्योग की कुल लागत एवं कुल पूंजी व स्रोत दोनों का योग समान होना चाहिए।
कार्यशील पूंजी हेतु ऋण ——— रुपये

भाग – य (Part - E)

कार्यशील पूंजी की गणना (Calculation of Working Capital)

क्र.सं.	मद	अवधि	मात्रा	दर	रु.	मार्जिन	बैंक ऋण	स्वयं की मार्जिन राशि
1.	कच्चा माल (Raw Material)	–	–	–	–	25 to 40%	–	–
2.	विनिर्माण क्रिया में माल (Raw material in Process)	–	–	–	–	25 to 40%	–	–
3.	बिल्स तथा रसीदें (Bills & Receipts)	–	–	–	–	25 to 40%	–	–
4.	उपयोगितायें (जल, विद्युत आदि) (Utilities)	–	–	–	–	100%	–	–
5.	वेतन एवं भत्ते (Salary and Wages)	–	–	–	–	100%	–	–
6.	रोकड़ (Cash in Hand)	–	–	–	–	100%	–	–
	कुल (Total)	–	–	–	–		–	–

भाग – र (Part - F)

उत्पादन लागत प्रतिमाह/वार्षिक (Cost of Production)

(a) कच्चा माल (Raw Materials)

क्र॰ सं॰	कच्चा माल	मात्रा	दर	लागत
1.				
2.				
3.				
4.				
5.				

कुल रुपये

(b) ईंधन व उपयोगी सामग्री (Consumables & Fuel)

क्र॰ सं॰	कच्चा माल	मात्रा	दर	लागत
1.				
2.				
3.				
4.				
5.				

कुल रुपये

(c) पैंकिंग सामग्री (Packing Material)

क्र॰ सं॰	कच्चा माल	मात्रा	दर	लागत
1.				
2.				
3.				

कुल रुपये

(d) उपयोगितायें (Utilities)

बिजली कुल पावर कनेक्शन	.... KH	
कुल विद्युत खपत	.... KWH	
राज्य विद्युत मण्डल से उपलब्ध विद्युत एवं लागत	.... KWH	रु॰ ....
स्वयं के जेनरेटर से उत्पन्न विद्युत एवं लागत	.... KWH	रु॰ ....
	कुल रु॰	....
पानी कुल पानी की आवश्यकता	....	
राज्य जलदाय विभाग से बिल की राशि रु॰	....	
स्वयं के नलकूप निकालने का खर्चा रु॰	....	
	कुल रु॰	....
सकल योग पानी + बिजली खर्च रू.		

(e) अनुरक्षण व्यय (Repair & Maintenance)

भवन पर अनुरक्षण व्यय (कुल लागत का 3%) = ...

यंत्र व संयंत्र पर अनुरक्षण व्यय (लागत का 3%) = ...

फर्नीचर एवं फिक्सचर	(लागत का 3%)	=	....
विविध अन्य उपकरण	(लागत का 3%)	=	....
	कुल व्यय रु॰	=	....

(f) वेतन व भत्ते (Salary & Wages)

क्र॰सं॰	नाम	पद	संख्या	वेतन	कुल रु॰
1.	प्रबन्धक	....	....	....	....
2.	लेखाकार	....	....	....	....
3.	लेखा सहायक	....	....	....	....
4.	कार्यालय सहायक	....	....	....	....
5.	चतुर्थ श्रेणी कर्मचारी	....	....	....	....
6.	कार्यशाला प्रबन्धक	....	....	....	....
7.	सुपरवाईजर/फोरमेन	....	....	....	....
8.	कुशल श्रमिक	....	....	....	....
9.	अर्द्धकुशल श्रमिक	....	....	....	....
10.	चौकीदार	....	....	....	....

कुल रु॰	....
+ 20% अन्य विविध खर्च हेतु	....
कुल रु॰	....

(g) अन्य प्रबन्ध खर्च (Other Administrative Expenses)

(i) इकाई का बीमा	....
(ii) डाक खर्च	....
(iii) स्टेशनरी व प्रिंटिंग	....
(iv) टेलीफोन व टेलीग्राम	....
(v) कर एवं किराया	....
(vi) यात्रा व्यय	....
(vii) विज्ञापन एवं बिक्री खर्च	....
(viii) अन्य आकस्मिक खर्च	....
(ix) अनुसंधान खर्च आदि	....
कुल रु॰	....

(h) ब्याज (Interest)

(i) सावधि ऋण पर ब्याज @ रु. ....
(ii) कार्यशील पूंजी पर ब्याज @ रु. ....
(iii) बीज पूंजी पर ब्याज @ रु. ....

(i) मूल्य ह्रास (Depreciation)

(i) भवन पर मूल्य ह्रास @ 3.39% ....
(ii) यंत्र व संयंत्र पर मूल्य ह्रास @ 15% से 33% ....
(iii) अन्य विविध उपकरणों पर मूल्य ह्रास @ 15% ....
(iv) फर्नीचर व फिक्सचर पर मूल्य ह्रास @ 12% ....

कुल मूल्य ह्रास रु. ....

कुल उत्पादन लागत

		लागत रु.
(a)	कच्चा माल	....
(b)	ईंधन व उपयोगी सामग्री	....
(c)	पैकिंग सामग्री	....
(d)	उपयोगिता (विद्युत एवं जल)	....
(e)	अनुरक्षण व्यय	....
(f)	वेतन व भत्ते	....
(g)	अन्य प्रबन्ध खर्च	....
(h)	ब्याज	....
(i)	मूल्य ह्रास	....

कुल लागत रु. ....

भाग – र (Part - G)

लाभ गणना (Profitability)

Break even Point ....
Debt Service Coverage Ratio ....
Debt Equity Ratio ....
% of Profit on Capital Investment ....

लाभ गणना

सकल बिक्री रु. ....

उत्पादन लागत रु. .... (घटायें)

लाभ (कर पूर्व)

PROJECT REPORTS

नमूने के तौर पर इंजिनियरिंग के विभिन्न विभागों से संबंधित प्रोजेक्ट रिपोट दी जा रही हैं। यदि उद्यमी को किसी वस्तु के उद्योग लगाने हेतु प्रोजेक्ट रिपोर्ट तैयार करनी हो तो उसे उस समय प्रचलित दरों को ध्यान में रखते हुए रिपोर्ट बनानी होगी ताकि प्रोजेक्ट की लागत एवं विनियोजन का उचित आंकलन हो सके।

Mechanical & Production Engineering

8.4 Project Report to Manufacture Steel Furniture

(a) Product & its uses : Main Products are as Almirah Small & Big, Chairs with handle & without handles, Reading Table & Office table etc. These products are consumed in a very good quantity in every city and town by schools, offices and individuals.

(b) Manufacturing Process : To manufacture steel furniture simply steel fabrication work is being done by cutting of sheets/ pipes/ sections, welding of parts and painting etc. fixing of wooden parts, if any, Any special technology is not required to manufacture these products but design of furniture is an essential thing. Sale and future of unit depends on novelty & quality of the products.

(c) Cost of Project (Capital Investment) -

Land & Building	Rented
Plant & Machinery	Rs. 1,18,000/-
Furniture & Fixture	Rs. 10,000/-

Prel. & Pre. Op. Exp.	Rs. 5,000/-
Working Capital Margin	Rs. 25,000/-
	Rs. 1,58,000/-

(d) Source of Finance

Own Capital	Rs. 30,000/-
Term Loan	Rs. 1,00,000/-
Subsidy	Rs. 19,00/-
Unsecured loan	Rs. 9,000/-
	Rs. 1,58,000/-

(e) Fixed Assets

(i) Land & Building (Covered area 1000 sq/ft) - Rented

(ii) Plant & Machinery

Item	Qty.	Cost
– Sheet Bending machine	One	19,500/-
– Air Compressor 300 lbs.	One	6,500/-
– Fly press No. 6	One	5,500/-
– Table operated shearing M/C	One	17,500/-
– 350 Amp. Air cold welding set	One	7,500/-
– Pipe bending machine	One	7,000/-
– Bench drill machine with Electricals	One	6,000/-
– Gas welding set complete	One	2,500/-
– Hand sheet cutter 16" edge	Two	2,200/-
– Bendi grinder 1 H.P.	One	2,400/-
– Portable Grinder	One	4,700/-
– Portable drill machine	One	3,700/-
– Misc. Tools & equipments	–	5,000/-
– Bench vice	Two	1,000/-
– Drill Chuck & Set of drills	–	4,000/-
	Rs.	95,000/-
Add. Taxes & Transportation @ 10%		9,500/-
Add. Electrification, erection & installation @ 10%		9,500/-
Add. Contingencies @ 5%		4,250/-
		1,18,250/-
	Say	Rs. 1.18 lacs.

(f) Calculation of Term loan

For Technocrate
For SC/ST & — Margin = 15%
For Women Entrepreneur
Term Loan admissible - 85%
Term loan on land & Building - Nil (Rented)
Term loan on Plant & Machinery — Rs. 1,00,300/-
Say Rs. 1.00 lacs.

(g) Material Required per furniture

(i) Big Almirah — - Sheet 20 Gauge 4 Nos.
(Size 78" x 36" x 22")

(ii) Small Almirah — – Sheet 20 Gauge 2 Nos.
(Size 50" x 28" x 16")

(iii) S Type chairs
with handle - 3/4" (14 Gauge) Conduit pipe - 15'-6" long
Without handle - 3/4" (14 Gauge) Conduit pipe - 12'-6" long

(iv) Office table big (6' x 3')
Wooden top – 6'x3' - one
Conduit pipe – 3/4" dia (14 Gauge) - 24' long
Sheet – 20 Gauge - one (39" x 96")

(v) Small Office table
(4' x 2' - 6")
Wooden top – 4'x2'-6" - one
Conduit pipe – 3/4" dia (14 Gauge) - 20' long
Sheet – 20 Gauge - 39" x 48" - 1/2 sheet

(h) Plant Capacity (per month)

Working days per month - 24 days (8 Hrs. shift)

Product	Capacity	Efficiency	Production
Almirah (Big)	30	60%	18
Almirah (Small)	8	60%	5
Chairs with handle	30	60%	18

Chair without handle	90	60%	54
Office table (Big)	20	60%	12
Office table (Small)	30	60%	18

(i) Total material required

Item	Nos.	Sheet 20 Gauge	Conduit pipe 3/4" (14 G.)	Wooden top
(i) Big Almirah	18	72 Nos	—	—
(ii) Small Almirah	5	10 Nos.	—	—
(iii) Chairs with Handle	18	—	279 ft	—
(iv) Chairs without Handle	54	—	675 ft	—
(v) Big office table	12	12 Nos.	288 ft	12 Nos. (18 sq ft each) = 216 sq ft
(vi) Small office table	18	9 Nos.	360 ft	18 Nos. (10 sq ft each) = 180 sq ft
		103 Nos.	1602 ft	396 sq. ft.

Rates - Steel sheets 20 gauge @ Rs. 216/- each (12 kg Approx each)
Conduit pipe 3/4" (14 G.) @ Rs. 2.25 per ft.
Table top with sunmica @ Rs. 20 per sq ft.

(j) Recurring expenses (per month)

(i) Raw Materials

Steel sheet 20 G	103 Nos. @ Rs. 216/- Per Sheet	2,248/-
3/4" conduit pipe	1602 rft @ Rs. 2/25 Per ft.	3604/50
Table top wooden	396 sq ft @ Rs. 20/- per sq. ft.	7920/-
Chairs seat Back	72 set @ Rs. 45/- Per set	3240/-
Drawers & Almirah handles	L.S.	1000/-
Drawer, Almirah & Safe Locks	L.S.	3000/-
Misc. rivets, nuts & bolts etc.	L.S.	1000/-
		42012/50

(ii) Consumables

Gas for gas welding, welding electrodes, flux, red oxide, paints, jute etc.		5000/-

(iii) Repair & maintenance

3% of plant & machinery		295/-
(iv) Utilities (water & Electricity) L.S.		3000/-

(v) Salary & Wages.

Manager cum Accountant	One @ Rs. 1500/-	1500/-
Supervisor	One @ Rs. 1200/-	1200/-
Skilled labour	Two @ Rs. 1000/-	2000/-
Unskilled labour	Two @ Rs. 700/-	1400/-
Chowkidar cum peon	One @ Rs. 700/-	700/-
	Total Recurring expenses =	57,107/50

(k) Administrative expenses (Per month)

(i) Depreciation on P & M @ 15%		1475/-
(ii) Interest on Term Loan @ 14%		1292/-
(iii) Administrative expenses		
Rent of Building	1500/-	
Post & Telegrams	200/-	
Printing & Stationary	200/-	
Traveling & Tours	500/-	
Insurance etc.	200/-	
Misc. exp.	200/-	
	2800/-	
Total administrative expenses =		5567/-
Total Cost of Production =		62674/50
Say =	62675/-	

(l) Profitability

(i) Sales revenue

Item	Nos.	Rate	Amount
Almirah big	18	2400/-	43,200/-

Almirah small	5	1500/-	7,500/-
Chairs with handle	18	100/-	1,800/-
Chairs without handle	54	80/-	4,320/-
Table big	12	600/-	7,200/-
Table small	18	400/-	7,200/-
			71,220/-

(ii) Cost of Production (–) 62,675/-

(iii) Profit per month (Before Tax) Rs. 8,545/-

General Engineering & Food Processing

8.5 Project Report to Manufacture Garlic Powder

(a) Product & its uses - Garlic powder is a food product manufactured from Garlic Bulbs. This powder is extensively being used by pharmaceutical industry now a days, as it is a cure of gastric problem. It is also being used by a common man to sprinkle over the cooked baked vegetables. Popularity and demand of the product is increasing day by day.

(b) Technology - Central Food & Technology Research Institute, Mysore has developed indigenous technology to manufacture garlic powder, Technology can be obtain from GFTRI by depositing certain technology transfer fee.

(c) Capital investment

(i) LAND

Plot of land measuring 50' x 40' = 2000 sq ft.	Rs. 10,000.00
Add : Levelling charges	Rs. 2,000.00
Add : Registration charges etc.	Rs. 1,000.00
Add : Misc. expenses	Rs 1,000.00
	Rs. 14,000.00

(ii) BUILDING

Work shed 45' x 25' = 1125 sft. @ 120/- per sq ft. Rs. 1,35,000.00

(iii) PLANT & MACHINERY

Glaking Mill	Rs. 25,580,00
Cabinet Drier 95 T	Rs. 38,700.00
Trays for Drier 96 Nos. @ Rs. 80 per tray	Rs. 7,680.00
Plate Mill 2 Nos. @ Rs. 2,100/- each	Rs. 4,200.00
Air Classifier 1 Nos.	Rs. 15,000.00
Disintegrater 1 No.	Rs. 2,500.00
Sealer 1 No. (Hand Operated)	Rs. 1,600.00
Sealer 1 No. (Continuous)	Rs. 5,400.00
Weighing Scale 1 No.	Rs. 500.00
Electric Motors and Starters	Rs. 16,000.00
Other Accessories	Rs. 800.00
	Rs. 1,17,960.00
	Say Rs. 1,18,000.00
Add RST/CST & Transportation etc. @ 10%	Rs. 11,800.00
Add : Erection and Installation etc. @ 10%	Rs. 11,800.00
Add : Contingencies etc. @ 10%	Rs. 11,800.00
Total Plant & Machinery =	Rs. 1,53,000.00
(iv) FURNITURE AND FIXTURES.	Rs. 2,000.00
(v) Preliminary and Preoperative Expenses.	Rs. 3,000.00
Total fixed Assets	Rs. 3,07,000.00

(d) Monthly Recurring Expenses :

(i) Raw Material 800 kgs. Garlic Bulbs per day or say 20,000 kgs per month — Rs. 80,000.00

(ii) Staff and Labour

Manger cum supervisor	1	Rs. 1500.00
Chemist-cum-quality controller	1	Rs. 1000.00
Mechanic cum operators	2 @ 750 each	Rs. 1500.00
Helpers	1 @ 600 each	Rs. 600.00
Un-skilled labour	2 @ 600 each	Rs. 1200.00
Peon-cum-chowkidar		Rs. 600.00
		Rs. 6400.00

(iii) Other Overheads :

Electric and Water	Rs. 500.00
Postage and Stationary	Rs. 200.00
Telephone	Rs. 200.00
Packing and Forwarding	Rs. 800.00
Advertising and Publicity	Rs. 1000.00
Repair and Maintenance	Rs. 200.00
Traveling and Conveyance	Rs. 800.00
Consumable Stores	Rs. 300.00
Misc. Expenses (Insurance and Taxes etc.)	Rs. 1000.00
	Rs. 5000.00
Total; Monthly Recurring Exp. (i) + (ii) + (iii)	Rs. 91400.00

(e) Total Cost of Project

(i) Land	Rs. 14000.00
(ii) Building	Rs. 135000.00
(iii) Plant and Machinery	Rs. 153000.00
(iv) Furniture and Fixtures	Rs. 2000.00
(v) Preliminary and preoperative Exp.	Rs. 3000.00
(vi) Working Capital Margin	Rs. 69000.00
	Rs. 3,76,000

(f) Source of Finance

Term Loan	Rs. 226000.00
Seed Capital	Rs. 55000.00
Own Capital	Rs. 85000.00
Unsecured loan	Rs. 10000.00
	Rs. 376000.00

(g) Recurring Expenses (Monthly)

Raw Material	Rs. 80,000.00
Staff and Labour	Rs. 6,400.00
Other Overheads	Rs. 5,000.00
	Rs. 91,400.00

(h) Interest

Term Loan @ 17% on Rs. 26,000/-	Rs. 3,578.00
Seed Capital @ 1% on Rs. 55,000/-	Rs. 46.00

Bank Loan @ 16% on Rs. 2,12,000 Rs. 3,533.00

(i) Depreciation :

On Building @ 3.39% Rs. 318.00

On Plant and Machinery @ 15% Rs. 1912.00

Rs. 2,293.00

Total Cost of Production Rs. 100850.00

(j) Sale Proceeds :

Receipt by sale of 6000 kgs. Garlic Powder Rs. 120000.00

Less Sales Commission @ 5% Rs. 6,000.00

Rs. 114000.00

Rs. 100850.00

Profit per Month = Rs. 13150.00

(k) Computation of Working Capital Requirement

S. N.	Detail	Period	Gross requirement	Margin	Own capital	Bank loan
1	Raw material	2 months	1,60,000/-	25%	40,000/-	1,20,000/-
2	Work in process	15 days	50,000/-	25%	12,500/-	37,500/-
3	Bills receivable	15 days	60,000/-	10%	6,000/-	54,000/-
4	Cash in hand	Prorata	10,500/-	100%	10,500/-	&
	Total Rs.		2,80,500/-	&	69,000/-	2,11,500/-
	Say Rs.		2,81,000/-	&	69,000/-	2,12,000/-

Electronics Engineering

8.6 Electronically Tuned Multi-channel Booster

1. Introduction Mult-channel Booster Amplifier covering Band I & III as per CCIR-B standard is a useful attachment to a TV receiver for reception of different stations in areas where signal strength is very low.

2. Scope & Market Every TV station has a range of a few kilometres beyond which it is not possible to receive the programmes with a normal TV receiver set. The Government is planning to extend the tv population coverage through establishing repeater stations near mother stations, microwave links, satelites etc. Thus in future it shall be possible to have more than one TV channel at many places. A multi-channel booster amplifier would become very useful TV accessory for such areas.

3. Raw Materials Manufacturing will involve mostly assembling electronic components most of which are indigenously available but some components may have to be imported. Annual raw material requirements are of Rs. 1,70,000/-.

4. Details of the Scheme

(a) Basis The scheme is based on the production of 1000 units for single shift assuming 300 days of working in a year

(B) Fixed Capital

(i) Land, Building & Furniture (Rented Premises)	Rs. 10,000.00
(ii) Equipment - Imported	Rs. 35,000.00
- Indigenous	Rs. 65,000.00
	Rs. 1,00,000.00
(iii) Equipment Erection 3%	Rs. 3,000.00
(iv) Electrical Installation 5%	Rs. 5,000.00
(v) Engineering & Supervision 2%	Rs. 20,000.00
(vi) Contingency	Rs. 20,000.00
Fixed Capital on Plant and Equipment (Total of ii to vi)	Rs. 1,48,000.00
Say	Rs. 1,50,000.00
Total Fixed Capital	Rs. 1,60,000.00

(c) Working Capital Margin

90 days of Imported content	Rs. 12,000.00
90 days of manufacturing cost	Rs. 75,000.00
Total	Rs. 87,000.00
Say	Rs. 90,000.00
Total Capital Investment (a + b + c) =	Rs. 2,50,000.00

(d) Working Capital

(i) Raw material - Imported @ Rs. 40/- each	Rs. 40,000.00
Indigenous @ Rs. 130/- each	Rs. 1,30,000.00
(ii) Various Utilities (Electricity, Water etc.)	Rs. 3,000.00
(iii) Labour & Supervision	Rs. 30,000.00
(iv) Maintenance & Repairs	
(a) Plant - Equipment 7.5% of the cost	Rs. 7,500.00
(b) Building - Furniture 2% of the cost	Rs. 200.00
(v) Operating Supplies 15% of the maintenance and repairs, d (iv)	Rs. 1,155.00
(vi) Taxes & Insurance 2% of the total fixed capital	Rs. 3,200.00
(vii) Plant Overhead 50% of d (iii & iv) (including interest)	Rs. 18,850.00
(viii) Depreciation	
Plant & Equipment 205 of the cost	Rs. 30,000.00
Furniture 15% of the cost	Rs. 1,500.00
Total Manufacturing cost	Rs. 2,65,405.00
Say	Rs. 2,65,000.00

(e) General Expenses

(1) Administrative Expenses	Rs. 17,500.00
(2) Distribution & Selling costs	Rs. 20,000.00
(3) Interest on capital Investment	Rs. 32,500.00
Total General Expenses	Rs. 70,000.00
Total cost of production (d + e)	Rs. 3,35,000.00
Cost of production per unit	Rs. 335.00

(f) Profitability

Ex-factory selling price per unit	Rs. 400.00
Gross Annual Income	Rs. 4,00,000.00
Annual cost of Production	Rs. 3,35,000.00
Annual Return	Rs. 65,000.00
Return on capital Investment	$\frac{65,000 \times 100}{2,50,000}$
	= 26%

5. List of Equipment

(1) VHF Sweep Generatory (Indigenous)
(2) Oscilloscope (Indigenous)
(3) Multi-meters (Indigenous)
(4) Selective microvoltmeter of Field Strength meter (Imported)
(5) Noise source (Imported)
(6) Attenuation pads (Indigenous)
(7) Tools (Locally made)

6. List of raw material

Indigenous

1. Transistor	2. Switching diode
3. Varactor diode	4. Trimmers
5. Feed through capacitors	6. Preset resistors
7. Integrated Circuits	8. Bridge rectifier
9. Electroolytic capacitor	10. Capacitors
11. Resistances	12. Slid opotentiometers
13. Single pole double throw slide switch	14. On/Off switch
15. Indicator Lamp	16. B.N.C. Connector
17. Transformer	18. Chesis
19. Printed Circuit Board	

Imported

1. Varactor diode	2. Switching diode

7. List of personnels

1. Engineer	1
2. Skilled workers	3
3. Unskilled workers-cum-peons	2
4. Accountant-cum-clerk	1
Total	7

Note -

1. Approximate capacity of the factory will be 1000 units per annum.
2. Know-how can be made available from CEERI-PILANI (Raj.) through NRDC.

Chemical Engineering

8.7 Manufacturing of Zinc Sulphate

(a) Product & its uses

Zinc sulphate is a widely used chemical and has known under the name of``White Vitriel". Zinc sulphate is used in many fields such as in Agriculture, Rayon manufacture, Electro-galvanizing, Textile-dyeing and printing etc.

Zinc sulphate for electroplating as per IS: 2290-1962.

Chemical Formula - $ZnSO_4, 7H_2O$

Molecular weight 287.4

(b) Manufacturing Process

Zinc sulphate is manufactured by dissolving zinc ash from the Galvanizing bath containing Zinc Oxide in Sulphuric Acid in Lead- lined reactor. The dissolved solution is allowed to settle to remove the heavy solid impurities and the supernatant liquor is then filtered to remove suspended solid impurities. The filtrate is concentrate to get crystal and then centrifuged to remove the mother liquor. The material is then packed for marketing.

(c) Capacity

This project feasibility report with installed capacity 400 MT with considering 300 working days per annum. Production envisaged with 75% efficiency will be 300 MT/Annum

(d) Cost of Project & Means of Finance : (Rs in Lacs)

Land	0-50
Building	5-00
Plant & Machinery	5-06
Furniture & Fixture	0-20
Prel. & Pre. op. expenses	0-20
Working Capital Margin	0-80
Rs.	11-76 Lacs

Means of finance

Own capital	1-84
Term loan	7-92
Unsecured loan	1-00

Seed capital	1-00
Rs.	11.76 Lacs

(e) Capital Investment

(i) Land

On lease from Industrial Dev. Corp. 1000 sq. mt.	Rs. 50,000.00

(ii) Building

- Work shed - 300 sq mt @ Rs. 1100/- per sq mt	Rs. 3,30,000.00
- Office block 100 sq mt @ 1200/- per sq mt & Stores	Rs. 1,20,000.00
- Boundry Wall etc.	Rs. 20,000.00
	Rs. 4,70,000.00
Rs. Add Contingencies	Rs. 30,000.00
	Rs. 5,00,000.00

(iii) Plant and Machinery

- M.S. Storage tank (Horizontal) for 10 KL sulphuric acid	one	40,000.00
- Sulphuric acid pump	one	
- PVC pipes with fittings etc.	-	10,000.00
- G.I. water storage tank with fittings	one	15,000.00
- Lead lined M.S. Rectangular Reaction tank 4'x5' x 4'	2 Nos.	90,000.00
- M.S. Settling tanks	3 Nos.	60,000.00
- M.S. Rectangular concentration tank with coal fired furnace & chimney	Nos.	75,000.00
- Non-washing type filter press complete with motorised pump (24" x 24")	one	25,000.00
- S.S. Centrifuge machine	one	25,000.00
- G.I. Trays		15,000.00
- Laboratory equipment		20,000.00
		4,05,000.00
Add Taxes & Transportation @ 10%		40,500.00
Add. Erection Installation and electrification		40,500.00

@ 10%		
Add Contigencies @ 5%		20,250.00
	5,06,250.00	Say 5.06 lacs

(f) Calculation of Term loan

S. No.	Particulars	Amount	Margin	Term Loan
(i)	Land	50.000/-	25%	37,500/-
(ii)	Building	5,00,000/-	25%	3,75,000/-
(iii)	Plant & Machinery	5,06,000/-	25%	3,79,500/-
	Total Term Loan			7,92,000/-

(g) Raw Materials & Packing Materials

S.No.	Description	Qty	Cost in Rs.
(i)	Zinc ash containing min. 60% zinc oxide	14 MT @ Rs. 5000/- per MT	70,000.00
(ii)	98% Sulphuric acid	11 MT @ Rs. 2000/- Per MT	22,000.00
(iii)	Packing bags 50 kg	500 bags @ Rs. 5 per bag	2,500.00
(iv)	Laboratory reagents	Lump Sum	1,500.00
		Total	Rs. 96,000.00

(h) Utilities & Services per month

S.N.	Description	Qty	Cost in Rs.
(i)	Water	2,50,000 lit @ Rs. 10/-per 5000 Lit	500.00
(ii)	Coal	25 MT @ Rs 1000 Per MT	25,000.00
(iii)	Electricity	–	8,000.00
		Total	33,500.00

(i) Staff & Labour

Manager cum works incharge	One	2,500.00
Supervisor	One	2,000.00
Chemist	One	1,000.00
Skilled workers @ Rs. 1000/-	Three	3,000.00
Unskilled workers @ Rs. 600/-	Three	1,800.00

Chowkidar/pecn @ Rs 600/-	Two	1,200.00
		Rs. 11,500.00

Total recurring expenses

(i) Raw Material	96,000.00
(ii) Utilities	33,500.00
(iii) Staff & Labour	11,500.00
Total	Rs. 1,41,000.00

(j) Cost of Production (Per month)

(i) Recurring expenses		1,41,000.00
(ii) Repair & Maintenance		
- on Building @ 3%	1410.00	
- On P & M @ 3%	1420.00	2830.00
(iii) Interest		
- On Term Loan of Rs. 7.92 lacs @ 17%	11880.00	
- On Bank Loan @ 16%	1350.00	13,230.00
(vi) Depreciation		
- On Building @ 3.39%	1410.00	
- On P & M @ 19%	6260.00	7660.00
(v) Misc expenses		5000.00
Total	Rs.	1,69,720.00

(k) Calculation of Working capital margin & loan

S.N.	Particulars	Period	Amount	Margin	Bank Lon	Own margin
(i)	Raw Materials	1 month	96,000	25%	72,000	24,000
(ii)	Goods in Process	3 days	10,000	25%	7,500	2500
(iii)	Receipt of bills	5 days	16,000	25%	12,000	4000
(iv)	Salary & Wages	1 month	11,500	100%	—	11,500
(v)	Utilities	1 month	33,500	100%	—	33,500
(vi)	Cash in Hand	—	4,500	100%	—	4,500
			Total		91,500	80,000

(l) Profitability

(i) Sales revenue - Selling of 300 MT Zinc Sulphate @ Rs. 8000 per MT	Rs. 24,00,000/-
(ii) Cost of production per month	1,69,720/-
Cost of production per annum	20,36,640/-
Gross Profit per annum	Rs. 3,63,360/-

Civil Engg. & Agriculture

8.8 Manufacturing of Cement Concrete Blocks

(a) Product & Its uses - Hollow cement concrete blocks are manufactured from plain cement concrete mix, suitably designed to achieve the desired properties of strength, density and surface texture/ hollow blocks are used both for load bearing and for non-load bearing walls. 1:3:6 Ratio of 200 x 200 x 400 mm Size.

(b) Process - The blocks are manufactured by processes which involves compaction, vibration and curing, curing can be achieved by stem at atmospheric pressure also.

(c) Scope of products : Due to following advantages blocks are preferred in building industry

- Strength & structural stability
- Saving in mortar
- Saving in plaster
- Quality of thermal insulation & acoustic
- Good resistance to fire
- Good surface finish
- Light foundation reqd.

(d) Cost of Project

	(Rs. in lacs)
(i) Land	0.60
(ii) Building	1.50
(iii) Plant & Machinery	2.35

(iv) Misc. fixed assets	0.70
(v) Furniture & fixtures	0.10
(vi) Prel. & Pre. op. exp.	0.10
(vii) Working capital margin	1.00
	6.35

(e) Means of finance

Own capital		1.40
Term loan		3.68
Subsidy (15%)		0.77
Unsecurred loan		0.50
	Rs.	6.35 lacs

(f) Capita Investment

(i) Land-on lease for 99 years 1200 sq mt	60,000.00	
(ii) Building		
Office block & store 100 sq m @ 1100/- sq m	1,10,000.00	
Casting yard 400 sqm @ 200 per sq m	80,000.00	
Curing yard 100 sqm @ 100 per sq m	10,000.00	
Water tank	20,000.00	
Boundary wall etc.	20,000.00	
	1,40,000.00	
Add contingencies	10,000.00	150,000.00

(iii) Plant & Machinery

- Concrete block making machine	one 1,20,000/-	
- Concrete mixer	one 60,000/-	
- Pump & water supply system	15,000/-	1,95,000
Add Taxes & Transportation	20,000	
Add Contingencies & electrification	20,000	2,35,000.00

(iv) Misc. fixed assets

Set of Rams & Moulds	50,000.00	
	10,000.00	
	10,000.00	70,000.00

(g) Calculation of Term Loan

S.No.	Particulars	Margin	Amount	Term Loan
(i)	Land	25%	60,000.00	45,000.00
(ii)	Building	25%	1,50,000.00	1,12,500.00
(iii)	Plant & Machinery	25%	2,35,000.00	1,76,250.00
(iv)	Misc. fixed assets	50%	70,000.00	35,00.00
			Total	3,68,750.00

(h) Plant Capacity-Efficiency 75%

Installed capacity - 4,00,000 Blocks per annum

250 working days

Production envisaged - 3,00,000 Blocks per annum

= 25,000 Blocks per month

(i) Raw material required (per annum)

1:3:6 Ratio

(i) Cement @ 100 per bag	11700 Bag	11,70,000
(ii) Sand @ Rs. 6 per cft	42000 cft	2,52,000
(iii) Grit @ Rs. 6 per cft	84000 cft	5,04,000
		19,26,000
Add Wastage 2%		38,520
	Total	Rs. 19,64,520

(j) Cost of Production (Per month)

(i) Raw materials		1,64,000.00
(ii) Consumables		200.00
(iii) Utilities (power & water)		10,000.00
(iv) Repair & Maintenance 3% of building & machinery		900.00
(v) Salary & wages on contract		20,000.00
(vi) Depreciation		
- On Building 5%	625.00	
- On Plant & Machinery 15%	2940.00	3,565.00
(vii) Interest		
On Term loan	5,550.00	
- On Bank loan	3,000.00	8,550.00

(viii) Misc. other expenses	2,000.00
Total	Rs. 2,09,215.00

(k) Profitability

Total Production	25,000 blocks per month
Damages 5%	1250 Blocks
Net Salable blocks	23,750
Selling Price	@ Rs. 10/- per block
Sales Revenue	2,37,500/-
Less. Cost of production	2,09,215/-
Gross Profit	Rs. 28,285 per month

(l) Calculation of working capital

S.N.	Particulars	Amount	Period	Margin	Bank loan	Margin Money
(i)	Raw Material	82,000/-	2 Week	25%	60,000/-	22000/-
(ii)	Goods in Process	1,23,000/-	3 Week	25%	90,000/-	33000/-
(iii)	Finished Goods stock	82,000/-	2 Week	25%	60,000/-	22000/-
(iv)	Cash in Hand	10,000/-	—	100%	—	10000/-
(v)	Salary etc.	20,000/-	—	100%	—	20,000/-
	Total				210,000/-	1,07,000/-
	Less Creditors				10,000/-	7,000/-
					2,00.000	1,00,000

Electrical Engineering

8.9 Manufacturing of PVC wires (Electrical cable)

(a) Product & Its uses - It is a copper wire coated with PVC for insulation purpose. Cable may contain a nos. of copper wires. Size of cables is known as nos. of wire/gauge of copper wires, say 3/20, 3/22, 7/16 etc. This product is extensively used in electrical fittings for house hold as well as for industrial lightings. These PVC wires are being marketed in bundles of 100 yards. The demands of the product is good and being consumed by every newly constructed house or any building.

(b) Capacity of plant Capacity of plant is 30-35 kg/hr of PVC 72000 Kg of PVC per annum.

(c) Calculation of Term Loan Scheme is ment for an Electrical Engineer. A seed capital assistance of Rs. 1.50 lacs may be granted to entrepreneur to set up the unit, as a source of finance.

(d) Cost of Project

	Amount
1. Land and Site development exp.	1,10,000.00
2. Building	1,82,000.00
3. Plant and Machinery	4,37,000.00
4. Misc. Fixed Assets	45,000.00
5. P.OP.P. Expenses	20,000.00
6. Working capital (Margin)	2,00,000.00
	9,94,000.00

(e) Means of Finance

1. Term Loan	5,80,000.
2. Seed capital assistance	1,50,000.00
3. Promoter's contribution	1,10,000.00
4. Subsidy	1,54,000.00
	9,94,000.00

(f) Fixed Assets

(i) Land 735 sq. m.	85,000.00
Add Registration charges	8,905.00
Land :	94,905.00
Add : Leveling charges	15,000.00
Total	1,09,905.00
Say Rs. 1.10 Lacs	

(ii) Building

S.No.	Particulars	Rate	Amount (Rs.)
1.	Factory shed 25.256 Fx 38.376 F = 969.3 sqft. = 970 sqft.	94/-	92,150.00
2.	Godown Room 9.84 Fx 9.84 f = 96.83 sqft.	94/-	9,118.00

		= 97 sqft.		
3.	Office		163/-	16,780.00
	9.84 Fx 10.496 F	= 103.28 sqft.		
		= 103 sqft.		
4.	Guard Room		150/-	13,050.00
	9.84 Fx 8.856 F	= 87.14 sqft.		
		= 87 sqft.		
5.	Electric Room		150/-	7,650.00
	5.74Fx 8.56F = 50.83 sqft.			
		= 51 sqft.		
6.	Boundary wall		85/-	29,750.00
		350 Rft.		
7.	Steel Gate		–	5,000.00
				1,73,507.00
	Add Contingencies 5%			8,675.00
				1,82,182.00
			Say Rs.	1.82 lacs

(iii) Plant & Machinery

S.No.	Particulars	No.	Amount
1.	PVC wires and cables plant 65 mm size, complete with Take off unit, Extruders unit, Dies, Hopper, Gear Box, Control panel, Water tank; Take up unit, Nozzles and all Electricals with motors etc. (10 HP + 2 HP + 1 HP Motors)	One	2,80,000.00
2.	Wire straightners equipments steel frame with 1 HP motr.	One	20,000.00
3.	Cable painting machine with emborsing wheel & strickers.	One	25,000.00
4.	Coil rewinding & length measuring machine with variable pullies & electric motor 1 HP	One	25,000.00
			3,50,000.00
	Add : Taxes & Transportation 10%		35,000.00
	Add : Erection, Installation, Electrification etc. 10%		35,000.00

	Add : Contingencies 5%	17,000.00
	Total	4,37,000.00

(f) Cost of Misc. Fixed Assets

S.No.	Particulars	Amounts
1.	Fire Extinguishers	5,000.00
2.	Laboratory testing equipments like tensile strength testing machine, spark testing etc.	40,000.00
	Total	45,000.00

(g) Calculation of Term Loan

S.No.	Particulars	Amount	Margin	Term Loan
1.	Land	1,10,000/-	25%	82,500/-
2.	Building	1,82,000/-	25%	1,36,500/-
3.	Plant & Machinery	4,37,000/-	25%	3,27,750/-
4.	Misc. Fixed Assets	45,000/-	25%	33,750/-
	Total			5,80,500/-
			Say Rs.	5.80 lacs

(h) Capacity

Total Installed Capacity

Working days per annum	= 30-35 Kg/Hr.
No. of shifts per day	= 300 days
No. of working hours	= One
Total installed capacity	= 8 Hours per day
Efficiency	= 72000 kg PVC per annum 60%
Production capacity	= 43200 kg of PVC on 60% Capacity
One Bundle	= 1.25 kg Copper Wire + 1.5 Kg. PVC
One Bundle	= 91.44 Mtr. or 100 years
Total Production	= 28800 Bundles on 60% Capacity

(I) Cost of Production

(i) Raw materials -

S.N.	Particulars	Qty.	Rate Rs. / kg	Amount Rs.	Total Amount Rs.
(i)	Copper Wire	36,000 Kg.	140/-	5040000/-	
(ii)	PVC Granules	43200 kg.	52/-	2246400/-	7286400/-
(ii)	Packing materials @ Rs. 2 per bundle				57,600/-
(iii)	Utilities - Power	28,000/-			
	- Water	2000/-			30,000/-
(iv)	Repairs & Maintenance (3% of Building + P & M + MFA)				20,000/-
(v)	Salary & Wages				

S.No.	Particulars	Salary/month	Nos	Amount Rs.
(i)	Accountant	1000.00	1	1000/-
(ii)	Clerk-Cum Typist	800.00	1	800/-
(iii)	Skilled Worker	1500.00	1	1500/-
(iv)	Semi-skilled Worker	1200.00	1	1200/-
(v)	Un-Skilled Worker	800.00	3	2400/-
(vi)	Guard	600.00	1	600/-
	Total			7500/-
	Add : Fringe Benefits @ 20% (App.)			1500/-
	Total Monthly			9,000/-
	Total Annually			1,08,000/-

(vi) Misc. Consumables like Jute, Grease, Lubrication Oil etc. @ Rs. 4000/- per month — Rs. 48,000/-

(vii) Misc. Expenses

Insurance of Building and P & M	Rs. 5,000/-
Post & Telegraph	Rs. 5,000/-
Travelling & Conveyance	Rs. 6,000/-
Stationary & Printing	Rs. 3,000/-
Misc. Exp.	Rs. 10,000/-
Total Monthly	Rs. 29,000/-

Total Annually Rs. 3,48,000/-

(viii) Interest

On Term Loan Rs. 5.80 lacs @ 17% Rs. 1,14,550/-

On Bank Loan Rs. 5.48 lacs @ 16% Rs. 1,09,600/-

On Seed Capital Rs. 1.50 @ 1% Rs. 1500/- Rs, 2,25,650/-

(ix) Depreciation

On Building @ 3.39% Rs. 6170/-

On Plant & Machinery @ 15% Rs. 65550/-

On MFA @ 12% Rs. 5400/-

On Furniture & Fixture @ 12% Rs. 2400/-

Total Rs. 79520/-

Say 80,000/-

Total Cost of Production Rs. 82,03650/-

(j) Profitability -

Sales Values of PVC wire of 3/22 size (28800 Bundles @ Rs. 300/- per Bun. 86,40,000/-

Less - Sales Commission 2.5% 2,16,000/-

Net Sales Value 84,24,000/-

Less - Total Cost of Production 82,03,650/-

Profit per Annum 2,20,350/-

Say Rs. 2.20 Lacs

(k) Working Capital Statement

S.N.	Particulars	Period (Days)	Margin (%)	Total Amount (Rs.)	Margin (Rs.)	Bank Loan (Rs.)
1.	Raw Material Stock	15	25	303600/-	75900/-	227700/-
2.	Packing Material Stock	15	25	2400/-	600/-	1800/-
3.	Work in progress	1	25	20240/-	5060/-	15180/-
4.	Finished Goods stock	10	25	202400/-	50600/-	151800/-
5.	Receivables	10	25	202400/-	50600/-	151800/-
6.	Utilities	30	100	2500/-	2500/-	&
7.	Repairs & Maintenance	30	100	1660/-	1660/-	&

8.	Salary & Wages	30	100	9000/-	9000/-	&
9.	Cash in Hand			4000/-	4000/-	&
	Total			748200/-	199920/-	548280/-
	Say Rs.			7.48 Lacs	2.00 Lacs	5.48 Lacs

Textile Engineering & Costume Design

8.10 Project report for Costume Design and to Manufacture Readymade Garments

(a) Product & Its use - Costume design is a consultancy work, and out come of these can be very well utilised to manufacture the garments by entrepreneur himself. Tradition of ready made garments is also increasing day by day as new fashion, cut, style and look is attracting the garment which can not be achieved by any tailor made garments. Scope of this product is increasing day by day.

(b) Technology - Costume design and styles may be prepared by unit itself. Clothes from market will be purchased, will be cut in measurement and stitching will be done. Shorting, washing, iron and packing will be done before sending it into market for selling.

(c) Type of Unit - This type of unit is suggested for women entrepreneurs under the "Mahila Udhyam Nidhi" Scheme of SIDBI. Graduate in Costume design & Textile engineers (Diploma/ Graduate) can run this unit in bettery way.

(d) Cost of Project

	(Rs. in lacs)
1. Land	0.60
2. Building	3.40
3. Plant & Machinery	2.80
4. Misc. Fixed Assets	0.40
5. Furniture & fixtures	0.25
6. Prel. & Pre op. exp.	0.30
7. Working Capital Margin	1.50
Total	Rs. 9.25 lacs

(e) Sources of finance (Rs. in lacs)

Own Capital	1.47
Term Loan	5.98
Seed Capital	1.80
	Rs. 9.25 Lacs

(g) Fixed Assets

	Amount	
(i) Land-500 sq mt land in developed area on lease for 99 years	50,000/-	
+ Legal expenses	5000/-	
+ Levelling & Land dev.	5000/-	60,000/-
		Say Rs. 0.60 Lacs

(ii) Building

- Workshed with RCC roof and ht 12' on ground floor	20' x 40' = 800 sq ft	@ Rs 175/- per sq ft	1,40,000/-
- Store & Godown	20' x 20' = 400 sq ft	@ Rs 175	70,000/-
Office & facilities	15' x 20' = 300 sq ft	@ Rs 175/-	52,500/-
- Design room (First floor)	15' x 20' = 300 sq ft	@ Rs 150/-	45,000/-
- Boundary Wall & Gate etc.		L.S.	20,000/-
- Overhead water Tank		L.S.	5,000/-
Add Contingencies			8500/- 3,40,000/-
			Say Rs. 3.40 lacs

(iii) Plant & Machinery

(A) Production Section

- Industrial sewing machine electrically operated	25 Nos. @ Rs. 3000/-	75,000/-
- Kaj machine	2 Nos. @ Rs. 2000/-	6,000/-
- Inter locking machine	4 Nos. @ Rs. 4000/-	16000/-
- Electric cutter	One @ Rs. 4000/-	4,000/-

- Fabric printing machine	One @ Rs. 20,000/-	20,000/-
- Electric irons	Four @ Rs. 500/-	2,000/-
		1,17,000/-
Add Taxes & Transportation 8%		9,360/-
Add Erection & electrification 8%		9,360/-
Add Contingencies	4,000/-	1,39,720/-
		Say Rs. 1.40 lacs.

(B) Design Section

- PC computer with key board and laser printer	One @ 1,00,000/-	1,00,000/-
- Computer Soft water	L.S. @ 10,000/-	10,000/-
- Air Conditioner 1.5 T.	L.S. @ 25,000/-	25,000/-
		1,35,000/-
Add - Electrification, Installation and Contingencies	5000/-	1,40,000/-
(iv) Misc. Fixed Assets		Rs. 1.40 lacs
- Tools & Equipments	L.S. 20,000/--	
- Cutting & Ironing tables	L.S. 10,000/-	
- Misc Hanger & packing equipment & Drawing equipments.	L.S. 10,000/-	40,000/-
Total investment in fixed assets		= 7,20,000/-

(h) Calculation of Term Loan

S.No.	Particulars	Amount	Margin	Term Loan
(i)	Land	0.60	15%	0.51
(ii)	Building	3.40	15%	2.89
(iii)	Plant & Machinery	2.80	15%	2.38
(iv)	Misc. fixed assets.	0.40	50%	0.20
				Rs. 5.98 Lacs

(i) Capacity of Plant

No. of working days = 300 per annum

Sewing capacity = 10 Garments per machine per shift

No. of shift = Single, 8 Hrs

Total Sweing capacity	= 250 Garments per day		
	= 6250 Garments per months		
Efficiency	= 80%		
Production envisaged	= 5000 Garments per month		

(j) Recurring expenses (Per month)

(i) Raw material			
(i) Garment cloth	- Avg 2 m per garment = 10,000 mt @ Rs 30 per mt		3,00,000/-
(ii) Consumables			
Thread, button, lace etc.	L.S.		10,000/-
(iii) Repairs & Maintenance of Building + P & M + MFA @ 3%			1,650/-
(iv) Utilities (Water & electricity)			4,000/-
(v) Salary & Wages			
- Manager one	@ Rs. 2000/-	2000/-	
- Designer one	@ Rs. 2000/-	2000/-	
- Design Asstt.	Two @ Rs. 1200/-	2400/-	
- Cutter Master one	@ Rs. 2000/-	2000/-	
- Operator	30 @ Rs. 1000/-	30000/-	
- Shorter/Checker	10 @ Rs. 800/-	8000/-	
- Helper etc.	10 @ Rs. 700/-	7,000/-	
- Chowkidar/Peon	3 @ Rs. 700/-	2100/-	55,500/-
Total Recurring expenses			Rs. 3,71,150/-

(k) Administrative expenses

(i) Depreciation -		
On Building @ 3.39%	960/-	
On Plant & Machinery (Production @ 15%	1750/-	
On Plant & Machinery (Design) @ 25%	2917/-	
On MFA @ 12%	400/-	6027/-
(ii) Interest -		
On Term Loan of Rs. 5.98 lacs @ 17%	9842/-	
On Bank Loan of Rs. 2.40 Lacs @ 16%	4000/-	13,842/-

(iii) Misc. overheads

Selling expenses	5,000/-	
Tours & Travel	5,000/-	
Insurance	3,000/-	
Post & Telegraph	2,000/-	
Printing & Stationery	2,000/-	
Misc. Office exp.	3,000/-	20,000/-
Total Administrative expenses		Rs. 39,869/-
Total cost of Production		4,11,019/-
	Say Rs.	4.11 lacs

(I) Profitability

Sales Revenue 5000 Garment @ 95/- per piece	Rs. 4,75,000/-
Less selling commissions 105	Rs. 50,000/-
Net revenue	Rs.. 4,25,000/-
Less Cost of Production	Rs. 4.11,000/-
Gross profit per month	Rs.. 14,000/-
Add Revenue by selling costume designs per month	Rs. 10,000/-
Actual Gross profit per month	Rs. 24,000/-

(m) Working Capital Statement

S.N.	Particulars	Period	Amount	Margin	Own Capital	Bank Loan
(i)	Raw Material	15 days	1.50 lacs	25%	37,500/-	1,12,500/-
(ii)	Goods in process	2 days	0.20 lacs	25%	5,000/-	15000/-
(iii)	Bills & Receipts	15 days	1.50 lacs	25%	37,500/-	1,12,500/-
(iv)	Salary & Wages	30 days	0.55 lacs	100%	55,000/-	—
(v)	Utility & other exp.	30 days	0.10 lacs	100%	10,000/-	—
(vi)	Cash in Hand	—	0.05 lacs	100%	5000/-	
	Total Rs.				1,50,000/-	2,40,000/-
			Say Rs.		1.5 lacs	2.4 lacs

9

कच्चा माल प्रबन्ध
(Raw Material Management)

9.1 प्रस्तावना (Introduction)

जैसाकि हम जानते है उद्योग के लिए भरण सामग्री (Inputs) कच्चा माल होता है तथा कच्चे माल की निरन्तर उद्योग को सुचारु रुप से चलने में सहयोग करती है। प्रत्येक उद्योग के लिए आवश्यक कच्चा माल व उसके विर्निदेश उसके उत्पाद, क्रियान्वयन तरीके व निर्माण प्रक्रम आदि पर निर्भर करते है। यह संभव नहीं है कि किसी भी उत्पाद के लिए आवश्यक सभी प्रकार का कच्चा माल पृथ्वी पर प्रत्येक स्थान पर बहुतायत में उपलब्ध हो। अर्थात् कोई कच्चा माल किसी स्थान पर बहुतायत मे उपलब्ध है तो कहीं अन्य स्थान पर उसका अभाव हो सकता है। लेकिन जब उद्योग की स्थापना की जा रही है तो उसको चलाने के लिए कच्चे माल का प्रबन्ध करना अति आवश्यक हो जाता है चाहे कच्चा माल अन्य देशों से आयात करना पड़े या कच्चे माल के स्रोत से मंगवाना पड़े।

9.2 कच्चा माल स्रोत (Sources of Raw Material)

कच्चा माल का स्रोत उस निकाय को कहते हैं जिससे उक्त कच्चा माल उद्योग को उपलब्ध हो सके। कच्चे माल के स्रोत खनिज इकाई, उत्पादन इकाई, कच्चे माल के वितरक, कच्चे माल के आयात कर्ता, केन्द्र/राज्य सरकारों के लघु उद्योग निगम आदि हो सकते हैं। साधारणतः कच्चा माल उसके स्रोत से आसानी से उचित दर पर उपलब्ध हो सकता है लेकिन कुछ स्थितियों में कच्चा माल बहुतायत में उपलब्ध नहीं हो पाता, जिससे बाजार में उसकी मांग अधिक मांग रहती है। जैसा कि हम जानते हैं कि किसी वस्तु की आपूर्ति कम हो और मांग अधिक हो ऐसी स्थिति में वस्तु के भाव उसकी उचित कीमत से बहुत ज्यादा हो जाते है तथा वह वस्तु प्रत्येक व्यक्ति/उद्योग को आसानी से उपलब्ध

नहीं हो पाती। उद्योगों को ऐसे कच्चे माल जिनकी मांग अधिक हो, आपूर्ति कम हो उस कच्चे माल को सरकार नियंत्रित मूल्य पर उपलब्ध कराती है।

9.3 सरकारी डिपो (Government Depot)

ऐसे कच्चे माल जिनकी बाजार में उपलब्धता कम हो, उद्योगों को नियंत्रित मूल्य पर उनके उद्योग के निकट सरकारी डिपो द्वारा उपलब्ध कराये जाते है। साधारणतः डिपो प्रत्येक जिला स्तर पर या ओद्योगिक क्षेत्रों में स्थापित किये जाते हैं, जिससे उद्योगों को परिवहन लागत भी अधिक वहन न करनी पड़े। अधिकतर राज्यों में कच्चे माल की व्यवस्था लघु उद्योग निगम करता है तथा कच्चे माल के आवंटन की मात्रा उद्योग विभाग करता है। लघु उद्योग निगम कच्चे माल की वितरण व्यवस्था अपनी एक निश्चित नीति के तहत करता है। इसके अन्तर्गत ग्रामोद्योग व कम खपत वाले छोटे उद्योगों को प्राथमिकता दी जाती है। मुख्यतः विभिन्न सरकारी डिपो से लोहा व स्टील, कोयला, स्वदेशी दुर्लभ कच्चे माल व आयातीत कच्चे माल वितरित किये जाते हैं।

9.4 लोहा व स्टील का आवंटन (Allotment of Iron & Steel)

भारत में औद्योगिकीकरण के प्रारंभ से सही लोहा व इस्पात का निर्माण अधिकांशतय सरकारी क्षेत्र के उपक्रमों में ही होता रहा है तथा इसकी मांग उत्पादन क्षमता से अधिक रही है। इस कारण उद्योगों को जिनमें व इस्पात कच्चे माल के रुप में इस्तेमाल किया जाता है, को सहयोग करने के लिए "लोहा व इस्पात (नियंत्रण) आदेश 1956" (The Iron & Steel (Control) Order, 1956) बनाया गया। पिछले वर्षों में इस्पात उद्योग में क्रान्तिकारी परिवर्तन हुए है तथा अब कुछ विशेष इस्पात के अतिरिक्त लोहा व इस्पात बहुत अधिक बढ़ गया है तथा ये उत्पाद बाजार में आसानी से उपलब्ध हो जाते हैं जिन पर पहले नियंत्रण था।

पिग आयरन, छड़े, वायर रोड़, सेक्शन, बार, प्लेट, एच॰आर॰ कोईल, सी॰आर॰ सीट, जी॰पी॰ सीट, जी॰सी॰ सीट इत्यादि उत्पाद जो कि उद्योगों के लिए कच्चा माल है, पहले नियंत्रण में थे तथा उनका आंवटन किया जाता था अब ये उत्पाद आसानी से उपलब्ध हो जाते थे। अब साधारणतः विशेष प्रकार की स्टील छड़ें व सीट्स ही उद्योगों को आवश्कतानुसरार आवंटित की जाती है।

9.5 कोयला एवं कोक का आवंटन (Allotment of Coal & Coke)

कोयले व कोक का उपयोग उद्योगों में भट्टी जलाने, पदार्थ गलाने या किसी निर्माण प्रक्रम में भी उपयोग किया जाता है। कोयले का खनन देश के

कुछ हिस्सों में ही (बिहार, उड़ीसा, मध्य प्रदेश आदि) मुख्यतः किया जाता है लेकिन इसका उपयोग पूरे देश में समान रुप से किया जाता है। सरकारी तंत्र द्वारा कोयले का वितरण प्रत्येक राज्य सरकार को किया जाता रहात है जोकि उद्योगों को आवंटित करती है। पिछले कुछ वर्षों से कोयला के विक्रय पर से नियंत्रण हटा दिया गया है लेकिन उच्च गुणवत्ता वाले कोयले को अभी भी नियंत्रित तरीके से उद्योगों को आवंटित किया जाता है। लघु उद्योग को कोयले के आवंटन के लिए जिला उद्योग केन्द्र में आवेदन करना पड़ता है। जो उनका आंकलन करता है तथा आवेदन को उद्योग निदेशालय को अग्रेषित करता है। कोयले की कीमत उसके प्रकार व स्रोत से दूरी पर निर्भर करती है।

9.6 स्वदेशी कच्चे माल का आवंटन (Allotment of Indigenous raw material)

भारत में निर्मित कई प्रकार के उत्पाद जो कि अन्य इकाईयों के लिए कच्चा माल हो लेकिन बहुतायत में उपलब्ध न होने के कारण नियत्रण में वितरित किये जाते हैं। इन उत्पादो/कच्चे माल के लिए भी उद्योग को जिला उद्योग केन्द्र के द्वारा आवेदन उद्योग निदेशालय को भिजवाने होते हैं। उद्योग विभाग राज्य में कुल मांग का आंकलन कर राष्ट्रीय स्तर पर बनी समिति को राज्य में कच्चे माल के आवंटन हेतु आवेदन करता है। उक्त आवेदन सम्बन्धित मंत्रालय को भी भेजा जाता है। स्वदेश में निर्मित कुछ उत्पाद/कच्चे माल निम्न है जिनका आवंटन उद्योगों को उनकी उपयोगिता के आधार पर किया जाता है–

- **Petroleum Oil & Gases**
- **Cadmium**
- **Commercial Grade Aluminium**
- **Mutton Tallow**
- **Sulphur**
- **DD T & Pesticide Items**
- **Antimony**
- **E.C. Grade Aluminium**
- **Zinc/Zinc Cathods**
- **Match Wax**
- **Titanium-di-oxide,**
- **PP/LDPE/HDPE/ABS Resin Granuels**
- **Industrial Alcohol etc.**

9.7 राष्ट्रीय लघु उद्योग निगम द्वारा कच्चे माल की आपूर्ति (Supply of Raw Material by N.S.I.C.)

देश में अलौह धातुओं की अत्यधिक कमी है। विशेषतया तांबा, जिंक, पीतल स्क्रेप तथा अल्युमिनियम की विशेष कमी है। साथ ही मुख्य कच्चे माल के लिए संख्या में लघु उद्योगों की निर्भरता अलौह स्क्रेप पर है। राष्ट्रीय लघु उद्योग

निगम अपने वितरण प्रणाली के जरिये पूरे देश में फैले हुवे काफी संख्या में लघु उद्योगों को कच्चे माल की उपलब्धता कराता है। निगम के कच्चे माल सहायता कार्यक्रम में निम्न बातें सम्मिलित हैं :

(i) निर्धारित आयात–निर्यात नीति के अनुसार राष्ट्रीय लघु उद्योग निगम वास्तविक उपयोग में लेने वाले लघु उद्योगों के लिए विभिन्न वस्तुओं के आयात हेतु उनके एजेंट के रूप में कार्य करता हैं।

(ii) यदि इकाईयों अधिक मात्रा में कच्चा माल लेने में कठिनाई महसूस करती हों तो स्थानीय स्रोतों से कच्चा माल प्राप्त कर आपूर्ति करना।

(iii) आर्डनेंस डिपो से अलौह स्क्रेप प्राप्त करना तथा लघु इकाईयों को इसका वितरण करना।

(iv) नेशनल अल्युमिनियम कम्पनी, हिन्दुस्तान कॉपर लिमिटेड, हिन्दुस्तान जिंक लिमिटेड के आधार पर विभिन्न मदों जैसे अल्युमिनियम, कॉपर, जिंक आदि के लिए कंसाइनमेंट एजेंट का कार्य करना।

कच्चे माल की आपूर्ति के लिए मुख्य (terms & conditions) शर्तें निम्न हैं

(i) कच्चे माल की प्रकृति तथा मूल्य के आधार पर माल के landed लागत या स्वदेशी कच्चे माल की क्रय लागत की 20% से 30% तक इकाईयों द्वारा धरोहर राशि जमा कराना।

(ii) माल के पूरे स्टॉक को लेने की समयावधि तथा वार्षिक टर्न ओवर के आधार पर गोदाम तक माल की लागत का 1/2% से 3% तक निगम सेवा शुल्क लेगा।

(iii) अपचायक शेष आधार पर (on reducing balance basis) अवरुद्ध राशि (blocked-up capital) पर ब्याज 17.5% से 20% की दर से लिया जाता है।

(iv) भण्डारण की तिथि से 100 दिन के भीतर इकाईयों को माल उठाना होता है।

छोटी इकाईयों के आधार पर निगम विदेशी साख पत्र (FLC) खोलता है। इसी प्रकार स्वदेशी कच्चे माल हेतु निगम सम्बन्धित एजेंसी के पक्ष में अन्तर्देशीय साख पत्र (ILC) खोलता है। इस प्रकार प्राप्त माल इकाई के गोदाम में निगम के अधिकार में अथवा सेंट्रल वेअरहाउसिंग कारपोरेशन के गोदाम में रखा जाता है तथा इकाई आवश्यकतानुसार एवं भुगतान क्षमतानुसार छोटे भागों में माल उठाती है, ताकि भण्डारण की तिथि से 100 दिन के अन्दर पूरा स्टॉक उठा ले।

निगम पुनः FLC/ILC खोल कर स्टॉक की पुनः पूर्ति करता रहता है ताकि इकाई के उत्पादन निर्विघ्नता से होता रहे।

9.8 आयातित कच्चे माल का आवंटन (Allotment of Imported Raw Material)

यह आवश्यक नहीं है कि किसी भी देश में स्थापित होने वाला प्रत्येक उद्योग उस देश में निर्मित कच्चा माल ही उपयोग करेगा। उद्योगों के लिए आवश्यक कई ऐसे कच्चे माल होते हैं जिनको अन्य देशों से आयातित करना पड़ता है। वृहत क्षेत्र व मध्यम क्षेत्र के उद्योग अपने लिए आवश्यक कच्चा माल स्वयं आयात लाइसेंस लेकर आयात कर लेते हैं लेकिन छोटे उद्योगों को जिनको कम मात्रा में कच्चे माल की आवश्यकता होती है वे अपनी आवश्यकता के अनुरुप कच्चा माल आयात नहीं कर पाते है तथा न ही कम मात्रा में आयात करना सस्ता पड़ता है। अतः उन उद्योगों को सहायता के लिए सरकार विभिन्न एजेंसियों के मार्फत् कच्चा माल आयात करके उद्योगों को आवंटित करती है। लघु उद्योग क्षेत्र के लिए मुख्यतः निम्न उत्पादों का आवंटन किया जाता है –

- Pesticides
- Basic chemicals
- Wool
- Leather
- Petroleum products
- Pulp & Acids
- Machinery Components etc.
- Basic drugs for formulation
- Explosives
- Electronic Items
- Cosmetic & Perfumes
- Metals
- Rectified Spirit

9.9 आवेदन (Application)

विभिन्न प्रकार के कच्चे माल के लिए उद्योग को जिला उद्योग केन्द्र को आवेदन करना होता है। आवेदन प्रपत्र में मुख्यतः निम्न बिन्दु होना आवश्यक है।

(i) उद्योग का नाम व पता –

(ii) पंजीकरण संख्या व दिनांक –

(iii) उत्पादों के नाम –

(iv) स्थापित यंत्र व संयंत्र का विवरण लागत सहित –

(v) उत्पादन प्रारंभ तिथि –

(vi) मुख्य कच्चे माल के नाम –

(vii) उत्पादन क्षमता –

(viii) पिछले वर्षो का उत्पादन –

(ix) पिछले वर्षो का विक्रय - (मात्रा व मूल्य)

(x) कच्चा माल जिसके लिए आवेदन किया है की पिछले वर्षों में खपत

(xi) पिछली आवंटन मात्रा –

(xii) आवंटित मात्रा का उपयोग –

10

विपणन सुविधाएँ
(Marketing Facilities)

10.1 प्रस्तावना (Introduction)

यह कहावत प्रचलित है कि 'उत्पादन करना आसान है लेकिन उत्पादों का विक्रय करना मुश्किल है"। यह बात लघु तथा कुटीर उद्योगों पर और भी अधिक लागू होती है। लघु तथा कुटीर उद्योगों के पास विक्रय हेतु न तो विशेषज्ञ अधिकारियों को रखने की क्षमता होती है और न ही विज्ञापन हेतु बहुत अधिक राशि व्यय कर सकते हैं। इस कार अपने उत्पादों के विक्रय हेतु वृहत् बाजार का उपयोग कर पाना इसके लिए संभव नहीं हो पाता है।

राष्ट्र की आर्थिक प्रगति के लिए देश में लघु उद्योगों का विकास अत्यन्त आवश्यक है। यह विकास तभी संभव है जब उद्योगों की वस्तुओं के विक्रय हेतु उन्हें मार्ग दर्शन व सहायता प्रदान की जावे। अतः लघु उद्योगों तथा कुटीर उद्योगों को अपने उत्पादों के विपणन के लिए उद्योग निदेशालय, राज्य लघु उद्योग निगम, राज्य सरकार, केन्द्रीय सरकार, लघु उद्योग विकास संगठन, राष्ट्रीय लघु उद्योग निगम, हस्तशिल्प बोर्ड, एक्सपोट प्रोमोशन कौंसिल और अन्य विभिन्न संगठनों के द्वारा अनेक सहायता कार्यक्रम प्रारंभ किये गये हैं। इन विभिन्न सहायता कार्यक्रमों की जानकारी आगे दी जा रही है।

10.2 केन्द्रीय सरकार भंडार क्रय कार्यक्रम/सार्वजनिक क्रय (Central Govt. Stores Purchase Progreamme/Public Buying)

सामाजिक अर्थव्यवस्था में मुख्य क्रय सरकार द्वारा सरकारी योजनाओं व विभागों के लिए किया जाता है। इसके साथ सरकार बाजार में उपलब्धि आयात, निर्यात व किस्म नियंत्रण के लिए भी उत्तरदायी होती है। किसी भी उद्यमी को सार्वजनिक क्रय प्रक्रिया का ज्ञान होना आवश्यक है। केन्द्रीय क्रय प्रक्रिया कई बड़े उपक्रमों द्वारा भी अपनाई जाती है। अतः केन्द्रीय भंडार क्रय कार्यक्रम विभिन्न उद्योगों के लिए विक्रय का मुख्य केन्द्र हो सकता है।

उद्देश्य (Objectives)

सार्वजनिक/केन्द्रीय क्रय प्रक्रिया के मुख्य उद्देश्य निम्न हैं –

1. रेल्वे, टेलीफोन, सुरक्षा व अन्य बड़े सार्वजनिक विभागों की मांग के अनुसार आपूर्ति का प्रबन्ध करना।
2. दर ठेका (Rate Contract) व अन्य अनुबन्धों के लिए मान स्थापित करना।
3. आयात नियंत्रण करना जिससे राष्ट्रीय उत्पादन का ह्रास न हो।
4. आवश्यकतानुसार विभिन्न देशों से वस्तुओं का क्रय करना अर्थात् आयात करना।
5. बड़े क्रयों की सूचना उत्पादकों तक पहुँचाना।
6. क्रय में लघु उद्योगों को वरीयता प्रदान करना व उन्हें आवश्यक तकनीक का ज्ञान कराना।
7. क्रय किये जाने वाले मदों का निरीक्षण करना व किस्म निर्धारण करना।
8. विभिन्न अनुबन्ध करना।

रेल्वे, सुरक्षा व अन्य केन्द्रीय विभागों तथा राज्य सरकारों हेतु सार्वजनिक क्रय का कार्य आपूर्ति व निस्तारण महानिदेशालय (Director General of Supply & Disposal, D.G.S. & D.) द्वारा किया जाता है। लघु उद्योग क्षेत्र से सरकारी खरीददारी में वृद्धि करने के लिए भारत सरकार ने कुछ उत्पादों को केवल लघु क्षेत्र से ही खरीदने के लिए आरक्षित किया है। इस आरक्षण से न केवल लघु उद्योग क्षेत्र के उत्पादों के विपणन में बढ़ावा मिलेगा बल्कि उन्हें क्रय विभागो/एजेंसियों द्वारा निर्धारित विभिन्न मानकों के अनुसार माल के उत्पादन के लिए प्रोत्साहन मिलेगा।

डी.जी.एस. एण्ड डी. के मुख्य कार्य –

1. सरकारी योजना के अनुसार आपूर्ति की स्थिति बनाये रखना।
2. सरकारी क्रय की वार्षिक रिपोर्ट तैयार करना।
3. क्रय की जाने वाली सामग्री का निरीक्षण, मानकीकरण व विभिन्न स्रोत की किस्म निर्धारण का कार्य करना।
4. अपनी विभिन्न प्रयोगशालाओं में सामग्री का परीक्षण करना।
5. आयातित माल के स्थान पर उपयुक्त राष्ट्रीय उत्पादन की सूचना प्रदान करना।

6. दर अनुबन्ध व अन्य अनुबन्ध करना।
7. लघु उद्योगों से उत्पादों का क्रय करना। 409 विभिन्न वस्तुएं लघुं उद्योगों से क्रय के लिए आरक्षित है।
8. विभागों में उपलब्ध अतिरिक्त सामग्री का निस्तारण (disposal) करना।

डी.जी.एस. एण्ड डी. में उद्योगों का पंजीकरण व लाभ

महानिदेशालय द्वारा निर्धारित प्रपत्र में उद्योगों को पंजीकरण हेतु आवेदन करना पड़ता है। आवेदन पत्र में उत्पादन, उसकी किस्म, तकनीकी विकास सामर्थ्य एवं वित्तीय स्थिति की सूचना देनी होती है। महानिदेशालय अपने अधिकारियों द्वारा उद्योग का निरीक्षण करता है तथा आश्वस्त होने पर पंजीकरण कर दिया जाता है। डी.जी.एस. एण्ड डी. में पंजीकरण होने पर उद्योगों को निम्न लाभ हैं –

1. सरकारी क्रय की सार्वजनिक व अन्य सूचनाएं पंजीकृत उद्योगों को प्रदान करना तथा भविष्य में किये जाने वाले क्रय की अग्रिम सूचना प्रदान करना।
2. रक्षा व अन्य सेवाओं के लिए शीघ्र आवश्यक क्रय मुख्यतया पंजीकृत उद्योगों से किया जाता है।
3. अनुबन्ध केवल पंजीकृत उद्योगों से ही किया जाता है।
4. पंजीकृत उद्योगों को जमानत राशि जमा कराने की आवश्यकता नहीं होती है।
5. पंजीकृत उद्योग के उत्पादन की सूचना विदेशों तक भी पहुंचनी संभव हो जाती है।

डी.जी.एस. एण्ड डी. का संगठन

इसका मुख्य कार्यालय दिल्ली में है तथा इसके पांच क्षेत्रीय कार्यालय दिल्ली, बम्बई, मद्रास, कलकत्ता और कानपुर में है। इसके मुख्य कार्य चार भागों में बंटे है –

1. आपूर्ति (Supplies)
2. निरीक्षण (Inspection)
3. प्रगति एवं सूचना (Progress & Information)
4. निस्तारण (Disposal)

(i) आपूर्ति – इसके अन्तर्गत क्रय विभाग आता है। इसके विभिन्न निदेशालय तथा विदेश कार्यालय हैं। इसमें विशिष्ट विवरण, ड्राइंग तैयार करना, माल के क्रय आदेश देना व उन्हें संबंधित विभागों को

भेजने हेतु कार्यवाही करना, सांख्यिकी सूचना रखना आदि कार्य आते हैं। ये विभिन्न ग्रुपों में बंटा हुआ है।

(ii) निरीक्षण – यह विभाग पूरे देश में फैला हुआ है। यह क्रय किये गये माल का निरीक्षण करता है, आवश्यक परीक्षण करता है और निरीक्षण/परीक्षण रिपोर्ट जारी करता है। उत्पादन प्रक्रिया के समय निरीक्षण करता है एवं तकनीकी मामलों में सलाह भी देता है।

(iii) प्रगति एवं सूचना – यह विभिन्न प्रक्रियाओं की प्रगति की सूचना रखता है तथा आपूर्ति में उत्पन्न विभिन्न समस्याओं के समाधान मे पहल करता है।

(iv) निस्तारण – यह विभाग विभिन्न उपक्रमों से अतिरिक्त सामान की सूचना प्राप्त करता है तथा उसके निस्तारण की योजना बनाता है एवं उनकों क्रियान्वित करता है।

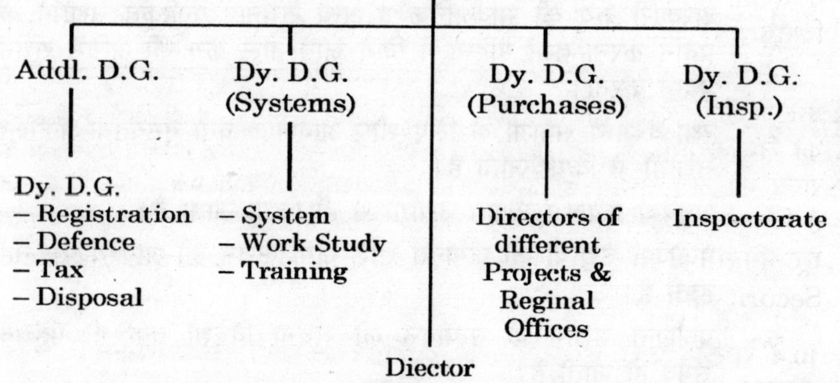

डी. जी. एस. एण्ड डी. की कार्य विधि

विभिन्न विभागों से प्राप्त मांग पत्रों का पूर्णतया अध्ययन किया जाता है तथा उनके विशिष्ट विवरणों (Specifications) की मानक उपलब्ध वस्तुओं के विशिष्ट विवरण से तुलना की जाती है। इसके फलस्वरूप कई बार मांग पत्र के विशिष्ट विवरण को परिवर्तित करने की सलाह दी जाती है। विशिष्ट विवरण के सही होने पर मांग की निविदा सूचना भेजी जाती है।

सम्भारकों (Suppliers) से निविदा प्राप्त होने के पश्चात् उनकी तुलना कर उसके साथ अनुबन्ध कर उसे आदेश प्रदत्त कर दिया जाता है।

सम्भारक सामग्री तैयार करने के पश्चात् डी॰जी॰एस॰ एण्ड डी॰ को सूचना भेजता है। निदेशालय का निरीक्षण विभाग माल का निरीक्षण कर किस्म का

प्रमाण पत्र प्रदान करता है। इसके पश्चात् सम्भारक अपना माल प्रस्तुत करने वाले विभाग को भेज देता है। डी॰जी॰एस॰ एण्ड डी॰ के अनुसार विभाग अग्रिम भुगतान कर सकता है। यह दर अनुबन्ध (Rate Contract) साधारणतया एक वष की अवधि के लिए मान्य होता है।

10.3 केन्द्रीय भंडार क्रय संगठन (Central Stores Purchase Organisation, C.S.P.O.)

आपूर्ति व निस्तारण महानिदेशालय की तरह ही राज्य स्तर पर सरकारी विभागों की आवश्यकता की पूर्ति हेतु केन्द्रीय भंडार क्रय संगठन "C.S.P.O." कार्य करता है। यह संगठन विभिन्न उद्योगों के साथ विभिन्न वस्तुओं की सप्लाई हेतु दर अनुबन्ध (Rate Contract) करता है, जिसकी अवधि साधारणतया एक वर्ष की होती है। इन दर अनुबन्ध में दिये विशिष्ट विवरण तथा शर्तों के अनुसार कोई भी विभाग इन वस्तुओं की आवश्यकता मात्रा की सप्लाई हेतु क्रय आदेश दे सकता है। सप्लाई करने से पूर्व माल का निरीक्षण सी॰एस॰पी॰ओ॰ के निरीक्षण विभाग द्वारा किया जाता है।

केन्द्रीय भंडार क्रय संगठन की खरीद में राज्य की लघु इकाईयों को लाभ देने के लिए वित्त विभाग ने क्रय नियम निर्धारित किये है। लगभग 130 वस्तुओं को लघु उद्योगों से क्रय करने हेतु आरक्षित किया गया है। उद्योग विभाग द्वारा राज्य की लघु उद्योग इकाईयों को मूल्य वरीयता प्रमाण पत्र जारी किया जाता है जिससे इकाईयों को राजकीय खरीद में 50 प्रतिशत तक टेन्डर की कीमत में छूट मिलती है तथा अमानत राशि व जमानत राशि (Earnest Money & Security Money) से मुक्ति का लाभ मिलता है।

10.4 राष्ट्रीय लघु उद्योग निगम का विपणन सहायता कार्यक्रम (NSIC Marketing Assistance Programme)

राष्ट्रीय लघु उद्योग निगम अपने विपणन सहायता कार्यक्रम के अन्तर्गत लघु उद्योग के उत्पादों के लिए वृहतर बाजार की ही व्यवस्था नहीं करता अपितु कुछ दुर्लभ स्वदेशी और आयातित कच्चे माल की प्राप्ति और गुणवत्ता नियंत्रण के प्रति सचेत रहने की भावना की उत्पत्ति को भी सुनिश्चित करता है। इस दिशा में बहुमुखी दृष्टिकोण अपनाया गया है। राष्ट्रीय लघु उद्योग निगम के आंतरिक विपणन कार्यक्रम के उद्देश्य निम्नलिखित हैं –

- माल का उत्पादन करने वालों को उचित लाभ सुनिश्चित करना।
- मानकीकरण और गुणवत्ता नियंत्रण सुनिश्चित करना और परीक्षण सबंधी सुविधाओं की व्यवस्था करना।
- एक ही नाम के ट्रेड मार्क को अपनाना।

- लघु इकाईयों को आधुनिक और उन्नत मशीनों और उपस्करों की सप्लाई करके उत्पादों का प्रचार करना।
- उपभोक्ता को उचित मूल्य पर अच्छी सामग्री उपलब्ध कराना।

सहायता संघ दृष्टिकोण (Consortia Approach)

अपने स्वदेशी विपणन कार्यक्रम में राष्ट्रीय लघु उद्योग निगम ने 1973 में सहायता संघ पद्धति अपनायी। इस पद्धति के अन्तर्गत एक ही उत्पाद का उत्पादन करने वाली कई लघु इकाईयों को एक सहायता संघ के रूप में संगठित किया जाता है। निगम बाजारों की खोज करता है और भारी मात्रा के आदेश प्राप्त करता है। इसके बाद लघु इकाईयों को उनकी उत्पादन क्षमता के आधार पर ये आदेश बांटे जाते हैं। इकाईयों की उत्पादों की गुणवत्ता बढ़ाने और बनाये रखने और मानक विशिष्टियों के अनुसार उनकी सप्लाई करने के योग्य बनाने के लिए सुविधाएं दी जाती है या सुविधाओं की व्यवस्था की जाती है। निगम सामग्री का भंडार भी अपने पास रखता है और इसके लिए वह सप्लाई तथा मांग के उच्चवचन को एकसार रखने के लिए कई इकाईयों के समूह के लिए सीधी बिक्री और खरीद का कार्य करता है। जहां भी आवश्यक हो निगम बिलों का बट्टा चुकाने का कार्य करता है और प्रेषण का प्रमाण पत्र प्राप्त हो जाने पर 80 से 85 प्रतिशत तक का भुगतान जारी कर देता है।

उत्पाद (Products)

उपरोक्त पद्धति पर स्वदेशी विपणन के लिए जिन उत्पादों को चुना गया है, वे निम्नलिखित हैं :

- **होजरी का सामान** – इसके लिए तिरुपुर में सहायता–संघ बनाया गया था। इन वस्तुओं को निक (nic) ब्रांड नाम के अन्तर्गत बेचा जाता है।
- **हस्तनिर्मित कागज** – इसके लिए देश भर की इकाईयों का सहायता–संघ बनाया गया। आपूर्ति तथा निस्तारण महानिदेशालय के साथ बातचीत करके एक दर संविदा निष्पादित की जाती हैं और रेल्वे लेखन–सामग्री कार्यालयों तथा सार्वजनिक क्षेत्र के उद्यमों जैसे प्रयोग करने वाले विभागों से भारी मात्रा के आदेश प्राप्त किये जाते है। राष्ट्रीय लघु उद्योग निगम कागज से बनाए जाने वाले फाइल कवरों और फाइलों फ्लेपों की सप्लाइ भी करता है।
- **बिजली के पंखे** – इनके लिए कलकत्ता में एक सहायता संघ बनाया गया था। आपूर्ति तथा निस्तारण महानिदेशालय के साथ दर

संविदा निष्पादित किया गया है। इस उत्पाद को भी निक (nic) ब्रांड नाम दिया गया है।

- **अम्लीय सीसा बैटरियां** – इसके लिए राष्ट्रीय लघु उद्योग निगम आपूर्ति तथा निस्तारण महानिदेशालय द्वारा की गई भारी मात्रा की निविदा पृच्छाओं के उत्तर में कुछ लघु इकाईयों की ओर से मूल्य प्रस्तावित करता है।
- **स्टेशनरी की मदें** – जिनके लिए कलकत्ता में कंसोर्टियम बनाया गया है, कलकत्ता स्थित भारत सरकार की स्टेशनरी कार्यालय से बड़ी मात्रा में आदेश प्राप्त किये जाते हैं और कंसोर्टिया के सदस्यों में बांट दिये जाते हैं।
- **जी॰एस॰एल॰ लैम्प** – जिनके लिए कलकत्ता में कंसोर्टियम बनाया है आपूर्ति और निस्तारण महानिदेशालय के साथ संविदा दर तय की गई है और इस्तेमाल करने वाले विभागों से बड़ी मात्रा के आदेश प्राप्त किये जाते हैं।
- **सी॰टी॰वी॰** – जिनके लिए मद्रास तमिलनाडू में कंसोर्टियम बनाया गया है इस उत्पाद को भी निक ब्रांड नाम दिया गया है।

आंतरिक विपणन के लिए निश्चित की गई अन्य मदें हैं – तांबे की पर्तें चढ़े बर्तन, सिलाइ के लिए धागे, प्लास्टिक बैंड, पी वी सी रीजिड पाइप, मेडिकल किट, वैल्डिंग इलैक्ट्रोड, ब्लेक एण्ड वाइट टेलिविजन और सी टी वी, चमड़े के दस्ताने, स्टील फर्नीचर आदि।

राष्ट्रीय लघु उद्योग निगम उत्तम क्वालिटी के मशीन टूल का भी विपणन करता है जैसे टूल रुम लेथ, टूल और कटर ग्राइंडर, टूल रुम मिलिंग मशीन आदि और अपने प्रोटोटाइप विकास तथा प्रशिक्षण केन्द्र ओखला, राजकोट, हावड़ा एवं मद्रास में बनाई गई 45 एम॰एस॰ और 65 एम॰एम॰ पी॰वी॰सी॰ एक्सटुडर, डाई कास्टिंग और लैदर फीनिशिंग मशीनें।

एजेंसी (Agency)

राष्ट्रीय लघु उद्योग निगम एजेंसी आधार पर मशीनरी और मशीन टूल का विपणन करता है। यह इगल इंडिया मशीन एण्ड टूल लिमिटेड, कलकत्ता द्वारा बनाए गए पी वी सी एक्सटूडरों का विपणन करता है। यह उपस्कर राष्ट्रीय लघु उद्योग निगम द्वारा अपने प्रोटोटाइप विकास तथा प्रशिक्षण केन्द्र, हावड़ा में विकसित किया गया है और इसके उत्पादन के लिए टेक्नोलोजी का अंतरण इस यूनिट को किया गया। राष्ट्रीय लघु उद्योग निगम एक मात्र बिक्री एजेंट के रूप में ए॰ओ॰ के वुड वर्किंग मशीन, नई दिल्ली द्वार विनिर्मित हैवी ड्यूटी वाली

बहुउद्देश्यीय वुड वर्किंग मशीनों, भारत सरकार के उत्पादन केन्द्र एट्टमनूर, केरल में विनिर्मित पावर हेमर, सेंड मिक्सर और आयल फायरड टिल्टिंग फरनेस जैसी मशीनों और भारत सरकार के उत्पादन केन्द्र, टिरुवल्ला, केरल में विनिर्मित बिजली की मोटरों का विपणन करता है।

विपणन विकास केन्द्र (Marketing Development Centres)

राष्ट्रीय लघु उद्योग निगम ने अपने आंतरिक विपणन कार्यक्रम के एक भाग के रुप में देश में विपणन विकास केन्द्रों की स्थापना का काम आरम्भ कर दिया है। ये केन्द्र निम्नलिखित उद्देश्य से बनाए गए है –

(क) पूरे देश में लघु उद्योग यूनिटों के उत्पादों को प्रदर्शित करने में उत्प्रेरक भूमिका निभाना और उनके प्रत्यक्ष तथा अप्रत्यक्ष विपणन में सहायता करना।

(ख) लघु उद्योगों के उत्पादों के प्रदर्शन के लिए स्थायी शो रूम सुविधाएं प्रदान करना।

(ग) लघु उद्योगों के उत्पादों में उपभोक्ताओं का विश्वास पैदा करना, मानकीकरण और गुणवत्ता सुधार द्वारा उनकी स्वीकार्यता में वृद्धि करना तथा ब्रांड इमेज उत्पन्न करना। विपणन विकास केन्द्र लघु उद्योगों के उत्पादों के प्रदर्शन के लिए केवल अपूर्व अवसर ही प्रदान नहीं करते अपितु उनकी खुदरा बिक्री, थोक वितरण टेडर मार्केटिंग तथा निर्यात के अवसर भी प्रदान करते हैं। इन केन्द्रों का उद्देश्य अखिल भारतीय स्तर पर और विदेशों में उपभोज्य वस्तुओं, इलैक्ट्रोनिक्स, बिल्डर हार्डवेयर आदि वस्तुओं का विपणन करना है। विपणन विकास केन्द्र पूरे देश में बड़े शहरों में स्थापित किए जा रहे है।

10.5 अखिल भारतीय हस्तशिल्प बोर्ड का विपणन सहायता कार्यक्रम (Marketing Assistance Programmes of All India Handicraft Board)

अखिल भारतीय हस्तशिल्प बोर्ड ने शिल्पकारों की विभिन्न आवश्यकताओं को पूरा करने के लिए पूरे देश में 47 विपणन एवं सेवा विस्तार केन्द्र स्थापित किए गए है। ये केन्द्र (क) विपणन (ख) ऋण (ग) कच्चा माल और (घ) डिजाइन विकास में सहायता प्रदान करते हैं। ये केन्द्र मुख्य रूप से निम्न चार प्रकार के बाजार संबंधित कार्यक्रम चलाते हैं :

(i) उत्पाद संवर्धन कार्यक्रम
(ii) शिल्प बाजार
(iii) बाजार बैठक
(iv) मेले तथा उत्सव

बाजार विकास कार्यक्रम उन शिल्पियों द्वारा सीधे भाग लेने के लिए है, जिन्हें विपणन एवं सेवा विस्तार केन्द्रों द्वारा इस कार्यक्रम के लिए चुना जाता है और इसमें भाग लेने के लिए लाया जाता है। इसके लिए प्रत्येक शिल्पकार को यात्रा, भत्ता, महंगाई भत्ता, मजदूरी मुआवजी और परिवहन की लागत एक निश्चित राशि तक तथा प्रति शिल्पकार एक सहायक के लिए यात्रा भत्ता व महंगाई भत्ता देय होता है। इसके अतिरिक्त किराया, प्रचार, बिजली, पानी, लाइसेंस तथा कर, प्रासंगिक व्यय के लिए अलग से राशि का प्रावधान होता है।

(i) उत्पाद संवर्धन कार्यक्रम – इस कार्यक्रम का उद्देश्य अज्ञात और नए बाजारों में हस्तशिल्प उत्पादों को लोकप्रिय बनाना है जहां शिल्पकारों को अपने कम लोकप्रिय उत्पादों को बेचने और नए उत्पाद स्तर के साथ प्रयोग के अवसर उपलब्ध कराने के लिए प्रोत्साहित किया जाता है। प्रत्येक उत्पाद संवर्धन कार्यक्रम की अवधि 7 दिन की रखी गई तथा इसमें 5 विपणन एवं सेवा विस्तार केन्द्र शामिल होंगे और प्रत्येक केन्द्र से 10 शिल्पकार भाग लेंगे। प्रत्येक शिल्पकार के साथ एक सहायक लाने का प्रावधान रखा गया है।

(ii) शिल्प बाजार – शिल्प बाजार आयोजित करने का उद्देश्य बड़े मेट्रोपोलिटन शहरों में उपभोक्ता के साथ पारस्परिक रुप से कार्य करने के लिए शिल्पकारों को सहायता देना है। यह अधिक सफल कार्यक्रमों में से एक है। इससे राज्य हस्तशिल्प निगम (मेजबान अभिकरण) सामान्य जनता तथा शिल्पकार समुदाय में अच्छी प्रतिक्रिया उत्पन्न हुई है। सामान्यतः प्रति वर्ष 5 शिल्प बाजार आयोजित किये जाते हैं, प्रत्येक की अवधि दस दिन होती है, जिसमें 25 विपणन एवं सेवा विस्तार केन्द्र शामिल होते हैं तथा प्रत्येक केन्द्र से 5 प्रायोजित शिल्पकार भाग लेते हैं, और प्रत्येक शिल्पकार के साथ एक सहायक लाया जा सकता है। ये शिल्प बाजार कलकत्ता, देहली, बम्बई, मद्रास, बंगलोर, पूणे, त्रिवेन्द्रम, हैदराबाद आदि बडे मेट्रोपोलिटन शहरों में आयोजित होते है।

(iii) बाजार बैठक – "बाजार बैठक" योजना के अन्तर्गत सीधा सम्पर्क स्थापित करने के विचार से शिल्पकारों तथा विपणन संगठनों को 7 दिन की अवधि के लिए एक जगह पर लाया जाता है। यह बैठकें प्रति वष 5 अर्थात् प्रति क्षेत्र एक आयोजित होती है। यह एक विशिष्ट कार्यक्रम है क्योंकि यही एक मंच है जहां एक क्षेत्र के शिल्पकार वर्ष में एक बार क्षेत्रीय राजधानियों में से किसी में छोटे एवं मध्यम खुदरा विक्रेताओं, थोक विक्रेताओं और साथ ही निर्यातकों के साथ सीधा सम्पर्क स्थापित करते हैं। इस कार्यक्रम के कार्यक्षेत्र को कार्यशाला–सह–सेमिनार का रूप दिया जाता है, जिसमें शिल्प परिषदों और क्षेत्रीय डिजाइन केन्द्रों के साथ पारस्परिक प्रक्रिया स्थापित होती है। शिल्प क्षेत्र में विशेषज्ञों को उपभोक्ता

रुचियों में बदलती हुई प्रवृतियों पर विचार व्यक्त करने के लिए आमंत्रित किया जाता है इस बैठक में प्रति केन्द्र 25 शिल्पकार प्रायोजित किये जाते हैं।

(iv) मेले तथा उत्सव – यह कार्यक्रम भी एक विपणन कार्यक्रम है, परन्तु यह सूरज कुण्ड मेला, ग्वालियर व्यापार मेला आदि जैसे प्रमुख राष्ट्रीय स्तर के शिल्प से संबंधित घटनाओं तक सीमित है। ये मेले पर्यटन मंत्रालय और संबंधित मेला प्राधिकरण द्वारा सभी भाग लेने वाले विभागों के लिए आयोजित किये जाते हैं। इसकी अवधि मेला प्राधिकरण द्वारा निर्धारित की जाती है तथा देश के सभी विपणन एवं सेवा विस्तार केन्द्रों से सीमित संख्या में शिल्पकार भाग लेते हैं।

10.6 प्रदर्शनियों तथा मेलों के आयोजनों में भाग लेना (Participation in Exihibitions and Fairs)

(i) राष्ट्रीय लघु उद्योग निगम तथा लघु उद्योग विकास संगठन द्वारा प्रदर्शनियों तथा मेलों में भाग लेना – राष्ट्रीय लघु उद्योग निगम अन्तर्राष्ट्रीय व्यापार मेलों तथा प्रदर्शनियों में भाग लेता है। इन मेलों में तथा प्रदर्शनियों में लघु उद्योग क्षेत्र की वस्तुओं का प्रदर्शन किया जाता है और निर्यात आदेश प्राप्त किये जाते है। यह निगम लघु उद्योग के उत्पादों का बड़ी मात्रा में आदेश बुक करने के लिए और लघु उद्योगों की इमेज बनाये रखने के लिए अन्तर्राष्ट्रीय प्रदर्शनियों, क्रेता विक्रेता बैठकों और व्यापार मेलों में लगातार भाग लेने का ध्यान रखता है। यह विदेशी एजेंटों तथा विदेशी कार्यालयों का नेटवर्क बनाने का ध्यान रखता है।

इसके अतिरिक्त लघु उद्योग के उत्पाद के विपणन में सहायता हेतु लघु उद्योग विकास संगठन (सीडो) भी विदेशों में अन्तर्राष्ट्रीय प्रदर्शनियों तथा मेलों में भाग लेता है। लघु उद्योग विकास संगठन ने लीपजिंग जर्मनी में 16–22 मार्च, 1991 तक आयोजित लीपजिंग स्प्रिंग फेयर में हिस्सा लिया तथा लघु उद्योग के उत्पादों का अच्छा प्रदर्शन रहा। साथ ही बड़ी मात्रा में इन उत्पादों के लिए निर्यात आदेश प्राप्त किये।

(ii) अखिल भारतीय हस्तशिल्प बोर्ड की हस्तशिल्प प्रदर्शन योजना (Handicraft Exibition Scheme of All India Handicraft Board) – इस योजना का उद्देश्य हस्तशिल्प के विपणन/विकास में लगे संगठनों को देश में विभिन्न स्थानों में आयोजित हस्तशिल्प संबंधी प्रदर्शनियों में भाग लेने के लिए सहायता देना है ताकि हस्तशिल्प के मदों की बिक्री एवं प्रचार में अधिकाधिक वृद्धि हो।

इस योजना के अन्तर्गत निम्न संगठन सहायता प्राप्त कर सकते हैं –

(i) हस्तशिल्प विकास निगम अथवा हस्तशिल्प के विकास और विपणन में लगे केन्द्रीय/राज्य निगम;

(ii) हस्तशिल्प विकास एवं विपणन में लगे शीर्ष/अन्य सहकारी समितियां;

(iii) हस्तशिल्प के संवर्धन में लगे ऐच्छिक संगठन (पंजीकृत समितियां, ट्रस्ट आदि)।

विकास आयुक्त हस्तशिल्प कार्यालय द्वारा प्रति प्रदर्शनि पर कुल सहायता एक लाख रुपये तक सीमित है जिसको निम्न उद्देश्य/उद्देश्यों के लिए प्रदर्शनी आयोजित करने हेतु उपयोग में लाई जा सकती है –

(i) किराया (ii) प्रदर्शन तथा ढांचा संबंधी लागत

(iii) प्रदर्शनी के लिए डिजाइनर शुल्क (iv) बिजली, पानी आदि

(v) प्रचार (vi) यात्रा भत्ता, महंगाइ भत्ता, परिवहन लागत।

10.7 राष्ट्रीय लघु उद्योग निगम की निर्यात सहायता (NSIC EXPORT ASSISTANCE)

राष्ट्रीय लघु उद्योग निगम ने लघु उद्योगों के उत्पादों के निर्यात के लिए "एकल मार्ग" (सिंगल विन्डो) सहायता नीति अपनायी है। 1969–70 में निर्यात कार्य शुरु करने के समय से ही निगम ने ऐसी विकासशील छोटी इकाईयों से संबंध रखा है जिन्होंने धीरे धीरे अपने उत्पादों का निर्यात स्वतंत्र रुप से करने की क्षमता प्राप्त कर ली है। उन अनेक लघु इकाईयों ने जिन्हें निर्यात के लिए अभिप्रेरित किया गया था और जिन्हें राष्ट्रीय लघु उद्योग निगम की सहायता से आरंभ करने वाला माना गया था, इतना पर्यात अनुभव प्राप्त कर लिया है कि वे सीधा निर्यात कर सकती हैं। राष्ट्रीय लघु उद्योग निगम अपने निर्यात सहयोगियों को निम्नलिखित सेवाएँ प्रदान करता है –

- अपने मांगकर्त्ता एजेंटो के माध्यम से प्रदर्शनियों, व्यापार मेलों तथा क्रेता विक्रेता सभाओ/प्रदर्शनियों में भाग लेकर तथा विदेशी दौरों के द्वारा पृच्छाएं (enquiries), विनिर्देशन और नमूने प्राप्त करना और उन्हे लघु इकाईयों के पास भेजना।
- काउंटर सेंपल का विकास करने में लघु इकाइयों की सहायता करना और उन्हें विदेशी खरीददारों के अनुमोदन के लिए प्रेषित करना।
- विदेशी खरीददारों के साथ ठेकों की बातचीत करना और ठेके लघु इकाईयों को देना।
- निर्यात प्रलेखन के पूरे कार्य को देखना।

- माल के प्रेषण के प्रमाणपत्र के आधार पर 80 प्रतिशत से 85 प्रतिशत तक कीमत अदा करना।
- जहां भी आवश्यक हो, कच्चे माल के आयात की व्यवस्था करना।
- जहां भी आवश्यक हो, आधुनिकीकरण, विस्तार और परीक्षण के लिए संतोलन मशीनरी के लिए वित्त–व्यवस्था करना और ऐसी मशीनरी सप्लाई करना।
- नकदराशि के रुप में प्रोत्साहन तथा चुंगी वापसी जैसी निर्यात संबंधी प्रोत्साहन की छूट के 90 प्रतिशत तक का अग्रिम भुगतान करना।
- उत्पादन को मानिटर करना, गुणवता और विशिष्टियों के लिए उत्पादों का निरीक्षण करना तथा निर्यात की व्यवस्था करना।
- विदेशी खरीददारों के साथ सामान्य बैंकिंग माध्यम द्वारा प्रलेखों संबंधी बातचीत करना।
- आयात पुनपूर्ति लाइसेंस, अतिरिक्त लाइसेंस, निर्यात हाउस लाइसेंस प्राप्त करना तथा लघु क्षेत्र में वास्तविक इस्तेमाल कर्ताओं के लिए अनुमय मदों के आयात की व्यवस्था करना।
- जहां आस्थगित भुगतान क्रेडिट सुविधा बढ़ा दी गई, ऐसे खरीददारों के मामलों में एकसीम बैंक से आस्थगित भुगतान क्रेडिट सुविधा की व्यवस्था करना।
- आदेश के मूल्य पर आधारित आमतौर पर 3 प्रतिशत से 10 प्रतिशत तक होने वाले अपने सेवा प्रभारी की वसूली के बाद शेष भुगतान, उपलब्ध लाभ की मात्रा और अनुमानित पण्यावर्त (turnover) ब्याज और अन्य बैंक प्रभारों का भुगतान विदेशी खरीदारों से भुगतान की वसूली होने पर निर्यातक यूनिटों को किया जाता है।

राष्ट्रीय लघु उद्योग निगम द्वारा इस समय निर्यात की जा रही वस्तुएं हैं – अलौह बिल्डर हार्डवेयर, औद्योगिक मशीनरी, पीतल के पुर्जे, पीतल की हस्तकला वस्तुएं, औद्योगिक जुड़नार, ताले और पैडलाक, सिले–सिलाए वस्त्र, मशीन टूल, हैंड टूल, दस्ताने, डीजल इंजन, सेनीटरी और बाथरुम की फिटिंग, खेलकूद का सामान, चमड़े की वस्तुएं आदि।

राष्ट्रीय लघु उद्योग निगम यू॰एस॰ए॰, यू॰के॰, पश्चिमी जर्मनी, कनाडा, हालैंड आदि जैसे कुछ विकसित देशों को लघु उद्योग की वस्तुओं का निर्यात कर रहा है।

10.8 किस्म के प्रति जागरुकता एवं विक्रय पर प्रभाव (Quality Consciousness and its effect on sale)

ऐसा कोई व्यक्ति नहीं होगा जिसकी तमन्ना अच्छी किस्म की वस्तुएं खरीदने की न हो। अतः क्रेता की आवश्यकतानुसार वस्तुएं बनाना उद्योगों द्वारा तभी संभव है जबकि अपने उत्पादों के किस्म के प्रति जागरूकता हो। इसके लिए आवश्यक है कि वस्तुओं के उत्पादन के लिए सही प्रकार का कच्चा माल खरीदा जावे और कच्चे माल को भंडार में प्राप्त करते समय उसका उचित निरीक्षण करवाया जावे। उत्पादन के दौरान वस्तुओं/पार्टस को बनाने के लिए दिये गये विशिष्ट विवरण व ड्राइंग के अनुसार ही उनका निर्माण हो। उत्पादन पर यदि तापक्रम, आर्द्रता आदि का प्रभाव पडता हो तो उत्पादन स्थल पर इन पर नियंत्रण रखने के लिए आवश्यक प्रबंध किये जाने चाहिए। उत्पादन स्थल पर उचित रोशनी की व्यवस्था हो, चाहे प्राकृतिक या कृत्रिम हो ताकि कार्य करने वाले श्रमिकों को उत्पादन के दौरान कठिनाई न हो। उत्पादन के दौरान वस्तुओ/पार्टस का अलग–अलग स्तर पर निरीक्षण अति आवश्यक है ताकि उत्पादन के दौरान नकारा वस्तुओ/पार्टस को अलग किया जा सके या संभव हो तो उन्हें सुधारा जा सके। निरीक्षणकर्ता को निर्धारित मानकों का ज्ञान होना व उनके अनुसार कार्य करना चाहिए। वस्तुओ/पार्टस के तैयार हो जाने पर इनको रखने की उचित व्यवस्था होनी चाहिए ताकि वातावरण का कुप्रभाव इन पर ना पड़े। उत्पादित वस्तुओं के पैकिंग की उचित व्यवस्था होनी चाहिए। साथ ही पैकिंग आकर्षक भी होनी चाहिए। इस प्रकार उत्पादनकर्ता का हर स्तर पर उत्पादन के दौरान दिये गये मानकों के अनुसार कार्य करने को प्रेरित किया जाता है तो उद्योग में अच्छी किस्म की वस्तुएं बनाना संभव हो सकेगा। ऐसे प्रयास लगातार होते रहने चाहिए ताकि किस्म के प्रति जागरुकता बनी रहे।

अच्छी किस्म की वस्तुओं के उत्पादन से उत्पादित वस्तुओं की बिक्री बढने की काफी संभावना रहती है। साथ ही इससे उद्योग की साख मार्केट में बनाने में सहायता मिलती है। यदि उद्योग की मार्केट में साख अच्छी बन जाती है तो यह माल की यथा शीघ्र बिक्री में तों सहायक होगी ही साथ ही उस उद्योग द्वारा नये उत्पाद बनाने पर मार्केट में अपनी अच्छी साख के कारण उनकी बिक्री गें बहुत सहायता मिलती है।

सही किस्म तथा उचित दाम की वस्तुओं को देशी मार्केट के अतिरिक्त विदेशी मार्केट में अपना स्थान बनाने में भी सहायता मिलती है। इस प्रकार माल के निर्यात द्वारा अच्छा मुनाफा तो मिलता ही है साथ ही देश को विदेशी मुद्रा भी प्राप्त होती है जो कि देश की आर्थिक स्थिति सुधारने में सहायक होती है।

11

अनुबन्ध एवं निविदा
(Contracts and Tenders)

11.1 प्रस्तावना (Introduction)

यह सर्वविदित है कि मनुष्य एक सामाजिक प्राणी है तथा अपने दैनिक जीवन की गतिशीलता को बनाये रखने के लिए अन्य मनुष्यों से हर कदम पर जुड़ा रहता है। इस समाज–व्यवस्था में हम एक दूसरे पर निर्भर रहते हैं जो कि आपसी वादों व विश्वासों से बंधा रहता है। काम की निश्चितता पूर्वक समाप्ति के लिए कभी कभी वायदों को लिखित रूप में कानूनन मान्यता भी आवश्यक हो जाती है। इस प्रकार किसी कार्य की पूर्णता के लिए किन्ही दो या अधिक पक्षों में किसी एक निर्णय पर सहमति ही अनुबन्ध कहलाती है।

"अनुबन्ध विभिन्न पक्षों के बीच एक प्रकार की सहमति होती है जो कि उसमें उल्लेखित कार्य के निष्पादन हेतु सभी पक्ष अपने अपने उतरदायित्व निभाने के लिए बाध्य होते है।" अधिकांशतः अनुबन्ध का प्रलेख लिखित रूप में तैयार किया जाता है तथा प्रत्येक पक्ष एवं गवाहों से हस्ताक्षरित होता है। अनुबन्ध सभी पक्षों के उत्तरदायित्व व उनके निजी अधिकारों को लागू करने व उन्हें कानूनन पूर्ण करने को बाध्य करता है।

11.2 अनुबन्ध की आवश्यकता (Necessity of Contract)

जब कभी भी किसी कार्य के निष्पादन के लिए किसी व्यक्ति विशेष या फर्म को अधिकार दिया जाता है तब उस कार्य के सम्पूर्ण विनिर्देश स्पष्ट कर दिये जाते हैं तथा अपेक्षा की जाती है कि कार्य निश्चित समय में पूर्ण हो जाये एवं उसकी गुणवत्ता के मानदण्ड भी विनिर्देशों के अनुरुप हो। लेकिन आमतौर पर देखा गया है कि परिस्थितिवश कई बार या तो कार्य समय पर पूर्ण नहीं होता है या उसकी गुणवता के स्तर में अन्तर पाया जाता है। यह आवश्यक नहीं है कि कान्ट्रेक्टर ने जानबूझकर देर की है या निम्न स्तर का कार्य किया हो, हो सकता है कि नियोजक ने भी निम्न स्तर की सामग्री प्रदान की हो। कारण कोई

भी हो लेकिन कार्य सम्पूर्णता में देरी या गुणवता में अन्तर मतभेद का कारण बन जाती है। जिससे सभी पक्षों को परोक्ष या प्रत्यक्ष रूप में हानि उठानी पड़ सकती है। ऐसी मतभेद की स्थिति से बचने के लिए विभिन्न पक्षों के बीच एक मान्य अनुबन्ध तैयार किया जाता है, जिसके तहत सभी पक्षों को अधिकार एवं उत्तरदायित्व सौपें जाते हैं जिनकी पालना करना उनका कर्तव्य होता है तथा उनका पालन न होने पर कार्य की हानि के लिए जिम्मेवार होते हैं। अनुबन्ध में कर्तव्य व उत्तरदायित्व न निभाने पर क्षतिपूर्ति प्रतिकार का प्रावधान भी रखा जाता है, जिससे कोई भी पक्ष अकारण ही अपने कर्तव्य व उत्तरदायित्व से विमुख न हो।

11.3 मान्य अनुबन्ध (Valid Contract/Legality of Contract)

अनुबन्ध प्रलेख तैयार होने के पश्चात सभी पक्षों व गवाहों के हस्ताक्षर करवाये जाते हैं। कोई भी पक्ष जब अनुबन्ध तैयार होने के पश्चात् कार्य की प्रगति के मध्य अनुबन्ध के अनुसार काय करना बन्द कर दे उस परिस्थिति में कानून की शरण लेनी पड़ती है लेकिन न्यायालय में कानूनन मान्य अनुबन्ध के तहत ही याचना की जा सकती है। अतः न्यायिक तौर पर मान्य अनुबन्ध में निम्न तथ्यों का उल्लेख होना आवश्यक है :

(i) प्रत्येक पक्ष अनुबन्ध की शर्तों को मानने के लिए कानूनन बाध्य होगा।

(ii) यदि अनुबन्ध एक पक्ष द्वारा तैयार किया गया हो तो अन्य सभी पक्षों द्वारा बिना शर्त स्वीकृति होना आवश्यक है।

(iii) अनुबन्ध की शर्तें व्यावहारिक हों।

(iv) अनुबन्ध की शर्तें विचारणीय व महत्वपूर्ण हों।

(v) अनुबन्ध में उल्लेखित बिन्दु न्यायसंगत हो।

(vi) शराब पी हुई अवस्था या पागलपन के दौर में किया गया अनुबन्ध कानूनन मान्य नहीं होता है।

यदि अनुबन्ध उपरोक्त बिन्दुओं पर आधारित न हो तो वह अनुबन्ध निरर्थक या अबाध्य कहलाता है।

11.4 अनुबन्ध के प्रकार (Types of Contracts)

अनुबन्ध की शर्तें, कार्य के प्रकार, कार्य के मूल्य, कार्य के निष्पादन की अवधि एवं प्रकार आदि पर निर्भर करती है। अतः अनुबन्ध के प्रकार भी अनुबन्ध की कार्य अवधि, कार्य सीमा, कार्य मूल्य आदि के अनुसार होते हैं। अनुबन्ध के प्रकार मुख्य रूप से निम्न होते हैं।

(i) एकल कार्य अनुबन्ध (Piece/Single work contracts)

(ii) लम्पसम अनुबन्ध (Lumpsum Contractys)

(iii) वस्तु मूल्यांकन अनुबन्ध (Item rates Contracts)

(iv) प्रतिशतता अनुबन्ध (Percentage Contracts)

(i) एकल कार्य अनुबन्ध : जब नियोजक द्वारा कान्ट्रेक्टर को किसी एक निश्चित कार्य के लिए अनुबन्धित किया जाता है जो उक्त प्रकार का अनुबन्ध करार होता है। इस प्रकार के अनुबन्ध की शर्ते कार्य समाप्ति पर स्वतः ही समाप्त हो जाती है। उदाहरण के तौर पर किसी वस्तु की खरीद के लिए ग्राहक दुकानदार से भाव–ताव करके निश्चित रकम तय कर लेता है तो ग्राहक द्वारा उक्त वस्तु का मूल्य चुका कर वस्तु प्राप्त करने के बाद अनुबन्ध स्वतः ही समाप्त हो जाता है अर्थात् यदि ग्राहक उसी वस्तु की अन्य इकाइ उसी मूल्य पर खरीदना चाहे तो दुकानदार उसके लिए बाध्य नहीं होगा।

लाभ – इस प्रकार के अनुबन्ध का मुख्य लाभ यह है कि अनुबन्ध के तहत बाजार के उतार--चढाव का असर मात्र एक वस्तु या कार्य पर ही पड़ेगा। अगले कार्य या वस्तु खरीद के भाव उस समय के बाजार भाव पर निर्भर करेगा। इसी प्रकार यदि नियोजक कॉन्ट्रेक्टर के कार्य से संतुष्ट न हो या कॉन्ट्रेक्टर नियोजक के कार्यप्रणाली या भुगतान प्रक्रिया से संतुष्ट न हो तो अगले कार्य के पूर्व ही इन बातों पर विचार किया जा सकता है या अन्य व्यक्ति को भी अनुबंधित किया जा सकता है।

अलाभ – यदि एक ही प्रकार के कार्य की पुनरावृति होनी हो या उसी कान्ट्रेक्टर को अगले कार्य के लिए अनुबन्धित करना हो तो प्रत्येक बार अनुबन्ध तैयार करने की कानूनी प्रक्रिया से गुजरना पड़ेगा जो कि आर्थिक हानि ही है। इसके अतिरिक्त यदि कॉन्ट्रेक्टर को ज्ञात हो कि उसे इसी प्रकार के भविष्य में और भी कार्य करने है तो संभवत कार्य की अधिकता को देखते हुए कॉन्ट्रेक्टर अपनी कार्य संपादन की दरों में कमी कर सके जिसका आर्थिक लाभ भी नियोजक को होगा।

(ii) लम्पसम अनुबन्ध (Lumpsum Contracts): इस प्रकार के अनुबन्ध में कार्य निष्पादन के लिए विस्तृत दर नही निकाली जाकर मोटे तौर पर एक निश्चित राशि पर कार्य निष्पादन करना तय कर लिया जाता है। जैसे कि एक 140 वर्ग मी॰ के भूखण्ड पर 90 वर्ग मीटर का भवन निर्माण भूतल पर करवाना है जिसमें बैठक, शयनकक्ष, चौक, रसोई, स्नानघर व सीढ़ियां आदि बनाना है तथा इस कार्य को सम्पूर्ण करने का अनुबन्ध रु॰ तीन लाख में तय कर दिया जाता है तो इस प्रकार के अनुबन्ध को लम्पसम अनुबन्ध कहते हैं।

लाभ – इस प्रकार के अनुबन्ध के लिए विस्तृत लेखा कार्य करने व अनुमानित लागत निकालने की आवश्यकता होती। इस प्रकार के अनुबन्ध तोड़ने

पर कान्ट्रेक्टर को ही हानि होगी न कि नियोजक को। अनुबन्ध पर बाजार भाव के उतार चढाव, माल की आपूर्ति आदि के बारे में कान्ट्रेक्टर को ही सोचना पड़ेगा।

अलाभ – अनुमानित राशि से बनाये अनुबन्ध से कभी कभी नियोजक को भारी हानि हो सकती है क्योकि हो सकता है कि कार्य निष्पादन की बाजार दर अनुबन्ध की दर से बहुंत कम हो। इसी प्रकार कभी कभी कान्ट्रेक्टर को भी भारी हानि का सामना करना पड़ सकता है। इस प्रकार के अनुबन्ध मे कार्य की गुणवत्ता का पूरा पूरा ध्यान रखना संभव नहीं होता है।

(iii) वस्तु मूल्यांकन अनुबन्ध (Item Rates Contracts) : जब कभी भी एक ही प्रकार के कार्य को बार बार दोहराना हो तो उस कार्य की एक इकाई के मूल्य की गणना कर ली जाती है तथा जितना गुणाकार्य अधिक होता रहेगा, उसी के अनुसार कार्य का भुगतान किया जाता रहेगा। जैसे कि एक फर्नीचर फैक्ट्री में कुर्सी पर रंग करने की दर बीस रु प्रति कुर्सी है तो जितनी भी कुर्सियों पर रंग किया जायेगा उसी के अनुसार भुगतान भी किया जायेगा। अन्य उदाहरण के तौर पर एक कि॰मी॰ लम्बी सड़क बनाने की लागत यदि रु॰ 10 लाख है तो सड़क बनाने पर उसकी लम्बाइ के अनुसार प्रति कि॰मी॰ रु॰ 10 लाख का मूल्यांकन कर भुगतान होगा।

लाभ – इस प्रकार के अनुबन्ध में बार बार वस्तु का मूल्य निकालने व कुल मूल्य निकालने की आवश्यकता नहीं रहती। उक्त मूल्यांकन अनुबन्ध के तहत कार्य की गुणवत्ता प्राप्त न होने पर अनुबन्ध कभी भी समाप्त किया जा सकता है तथा नये कान्ट्रेक्टर को कार्य दिया जा सकता है।

अलाभ – इस प्रकार के अनुबन्ध के तहत जब कभी कार्य के विनिर्देशों में अन्तर होने पर कान्ट्रेक्टर अपनी दरें लागू कर लेते हैं। वस्तु मूल्य अनुबन्ध में कार्य की गुणवत्ता पर पूरा नियंत्रण नहीं रहता है।

(iv) प्रतिशतता अनुबन्ध (Percentage Contracts) इस प्रकार के अनुबन्ध का प्रचलन अधिकतर कार्य की देखरेख, जाँच मरम्मत आदि के कार्यों में होता है। इसमें कार्य की कुल लागत कीमत की गणना कर ली जाती है तथा काय सम्पादन के लिए उसकी निश्चित प्रतिशतता तय कर ली जाती है। जैसे कि एक भवन निर्माण के लिए वास्तुकार से अनुबन्ध किया जाता है जो कि उसके डिजाइन, नक्शे, कार्य सुपरविजन आदि के लिए भवन की कुल लागत का 3: देना तय होता है तो इस प्रकार के अनुबन्ध को प्रतिशतता अनुबन्ध कहते हैं।

लाभ – इस प्रकार के अनुबन्ध में कार्य सम्बन्धी सभी पक्षों के बारे में नियोजक को अनावश्यक दौड–धूप की आवश्यकता नहीं होती। इस अनुबन्ध में भुगतान को लेकर मतभेद नहीं होते क्योंकि कुल व्यय राशि की निश्चित प्रतिशतता का ही भुगतान करना होता है।

अलाभ – इस अनुबन्ध के तहत कभी भी कार्य सामग्री का अपव्यय भी अधिक होता है, क्योकि कार्य सामग्री के अपव्यय पर कान्ट्रेक्टर को हानि नहीं होती बल्कि अपव्यय पर भी उसे अपना भुगतान प्रतिशतता के आधार पर मिलता है।

11.5 अनुबन्ध की शर्ते एवं निगमन (Incorporation of Contract terms)

अनुबन्ध की शर्तें ही उस अनुबन्ध का मुख्य आधार होती है जो प्रत्येक पक्ष के अधिकार व कर्तव्य की सीमायें निर्धारित करती हैं। अतः अनुबन्ध की शर्तों को अन्तिम रूप देने से पूर्व पुनरावलोकन कर लेना चाहिए तथा शर्तों की भाषा एवं व्यक्त करने के तरीके इत्यादि का अध्ययन कर लेना चाहिए और उसका न्यायिक आधार भी सुदृढ़ हो। अनुबन्ध की शर्तों में प्रत्येक पक्ष के अधिकार व उत्तरदायित्व का स्पष्ट वर्णन के साथ साथ अनुबन्ध पालन के तरीके व समय अवधि का भी उल्लेख करना चाहिए। यदि अनुबन्ध की समाप्ति पर नये अनुबन्ध की आवश्यकता हो या पुनरावलोकन की आवश्यकता हो तो उसका भी उल्लेख होना आवश्यक है। शर्तों के निगमन में विवाद व झगड़ों की स्थिति के निपटारे के लिए किसी न्यायपालिका का नाम निर्दिष्ट कर लेना चाहिए।

अनुबन्ध में निगमत शर्तों के प्रकार मुख्यतः निम्न होते हैं।

(i) निश्चित शर्ते (Certain Terms) – इस प्रकार की शर्तें निश्चित रूप से अनुबन्ध में स्पष्ट की जाती है तथा ये लिपिबद्ध (हस्तलिखित, टाइपकृत, मुद्रित) या मौखिक रूप में भी व्यक्त की जा सकती है। इन शर्तों में प्रत्येक पक्ष के कर्तव्य, अधिकार व दायित्व को तर्कसंगत एवं न्यायसंगत तौर पर स्पष्ट वर्णित किया जाता है। इन शर्तों की अवमानना पर कोई भी पक्ष न्यायालय की शरण ले सकता है।

(ii) अनिश्चित शर्ते (Uncertain Terms) – कार्य के निष्पादन में कुछ लचीलापन की अवस्था के लिए कुछ शर्ते आपसी व्यवहार के अनुसार बदलती रहती है। इस प्रकार की अनिश्चित शर्तों की पालना करना प्रत्येक पक्ष की स्वयं की जिम्मेवारी होती है। अनिश्चित शर्तों की अवमानना या अनुबन्ध तोड़ने की अवस्था में न्यायपालिका के समक्ष इन शर्तों का महत्व बहुत ही कम होता है। विवाद की स्थिति का संभावित हल भी सभी पक्षों का आपसी समझौता ही होता है।

(iii) निहित शर्ते (Implied Terms) – अनुबन्ध प्रलेख में कई शर्तों का उल्लेख नहीं किया जाता है लेकिन कुछ शर्तों का भले ही उल्लेख न हो अनुबन्ध पर लागू होती है। ऐसी शर्तों को निहित शर्तें कहा जाता है। जैसे कि ग्राहक किसी दुकान से कोई वस्तु खरीदता, तो यह स्पष्ट है कि खरीदी गई

वस्तु सही हालत में होगी, लेकिन काम में लेने पर ज्ञात होता है कि खरीदी गई वस्तु टूटी हालत में है, उस स्थिति में दुकानदार को वस्तु बदलकर देनी आवश्यक होगी।

(iv) विच्छेद शर्तें (Breach Terms) – कार्य सम्पादन के पूर्व ही पक्षकारों में मतभेद की स्थिति के उल्लेख के साथ साथ विच्छेद की शर्तों का अनुबन्ध में निगमन होना आवश्यक है, जिससे कार्य की प्रगति पर प्रतिकूल असर न पड़ें।

(v) प्राधिकार (Warranties) – यह एक प्रकार की शर्त होती है जिससे अनुबन्ध के मौलिक रुप पर कोई प्रभाव नहीं पडता लेकिन इस शर्त का महत्व कार्य संपादन के समय गुणवता बनाये रखने पर पड़ता है। कार्य समाप्ति के पश्चात् भी निश्चित अवधि तक कार्य में क्षय या टूट–फूट आदि का उल्लेख तथा प्रतिकार की व्यवस्था भी दर्शायी जाती है।

11.6 अनुबन्ध विच्छेद के प्रतिकार (Remedies for breach of Contract)

प्रायः यह देखा गया है कि जब कभी किसी कार्य का निष्पादन होता है तो सभी पक्ष पूर्णतया संतुष्ट नहीं हो पाते तथा मतभेद हो जाते हैं। कभी कभी मतभेद इतने गहरे हो जाते हैं कि अनुबन्ध विच्छेद ही एकमात्र उपाय रह जाता है। अनुबन्ध विच्छेद के समय कोई पक्ष हानि की स्थिति में हो तथा कोई पक्ष लाभ अर्जित कर चुका हो। अतः मान्य अनुबन्ध के विच्छेद पर हानि उठाने वाले पक्ष को प्रतिकार पाने का अधिकार होता है। प्रतिकार का स्वरूप उस अनुबन्ध के प्रकार, विषय, उद्देश्य, शर्तों व विच्छेद के स्वरूप पर निर्भर करता है। प्रतिकार साथ साथ भी लागू हो सकते हैं। मुख्यतः प्रतिकार निम्न रूप से किये जाते है–

(i) क्षतिपूर्ति प्रतिकार (Compensation Remedies) यह एक सामान्य प्रतिकार है जो कि हानि उठाने वाले पक्ष का अधिकार भी माना जा सकता है। अनुबन्ध के अनुसार कार्य होने में कोई कमी रह जाये, गुणवत्ता स्तर में अन्तर हो या टूट–फूट आदि होतो कार्य पूर्ण करने के लिए अतिरिक्त धन की आवश्यकता होगी। इस काय को सम्पूर्ण करने के लिए आवश्यक धन की मात्रा जो कि हानि उठाने वाले पक्ष को दी जाये, क्षतिपूर्ति प्रतिकार कहते हैं।

(ii) ब्याज प्रतिकार (Interest Remedies) – जब अनुबन्ध में समय अवधि का वर्णन हो तथा कार्य समय पर पूरा न होने के कारण एक पक्ष को हानि उठानी पड़ सकती है। ऐसी स्थिति में निश्चित धनराशि पर ब्याज चुकाकर समय के विलम्ब का प्रतिकार किया जा सकता है। इस प्रकार के प्रतिकार के लिए ब्याज दर, तिथि जिस दिन से ब्याज देय हो तथा राशि जिस पर ब्याज देय हो इनका स्पष्टीकरण होना आवश्यक है।

11.7 विभागीय कार्यप्रणाली (Departmental Execution of Work)

जैसा कि विदित है कि किसी कार्य का सही प्रारंभ ही सफलता की पहली सीढ़ी है। इसी प्रकार कार्य के प्रारंभ से पूर्व उसका आंकलन, गणना, कान्ट्रेक्टर का चयन, अनुबन्ध पत्र तैयार करके कार्य का सम्पादन/निष्पादन करना ही उचित प्रक्रिया है। अतः प्रत्येक विभाग चाहे वह सरकारी, अर्द्ध सरकारी या निजी कम्पनी का हो, कार्य प्रारम्भ करने से पूर्व उस कार्य के बारे में मुख्य–मुख्य जानकारी एकत्रित करनी होती है, जैसे कि –

– कार्य का उद्देश्य व स्वरूप

– कार्य की अनुमानित लागत

– कार्य सम्पूर्णता में संभावित समय अवधि

– उपलब्ध संसाधन

– कार्य की परिकल्पना (Design) एवं रेखाचित्र (Drawings)

– कार्य में संभावित कठिनाइयाँ

उपरोक्त जानकारी एकत्रित करने के पश्चात् उक्त कार्य के निष्पादन के लिए योग्य कान्ट्रेक्टर का चयन किया जाता है। कान्ट्रेक्ट चयन विभिन्न प्रकार से किया जा सकता है लेकिन आम प्रचलित एवं निष्पक्ष तौर पर चयन के लिए निविदा आमंत्रित करके किया जाता है।

11.8 निविदा की आवश्यकता (Necessity of Tenders)

जब नियोजक कोई कार्य (जिस पर होने वाला व्यय भी अधिक) करवाना चाहता हो तब सर्वप्रथम उस कार्य के लिए योग्य कान्ट्रेक्टर का चयन ही महत्वपूर्ण कार्य होता है। योग्य कान्ट्रेक्टर का तात्पर्य अनुभवी व कार्य कुशल कान्ट्रेक्टर से है। नियोजक के लिए यह आवश्यक नहीं है कि वह सभी सक्षम व योग्य कान्ट्रेक्टरों को निजी तौर पर जानता हो। उस स्थिति में निविदा आमंत्रण ही उत्तम तरीका है जिससे कान्ट्रेक्टर स्वयं अपने स्तर पर कार्य का आंकलन कर उस कार्य के लिए अपने प्रस्ताव दे सकता है। प्रस्ताव के साथ कान्ट्रेक्टर अपने पिछले अनुभव, कार्य करने की क्षमता, उसके पास उपलब्ध संसाधन आदि की जानकारी भी देता है। जिससे नियोजक सभी प्राप्त प्रस्तावों में से उचित प्रस्ताव पर विचार कर कान्ट्रेक्टर का चयन करता है।

11.9 निविदा के प्रकार (Types of Tenders)

नियोजक कान्ट्रेक्टर चयन के लिए विभिन्न प्रकार से निविदाएं आमंत्रित करते हैं, जिनमें निम्न प्रकार के मुख्य है –

(i) सीमित निविदा (ii) खुली निविदा

(iii) समझौता निविदा (iv) द्विपदीय निविदा

(i) सीमित निविदा (Limited Tenders) – जब नियोजक को छोटा कार्य, कम धनराशि व्यय होने वाला तथा शीघ्र पूर्ण कराना हो एवं उस प्रकार के कार्य करने वालों के बारे में नियोजक को जानकारी हो, ऐसी स्थिति कार्य की शीघ्रता तथा व्यय राशि को ध्यान रखते हुए कुछ गिने चुने कान्ट्रेक्टरों से निविदायें आमंत्रित की जाती है। किसी भी परिस्थिति में कम से कम तीन या चार कान्ट्रेक्टरों द्वारा निविदा के लिए प्रस्ताव प्राप्त होने आवश्यक है। इस प्रकार सीमित कान्ट्रेक्टरों से प्राप्त की गई निविदा को सीमित निविदा कहते हैं।

(ii) खुली निविदा (Open Tenders) इस प्रकार की निविदा आमंत्रण पर कोई भी कान्ट्रेक्टर जो कि निविदा में वर्णित कार्यों को सम्पूर्ण करने की योग्यता रखता हो, अपना प्रस्ताव भेज सकता है। इसी तरह की निविदा आमंत्रण के लिए समाचार पत्रों में विज्ञापन दिया जाता है। सभी प्राप्त सक्षम कान्ट्रेक्टरों के प्रस्तावों का विश्लेषण करके उनकी योग्यता तथा प्रस्ताव की धनराशि के अनुसार एक कान्ट्रेक्टर का चयन किया जाता है।

(iii) समझोता निविदा (Negotiated Tenders) – जब किसी कार्य की पूर्ण परिकल्पना (Design) के पूर्व ही कार्य में सहयोग लेने तथा कार्य निष्पादन में कान्ट्रेक्टर को नियोजित करना हो, ऐसी अवस्था में समझोता निविदा द्वारा कान्ट्रेक्टर का चयन किया जाता है। इस प्रकार की निविदा में नियोजक व कान्ट्रेक्टर आमने–सामने बैठकर कार्य के प्रत्येक पहलू पर विचार करते है, कार्य निष्पादन के तरीके तय करते है। अनुबन्ध की शर्ते एवं उनकी अनुपालना के दायित्व आदि तय करते हैं। इसके पश्चात् कार्य निष्पादन में व्यय राशि का आंकलन किया जाता है तथा भुगतान के पद तय किये जाते हैं। इस प्रकार की निविदा के लिए कभी कभी एक ही कान्ट्रेक्टर से वार्ता की जाकर अनुबन्ध तय कर लिया जाता है तथा कभी कभी विभिन्न कान्ट्रेक्टरों से विचार विमश करके किसी एक कान्ट्रेक्टरों से विस्तृत वार्ता की जाती है।

(iv) द्विपदीय निविदा (Two Stage Tenders) – आजकल उक्त प्रकार की निविदाओं को ज्यादा महत्व दिया जा रहा है। विशेष तौर पर जब कार्य के निष्पादन के लिए तकनीकी कान्ट्रेक्टर को नियोजित किया जाना हो जिसका उस क्षेत्र में काफी अनुभव हो। इस प्रकार की निविदा खुली निविदा व समझौता निविदा का सम्मिश्रण है। इन निविदाओं में पहले चरण में समाचार पत्रों में विज्ञापन द्वारा निविदायें आमंत्रित की जाती है तथा उनके कार्यानुभव कार्य करने की क्षमता, प्रस्तावों का विश्लेषण करके कुछ कान्ट्रेक्टरों का चयन किया जाता है। दूसरे चरण में प्रत्येक चयनित कान्ट्रेक्टर से विस्तृत में वार्ता की जाती है तथा प्रत्येक मद जैसे कि प्रस्ताव राशि, कार्य करने के तरीके, संसाधन

की उपलब्धता भुगतान प्रणाली एवं कार्य की गुणवत्ता का स्तर इत्यादि। तत्पश्चात् किसी एक कान्ट्रेक्टर का चयन करके अनुबन्ध की शर्तें तय की जाती है।

11.10 निविदा प्रक्रिया (Tendering Procedure)

प्रत्येक विभाग या नियोजक जब निविदायें आमंत्रित करता है तो इस कार्य को व्यवस्थित तथा दोष रहित बनाये रखने के लिए कुद निर्धारित प्रक्रिया की अनुपालना करता है। निविदा आमंत्रण व कान्ट्रेक्टर चयन के मुख्य चरण निम्न है –

(i) निविदा प्रपत्र तैयार करना (Preparation of Tender Documents)

(ii) निविदा सूचना जारी करना (Release of Tender Notice)

(iii) मुहरबन्द निविदा प्रस्ताव प्राप्त करना (Acceptance of Sealed Tender offers)

(iv) निविदा प्रस्ताव खोलना (Opening of Tender offers)

(v) निविदा प्रस्तावों की सुरक्षा (Security of Tender offers)

(vi) निविदा प्रस्तावों की जांच करना (Scrutning of Tender offers)

(vii) तुलनात्मक आलेख तैयार करना (Preparation of Comparative Statement)

(viii) निविदा प्रस्ताव का स्वीकार करना (Acceptance of Tender offer)

निविदा प्रस्ताव स्वीकार करने के पश्चात् नियोजक कान्ट्रेक्टर को कार्य–आदेश (Work order) जारी करता है। नियोजक व कान्ट्रेक्टर के मध्य कार्य निष्पादन के लिए अनुबन्ध तैयार किया जाता है तथा उसमें पूर्व वर्णित सभी आवश्यक शर्तों का निगमन किया जाता है।

11.11 निविदा प्रपत्र (Tender Documents)

नियोजक या विभाग निविदा सूचना जारी करने से पूर्व उस कार्य संबंधी सम्पूर्ण जानकारी व सूचनाएं एकत्रित करके निविदा आमंत्रण के पश्चात् निश्चित राशि पर निविदा प्रपत्र कान्ट्रेक्टर को उपलब्ध कराता है। उक्त निविदा शुल्क सिर्फ इसलिए रखी जाती है जिससे इच्छुक व्यक्ति या कान्ट्रेक्टर निविदा प्रपत्र खरीदें। निविदा प्रपत्र के तहत मुख्यतः निम्न प्रकार की सूचनाएं विस्तृत रुप से दी जाती है –

(i) कार्य का उद्देश्य व स्वरूप

(ii) कार्य की परिकल्पना (Design) व रेखाचित्र (Drawings)

(iii) कार्य की अनुमानित लागत

(iv) कार्य की गुणवता का स्तर

(v) विभाग/नियोजक द्वारा उपलब्ध संसाधन

(vi) कार्य निष्पादन की प्रक्रिया

(vii) कार्य समापन की समय–अवधि

(viii) कार्य के एवज में भुगतान प्रणाली

(ix) अनुबन्ध की मुख्य शर्तें इत्यादि।

उक्त जानकारी व सूचनाओं के आधार पर कान्ट्रेक्टर कार्य का आंकलन करता है तथा अपने स्तर पर कार्य निष्पादन के लिए धन राशि की गणना करता है तथा उसी के अनुसार निविदा प्रस्ताव प्रस्तुत करता है।

11.12 निविदा सूचना (Tender Notice)

निविदा प्रपत्र तैयार करने के पश्चात् समाचार पत्रों में विज्ञापन के लिए निविदा सूचना तैयार की जाती है। इस निविदा सूचना में मुख्यतः निम्न बिन्दुओं का समावेश होना आवश्यक है :

(i) कार्य का नाम व विवरण (ii) अनुमानित लागत

(iii) निविदा शुल्क (iv) धरोहर राशि

(v) कार्य पूर्ण करने की अवधि (vi) निविदा बेचने की अन्तिम तिथि

(vii) निविदा प्राप्त करने की अन्तिम तिथि

(viii) निविदा खोलने की तिथि व समय आदि।

निविदा सूचना आलेख के रुप में या तालिका के रुप में हो सकती है। लेकिन मुख्यतः तालिका रुप में निविदा सूचना अधिक प्रचलित है। हम आपकी जानकारी व अध्ययन के लिए दोनों प्रकार के उदाहरण प्रस्तुत कर रहे हैं।

निविदा सूचना के विभिन्न प्रारुप (उदाहरण)

भारतीय खाद्य निगम
(FOOD CORPORATION OF INDIA)

जिला कार्यालय, अमरसिंहपुरा,
गजनेर रोड़, पोस्ट बॉक्स 82,
बीकानेर

तार : फूड कार्प
दूरभाष : 28678/27352
टैलेक्स – 3505202

अल्पकालीन सार्वजनिक निविदा सूचना

भारतीय खाद्य निगम के लालगढ़ (बीकानेर) स्थित गोदाम पर खाद्यान्न एवं अन्य सामग्री लादने/उतारने एवं परिवहन व्यवस्था के लिए 6 माह की अवधि के लिए अस्थायी ठेकेदार की नियुक्ति हेतु मोहरबन्द निविदाएं आमंत्रित की जाती है। निविदा फार्म मय नियम एवं शर्त आदि निगम जिला कार्यालय से सभी कार्य दिवसों में प्रातः 10.00 बजे से 2.00 बजे दोपहर दिनांक ––– तक रुपये 82.50 पैसे जमा करवाकर प्राप्त किया जा सकता है। भरी हुई निविदायें रुपये 11000/– धरोहर राशि हेतु डिमाण्ड ड्राफ्ट/पे॰ आर्डर के रुप में संलग्न करते हुए दिनांक –– को 2.30 बजे दोपहर तक स्वीकार की जावेगी, जो उसी दिन 3.00 बजे उपस्थित निविदादाताओं या उनके प्रतिनिधियों के समक्ष खोली जायेगी। सफल निविदादाता को रुपये 55000/– सिक्योरिटी राशि के रुप में जमा कराने होंगे। डिमाण्ड ड्राफ्ट/पे आर्डर किसी राष्ट्रीयकृत बैंक का जिला प्रबन्धक, भारतीय खाद्य निगम, बीकानेर के नाम देय बीकानेर होना चाहिए। ठेके की 6 माह की अवधि को स्वीकृत दरों एवं नियम एवं शर्तों पर अगले तीन माह के लिए और बढ़ाया जा सकता है। सफल निविदादाता को कार्य प्रारम्भ करने से पूर्व सक्षम अधिकारी से कंट्रेक्ट लेबर (आर॰एण्ड ए॰ [एक्ट] 1970) के तहत अनुज्ञा पत्र प्राप्त करना होगा तथा कर्मचारी भविष्य निधि एक्ट 1952 तथा अन्य कानूनी प्रावधानों का जो टेण्डर फार्म में दृषित है की पालना करनी होगी। सभी या कोई निविदा को बिना किसी कारण बताये निरस्त करने का अधिकार निगम के पास सुरक्षित रहेगा। नियमित ठेके की व्यवस्था होने पर बिना किसी पूव सूचना या कारण बताये अस्थायी ठेका स्वीकृति समाप्त समझी जावेगी।

जिला प्रबन्धक

LOK JUMBISH PARISHAD

D Block, 10-B, Jhalana
Institutional Area, Jaipur 302 004

Short-term Tender Notice

Sealed tenders are invited from experienced off-set printers for printing/publishing and designing of the Lok Jumbish Second Report on the following lines :

Paper type (Cover & in Side)	Imported art paper Sun-shine - 80 GSM
Size	8.5" x 11.5"
Printing Type	Offset
Colour Scheme	Cover in two colours.
Maps/Photographs (B & W)	Suitable in single colour Rates per sq. inch may be quoted.
No. of page	80-100 pages (approximately) rate per page be quoted.
No. of copies	1000 (Approx.)
Permitted time	7 days.

Tender market "Tender for Lok Jumbish 2nd Report" should accompany with earnest money of Rs. 2,000/- (Rupees two thousand only) payable by cash/DD favouring Lok Jumbish Parishad should reach the undersigned by 3 PM of 12th April-. These will be opened on the same day at 3.30 PM in the presence of parties, if any. Samples of papers (Cover & Inside) and details of previous supplies should be attached with quotations.

Tender should be submitted by only those tenders who posses the facilities like DTP, Offset printing machine, binding machine like folding machine etc. at their premises in Jaipur. They should have full fledge plate processing sections.

The undersigned has a right to reject any tender without assigning any reason.

Project Director

STEEL AUTHORITY OF INDIA LIMITED

(Government of India Undertaking)

CENTRAL MARKETING ORGANISATION
SPECIAL PROJECTS DIVISION (NR)
ANTRIKSH BHAWAN, 11TH FLOORV
22, K.G. MARG, NEW DELHI 1.

TENDER NOTICE NO. SAL/NR/E-03/

Sealed item rate tenders are invited from reputed, resourceful and bonafied electrical contractors who have completed work of similar nature of value of at least Rs. 5 lakhs in any one year during the preceding three years for the "Electrical work of Residential Flats at Faridabad". The tender documents may be purchased by deposing Rs. 200/- (non refundable) either in cash or in the from of demand draft favouring Steel Authority of India Limited, Faridabad, from the office of the Branch Manager : Branch Sales Office, Govinda Bhawan, Neelam Chowk, Faridabad on any working day between 10 AM to 3 PM except the tender opening day. Request for sending the tender documents by post shall not be entertained. The completed tender alongwith EMD of Rs. 11,000/- in the form of demand draft favouring Steel Authority of India Limited, Faridabad should be deposited in the tender box in the officer of Branch Manager, Branch Sales Office, Faridabad latest by 3 PM on --. The Tender shall be opened on the same day at 3.30 PM in the presence of tenders who wish to be present. SAIL reserves the right to reject or accept any tender without assigning any reason whatsoever.

DY CHIEF ENGINEER (NR)

Registered Office : Ispat Bhawan, Lodi Raod, New Delhi 110 003.

जयपुर विकास प्राधिकरण

जवाहरलाल नेहरू मार्ग, जयपुर

अल्पकालीन निविदा सूचना 21/

आयुक्त जयपुर विकास प्राधिकरण, जयपुर की ओर से अधोहस्ताक्षरकर्ता द्वारा खण्ड पंचम जविप्रा जयपुर के लिए निम्नलिखित कार्य के लिए प्राधिकरण की निर्धारित शर्तों पर विभिन्न विभागो/प्राधिकरण के पंजीकृत ठेकेदारों से मोहरबन्द निविदाएं आमंत्रित की जाती है। निविदाएं निम्नांकित दिनांक को मध्यान्ह पश्चात् 3.00 बजे तक अनुमानित राशि की दो प्रतिशत धरोहर राशि व निविदा शुल्क जमा कराने पर बेची जाकर निम्नांकित दिनांक को मध्यान्ह पश्चात् 3.00 बजे तक प्राप्त की जाकर उसी दिनांक 3.30 बजे उपस्थित निविदादाताओं व उनके प्रतिनिधियों के समक्ष खण्ड पंचम के प्राधिकरण कार्यालय में खोली जावेगी।

क्र.सं.	कार्य का नाम	अनुमानित राशि (लाखों में)	निविदा शुल्क	निविदा बेचने की तिथि	निविदा प्राप्ति की तिथि	कार्य अवधि
1.	ऋषि गालव नगर में ई.डब्लू. एम. क्वाटर्स पर प्रथम मंजिल बनाने का कार्य	35.00	100/–	–	–	नौ माह
2.	नागतलाई में ई. डब्लू. एस. क्वाटर्स प्रथम मंजिल बनाने का कार्य	17.00	100/–	–	–	छः माह

नोट –

1. किसी भी निविदा/निविदाओं अथवा समस्त प्राप्त निविदाओं को बिना कारण बताए निरस्त किया जा सकता है।
2. सशर्त निविदाऐं स्वीकार नहीं होगी।
3. निविदाएं खुलने से चार माह के लिए मान्य होगी।
4. विस्तृत जानकारी हेतु अधोहस्ताक्षरकर्ता से सम्पर्क करे।

अधीक्षण अभियंता निर्माण
जयपुर विकास प्राधिकरण, जयपुर।

पश्चिम रेल्वे

मंडल कार्यालय, अजमेर

सं॰ ई॰ एल॰ 202/2/40 [40] दिनांक

खुली निविदा सूचना

अधोहस्ताक्षरकर्ता द्वारा निम्नलिखित कार्य हेतु अनुभवी ठेकेदारों से निर्धारित प्रपत्र पर मुहरबन्द निविदाऐं आमंत्रित की जाती है।

कार्य का नाम	अनुमानित राशि	धरोहर राशि	निविदा खोलने की तिथि	कार्य समाप्ति अवधि
टेन्डर नं॰ डीआरएम/ बिजली / 9				
अजमेर मंडल के पालनपुर में श्रेणी एक के 100 कर्मचारी आवास गृहों में पंखे लगाने हेतु सप्लाई फिक्सिंग एवं जांच कर चालू करना।	रु॰ 34725	रु॰ 868	–	तीन माह
टेन्डर डीआरएम / बिजली/ 10				
गांधीधाम : एक 100 केवीए माप का डीजल जेनेरेटिंग सेट स्पेसिफिकेशन के अनुसार सप्लाई करना, स्थापना करना एवं जांच कर चालू करना।	रु॰ 553760	रु॰ 13575	–	चार माह
टेन्डर नं॰ डीआरएम / बिजली / 11				
अजमेर मंडल फेज 3 के 50 यूनिट श्रेणी एक एवं 44 यूनिट श्रेणी दो कर्मचारी गृहों में इलेक्ट्रिक इन्सटालेशन की सप्लाई करना, फिक्स करना एवं जांच कर चालू करना।	रु॰ 460850	रु॰ 11521	–	पांच माह

1. निविदा प्रपत्र इस कार्यालय से किसी भी कार्य दिवस में 50/– रुपये (अथवा 70/– रुपये डाक द्वारा) रसीद प्रस्तुत कर दिनांक –– दोपहर 12.00 बजे तक प्राप्त की जा सकती है। निविदा प्रपत्र का शुल्क पश्चिम रेल्वे के मुख्य रोकड़िया अजमेर अथवा किसी भी स्टेशन मास्टर के पास जमा करा कर रसीद प्राप्त की जा सकती है।

2. मुहरबन्द निविदाएं दिनांक – 15.00 बजे तक स्वीकार की जावेगी तथा उसी दिन 15.30 बजे इच्छुक उपस्थित निविदादाताओं के समक्ष खोली जावेगी।

3. धरोहर राशि नगद अथवा फिक्स डिपोजिट/डिमान्ड ड्राफ्ट के रुप में ही स्वीकार की जावेगी जिन्हें मण्डल लेखा अधिकारी पं.रे. अजमेर के पक्ष में ही बनाए जावे तथा एकाउन्टी के नाम न हो एवं राष्ट्रीयकृत बैक/अधिसूचित बैंक द्वारा जारी हो।

4. निविदा प्रपत्र हस्तान्तरणीय है निविदा की अन्य शर्ते निविदा प्रपत्र पर उल्लेखित है। रेल प्रशासन को बिना कोई कारण बताए किसी भी या सभी निविदाओं के रद्द करने का अधिकार सुरक्षित है।

कृते मंडल रेल प्रबन्धक (बिजली) अजमेर
भारत के राष्ट्रपति की ओर से

11.13 मुहर बंद निविदा (Sealed Tenders)

निविदा सूचना की विज्ञप्ति जारी होने के पश्चात् निविदा की शर्तो के अनुसार जो भी व्यक्ति या कम्पनी उस कार्य को करना चाहते हों वे अपना प्रस्ताव भेजते हैं। निविदा की प्रस्ताव कुछ विशेष परिस्थिति को छोड़कर मुहरबन्द लिफाफे में ही स्वीकार किये जाते हैं। अतः जो प्रस्ताव मुहरबन्द लिफाफे में दिये जाते हैं उन्हे मुहरबन्द निविदा कहते हैं। निविदा प्रस्ताव को मुहर बंद लिफाफे में स्वीकार करने का मुख्य कारण है कि भिन्न व्यक्तियों या कंपनियों द्वारा दिये गये निविदा गुप्त रहे तथा निविदा खोलने से पूर्व किसी व्यक्ति, कम्पनी, निविदा आमंत्रणकर्ता या उनके किसी कर्मचारी या अधिकारी को प्रस्ताव की राशि या शर्तो के बारे में जानकारी न हो सके। अन्यथा कोई भी व्यक्ति या कम्पनी दूसरों के प्रस्ताव की राशि आदि जानकर अपने प्रस्ताव को उससे अधिक प्रभावशाली व कम राशि का प्रस्तुत कर देगा। जिससे भिन्न भिन्न लोगों से निविदा आमंत्रित करना निष्फल रह जायेगा। अतः निविदा प्रस्ताव मुहर बंद लिफाफे में स्वीकार करना आवश्यक है।

11.14 धरोहर राशि (Earnest Money)

निविदा प्रस्ताव स्वीकार करते समय निविदा प्रस्ताव के साथ एक निश्चित राशि का बैंक ड्राफ्ट भी लिया जाता है, जिसे धरोहर राशि कहते है। निविदा खोलने के पश्चात् सफल व्यक्ति या फर्म के अतिरिक्त सभी असफल निविदा प्रस्तावों की धरोहर राशि लौटा दी जाती है। सफल आवेदक की धरोहर राशि कार्य प्रारंभ होने पर तथा कभी–कभी कार्य की संपूर्णता के पश्चात् लौटा दी जाती है। निविदा प्रस्ताव के साथ धरोहर राशि लेने का मुख्य कारण निम्न है –

(i) निविदा प्रस्ताव केवल सक्षम व योग्य व्यक्ति या फर्म ही प्रस्तुत करें।

(ii) निविदा प्रस्ताव यथार्थ हों तथा उसमें प्रस्तावित राशि वास्तविकता के निकट हो।

(iii) निविदा प्रस्ताव स्वीकार होने पर उक्त व्यक्ति या फर्म कार्य निष्पादन के लिए बाध्य हों।

यदि किसी परिस्थिति में निविदा प्रस्ताव स्वीकार होने के पश्चात् वह व्यक्ति या फर्म कार्य प्रारंभ नहीं करता है तो इस स्थिति में फर्म या व्यक्ति द्वारा जमा कराई गयी धरोहर राशि जब्त कर ली जाती है तथा अन्य व्यक्ति या फर्म के निविदा प्रस्ताव स्वीकार कर लिये जाते हैं। अमूमन तौर पर धरोहर राशि कार्य की अनुमानित लागत की दो प्रतिशत होती है लेकिन कार्य की विविधता के अनुसार धरोहर राशि 2% से कुछ कम या अधिक भी हो सकती है। धरोहर राशि पर नियोजक द्वारा कोई ब्याज देय नहीं होता है।

11.15 प्रतिभूति राशि (Security Money)

निविदा खोलने के पश्चात् जिस फर्म या व्यक्ति के प्रस्ताव स्वीकार किये जाते हैं, उसे कार्य–आदेश (Work-Order) दिया जाता है। कार्य की सफलता पूर्वक निष्पादन, कार्य निष्पादन में गुणवता बनाये रखने तथा कार्य को निश्चित समय अवधि में समापन करने हेतु बाध्य करने के लिए प्रतिभूति राशि ली जाती है। प्रतिभूति राशि कार्य के प्रकार के अनुसार ली जाती है। साधारणतः प्रतिभूति राशि अनुमानित लागत की 5% होती है लेकिब कार्य की विविधता के अनुसा कम या ज्यादा भी हो सकती है। जब कभी कोई विभाग या कार्यालय किसी सामान/उपकरण/सामग्री की आपूर्ति आदि जैसे कार्य के लिए निविदा आमंत्रित करता है तो सफल निविदादाता को प्रतिभूति राशि कार्य प्रारम्भ के पूव में ही जमा करवानी होती है, जो कि आपूर्ति कार्य के पश्चात् निविदादाता को लौटा दी जाती है। जबकि किसी निर्माण कार्य आदि के लिए निविदा आमंत्रित की जाती है तब निविदादाता को कार्य प्रारंभ होने के पश्चात् मिलने वाले प्रत्येक भुगतान में से प्रतिभूति राशि काट ली जाती है। इस प्रतिभूति का भुगतान कार्य समाप्ति के बाद एक निश्चित अवधि के पश्चात् निविदादाता को कर दिया जाता है। कार्य समापन या आपूर्ति में कोई कमी रह जाने की अवस्था मे निविदादाता कार्य में परिशोधन करने तथा दोषयुक्त सामग्री के एवज में दूसरी दोषमुक्त सामग्री की आपूर्ति के लिए बाध्य होता है। परिशोधन या दोषमुक्त सामग्री की आपूर्ति न करने पर निविदादाता की प्रतिभूति राशि नियोजक द्वारा जब्त की जा सकती है। धरोहर राशि की तरह प्रतिभूति राशि पर भी निविदादाता को नियोजक द्वारा कोई ब्याज नहीं दिया जाता है।

11.16 निविदा खोलना (Opening of Tenders)

जैसा कि हम पहले पढ़ चुके हैं कि निविदा प्रस्ताव मुहरबंद लिफाफे में स्वीकार किये जाते हैं। अतः मुहरबंद लिफाफे को निश्चित समय पर अन्य व्यक्तियों के समक्ष अधिकारी द्वारा ही खोला जाता है। साधारणतः निविदा सूचना में निविदा खोलने का समय व तिथि दी जाती है। कभी परिस्थितिवश उक्त तिथि को निविदा नहीं खोली जाती है तो अगली निश्चित तिथि के लिए विज्ञप्ति जारी की जाती है। अधिकांशतः निविदाएं निविदादाताओं के समक्ष खोली जाती है तथा कभी–कभी विभिन्न वर्ग के अधिकारियों के समूह के समक्ष भी खोली जाती है। निविदा खोलने के समय प्रत्येक उपस्थित अधिकारी द्वारा सभी निविदा प्रस्तावों को हस्ताक्षरित करवाया जाता है, जिससे कोई प्रस्ताव बदला नहीं जा सके।

11.17 निविदा प्रस्तावों की सुरक्षा (Security of Tender Offers)

निविदा दाता द्वारा निविदा प्रस्ताव जमा करवाने के पश्चात् उस निविदा प्रस्ताव की सुरक्षा की जिम्मेवारी विभाग की होती है। अतः परेशानियों से बचने के लिए विभाग द्वारा एक अधिकारी को ही प्रस्ताव प्राप्त करने व निविदा खोले जाने तक उसकी सुरक्षा की जिम्मेवारी दी जाती है। निविदा प्राप्त करने वाला अधिकारी लिफाफे की जांच करता है कि लिफाफा पूर्णतः मुहरबंद हो तथा कहीं से कटा–फटा न हो तथा उस लिफाफे पर अपने हस्ताक्षर के साथ–साथ प्राप्त करने की तिथि व समय भी लिखता है। अधिकारी सभी निविदा प्राप्त प्रस्तावों की सूची भी बनाता है तथा उसे निविदा खोले जाने के समय प्रस्तुत करता है। इस कार्य अवधि के दौरान उस अधिकारी की व्यक्तिगत जिम्मेवारी होती है कि वह उन सभी लिफाफों की सुरक्षा का ध्यान रखे।

11.18 तुलनात्मक प्रपत्र (Comparative Statement)

निविदा प्रस्तावों को खोलने के पश्चात सभी निविदादाताओं के प्रस्तावों की विस्तृत जानकारी एक पृष्ठ पर चार्ट के रुप में तैयार की जाती है, जिसे तुलनात्मक प्रपत्र कहा जाता है। इसमें सभी निविदादाताओं की योग्यता, अनुभव, कार्य करने की क्षमता, प्रस्ताव राशि, कार्य सम्पूर्ण की अवधि तथा कार्य करने के लिए विशेष शर्त या मांग आदि अंकित किये जाते हैं।

निम्न प्रारुप में तीन निविदादाताओं के लिए तुलनात्मक प्रपत्र दर्शाया गया है लेकिन यह आवश्यकतानुसार अधिक निविदाओं के लिए भी बनाया जा सकता है।

Comparative Statement (Proforma)

Name of Firm		M/s						M/s						M/s						
S.No.	Work Description with Specifications	Tender Offer amount	Experience of Work	Capability	Time Desired	Additional Qualification	Special Terms & Conditions.	Tender Offer Amount	Experience of work	Capability	Time Desired	Additional Qualification	Special Terms Conditions	Tender offer amount	Experience of work	Capability	Time Desired	Additional Qualification	Special Terms & Conditions	REMARKS
		1	2	3	4	5	6	1	2	3	4	5	6	1	2	3	4	5	6	
a																				
b																				
c																				
d																				

11.19 निविदा जांच एवं स्वीकृति (Scrutning & Acceptance of Tenders)

नियोजक द्वारा प्राप्त निविदा प्रस्तावों की निविदा खोलने के प्रश्चात् जांच की जाती है। निविदाओं की जांच के दौरान निविदादाता की कार्य करने की क्षमता, कार्य कुशलता, पूर्व में किये गये कार्यों का विवरण, उसका अनुभव, उपलब्ध संसाधन, आदि का विवरण तैयार करके एक निश्चित मानदण्ड पर खरे उतरने वाले निविदादाताओं की सूची तैयार की जाती है। निविदा प्रस्तावों की जांच के समय धरोहर राशि संलग्नता भी जांची जाती है। इसके अभाव में भी निविदा प्रस्ताव अयोग्य माने जायेंगे। निविदाओं की जांच के पश्चात् योग्य निविदादाताओं के प्रस्तावों का पूर्व वर्णित तुलनात्मक प्रपत्र तैयार किया जाता है। यदि द्विपदीय निविदा हो तो तुलनात्मक प्रपत्र के अनुसार कम लागत पर अच्छा कार्य, उचित समय में पूर्ण करने वाले चार–पांच निविदादाताओं को विस्तृत में समझौता वार्ता हेतु आमंत्रित किया जाता है तथा एक निविदा प्रस्ताव को उसके गुण सीमाओं तथा शर्तों को देखते हुए स्वीकार किया जाता है। जबकि अन्य निविदाओं में तुलना पत्र के आधार पर योग्य, सक्षम, अनुभवी उचित समय सीमा, लागत तथा निविदादाता के गुण, सीमाओं व शर्तों के आधार पर चयन समिति द्वारा एक निविदा प्रस्ताव को स्वीकार किया जाता है।

11.20 कार्य आदेश तथा अनुबन्ध (Work order & Contract Agreement)

निविदा आमंत्रण, निविदा प्राप्त करना, निविदा खोलना, तुलनात्मक प्रपत्र तैयार करना व निविदा स्वीकार करना इत्यादि की प्रक्रिया की समाप्ति पर विभाग द्वारा सफल निविदादाता को कार्य आदेश **(Work-Order)** दिया जाता है। कार्य आदेश ही निविदा स्वीकृति की सूचना तथा कार्य सम्पन्न करने के विभिन्न चरणों का उल्लेख करता है। कार्य आदेश के साथ कार्य के विभिन्न भागों/पदों का पूर्ण विवरण उसके विनिर्देशों सहित संलग्न किया जाता है। कार्य आदेश में कार्य के निष्पादन के लिए किये जाने वाले अनुबन्ध की मुख्य शर्तों का उल्लेख होता है। कार्य आदेश में प्रतिभूति राशि, कार्य प्रारम्भ करने व सम्पूर्ण करने की समय सीमा अवधि भी दर्शायी जाती है। कार्य को समय पर आवश्यक गुणवत्ता के अनुसार पूर्ण न करने पर क्षतिपूर्ति शर्तों का भी उल्लेख होता है। कार्य आदेश में विभाग/नियोजक द्वारा समय–समय पर दिये जाने वाले भुगतान के विभिन्न चरणों, निरीक्षण व जांच अधिकारी आदि का भी उल्लेख होना आवश्यक है। कार्य आदेश प्राप्त होने के पश्चात् सफल निविदादाता कान्ट्रेक्टर कहलाता है। कान्ट्रेक्टर व नियोजक के मध्य मुद्दों व कार्य करने के विभिन्न पदों पर विस्तृत चर्चा के पश्चात् अनुबन्ध की शर्तों का चयन किया

जाता है। इन सभी शर्तों का अनुबन्ध प्रपत्रों में निगमन किया जाता है। अनुबन्ध प्रपत्र तैयार करके सभी पक्षों के हस्ताक्षर करके निविदा एवं अनुबन्ध प्रक्रिया का अन्तिम चरण पूरा हो जाता है। कभी कभी आवश्यकता होने पर अनुबन्ध प्रपत्रों पर न्यायालय की मुहर की भी आवश्यकता होती है। अनुबन्ध प्रक्रिया की समाप्ति के बाद कान्ट्रेक्टर नियोजक के निर्देशों के अनुसार कार्य प्रारंभ कर देता है।

12

लेखांकन पद्धतियाँ
(Accounting Systems)

12.1 प्रस्तावना (Introduction)

उद्यमी को अपने औद्योगिक प्रतिष्ठान के स्थापना, संचालन व प्रसार के लिए खर्चे करने होते हैं। उद्योग की स्थापना (फैक्टरी के लिए भूमि का अधिग्रहण, भवन निर्माण, संयंत्र, मशीनें व उपकरण खरीदना), संयंत्र, मशीनों द उपकरणों के संस्थापन (Installation) हेतु वित्त की व्यवस्था करके भुगतान करना होता है। उद्योग के संचालन हेतु कच्चा माल खरीदने, मजदूरी व वेतन चुकाने, स्टॉक में सामान रखने व अन्य आवश्यक खर्चों के लिए कार्यशील पूंजी की व्यवस्था कर भुगतान करना होता है। तैयार उत्पाद के विक्रय से उद्योग को रकम की प्राप्ति होती है। अतः इन सभी खर्चों तथा प्राप्तियों का तरतीबवार लेखा–जोखा रखना अति आवश्यक है।

इसके अतिरिक्त उद्यमी को अपने उत्पादों की कुल लागत ज्ञात करने हेतु विभिन्न खर्चों का लेखा रखना होता है। कुल लागत में सामग्री, श्रम, फैक्टरी, प्रशासन, विक्रय मूल्य तथा लाभ आदि सभी तत्व सम्मिलित होते हैं। अतः उद्यमी को उद्योग में विभिन्न प्रकार के खर्चों तथा कुल लागत पर नियंत्रण रखने के लिए विभिन्न लेखांकन की पद्धतियों का ज्ञान होना चाहिए।

12.2 लेखांकन (Accounting)

स्मिथ एवं एशबर्न (Smith and Ashburne) के अनुसार, "लेखांकन प्रधानतया वित्तीय प्रकृति के व्यावसायिक व्यवहारों और घटनाओं के अभिलेखन तथा वर्गीकरण करने का विज्ञान एवं उन व्यवहारों और घटनाओं का महत्वपूर्ण सारांश बनाने, विश्लेषण करने व व्याख्या करने और परिणामों को उन व्यक्तियों को सम्प्रेषित करने की कला है, जिन्हे निर्णय लेने है।"

इस परिभाषा के अनुसार लेखांकन विज्ञान व कला दोनों ही है किन्तु यह पूर्ण निश्चित (exact) विज्ञान न होकर लगभग पूर्ण विज्ञान (exacting science) है तथा लेखांकन का क्षेत्र परिणाम निकालने तक ही सीमित नहीं अपितु परिणामों को उन व्यक्तियों को सूचित करना भी सम्मिलित होता है, जिन्हें विभिन्न निर्णय लेने होते हैं।

12.3 लेखांकन की शाखायें (Branches of Accounting)

क्षेत्र के अनुसार लेखांकन को निम्न प्रकार वर्गीकृत किया जाता है –

1. वित्तीय लेखांकन (Financial Accounting) – वित्तीय लेखांकन का आशय किसी व्यावसायिक संस्था के दैनिक व्यवहारों को लेखांकन के सिद्धान्तों के अनुरुप लेखा–पुस्तकों में इस प्रकार से लिखने से है जिससे कि संस्था के एक निश्चित अवधि के व्यापारिक परिणाम तथा एक निश्चित तिथि पर उसकी वित्तीय स्थिति का सही चित्र प्रस्तुत किया जा सके।

2. लागत लेखांकन (Cost Accounting) – लागत लेखांकन, लेखांकन की वह शाखा है जिसमें उत्पादन व्ययों का वैज्ञानिक एवं नियमित रूप से वर्गीकरण करके इस प्रकार लेखा किया जाता है कि जिससे उत्पादित वस्तुओं या सेवाओं की कुल लागत तथा प्रति इकाई लागत ज्ञात हो जाये।

3. प्रबन्ध लेखांकन (Management Accounting) – आंग्ल–अमरीकी उत्पादकता परिषद के अनुसार, "एक व्यावसायिक संस्था के दिन प्रतिदिन में संचालन तथा नीति निर्धारण में प्रबन्ध हेतु लेखा सूचना का प्रस्तुतीकरण ही प्रबन्ध लेखांकन कहलाता है।" इसमें वित्तीय तथा लागत लेखांकन के अन्तर्गत तैयार किये गये लेखों का विश्लेषण एवं व्याख्या करके प्रबन्धकों के समक्ष इस प्रकार से प्रस्तुत किया जाता है जिससे उन्हें नीति निर्धारण, नियोजन, निर्णयन तथा नियन्त्रण में सरलता हो।

4. कर लेखांकन (Tax Accounting) – कर लेखांकन का आशय वित्तीय लेखांकन के अन्तर्गत ज्ञात किये गये परिणामों को इस प्राकर समायोजन करने से है जिससे वे कर निर्धारण की दृष्टि से उपयुक्त बैठ सकें। कर लेखांकन का सम्बन्ध लेखाकार्य तथा कर अधिनियम दोनों से है। कर विवरण तैयार करने के लिए आवश्यक समंक लेखा पुस्तकों से ही प्राप्त किये जाते हैं तथा देश के कर अधिनियमों के प्रावधानों के अनुकूल ही तैयार किया जाते हैं।

12.4 वित्तीय लेखांकन (Financial Accounting)

वित्तीय लेखांकन को विस्तृत आधार पर निम्न दो भागों में बांटा जा सकता है –

1. बही खाता या लेखे की पुस्तकें (Book-keeping) – व्यवसाय से सम्बन्धित व्यवहारों के मौद्रिक रुप को जब लिख लिया जाता है, तो इन्हीं लेखों को बहीखाता कहा जाता है। इस प्रकार बहीखाता में व्यापारिक हिसाब–किताब का लेखा किया जाता है। बुक–कीपिंग का शाब्दिक अर्थ पुस्तकें रखना है, लेकिन पुस्तके रखने का अर्थ व्यापारिक बहियों या पुस्तकों में व्यापारियों द्वारा किये गये लेन–देनों का लेखा करना है। अतः बहीखाता वह कला तथा विज्ञान है जिसमें व्यापारिक लेन देनों (व्यक्ति, फर्म, संस्था, कम्पनी या निगम आदि द्वारा व्यावसायिक तथा इससे सम्बन्धित अन्य सौदों) का लेखा निश्चित पुस्तकों में निश्चित प्रणाली के आधार पर नियमानुसार व नियमित रुप से किया जाता है जिससे व्यापारी अपने व्यापार का लाभ या हानि तथा आर्थिक स्थिति का ज्ञान किसी भी समय सरलता से कर सकें।

बहीखाता के अन्तर्गत जनरल में लेखा करना, खाताबही (Ledger) में पोस्टिंग (खतियाना) करना और शेष निकालना आदि आते हैं। इस प्राकर तलपट बनाने से पूर्व की सारी क्रियाए बहीखाता में आती है। यह कार्य बड़े–बड़े व्यवसायों में अधिकतर लिपिकों के सुपुर्द किया जाता है, क्योंकि इस कार्य को करने के लिए अधिक ज्ञान की आवश्यकता नहीं है। उन्नतिशील देशों जैसे अमरीका, इग्लैण्ड आदि में बहीखाता में लेखा मशीनों द्वारा होने लगा है।

2. लेखा शास्त्र (Accountancy)–लेखा पुस्तकों में खोले गये खातों का सारांश तैयार किया जाना आवश्यक है। इसके अतिरिक्त इनका विश्लेषण करना पड़ता है। जिससे उचित निष्कर्ष निकाला जा सके। इस प्रकार लेखा–शास्त्र के अन्तर्गत तलपट (Trial Balance) बनाना, व्यापार खाता एवं लाभ–हानि खाता बनाना, चिट्ठा (Balance Sheet) बनाना, भूल सुधार के लेखे करना, समायोजन के लेखे करना तथा परिणामों से निष्कर्ष निकालना सम्मिलित है।

बहीखाता का कार्य जहां समाप्त होता है वहां से लेखा शास्त्र का कार्य प्रारम्भ होता है।

बहीखाता तथा लेखा शास्त्र के लाभ – इसके प्रमुख लाभ निम्नलिखित है –

1. स्मरण शक्ति में सहायता – मनुष्य की स्मरण शक्ति सीमित होती है। वह समस्त लेन–देनों को पूरा व सही याद नहीं रख सकता है। यदि समस्त व्यवहार लिखित रुप में हैं तो व्यापार का मालिक केवल किसी भी समय देख ही नहीं सकता है अपितु दीर्घकाल तक सुरक्षित भी रख सकता है। यदि अशुद्धि या भूल होती है तो लेखा पुस्तकों की सहायता से उसे सुधारा भी जा सकता है। इसीलिये बहीखाते का मूल नियम है "पहले लिख पीछे दे, भूल पड़े कागज से ले।"

2. आयकर व बिक्रीकर के निर्धारण में सहायता – व्यापारियों पर आयकर, बिक्रीकर आदि अनेक कर लगाये जाते हैं। यदि व्यापारी न हिसाब

किताब, व लेखा शास्त्र के नियमों के अनुसार रखे हैं तो कर निर्धारण में सहायता मिलती है।

3. न्यायालय में प्रमाण – यदि व्यापारी की लेखा पुस्तकें नियमानुसार रखी गई है तो आवश्यकता पड़ने पर न्यायालय में प्रमाण के लिए उपस्थित की जा सकती है, जैसे व्यापारी को दिवालिया घोषित होने के लिए अपना हिसाब किताब न्यायालय में प्रस्तुत करना पड़ता है।

4. ऋण वसूली में सहायता – बहीखाता व्यापारी को दूसरे व्यक्तियों से रुपयो वसूल करने में भी सहायक होता है। रुपये की वसूली के दावे में व्यापारी न्यायालय में अपनी लेखे की पुस्तके प्रमाण के रुप में पेश कर सकता है।

5. व्यापार बेचने में सहायता – यदि व्यापारी अपने चालू व्यापार को बेचना चाहता है तो वह उसी अवस्था में अपने व्यापार का उचित मूल्य प्राप्त कर सकता है, जब उसने अपना हिसाब–किताब लेखा शास्त्र के नियमों के अनुसार रखा हो।

6. तुलनात्मक अध्ययन में सहायक – यदि व्यापारी की लेखा पुस्तकें, बहीखाता, एवं लेखाशास्त्र के नियमों के अनुसार रखी गई है तो व्यापारी चालू वर्ष के लाभ–हानि खाता और चिट्ठे की गत वर्षो के लाभ हानि खातों और चिट्ठों से तुलना कर सकता है।

7. प्रबन्ध कार्य में सहायता – लेखा पुस्तकों की मदद से ऐसी अनेक उपयोगी सूचनाएं प्राप्त की जा सकती हैं जो व्यापार के सुचारु संचालन के लिए अनिवार्य है, जैसे योजना निर्माण, सम्बन्धी सूचनाएं, निर्णय सम्बन्धी सूचनाएं तथा नियंत्रण सम्बन्धी सूचनाएं।

12.5 बहीखाता की विधियां (Systems of Book-keeping)

लेखा पुस्तकों में सौदों को दर्ज करने की कई प्रकार की विधियाँ प्रचलित है। इनमें से कुछ प्रमुख विधियां इस प्रकार है :–

1. इकहरा लेखा विधि (Single Entry System) – इस विधि का अधिक उपयुक्त नाम अपूर्ण लेखा विधि है, क्योंकि इसके अन्तर्गत कुछ व्यावसायिक सौदों का पूरा लेखा किया जाता है, कुछ का अधूरा लेखा किया जाता है और कुछ का लेखा बिल्कुल नहीं किया जाता है। इस विधि के कोई नियम और सिद्धान्त नहीं है। इसमें किया जाने वाला लेखा व्यवसाय के मालिक की इच्छा पर निर्भर करता है, अतः यह विधि छोटे व्यवसायियों द्वारा अपनाई जाती है। इसके अनुसार लाभ हानि अथवा आर्थिक स्थिति का सही निर्धारण नहीं हो सकता है, केवल अनुमान ही लगाया जाता है।

2. रोकड़ विधि (Cash System) – कुछ ऐसी संस्थाएं, जो व्यापार नहीं करती लेकिन जहां रोकडी लेन देन होते हैं इस विधि को अपनाते हैं, जैसे कॉलेज, क्लब, पुस्तकालय, औषधालय आदि। यदि उधार व्यवहार बिल्कुल नहीं हो तो यह विधि एक पूर्ण विधिा का रुप ले सकती है, लेकिन यदि उधार व्यवहार भी होते है तो यह विधि भी अपूर्ण विधि होती है।

3. महाजनी या भारतीय बहीखाता विधि (Mahajani System or Indian System of Accounts) – इस विधि को भारतीय प्रणाली भी कहते हैं, क्योंकि इसका जन्म स्थान भारतवर्ष है। हड़प्पा और मोहनजोदडो की खुदाइयों ने यह प्रमाणित कर दिया है कि आधुनिक सभ्यता के जन्मदाता पाश्चात्य देश जब जंगली अवस्था में थे, उस समय भारतवर्ष में व्यापार और उद्योग धन्धे अपनी चरम सीमा पर थे। कौटिल्य के अर्थशास्त्र में भी इसका वृतान्त मिलता है। अतः भारतीय बहीखाता विधिा को विश्व की प्राचीनतम विधियों में से एक कहा जाय तो कोई अतिश्योक्ति नहीं होगी। देश के बडे–बडे साहूकार व व्यापारी इसी विधि के अनुसार अपने हिसाब रखते है। यह विधि पूर्ण वैज्ञानिक है और इसके द्वारा ज्ञात किया गया लाभ हानि अथवा व्यापार की आर्थिक स्थिति किसी भी अन्य विधि की तुलना में कम विश्वस्त नहीं होते। इस विधि में हिसाब लम्बी लम्बी बहियों में प्रान्तीय भाषा मे लिखा जाता है।

4. दोहरी लेखा विधि (Double Entry System) – यह विधि हमारे देश में ही नहीं वरन् देश के सभी प्रगतिशील देशों में प्रचलित है, क्योंकि यह सभी प्रणालियों में श्रेष्ठ व वैज्ञानिक है। आज विश्व के अधिकतर देशों में दोहरे लेखा पर आधारित English System of Book-keeping को अंग्रेजों से ही सीखा है इसलिये इसे अंग्रेजी लेखा प्रणाली भी कहते हैं। प्रत्येक लेन देन के दो पक्ष होते हैं एक नाम (Debit) तथा दूसरा नाम (Credit)। इस विधि द्वारा सभी आवश्यक सूचनाएं समय पर प्राप्त की जा सकती है।

बहीखाता रखने की दोहरी लेखा पद्धति (Double Entry System of Book-keeping) – दोहरी लेखा पद्धति ही व्यावसायिक सौदों या व्यवहारों के लेखा करने की वैज्ञानिक विधि है। यह पद्धति इस सिद्धान्त पर आधारित है कि प्रत्येक लेन–देन से दो पक्ष प्रभावित होते हैं। एक पक्ष देने वाला होता है और इसके विपरीत दूसरा पक्ष लेने वाला होता है। इस प्रकार प्रत्येक लेन देन का लेखा दो जगहों पर किया जाता है। प्रत्येक पक्ष के समस्त व्यवहारों का संक्षिप्त विवरण पुस्तकों में एक जगह पर लिखा जाता है और उसे उस पक्ष खाता कहते हैं। पुस्तकों में लेखा करने के लिए प्रत्येक खाते को एक पक्ष माना जाता है। अतः प्रत्येक व्यवहार का लेखा दो खातों में किया जाता है। प्रत्येक खाते के दो भाग होते है – एक भाग पाने वाला और दूसरा भाग देने वाला, जिन्हें अंग्रेजी में क्रमशः Debit (नाम) तथा Credit (जमा) कहते हैं। डेबिट व क्रेडिट लेखांकन में चिन्ह की तरह प्रयोग किये जाते हैं।

प्रत्येक व्यवहार में एक खाता प्राप्त करने वाला और दूसरा खाता देने वाला होता है। प्राप्त करने वाले खाते में नाम (डेबिट) लिखा जाता है और देने वाले के खाते में जमा (क्रेडिट) किया जाता है। इस प्रकार वही राशि एक खाते के नाम पक्ष (Dr. side) और दूसरे खाते के जमा पक्ष (Cr. side) में लिखी जाती है। नाम (डेबिट) पक्ष से तात्पर्य किसी खाते के बाई ओर तथा जमा (क्रेडिट) पक्ष का तात्पर्य किसी खाते के दाहिनी ओर प्रविष्टि करने से है।

उदाहरण के लिए व्यवसाय के मालिक ने 12,00,000 रू॰ का भवन नकद क्रय किया। इसका प्रभाव दो खातों पर पड़ेगा। मालिक ने जो लाभ प्राप्त किया, वह भवन है, अतः भवन खाते (Building Account) के डेबिट पक्ष में लिखा जायेगा तथा उसने जो लाभ दिया है वह मुद्रा है, इसे रोकड़ खाते (Cash Account) के क्रेडिट पक्ष में लिखा जायेगा।

हिसाब–किताब रखने की यह एक तर्कसंगत विधि है क्योंकि इस विधि कें अन्तर्गत आर्थिक व्यवहार के दोनों पहलुओं का लेखा हो जाता है। इस विधि के अनुसार हिसाब–किताब रखने से आर्थिक व्यवहारों का एक ऐसा स्वरूप तैयार हो जाता है जिससे एक निश्चित अवधि के लिए व्यवसाय के परिणामों का ज्ञान तथा किसी निश्चित दिन उसकी आर्थिक स्थिति के बारे में जानकारी प्राप्त हो सके।

12.6 लेखे की पुस्तकें (Books of Accounts or Records)

व्यावसायिक सौदों या लेन–देनों का लेखा रखने के लिए जिन पुस्तकों का प्रयोग किया जाता है, उन्हे लेखा पुस्तकें या बहियाँ कहते हैं। छोटे व्यापारी बहुधा स्मरणार्ा पुस्तक (Memorandum Book) रखते हैं जिसमें प्रतिदिन के सौदों का तुरन्त याददाश्त के लिए रख लिया जाता है, बाद में सौदों का उपयुक्त लेखा पुस्तकों में लेखा कर लिया जाता है। बड़े व्यापारी स्मरणार्थ पुस्तक का प्रयोग न करके विभिन्न प्रमाणकों (Vouchers) जैसे बीजक, कैश मीमो आदि की सहायता से सीधे ही प्रारम्भिक लेखे की पुस्तकों में व्यवहारों की प्रविष्टियां कर लेते हैं।

एक व्यवसाय गृह कितनी और किस प्रकार की लेखा पुस्तकें रखता है, यह उसकी आवश्यकता पर निर्भर है। किन्तु प्रत्येक व्यवसायी के लिए निम्न दो पुस्तकों का रखना अनिवार्य रुप से आवश्यक होता है –

1. जर्नल या रोजनामचा (Journal)
2. खाताबही या लेजर (Ledger)

1. जर्नल (Journal) – जर्नल या रोजनामचा प्रारम्भिक लेखे की वह पुस्तक है, जिसमें सोदौं का लेखा तारीखवार किया जाता है। एक विशेष नियम

यह है कि इस पुस्तक में क्रमानुसार लेखा किया जाता है। जर्नल वह सहायक पुस्तक है जिसमें प्रत्येक सौदे के दोनों रूपों (Aspects) का प्रारम्भिक लेखा तारीखवार एवं क्रमानुसार किया जाता है। जर्नल को खातों की सहायक बही या पुस्तक कहते हैं। हर लेन–देन का लेखा पहले जर्नल में किया जाता है तथा इसकी मदद से खाताबही में विभिन्न खातों की पोस्टिंग करते हैं।

(अ) उद्देश्य तथा महत्व (Objects and Importance)

1. लेजर में लेखा करने के लिए जर्नल अत्यन्त सहायक होता है।
2. जर्नल में लेखा करने से प्रत्येक सौदे का संक्षिप्त ब्यौरा भी ज्ञात हो जाता है। इससे समय पड़ने पर इसे देखकर पूरे सौदे का ज्ञान किया जा सकता है।
3. प्रत्येक सौदे के दो रुप होते हैं। इन दोनो रुपों का इसमें लेखा किये जाने के कारण सौदे का अच्छा ज्ञान प्राप्त होता है।
4. व्यापारिक झगड़ों में सबसे अधिक महत्व इसी को दिया जाता है।

(ब) जर्नल का प्रारुप (Form of Journal) – इसमें चार खाने (Columns) होते हैं, जिनकों निम्नलिखित प्रयोगों में लेते हैं –

Journal of ....

तिथि Date	विवरण Particulars	खा.पू. L.F.	राशि (Amount)	
			Dr. (नाम)	Cr. (जमा)

1. तारीख (Date) – जिस तारीख पर सौदा हुआ है उसका लेखा करते समय उसी तारीख को लिखा जाता है। इसमे वर्ष, महीने का नाम तथा सौदों की तारीख लिखी जाती है।

2. विवरण (Particulars) – यह दो लाइनों में लिखा जाता है। पहली लाइन में डेबिट तथा दूसरी लाइन में क्रेडिट लेखा किया जाता है। लेकिन पहली लाइन में खाते का नाम लिखने के बाद नाम (Debitor) का सूक्ष्म रुप

Dr. लिखा जाता है। दूसरी लाइन में जमा (Creditor) का सूक्ष्म रुप Cr. नहीं लिखा जाता है क्योंकि जब एक डेबिट है तो दूसरा क्रेडिट अपने आप होगा। दूसरी लाइन किनारे से कुछ जगह छोड़कर लिखी जाती है तथा अंग्रेजी में इसके पहले To और हिन्दी में इसके बाद "का" शब्द प्रयोग किया जाता है।

जैसे

फर्नीचर खाता Furniture A/c Dr.

रोकड़ खाते का To Cash A/c

इसी खाते में प्रत्येक प्रविष्टि के बीच लेन–देन का संक्षिप्त विवरण (Naration) दिया जाता है जिससे ज्ञात हो सके कि उपरोक्त प्रविष्टि किस व्यवहार की है। विवरण के पश्चात एक लाइन खींच दी जाती है और उसके पश्चात् दूसरी प्रविष्टि प्रारम्भ की जाती है।

3. **खाता पृष्ठ संख्या** (Ledger Folio) – यह खाना छोटा बनाया जाता है क्योंकि इसमे खाता बही के खाते के उस पृष्ठ की संख्या लिखी जाती है जिस पर यह खाता खतियाया गया है।

4. **राशि** (Amount) – इस खाते को दो भागों में बांट देते हैं। पहले खाने में नाम (डेबिट) वाली राशि और दूसरे खाने में जमा (क्रेडिट) वाली राशि लिखी जाती है। डेबिट वाली राशि को डेबिट वाले खाने में डेबिट की लाइन में लिखते हैं और क्रेडिट वाली राशि को क्रेडिट वाले खाने में क्रेडिट लेखे की लाइन में लिखते हैं।

जर्नल में लेखा करने के नियम (Rules of Jouralising)

जर्नल में लेखा रखने के नियम

व्यक्तिगत खाता
(Personal Accounts)

पाने वाले का खाता (नाम) डेबिट
देने वाले का खाता (जमा) क्रेडिट
(Debit the receiver and Credit the giver)

अवास्तविक खाता
(Nominal Accounts)

व्यय व हानि खाता (नाम) डेबिट
आय व लाभ (जमा) क्रेडिट
(Debit expenses and losses and Credit income and gains)

वस्तुगत अथवा वास्तविक खाता (Real Accounts)

प्राप्त हुई वस्तु या खाता नाम (डेबिट) Dr.
गयी हुई वस्तु या सम्पति खाता जमा (क्रेडिट) Cr.
(Debit what comes in and Credit what goes out)

जोड लगाना तथा आगे ले जाना (Casting and Caring Forward) – जब जर्नल का पन्ना पूरा भर जाता है तो इस पन्ने की डेबिट तथा क्रेडिट वाली राशियों का जोड़ एक सीध में लगाकर जोड़ के ऊपर व नीचे एक रेखा खींच देते हैं तथा विवरण के खाने में C/F (Carried Forward) लिख दिया जाता है। अगले पन्ने पर बचे हुए सौदो का लेखा करने से पूव पिछले पन्ने की जोड़ की राशि को क्रमशः डेबिट तथा क्रेडिट वाले खाने में लिख दिया जाता है तथा विवरण के खाने में B/F (Brought Forward) लिख दिया जाता है। अगले पृष्ठ के ऊपर शीर्षक के रुप में `Journal Continued' लिख दिया जाता है। जहाँ सब सौदों के लेखे समाप्त हो जाते हैं वहां विवरण वाले खाने में योग (Total) लिख दिया जाता है। इस योग (Total) वाली राशि के ऊपर एक रेखा तथा नीचे दो रेखाएं खींच दी जाती है। इस कार्य को जोड़ लगाना (Casting) कहते हैं। सभी व्यवहारों को जर्नल में लेखा करने के उपरान्त डेबिट तथा क्रेडिट वाली राशियों का जोड़ बराबर होना चाहिए। जोड़ में अन्तर होने की अवस्था में जर्नल लेखों की दुबारा जांच करनी चाहिए ताकि भूल सुधार की जा सके।

उपरोक्त खातों में सम्मिलित कुछ खातों के प्रकार निम्नलिखित है –

व्यक्तिगत खाता (Personal Accounts)

1. राम का खाता
2. हरीश एण्ड क० का खाता

वस्तुगत या वास्तविक खाता (Real Accounts)

1. फर्नीचर खाता
2. मशीनरी खाता

अवास्तविक खाता (Nominal Accounts)

1. व्यय व हानि खाता, जैसे – कमीशन खाता, खर्च खाता, खरीद खाता (Purchase Account)
2. आय व लाभ खाता, जैसे – ब्याज प्राप्त खाता, बिक्री खाता आदि।

2. खाता बही (Ledger) – खाताबही एक ऐसी पुस्तक है, जिसमें व्यवसाय के खाते खोले जाते है। खाताबही में हर व्यक्ति, वस्तु एवं लाभ–हानि, आय–व्यय का एक अलग खाता होता है। इस प्रकार खाताबही में व्यापार के मालिक के व्यक्तिगत, वास्तविक तथा अवास्तविक खाते रखे जाते है। इस बही से समस्त व्यापारिक सूचनाएं उपलब्ध हो जाती है तथा इसके बाद किसी भी अन्य लेखा पुस्तक में व्यवहारों को दर्ज नहीं किया जाता है। अतः इसे अन्तिम

लेखे की पुस्तक या व्यापार की मुख्य पुस्तक कहते हैं। यह एक रजिस्टर के रुप में होती है। इसके प्रत्येक पृष्ठ पर पृष्ठ संख्या पड़ी रहती है। इस रजिस्टर के शुरु के पृष्ठों में बहुधा अनुक्रमणिका बनी रहती है, जिसकी सहायता से यह आसानी से ज्ञात किया जा सकता है कि इसमें अमुक खाते का विवरण किस पृष्ठ पर है। इसके पृष्ठों पर वे खाते बनाये जाते है जिनका लेखा जर्नल में दिया गया है। प्रत्येक खाते से सम्बधित सूचना जर्नल में से छाँटकर इसमें लिखी जाती है। इसके प्रत्येक पृष्ठ पर प्रायः एक ही खाता खोला जाता है। परन्तु यदि खाता बहुत बड़ा हो तो उसके लिए एक से अधिक पृष्ठ भी प्रयोग कियो जा सकते हैं।

इसके द्वारा यह सरलता से ज्ञात किया जा सकता है कि व्यापारी को अमुक व्यक्ति को क्या देना है तथा उससे क्या लेना है। इससे व्यापारी अपने आय–व्यय, लेनदार, देनदार तथा व्यापार के सम्बन्ध में अन्य बहुत सी आवश्यक सूचनाएं थोडे समय में प्राप्त कर सकते हैं। इससे तलपट (Trial Balance) बनाने में सहायता मिलती है जो मालखाता, लाभ हानि खाता और चिट्ठा (Balance Sheet) बनाने में सहायक होता है। न्यायालयों में वित्त विवादों में यह पुस्तक प्रमाण का कार्य करती है।

खाता बही के खाने (Columns of Ledger) – अधिकांश स्थानों पर प्रयोग की जाने वाली खातबही के खाने इस प्रकार है। इसके प्रत्येक पृष्ठ को एक सीधी रेखा द्वारा दो भागों में बांटा जाता है। इस रेखा द्वारा किया गया बायां भाग नाम या डेबिट (Dr.) तथा दाहिना भाग जमा या क्रेडिट (Cr.) का होता है। बायें तथा दायें प्रत्येक भाग में चार खाने होते हैं। इन खानों (Columns) के ऊपर खाते का शीर्षक अर्थात् खाते का नाम अवश्य लिखा जाना चाहिए। खाता बही के खानों का विवरण निम्न प्रकार है :–

1. **तारीख** (Date) – इसमें वर्ष, महीने का नाम तथा दिनांक लिखा जाता है। तिथि की जानकारी जर्नल के तिथि वाले खाने से मिलती है।

2. **विवरण** (Particulars) – बायीं ओर वाले विवरण के खाने में प्रत्येक लेखे से पूर्व `To' तथा दाहिनी ओर क्रेडिट पक्ष के विवरण के खाने में प्रत्येक लेखे से पूर्व `By' शब्द लगाया जाता है। तत्पश्चात उस विपरीत खाते का नाम लिखा जाता है, जिसके कारण इस खाते को डेबिट या क्रेडिट किया गया है।

3. **जर्नल पृष्ठ संख्या** (Journal Folio) – इसमें जर्नल के उस पृष्ठ की संख्या लिखी जाती है, जहां से सम्बन्धित लेखे को यहां लाया गया है।

4. **राशि** (Amount) – इस खाने में लेन–देन की रकम लिखी जाती है। विवरण के खाने में लिखे हुए लेखे से सम्बन्धित राशि वह होगी जो कि जर्नल में इस लेखे के सामने लिखी हुई होती है।

खाते का नाम (Heading of Account)

Dr. Cr.

Date	Particulars	J.F.	Amount	Date	Particulars	J.F.	Amount

जर्नल के अतिरिक्त व्यापारी या व्यापारिक प्रतिष्ठान अपनी आवश्यकता के अनुरुप निम्न बहियाँ या पुस्तकें रखते हैं –

1. रोकड़ बही (Cash Book) – रोकड़ बही समस्त रोकड़ी लेन–देनों के लेखों के लिए रखी जाती है। इसके दो भाग होते हैं। बाएं भाग में रोकड़ प्राप्तियां व दाएं भाग में रोकड़ भुगतान लिखे जाते हैं। रोकड़ के प्रारम्भिक शेष में समस्त प्राप्तिया उसमें से भुगतान घटाकर रोकड़ शेष निकालते है।

2. खरीद व बिक्री बहियाँ (Purchase and Sales Book) – इन बहियों में उधार, खरीद व बिक्री के सौदे लिखे जाते हैं। नकद खरीद व बिक्री के सौदे रोकड़ बही में ही शामिल हो जाते हैं। इन बहियों में लेखे करने के लिए सहायक रजिस्टर रखे जाते हैं। इन बहियों में सिर्फ उन्हीं माल की खरीद व बिक्री से सम्बन्धित सौदे लिखे जाते हैं जो कि व्यापार में काम में लाये जाते है।

3. क्रय वापसी व विक्रय वापसी बहियाँ (Purchase Return and Sales Return Books) – प्रायः खरीदा हुआ माल खराब होने की दशा में अथवा अन्य किन्हीं कारणों से लौटाया जाता है तो उसका लेखा क्रय वापसी बही में किया जाता है। इसी प्रकार बेचा हुआ माल जब वापस आता है तो उसका लेखा विक्रय वापसी बही में किया जाता है।

12.7 तलपट (Trial Balance)

दोहरा लेखा प्रणाली का यह नियम है कि प्रत्येक डेबिट के लिए क्रेडिट होता है। इसलिए खाताबही के सब खातों के क्रेडिट का जोड़ क्रेडिट जोड़ के बराबर होना चाहिए। यदि ऐसा है तो समझना चाहिए कि खाते शुद्ध रुप से

बनाये गये हैं। इस शुद्धता का ज्ञान करने के लिए एक सूची बनाई जाती है जिसे "तलपट" (Trial Balance) कहते हैं।

तलपट बनाने की विधियाँ –

1. **जोड़ विधि** (Total Method) – इस विधि में प्रथम खाना खातों का शीर्षक (Ledger Account), दूसरा खाना खाताबही की पृष्ठ संख्या (L.F.), तीसरा खाना डेबिट के जोड़ों के लिए (Dr. Amount) तथा चौथा खाना क्रेडिट के जोड़ों के लिए (Cr. Anmount) होता है।

2. **अन्तर विधि** (Balance Method) – इस विधि में प्रथम दो खाने जोड़ विधि की तरह ही होते हैं परन्तु तृतीय खाने में डेबिट के शेष तथा चतुर्थ खाने में क्रेडिट का शेष लिखा जाता है।

3. **जोड़ और अन्तर विधि** (Total and Balance Method) – इस विधि में प्रथम दो खाने तो जोड विधि की तरह ही होते है, परन्तु राशियों के लिए चार खाने बनाये जाते हैं। प्रथम खाना डेबिट जोड़, द्वितीय खाना क्रेडिट जोड़ तथा तृतीय खाना डेबिट बाकी (शेष) तथा चतुर्थ खाना क्रेडिट बाकी (शेष) के लिए होता है।

4. बराबर जोड़ वाले खातों के जोड न लिखकर तलपट बनाना।

12.8 वार्षिक अन्तिम खाते (Annual Final Accounts)

वार्षिक निष्कर्ष निकालने तथा लाभ हानि एवं व्यापारिक स्थिति ज्ञात करने के लिए जो लेखांकन किया जाता है उन्हें "वार्षिक अन्तिम खाते" कहा जाता है। इसमें व्यापार खाता (Trading Account), लाभ हानि खाता (Profit and Loss Account) तथा चिट्ठा (Balance Sheet) आते है। अन्तिम खाते बनाने के पूर्व लेजर के खातों के शेष के आधार पर तलपट अवश्य बना लिया जाना चाहिए। फिर इस तलपट एवं उन समायोजनाओं के आधार पर जो अन्तिम तिथि पर खाते बन्द करने के बाद होती है, एक अन्तिम तलपट और बनाया जाना चाहिए और फिर उसके आधार पर व्यापारिक खाता, लाभ हानि खाता एवं चिट्ठा बनाया जाना चाहिए।

व्यापारिक खाता (Trading Account) – व्यापारिक खाता लाभ–हानि खाते का ही एक अंग है। व्यापारिक खाता शीर्षक अलग से डालने की परम्परा अब बहुत कम हो गई है। वर्तमान काल में "व्यापारिक एवं लाभ हानि खाता" या केवल "लाभ हानि खाता" शीर्षक डाला जाता है। इस प्रकार के खाते में खाते का प्रथम भाग व्यापारिक खाते का कार्य करता है और द्वितीय भाग लाभ हानि खाते का। कम्पनी अधिनियम 1956 में व्यापारिक खाते का वर्णन ही नहीं है। इस अधिनियम के अनुसार इसके अन्तर्गत रजिस्टर्ड हुई प्रत्येक कम्पनी को

केवल लाभ हानि खाता एवं चिट्ठा ही बनाना पडता है। इसी लाभ हानि खाते के प्रथम भाग में व्यापारिक खातों से सम्बन्धित मदों का लेखा किया जाता है।

लाभ हानि खाता (Profit and Loss Account) व्यापारिक खाते में यदि हानि होती है तो इसे लाभ हानि खाते के डेबिट पक्ष में और यदि लाभ होता है तो क्रेडिट पक्ष में लिखा जाता है। एक व्यवसायी के यहां आय सम्बन्धी सभी व्ययों (Revenue expenses) में से प्रत्यक्ष व्ययों को छोड़कर शेष सभी व्यय लाभ हानि खाते के डेबिट पक्ष में लिखे जाते हैं। सम्पूर्ण आयगत व्ययों को मुख्यतया दो भागों में बांटा गया है।

(अ) प्रत्यक्ष व्यय – व्यापारिक खाते में और

(ब) अप्रत्यक्ष व्यय – लाभ हानि खाते में लिखे जाते है।

1. संयुक्त रुप से दिये गये कुछ व्यय (Joint Expenses) – जब व्ययों की ऐसी राशि दी हुई होती है जो कि व्यापार खाते व लाभ हानि खाते में जाने वाले व्ययों का योग प्रतीत होती है जो इसका लेखा करने में कठिनाई होती है। जैसे मजदूरी और वेतन (Wages and Salary) तथा वेतन और मजदूरी की राशियां दी हुई होने पर उनमें अन्तर लगा पाना असंभव होता है। लेकिन संयुक्त राशि के प्रथम शब्द के अनुसार मजदूरी और वेतन वाली राशि को व्यापार खाते में ले जाया जाता है, तथा वेतन और मजदूरी वाली राशि को लाभ हानि खाते में ले जाया जाता है। प्रबन्धक निर्माण एवं कार्यालय दोनों की देखरेख करता है। अतः इसके वेतन का एक भाग निर्माण खाते में तथा दूसरा भाग लाभ हानि खाते में लिया जाना चाहिए।

2. लाभ हानि खाते के क्रेडिट पक्ष में जाने वाली आय इस प्रकार है :

(i) प्राप्त कमीशन | (ii) प्राप्त कटौति
(iii) विनियोग पर ब्याज | (iv) बैंक निक्षेप पर ब्याज
(v) व्यापार से आय | (vi) आहरण पर ब्याज
(vii) प्राप्त किराया | (viii) अप्राप्य ऋणों पर बसूल हुई आय
(ix) अन्य कोई आय जो व्यापार के सम्बन्ध में हुई हो।

3. आयकर (Income Tax) – एकाकी व्यापार के लाभ हानि खाते की दशा में इसे लाभ हानि खाते में नहीं लिखा जाता है वरन् एकाकी व्यवसायी का व्यक्तिगत व्यय माना जाता है, अतः इसे आहरण (Drawing) में जोड़कर चिट्ठे में दायित्व की ओर पूंजी में से घटाया जाना चाहिए।

4. शिकमी किराया (Rent of Subletting) – यदि शिकमी किरायेदार रखे गये हैं तो इनसे प्राप्त किराया लाभ हानि खाते के क्रेडिट पक्ष में लिखा जाता है।

5. विज्ञापन (Advertisement) – साधारणतया विज्ञापन की पूरी राशि लाभ हानि खाते के डेबिट पक्ष में लिखी जाती है।

6. कटौती (Deduction) – यदि वेतन कटौती दी हुई हो तो इसके डेबिट होने पर लाभ हानि खाते के डेबिट पक्ष में तथा क्रेडिट होने पर लाभ हानि खाते के क्रेडिट पक्ष में लिखा जाता है।

7. व्यापारिक व्यय (Trade Expenses) – इन व्ययों का आशय व्यापार के सम्बन्ध में किये गये व्ययों से होता है। अतः इसे लाभ हानि खाते के डेबिट में ले जाया जाना चाहिए और व्यापार खाते में नहीं लिखना चाहिए।

8. अनुत्पादक मजदूरी (Unproductive Wages) – इसे लाभ हानि खाते के डेबिट पक्ष में लिखा जाता है।

लाभ हानि खाते का शीर्षक – वर्तमान काल में लाभ हानि खाते को व्यापारिक खाते से अलग नहीं बनाया जाता है, वरन् शीर्षक निम्न प्रकार डाला जाता है।

Trading and Profit and Loss Account
(For the year ended 31st March, 1993)

चिट्ठा (Balance sheet)

परिभाषा – चिट्ठा का आशय ऐसे विवरण पत्र से है जो कि एक निर्धारित तिथि पर व्यवसाय की वित्तीय स्थिति प्रकट करता है। यह निर्धारित तिथि अन्तिम खाते तैयार करने की तिथि होती है। कुछ व्यक्तियों का विचार है कि सम्पतियों और दायित्वों का विवरण पत्र ही चिट्ठा है। चिट्ठे की परिभाषा के महत्वपूण तत्व निम्नलिखित है –

चिट्ठे के आवश्यक तत्व

1. निश्चित तिथि – प्रत्येक व्यावसायिक वर्ष की अन्तिम तिथि पर चिट्ठा तैयार किया जाता है। कभी कभी आवश्यकतानुसार 6 माही या 3 माही भी चिट्ठा बनाया जाता है।

2. इसका रुप – चिट्ठा एक विवरण पत्र के रुप में होता है, खाते के रुप में नहीं। इसकी बायी ओर दायित्व तथा दाहिनी ओर सम्पतियां लिखी जाती है। ऐसा करते समय इसमें खातों की तरह "का" और "से" (To and By) का प्रयोग नहीं किया जाता है।

3. विषय सामग्री – खाताबही में उन सब खातों की बाकियां, जो कि व्यक्तिगत या वास्तविक खाते होते हैं इसमें लिखी जाती हैं। इन बाकियां में से जो डेबिट बाकियां होती है उन्हें सम्पत्ति की ओर तथा जो क्रेडिट बाकियां होती

है उन्हें दायित्व की ओर लिखा जाता है। सम्पतियों और दायित्वों का लेखा एक निर्धारित क्रम के अनुसार किया जाता है।

Illustration 1

निम्नलिखित व्यवहारों से अन्तिम खाते बनाइये व विभिन्न बहियों में लिख कर बताइये (**Prepare final accounts and enter the following trnasactions in books and post in ledger)**

	Mar. 1993	Rs.
1.	नकद से उद्योग शुरु किया (Started business with cash)	5,00,000
3.	मशीनरी खरीदी (Machinery purchased)	3,00,000
5.	कच्चा माल खरीदा (Purchased raw material)	1,00,000
9.	राम एंड कम्पनी से उधार फर्नीचर खरीदा (Purchased furniture from Ram & Company on credit)	20,000
17.	विज्ञापन खर्च चुकाये (Paid for advertisement)	1,000
18.	डाक खर्च एवं स्टेशनरी के चुकाये (Paid for postage & Stationery)	2,000
19.	हरि एण्ड कम्पनी से उधार माल खरीदा (Purchased goods from Hari & Company on credit)	50,000
21.	विविध खर्चे चुकाये (Paid sundry expenses)	5,000
24.	वेतन चुकाया (Paid salary)	1,000
28.	नकद माल बेचा (Sold goods for cash)	1,20,000
31.	रमेश को उधार माल बेचा (Sold goods to Ramesh on credit)	50,000

JOURNAL OF M/s.........

Date	Particulars	L.F.	Amount Dr.	Amount Cr.
1993				
Mar. 9	Furniture A/c Dr.	17	20,000	
	To Ram & Company A/c	18		20,000
	(Furniture purchased from Ram & Company on credit)			
19	Purchases A/c Dr.	16	50,000	
	To Hari & Company A/c	21		50,000
	(Purchased goods from Hari & Company on credit)			

31	Ramesh A/c Dr.	25	50,000	
	To Sales A/c	24		50,000
	(Goods sold to Ramesh on credit)			
	Total		1,20,000	1,20,000

Cash Book of M/s............

Dr. Cr.

Date	Particulars	V.No	L.F.	Amount Rs.	P.	Date	Particulars	V.No	L.F.	Amount Rs.	P.
1993						1993					
Mar. 1	To Capital A/c		14	5,00,000	—	Mar. 3	By Machinery A/c		15	3,00,000	—
	To Sales A/c		24	1,20,000	—	5	By Raw Material		16	1,00,000	—
						17	By Advertisement Exp. A/c		19	1,000	—
						18	By Postage & Stationery Exp. A/c		20	2,000	—
						21	By Sundry Exp. A/c		22	5,000	—
						24	By Salary A/c		23	1,000	—
						31	By Balance C/d			2,11,000	—
				6,20,000						6,20,000	—
1993 Apr. 1	To Balance b/d			2,11,000							

LEDGER

Page No. 14

CAPITAL A/c

Dr. Cr.

Date	Particulars	J.F.	Amount	Date	Particulars	J.F.	Amount
				1993 Mar. 1	By Cash	2	5,00,000
							5,00,000

Page No. 15

MACHINERY A/c

Dr. Cr.

1993 Marc. 3	To Cash A/c	2	3,00,000				
			3,00,000				

Page No. 16

PURCHASE A/c

Dr. Cr.

1993 Mar. 5	To Cash A/c	2	1,00,000				
19	To Hari & Co.	3	50,000				
			1,50,000				

Page No. 17

FURNITURE A/c

Dr. Cr.

1993 Mar 9	To Ram & Co.	3	20,000				
			20,000				

Page No. 18

RAM & COMPANY A/c

Dr. Cr.

				1993 Mar. 9	By Furniture	3	20,000
							20,000

Page No. 19

ADVERTISEMENT A/c

Dr. Cr.

1993 Mar. 17	To Cash A/c	2	1,000				
			1,000				

Page No. 20

POSTAGE & STATIONERY A/c

Dr.							Cr.
1993 Mar. 18	To Cash A/c	2	2,000				
			2,000				

Page No. 21

HARI & COMPANY A/c

Dr.							Cr.
				1993 Mar. 19	By Purchase A/c	3	50,000
							50,000

Page No. 22

SUNDRY EXPENSES A/c

Dr.							Cr.
1993 Mar. 21	To Cash A/c	2	5,000				
			5,000				

Page No. 23

SALARY A/c

Dr.							Cr.
1993 Mar. 24	To Cash A/c	2	1,000				
			1,000				

Page No. 24

SALES A/c

Dr.							Cr.
				1993 Mar. 31	By Cash A/c	2	1,20,000
					By Ramesh A/c	3	50,000
							1,70,000

Page No. 25

RAMESH A/c

Dr.							Cr.
1993 Mar. 31	To Sales A/c	3	50,000				
			50,000				

TRIAL BALANCE OF M/s......... As ON 31.3.93

S.No.	Particulars	Debit	Credit
1.	Capital A/c		5,00,00
2.	Machinery A/c	3,00,000	
3.	Puchase A/c	1,50,000	
4.	Furniture A/c	20,000	
5.	Ram & Company A/c	—	20,000
6.	Advertisement A/c	1,000	
7.	Postage & Stationery A/c	2,000	
8.	Hari & Company A/c		50,000
9.	Sundry Exp. A/c	5,000	
10.	Salary A/c	1,000	
11.	Salesh A/c		1,70,000
12.	Ramesh A/c	50,000	
13.	Cash in Hand	2,11,000	
	TOTAL	7,40,000	7,40,000

TRADING & PROFIT & LOSS A/ FOR THE YEAR ENDED ON 31-3-93

Dr. Cr.

Particulars	Amount	Particulars	Amount
To Purchase A/c	1,50,000	By Sales A/c	1,70,000
To Advertisement	1,000		
To Postage & Stationery	2,000		
To Sundry Exp. A/c	5,000		
To Salary A/c	1,000		
To Net Profit	11,000		
	1,70,000		1,70,000

BALANCE SHEET AS ON 31-3-93

Liabilities	Amounts	Assets	Amounts
Capital A/c	5,00,000	Machinery A/c	3,00,000
Sundry Creditors		Furniture A/c	20,000
Ram & Company	20,000	Ramesh & Co.	50,000
Hari & Company	50,000	Cash in Hand	2,11,000
Profit & Liss A/c	11,000		
	5,81,000		5,81,000

12.9 लागत लेखांकन (Cost Accounting)

लागत लेखांकन का तात्पर्य व्ययों के ऐसे विश्लेषण से हैं, जिससे प्रबन्धक को उत्पादन की कुल लागत एवं इनके विभिन्न भागों का शुद्धता से ज्ञान हो सके। कुल लागत में सामग्री, श्रम, फैक्ट्री, प्रशासन, विक्रय एवं वितरण व्यय का लेखा, विक्रय मूल्य एवं लाभदायिकता सभी तत्व सम्मिलित किये जाते हैं।

लागत लेखांकन की कुछ प्रमुख विद्वानों द्वारा दी गई परिभाषाएं इस प्रकार है –

व्हेलडन (Wheldon) के अनुसार, 'लागत लेखांकन से तात्पर्य व्ययों के ऐसे वर्गीकरण, लेखांकन एवं उचित विभाजन से है जिससे वस्तुओं एवं सेवाओं की लागत निर्धारित हो सके तथा प्रबन्धकों को नियंत्रण एवं मार्गदर्शन के लिए क्रमबद्ध आंकड़े उपलब्ध हो सके। इसमें प्रत्येक आदेश, उपकार्य, सेवा या इकाई, जो भी आवश्यक हो, की लागत ज्ञात करना सम्मिलित है। इसके द्वारा उत्पादन, विक्रय एवं वितरण की लागत का अध्ययन होता है।"

इन्स्टीट्यूट ऑफ कॉस्ट एण्ड वर्क्स एकाउन्टेन्ट्स, इंगलैण्ड (I.C.W.A., England) ने लागत लेखांकन को "लागत लेखापाल का विज्ञान, कला एवं व्यवहार बतलाया है।"

विल्मट (Wilmot) ने लागत लेखांकन की प्रकृति का वर्णन करते हुए उसके कार्यों में लागत का विश्लेषण, प्रमाप निर्धारण, पूर्वानुमान लगाना, तुलना करना, मत अभिव्यक्ति तथा आवश्यक परामर्श देना आदि सम्मिलित किये है। लागत लेखापाल की भूमिका एक इतिहासकार, संवाददाता एवं भविष्यवक्ता के तौर पर होती है। उसे इतिहासकार की तरह सतर्क, सही परिश्रमी तथा निष्पक्ष होना चाहिए। संवाददाता की भांति सजग, चयनशील और सारगर्भित तथा भविष्यवक्ता की तरह उसमें ज्ञान व अनुभव के साथ–साथ दूरदर्शी एवं साहसी होना आवश्यक है।

वित्तीय तथा लागत लेखांकन का सम्बन्ध (Relationship of Financial and Cost Accounting)–सभी लेखांकन प्रणालियों में परिव्यय (Ccsts) पर विचार किया जाता है, परन्तु वित्तिय लेंखांकन इन्हें मोटे रुप से देखता है, जबकि लागत लेखांकन के अन्तर्गत लागतों का विस्तृत विश्लेषण कर इकाई लागत ज्ञात की जाती है। इसी प्रकार वित्तीय लेखे संस्था के समूचे लाभ हानि ज्ञान करते हैं, जबकि लागत लेखे विभिन्न उत्पादों का अलग–अलग विश्लेषण करते हैं।

लागत लेखांकन तथा वित्तीय लेखांकन दोनों ही एकही लेखांकन सिद्धान्तों पर आश्रित हैं और दोनो एक ही मूल विवरण पुस्तकों का प्रयोग करते है परन्तु लागत लेखांकन के अन्तर्गत लागतों का विश्लेषण करने के लिए विशेष प्रकार के प्रपत्रों एवं रिकार्ड का प्रयोग किया जाता है। अतः यह कहा जा सकता है कि लागत लेखांकन एक व्यावहारिक लेखाशास्त्र है। उद्देश्यों की भिन्नता के कारण दोनों लेखांकन प्रणालियों द्वारा निर्धारित लाभ भिन्न आने लगे, परन्तु प्रबन्धकों के सन्तोष के लिए वित्तीय एवं लागत मिलान विवरण (Reconciliation Statement) तथा एकीकृत लेखे (Intergrated Accounts) बनाए जाते है। इस बात को समझने के लिए कि लागत लेखे कितने महत्वपूर्ण हैं, नीचे दिए गए उदाहरण में दोनो पद्धतियों के अन्तर्गत खाते बनाए गए हैं –

Illustration 2

The financial account of X Co. Ltd., has shown a profit of Rs. 18,000 for the year ending 31 March, 1993 as follows :

X Co. Ltd., के 31 मार्च 1993 के समाप्त हुए वर्ष के लिए निम्न वित्तीय लेखे द्वारा 18,000 रु का लाभ प्रकट किया गया है –

Trading & Profit & Loss A/c
For the Year ending 31 March, 1993

Dr.		Cr.	
	Rs.		Rs.
To Materials consumed	30,000	By Sales	1,20,000
To Wages	27,000		
To Chargeable expenses	3,000		
To Production expenses	15,000		
To Gross Profit c/d	45,000		
	1,20,000		1,20,000
To Administrative expenses	6,000	By Gross Profit c/d	45,000

To Selling & distribution expenses	21,000		
To Net profit (15% of Sales)	18,000		
	45,000		45,000

कम्पनी A, B व C तीन उत्पादों का निर्माण करती है तथा लागत लेखापाल द्वारा लागतों के विश्लेषण करने के पश्चात् निम्न विवरण प्रस्तुत किया गया है –

Statement Showing profit or loss of products A, B, & C

Item	Total	Products		
		A	B	C
	Rs.	Rs.	Rs.	Rs.
Direct material cost	30,000	12,000	12,000	6,000
Direct wages	27,000	12,000	7,200	7,800
Direct expenses	3,000	—	1,800	1,200
Prime cost	60,000	24,000	21,000	15,000
Factory overheads	15,000	6,000	4,500	4,500
Factory cost	75,000	30,000	25,500	19,500
Administration overheads	6,000	3,000	1,500	1,500
Cost of production	81,000	33,000	27,000	21,000
Selling & Distribution overheads	21,000	12,000	4,500	4,500
Total Cost	1,02,000	45,000	31,500	25,500
Profit or loss	18,000	(–) 9,000	16,500	10,500
Sales	1,20,000	36,000	48,000	36,000
Profit % to turnover	15%	—	34.4%	29.2%

Indicate the advantages to be derived from the statement submitted by the cost accountant.

लागत लेखापाल द्वारा प्रस्तुत विवरण से होने वाले लाभ बताएं ?

Solution – वित्तीय लेखापाल द्वारा प्रस्तुत लाभ हानि खाते से केवल यह ज्ञात होता है कि विशुद्ध लाभ 15,000 रु॰ हुआ है। यह सूचना प्रबन्ध के लिए कोई विशेष उपयोगी नहीं है, क्योंकि इससे प्रत्येक उत्पाद के लाभ हानि स्पष्ट से ज्ञात नहीं कर सकते।

इसके विपरीत लागत लेखापाल द्वारा प्रस्तुत विवरण से स्पष्ट है कि B उत्पाद से विक्रय राशि पर 34.4% तथा C द्वारा 29.2% लाभ प्राप्त हुए है

जबकि A उत्पाद ने कुल लाभ को गिरा कर 15% तक पहुचा दिया है। ऐसी परिस्थिति में प्रबन्ध। उत्पाद का विक्रय मूल्य बढ़ाने का निर्णय ले सकता है, अथवा यदि वह संभव न हो तो इसका उत्पादन धीरे–धीरे बन्द कर सकता है, यदि उसके विक्रय से कोई अंशदान न होता हो।

वित्तीय लेखा का मुख्य उद्देश्य व्यवसाय, स्वामी, अंशधारियों, ऋणदाताओं तथा राज्य के हितों की पूर्ति करता है, जबकि लागत लेखे मूल रुप से प्रबन्ध के मार्गदर्शन के लिए तैयार किए जाते हैं, जिससे उत्पाद विक्रय एवं परिचालन सम्बन्धी उचित नीति निर्धारित की जा सके। जैसे– सामग्री के लिए वित्तीय लेखे यह प्रकट करेंगे कि सामग्री व्यय ठीक प्रकार से पुस्तकों में लिख लिये गये हैं, अन्तिम स्टॉक की लागत अथवा बाजार मूल्यों दोनों में से जो कम हो, के सिद्धान्त पर चिट्ठे में लिखा गया है। जबकि लागत लेखांकन में सामग्री के लिए समुचित क्रय निर्गमन मूल्य नियंत्रण व्यवस्था की जाती है। बजट के विचरणांश पर विस्तृत अध्ययन किए जाकर प्रबन्ध को समुचित सूचना प्रदान की जाती है। इसी प्रकार श्रम, मशीनों तथा अन्य पूंजीगत साधनों के उपयोग पर नियंत्रण रखे जाते हैं।

12.10 लागत लेखांकन के उद्देश्य (Objects of Cost Accounting)

लागत लेखांकन के मुख्य उद्देश्य निम्न प्रकार है –

1. लागतों का निर्धारण (Ascertaining Costs) - विलियम बैल के अनुसार "लागत लेखे का प्रमुख उद्देश्य उत्पादित वस्तु की विस्तृत लागत का निर्धारण करना है।"

2. विक्रय मूल्य निर्धारण करना (Determination of the Selling Price) – अधिकतम लाभ प्राप्त करना व्यवसाय का प्रमुख उद्देश्य रहा है जिसकी पूर्ति हेतु एक आदर्श विक्रय मूल्य नीति का संचालन परमावश्यक है। यह विक्रय मूल्य, कुल लागत पर उचित लाभ जोड़ कर प्राप्त किया जा सकता है, परन्तु आधुनिक युग में कुल लागत को स्थिर (fixed) तथा परिवर्तनशील (Variable) वर्गों में बांटा जाता है। अवसाद की स्थिति में केवल परिवर्तनशील लागत को भी विक्रय मूल्य आधार माना जा सकता है, जबकि तेजी काल में दोनों लागतों के अतिरिक्त उचित लाभ को भी जोड़ना आवश्यक होता है।

3. कार्यकुशलता निर्धारण एवं नियंत्रण (Determining and Controlling Efficiency) – लागत लेखापाल निर्माण की संपूर्ण प्रक्रिया का निरन्तर अध्ययन कर संस्था की समूची एवं केन्द्र वार कार्यकुशलता को बढ़ाने की विभिन्न विधियों का सृजन करता है। इसके लिए वह पहले उत्पादन से सम्बद्ध सामग्री, श्रम एवं अन्य व्ययों के प्रमाप निश्चित करता है तथा बाद में

वास्तविक लागतों की तुलना प्रमापों से करके विचरणांश ज्ञात करता है। अन्त में विचरणांशों के कारण खोजकर असन्तोष लागतों को कम किया जाता है। इसके लिए बजट नियंत्रण प्रमाप लेखांकन आदि रीतियों को प्रयोग में लाया जाता है।

4. वित्तीय एवं अन्य विवरणों का प्रस्तुतीकरण (Presentation of Financial and other Statements) – वित्तीय लेखांकन के अन्तर्गत व्यापार की स्थिति के सम्बन्ध में विवरण प्रायः एक या दो बार दिये जाते हैं जो कि प्रबन्धक की जरुरतों की पूर्ति नहीं कर पाते। लागत लेखांकन का उद्देश्य प्रबन्ध को उत्पादन, विक्रय एवं परिचालन के सम्बन्ध में अधिक विस्तृत एवं कम अन्तरालों से सूचना प्रदान करना है, ताकि इनकी सहायता से एक ओर तो वित्तीय विवरण को तैयार करने में सहायता मिलती है तथा दूसरी ओर प्रबन्ध परिचालन को नियंत्रण में रख सकता है।

5. प्रबन्धकीय नीति निर्धारण के लिए आधार (Providing basis for Managerial decision making) – आधुनिक परिप्रेक्ष्य में लागत लेखांकन का एक महत्वपूर्ण उद्देश्य प्रबन्धकीय नीति निर्धारण के लिए समुचित आधार प्रस्तुत करना है। ये नीतियां निम्नलिखित से सम्बन्धित हो सकती है –

(i) लागत परिमाण लाभ (Cost Volume profit) का संबंध निर्धारण;

(ii) स्वयं उत्पादन करना या माल क्रय करना;

(iii) व्यवसाय संचालित रखना या उसे स्थगित करना;

(iv) वर्तमान प्लांट से ही उत्पादन चालू रखना या नया प्लांट लगाना;

(v) आदर्श उत्पादन मिश्रण निर्धारित करना;

(vi) मूल निर्धारण;

(vii) विस्तार तथा संकुचन सम्बन्धी नीतियों के निर्णय तथा

(viii) ऋतुकालीन परिस्थितियों के कारण हानियों को कम करना आदि।

12.11 लागत के तत्व (Elements of Cost)

लागत के मुख्य तीन तत्व हैं – सामग्री, मजदूरी तथा व्यय। प्रत्येक तत्व प्रत्यक्ष तथा अप्रत्यक्ष उपवर्गों में बांटा जाता है। किसी वस्तु की कुल लागत इन तीनों तत्वों पर किये गये कुल व्यय का योग होती है। लागत के तत्वों को नीचे समझाया गया है –

सामग्री (Material) – यह समस्त सामग्री जो किसी वस्तु के उत्पादन में प्रयोग की जाती है, सामग्री कहलाती है, सामग्री दो प्रकार की होती है।

(i) प्रत्यक्ष सामग्री (Direct Material) – प्रत्यक्ष सामग्री, प्रत्यक्ष रुप से वस्तु के उत्पादन में काम में ली जाती है तथा निश्चित लागत केन्द्र अथवा

लागत इकाई को चार्ज की जाती है, जैसे फर्नीचर के लिए लकड़ी, कपड़े के लिए रुई।

(ii) अप्रत्यक्ष सामग्री (Indirect Material)– अप्रत्यक्ष सामग्री वह है जो उत्पादन में सहयोग तो देती है परन्तु जिसे लागत केन्द्र अथवा इकाई का प्रत्यक्ष भाग नहीं बनाया जा सकता है। जैसे फर्नीचर के निर्माण में रेजमाल, लकड़ी साफ करने का कपड़ा, वार्निश, ब्रुश आदि। अप्रत्यक्ष सामग्री को उपरिव्यय के रुप में चार्ज किया जाता है।

श्रम (Labour)–सामग्री को माल में परिवर्तित करने हेतु प्रयुक्त मानवीय प्रयास को श्रम कहते हैं। श्रम को दो भागों में विभाजित किया जाता है –

(i) प्रत्यक्ष श्रम (Direct Labour) – वह श्रम जो उत्पादन में प्रत्यक्ष तथा सक्रिय रूप से योगदान देता है, प्रत्यक्ष श्रम कहलाता है। जैसे मशीनों पर कार्य करने वाले श्रमिकों की मजदूरी।

(ii) अप्रत्यक्ष श्रम (Indirect Labour) – वह श्रम जो उत्पादन में अप्रत्यक्ष रुप से योगदान देता है, अप्रत्यक्ष श्रम कहलाता है। जैसे फोरमेन, कार्यालय स्टाफ, सफाइमेन, जमादार, चौकीदार आदि का वेतन। इसकी गणना उपरिव्यय में की जाती है।

व्यय (Expenses) – व्यय शब्द का अर्थ सामग्री तथा श्रम के अतिरिक्त व्ययों से है। इसे दो भागों में विभाजित किया जा सकता है।

(i) प्रत्यक्ष व्यय (Direct Expenses) – वे व्यय जो प्रत्यक्ष रूप से सरलता वे पूर्ण रूप से लागत केन्द्र या लागत इकाई पर बांटे जा सकते हैं, जैसे ठेके के सम्बन्ध में अधिकार शुल्क (Royalty) का भुगतान, उत्पादन शुल्क (Exicise duty), डिजाइन व नक्शा आदि पर व्यय, आर्किटेक्ट की फीस (Architect fee)।

(ii) अप्रत्यक्ष व्यय (Indirect Expenses) – इस व्यय के अन्तर्गत वे व्यय आते हैं जो सामूहिक रुप से समस्त उत्पादन पर किये जाते हैं और किसी विशेष इकाई के उत्पादन में इनका भाग निर्धारित करने का कोई विशेष आधार नहीं होता। परन्तु इनका बंटवारा किसी वैज्ञानिक आधार पर किया जाता है ताकि वस्तु की सही लागत ज्ञात की जा सके। इसे भी उपरिव्यय के रुप में चार्ज किया जाता है।

12.12 प्रत्यक्ष एवं अप्रत्यक्ष लागत (Direct and Indirect Costs)

उपरोक्त कुल लागतों की क्रियाशीलता के विचार से (i) प्रत्यक्ष लागत तथा (ii) अप्रत्यक्ष लागत के रुप में भी व्यक्त किया जा सकता है, जो कि चार्ट से स्पष्ट है।

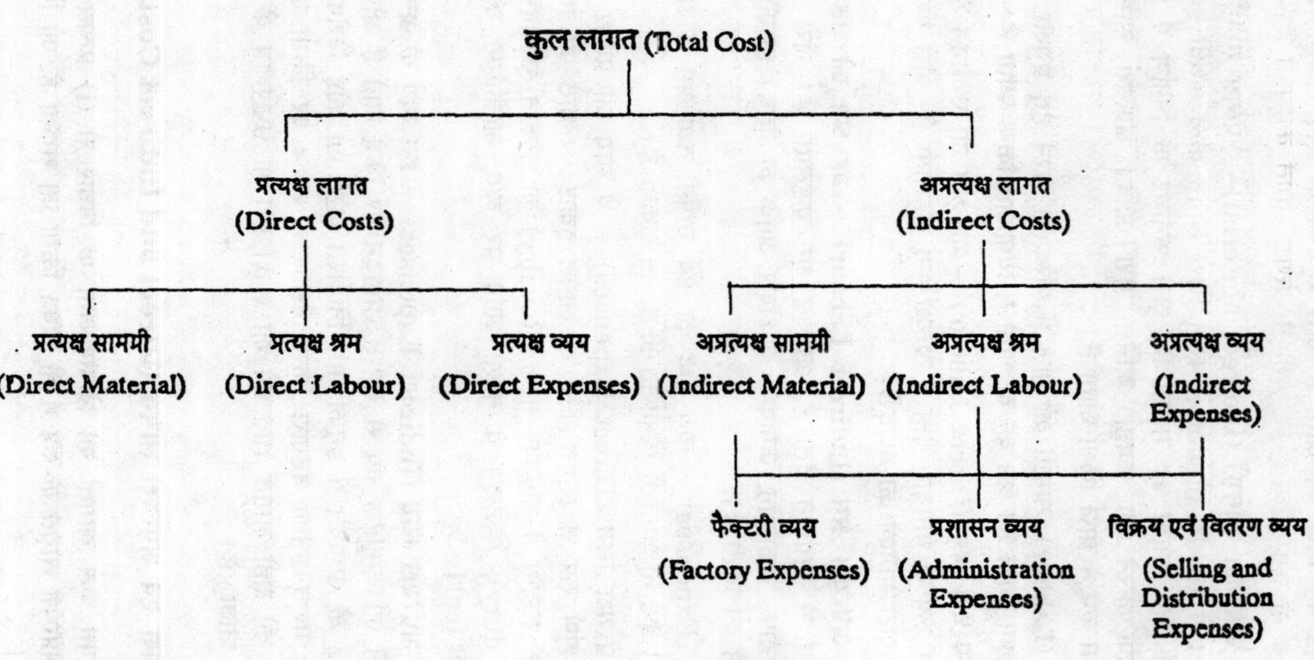
कुल लागत (Total Cost)
प्रत्यक्ष लागत (Direct Costs)
अप्रत्यक्ष लागत (Indirect Costs)
प्रत्यक्ष सामग्री (Direct Material)
प्रत्यक्ष श्रम (Direct Labour)
प्रत्यक्ष व्यय (Direct Expenses)
अप्रत्यक्ष सामग्री (Indirect Material)
अप्रत्यक्ष श्रम (Indirect Labour)
अप्रत्यक्ष व्यय (Indirect Expenses)
फैक्टरी व्यय (Factory Expenses)
प्रशासन व्यय (Administration Expenses)
विक्रय एवं वितरण व्यय (Selling and Distribution Expenses)

वे सभी लागतें जो प्रत्यक्ष रुप से वस्तु, सेवा या कार्य पर सामग्री, श्रम व अन्य व्यय के रूप में व्यय की जाती है, प्रत्यक्ष लागतें कहलाती है। इन्हें प्रमुख लागत (**Prime Cost**) भी कहते हैं। इसके अतिरिक्त उन मदों पर व्यय जो उत्पादन से अप्रत्यक्ष रुप से सम्बन्धित हो, अप्रत्यक्ष लागतें कहलाती है। इन्हें उपरिव्यय (**Overheads**) भी कहते हैं।

अप्रत्यक्ष लागत फैक्टरी, प्रशासन, विक्रय एवं वितरण के दौरान अप्रत्यक्ष रुप से सामग्री, श्रम व व्यय के रुप में खर्च की जाती है। अप्रत्यक्ष लागते निम्न प्रकार हैं –

(i) फैक्टरी या उत्पादन व्यय (Factory, Manufacturing or Production Expenses) – वे अप्रत्यक्ष व्यय जो फैक्टरी के अन्तर्गत फैक्टरी अथवा प्लांट को चलाने के लिए किये जाते हैं तथा किसी उत्पाद विशेष के लिए न होकर सम्पूर्ण उत्पादन के लिए होते है। उदाहरण के लिए मशीनों व प्लांट की सफाई व स्नेहक पदार्थों का व्यय, फोरमेन, निरीक्षक, पर्यवेक्षक व गेट कीपर का वेतन, फैक्टरी भवन का किराया, कर व बीमा, श्रम कल्याण व्यय, फैक्टरी व मशीनों की मरम्मत, देखभाल व ह्रास आदि।

(ii) कार्यालय व प्रशासन व्यय (Office and Administration Expenses) – वे व्यय जो कार्यालय व प्रशासन के संचालन पर किये जाते है। जैसे प्रशासनिक विभाग के कर्मचारियों (लिपिक, सचिव, प्रबन्धक, संचालक) आदि का वेतन, आडिटर व कानूनी सलाहकारों का शुल्क, कार्यालय में प्रयुक्त लेखन सामग्री, डाक व तार तथा टेलिफोन व्यय, कार्यालय, भवन, फर्नीचर व अन्य उपकरणों की मरम्मत व ह्रास किराया, विद्युत एवं सफाई व्यय आदि।

(iii) विक्रय एवं वितरण व्यय (Selling and Distribution Expenses) – वस्तु के निर्माण होने के पश्चात् उनके सम्बन्ध में विज्ञापन, विपणन एवं आदेश प्राप्त करने आदि के सभी व्यय विक्रय व्यय कहलाते हैं। जैसे विपणन कार्यालय के व्यय, विपणन प्रबन्धक एवं विक्रय एजेन्टों के वेतन, कमीशन, यात्रा व्यय, विज्ञापन व्यय आदि।

वितरण व्ययों में वे सभी खर्च सम्मिलित किये जाते हैं, जो कि माल को क्रेता तक पहुंचाने (यदि माल क्रेता तक पहुंचाना, विक्रय शर्त में आता है), गोदाम व्यय, ढुलाई (बाह्य), वितरण–यान का चालन व मरम्मत व्यय, ह्रास आदि

परन्तु व्यवहार में विक्रय एवं वितरण व्ययों को एक ही वर्ग में दर्शाया जाता है।

लागत में सम्मिलित न किए जाने वाले मद (Items not included in Costs) – व्यवसाय में अनेक ऐसे खर्चे होते हैं जो पूर्ण रुप से वित्तीय होते हैं तथा निर्मित वस्तु की लागत से उनका कोई सम्बन्ध नहीं होता है। ऐसे खर्चों

को तीन भागों में विभाजित किया जा सकता है – (i) काम नियोजन सम्बन्धी मदें (Appropriation of Profits) तथा विभिन्न प्रकार के संचयों या कोषों में हस्तान्तरण, लाभांश, दान व चन्दें आदि (ii) वित्तीय व्यय (Financial Expenses) जैसे ऋण पत्रों पर देय ब्याज, कर्मचारियों को ग्रेच्युटी, स्थायी सम्पति को बेचने से प्राप्त लाभ–हानि (iii) असाधारण व्यय (Abnormal Expenses) जैसे असामान्य अनुपयोगी समय (Abnormal idle time), मशीनों का अत्याधिक ह्रास, असामान्य कमी (Abnormal defectives) आदि।

12.13 कुल लागत के विभिन्न अंश (Different Components of Total Cost)

लागत के विभिन्न तत्वों अर्थात् प्रत्यक्ष एवं अप्रत्यक्ष व्ययों का जोड़ कुल लागत होती है। कुल लागत को प्रायः निम्न वर्गों में प्रकट किया जाता है –

1. मूल लागत (Prime Cost) – यह प्रत्यक्ष सामग्री, प्रत्यक्ष श्रम तथा प्रत्यक्ष व्ययों का योग है। स्मरण रहे कि ये तीनों मद उत्पादन की मात्रा के अनुपातिक होते हैं। सूत्र द्वारा

Prime Cost = Direct Material + Direct Labour + Direct Expenses

2. फैक्टरी लागत (Factory or Production Cost) – मूल लागत में फैक्टरी व्यय/उपरिव्यय (Factory Expenses/Overhead) जोड़कर जो लागत प्राप्त होती है उसे फैक्टरी लागत (Works, Factory, Manufacturing or Production Cost) कहते हैं। फैक्टरी लागत से उत्पादन क्षमता का अनुमान लगाया जाता है। सूत्र द्वारा

Factory Cost = Primary Cost + Factory Overhead

3. कार्यालय लागत (Office or Administration Cost or Cost of Production) – फैक्टरी लागत में कार्यालय एवं प्रशासन व्यय/उपरिव्यय जोड़कर कार्यालय अथवा प्रशासन लागत ज्ञात की जाती है। इसे उत्पादन की लागत (Cost of Production, Cost of Output or Gross Cost) भी कहते है। सूत्र द्वारा,

Cost of Production = Factory Cost + Administration Overhead

बेचे गये माल की लागत (Cost of Goods Sold) – कार्यालय लागत में प्रारम्भिक स्टॉक जोड़कर व अन्तिम स्टॉक घटाकर जो लागत आती है, उसे बेचे हुए माल की लागत कहते हैं। इसकी तुलना विक्रय मूल्य से करने पर सकल (Gross) लाभ अथवा हानि प्राप्त की जाती है।

4. कुल लागत (Total Cost) – इसकी गणना निम्न दो प्रकार से की जाती है :–

(i) उत्पादित कुल माल का विक्रय हो गया हो – यदि पूर्व निर्मित माल का प्रारम्भिक व अन्तिम स्टॉक न हो अर्थात् सम्पूर्ण माल बिक गया हो तो कार्यालय लागत में विक्रय व वितरण व्यय/उपरिव्यय जोड़कर लागत प्राप्त होती है। इसे अन्तिम लागत (Final Cost) भी कहते हैं। सूत्र द्वारा,

Total Cost = Cost of Production + Selling & Distribution Overheads

(ii) उत्पादित कुल माल का विक्रय नहीं हुआ हो – यदि पूर्व निर्मित माल का प्रारम्भिक व अन्तिम स्टॉक ज्ञात हो तो उनका समायोजन कुल लागत में किया जाता है, जिससे विक्रय लागत (Cost of Sales) प्राप्त होती है। वैसे कुल लागत ही क्रय लागत कहलाती है। सूत्र द्वारा,

Cost of Sales = Total Cost + Opening Stock of Finished Goods – Closing Stock of Finished Goods

5. विक्रय मूल्य (Selling Price) – कुल लागत या विक्रय लागत में लाभ जोड़कर जिस मूल्य पर बाजार में माल बेचा जाता है, उसे विक्रय मूल्य कहते हैं। सूत्र द्वारा,

Selling Price = Total Cost / Cost of Sales + Profit

इन्हें निम्न चित्र द्वारा आसानी से समझा जा सकता है :

				लाभ	विक्रय मूल्य (Selling Price)
			विक्रय व वितरण व्यय	कुल लागत (Total Cost)	
		कार्यालय व्यय	कार्यालय लागत (Office Cost)		
	फैक्टरी व्यय	फैक्टरी लागत (Factory Cost)			
प्रत्यक्ष सामग्री प्रत्यक्ष श्रम प्रत्यक्ष व्यय	मूल लागत (Price Cost)				

Illustration 3

Calculate the Prime Cost, Factory Cost, Cost of Production, Cost of Production of Goods sold, Cost of Sales and Profit from the following particulars :

निम्नलिखित विवरण से मूल लागत, फैक्टरी लागत, उत्पादन की लागत, बेचे गये माल की लागत, विक्रय लागत तथा लाभ ज्ञात कीजिए :

	Rs.			Rs.
Raw Materials			Consumable stores	1,200
Coumed	65,000		Managers's salary	3,000
Wages paid to labourers	12,500		Director's fee	800
Direct Chargeable expenses	4,500		Office printing & stationery	200
Oil and waste	200		Telephone charges	300
Wages of Foreman	2,000		Postage & Telegrams	200
Electric power	1,200		Salesmen's Commission & salary	2,800
Store keeper's wages	1,200		Travelling expenses	800
Lighting : Factory	900		Carriage outward	300
Office	400	1,300	Advertisement	500
Rent : Factory	2,000		Warehouse charges	600
Office	1,000	3,000	Finished goods :	
Repairs & Renewals :			Opening stock	8,000
Factory Plant	400		Closing sdtock	3,000
Machinery	800		Sales	1,40,000
Office premises	200	1,400		
Depreciation :				
Office premises	300			
Plant & Machinery	500	800		

Solution

COST SHEET

		Rs.	Rs.	Rs.
Direct Material	Raw Materials Consumed			65,000
Direct Labour	Wages to labourers			12,500
Direct Expenses	Chargeable expenses			4,500
PRIME COST				82,000
Add : Factory overheads				
Indirect Material	Consumable stores	1,200		
	Oil & wate	200	1,400	
Indirect labour	Wages of Foreman	2,000		

	Store keeper wages	1,200	3,200	
Indirect expenses	Electrict lower	1,200		
	Factory lighting	900		
	Factory rent	2,000		
	Repairs & renewals			
	Plant	400		
	Machinery	800	1,200	
	Depreciation plant	500	5,800	10,400
FACTORY COST				92,400
Add : Office & Administration overheads :				
Indirect Material	Printing & Stationery		200	
Indiect Labour	Manager's slary	3,000		
	Director's feeds	800	3,800	
Indirect expenses	Office rent	1,000		
	Office lighting	400		
	Repairs & renewals office premises	200		
	Depreciation on premises	300		
	Telephone charge	300		
	Postage & Telegrams	200	2,400	6,400
COST OF PRODUCTION				98,800
Add : Opening stock of finished goods				8,000
				1,06,800
Less : Closing stock of finished goods				3,000
COST OF PRODUCTION OF GOODS SOLD				1,03,800
Add : Selling & Distribution expenses				
Indirect labour	Salesmen's commission & Salary		2,800	
Indirect expenses	Travelling expenses	800		
	Carriage outward	300		
	Advertisement	500		
	Warehouse charges	600	2,200	5,000
COST OF SALES (TOTAL COST)				1,08,800
Profit				31,200
Sales				1,40,000

13

कर प्रणाली तथा बीमा
(Tax System and Insurance)

13.1 आयकर (Income Tax)

आयकर सरकार की आय का प्रमुख एवं महत्वपूर्ण साधन है। वर्तमान युग में सरकार द्वारा आर्थिक समानता स्थापित करने की नीति के कारण उसका महत्व बढ़ गया है। आयकर अधिनियम, 1961 वास्तव में 1 अप्रेल 1962 से सम्पूर्ण भारत में लागू हुआ है। तत्पश्चात् आयकर अधिनियमों में प्रत्येक वर्ष के वित्त अधिनियम द्वारा महत्वपूर्ण संशोधन किये गये हैं। आयकर के लिए व्यक्ति तथा फर्म के भिन्न भिन्न प्रावधान है। एक उद्यमी के लिए व्यक्तिगत कर (Personal Tax) तथा व्यवसाय कर (Corporate tax) दोनों की जानकारी आवश्यक है।

13.1.1 व्यक्तिगत कर (Personal/Individual Tax)

आयकर अधिनियम के अनुसार करदाता को अपनी कुल आय पर आयकर देना होता है बशर्ते कि वह उस वर्ष के लिए वित्त अधिनियम द्वारा निर्धारित न्यूनतम कर योग्य सीमा से अधिक हो। कुल आय की गणना में निम्न सम्मिलित है –

(i) वेतन से आय; (ii) मकान सम्पति से आय;

(iii) व्यापार तथा पेशे से प्राप्त लाभ; (iv) पूंजी लाभ;

(v) अन्य स्रोतों से आय (लाभांश, ब्याज आदि)।

कुल आय पर देय आयकर व्यक्ति के लिए
(Tax Payable for Individual on Total Income)

(i) 40,000 रु. तक — कुछ नहीं

(ii) 40,000 रु. से 60,000 लाख रु. तक — 20%

(iii) 60,001 रु. से 1,20,000 लाख रु. तक 4,000 रु. 30%

(iv) 1,20,000 लाख रु. से अधिक 22,000 रु 40%

कटौतियां (Deductions) – कुल आय से (वित्त वर्ष 1995–96) कर निर्धारण वर्ष 1996–97 के लिए निम्न मुख्य कटौतियों का प्रावधान है :

धारा (U/S)	विवरण (Description)	कटौति (Deductions)
10 (i)	कृषि आय	कुल प्राप्तियों का 100%
10 A	मुक्त व्यापार क्षेत्रों में स्थापित इकाईयां, सॉफ्टवेयर टेक्नोलॉजी पार्क व इलेक्ट्रोनिक हार्डवेयर टेक्नोलॉजी पार्क में स्थापित इकाईयाँ।	पाँच वर्षीय करावकाश
10 B	शत प्रतिशत निर्यात मूलक इकाईयाँ (1.4.94 या उसके पश्चात् व्यापार प्रारम्भ)	पाँच वर्ष तक 100%
16 (i)	मानक कटौति	कुल वेतन का 33–1/3% या अधिकतम 15,000 रु. दोनों में से जो कम हो। 75,000 रु. तक की आय वाली कामकाजी महिलाओं के लिए 33–1/3% या अधिकतम 18,000 रु।
80 D	चिकित्सा बीमा के लिए साधारण बीमा निगम को संदत्त प्रीमियम	अधिकतम 6,000 रु. तक।
80 DD	विकलांग आश्रितों के चिकित्सा उपचार के लिए व्यय	अधिकतम 15,000 रु. तक।
80 G	अनुमोदित फण्डों तथा संस्थानों को दिया गया दान	परिवार नियोजन, साम्प्रदायिक सदभाव प्रतिष्ठान तथा प्रधानमंत्री राहत कोष के लिए 100% व अन्य दान पर 50% कटौति योग्य, अधिकतम सीमा सकल आय का 10%।
80 GG	मकान किराया भत्ता नहीं मिलने पर सुसज्जित या असज्जित निवास के लिए संदत्त किराया	कुल आय के 10% से अधिक संदत्त किराया, अधिकतम 1000 रु. प्रतिमास या कुल आय का 25% दोनों में से जो कम हो।

80 GGA	अनुमोदित विश्वविद्यालय प्रौद्योगिकी संस्थान, प्रबन्ध संस्थान, वैज्ञानिक अनुसंधान, ग्राम विकास के लिए अनुदान	भुगतान की गई राशि का 100%।
80 HHC	निर्यात व्यापार से लाभ	पूर्ण लाभ का 100%
80 IA	नये उद्योग, उद्यम होटल, जहाजरानी उद्योग	(i) कम्पनी कर दाता के लिए व्यापार प्रारम्भ करने से 10 वर्ष तक लाभ का 30% (ii) सहकारी समितियों के लिए व्यापार प्रारम्भ करने से 12 वर्ष तक लाभ का 25% (iii) अन्य के लिए व्यापार प्रारम्भ करने से 10 वर्ष तक लाभ का 25% (iv) औद्योगिक रुप से पिछड़े जिलों व निर्दिष्ट क्षेत्रों में नये उद्योगों को उत्पादन वर्ष से पांच वर्षीय करावकाश।
80 JJ	मुर्गीपालन व्यवसाय।	लाभ का 33–1/3%।
80 L	अंशों पर लाभांश, बैंक जमा पर ब्याज, प्रतिभूतियों पर ब्याज	सम्पूर्ण अधिकतम सीमा 13,000 रु. तक।
80 QQA	भारतीय पाठ्य पुस्तकों के लेखन से प्राप्त रायल्टी	कुल प्राप्तियों का 25%।
80 R	प्राचार्यों, शिक्षकों आदि को विदेशी स्रोतों से प्राप्त पारिश्रमिक	पारिश्रमिक का 50% या भारत में विदेशी मुद्रा विनिमय के अनुसार लाए गए पारिश्रमिक का 75% जो भी अधिक हो।
80 RRA	भारत से बाहर की गई सेवाओं के लिए प्राप्त पारिश्रमिक	-do-
80 U	स्थायी रुप से विकलांग व्यक्तियों के लिए	अधिकतम 40000 रु. तक।

88 के अधीन कुल आय पर देय आयकर में से, उसकी उपधारा (2) में निर्दिष्ट कुल राशियों के योग से 20 प्रतिशत के बराबर रकम की कटौति होगी। ये राशियां निम्नलिखित हैं :

जीवन बीमा प्रीमियम, भविष्य निधि अभिदाय, राष्ट्रीय बचत पत्र, राष्ट्रीय बचत योजना, डाकघर संचय जमा, साधारण शेयर (Equity linked) बचत

स्कीम में 10,000 रु. तक विनियोग आदि; आवासीय गृह के क्रय/निर्माण के लिए सरकार/बैंक आदि से लिए गए ऋण की किश्त/भागतः संदाय/प्रतिसंदाय के लिए किया गया भुगतान 10,000 रु. तक – लेखक, नाटककार, कलाकार, संगीतज्ञ, अभिनेता या खिलाड़ी के लिए इसकी अधिकतम सीमा 70,000 रु. तथा किसी व्यक्ति या हिन्दू अविभक्त परिवार के लिए 60,000 रु. है। धारा 88 के अधीन कटौति की रकम किसी भी दशा में कुल आय पर देय आयकर की रकम से अधिक नहीं होगी।

धारा 88 B	वृद्ध लोगों के लिए (वरिष्ठ नागरिक) 65 वर्ष से ऊपर जिनकी सकल आय 1,00,000 से कम है।	कर रियायत 40%
89 (1)	बकाया वेतन आदि का भुगतान	जिस वर्ष का बकाया हो आयकर उसके अनुसार या जिस वर्ष में भुगतान किया उसके अनुसार, दोनों में से जो कम हो देय होगा।
234 A	आयकर विवरणी (Return) देरी से जमा कराने पर	बकाया आयकर व उस पर ब्याज 2% प्रतिमाह देय।
234 B	अग्रिम कर में देरी करना	ब्याज 1.5% प्रतिमाह देय।
234 C	अग्रिम कर जमा नहीं कराना	ब्याज 2% प्रतिमाह देय।

मकान सम्पति से आय – इसके अतिरिक्त यदि मकान सम्पति से आय हो तो उसके लिए दिया गया स्थानीय कर, यदि बीमा हो तो उसका प्रीमियम, ऋण पर ब्याज मकान बनाने के लिए लिया हो तथा मरम्मत के लिए किराये की आय का 1/5 भाग कटौति के रुप में मिलता है।

स्वैच्छिक सेवानिवृति योजना के अधीन कर्मचारियों को प्राप्त अदायगियों पर	आयकर से पूर्ण छूट

उद्‌गम स्थान पर कर की कटौति (Tax Deduction at Source, T.D.S.) – निम्न प्रकार के भुगतान करते समय उद्‌गम स्थान पर कर की कटौति की जानी चाहिए – वेतन, लाभांश, व ब्याज (यदि वार्षिक भुगतान 2500 रु. से अधिक हो), लॉटरी के इनाम, घुड़दौड से जीत, बीमा कमीशन, ठेकेदारों को भुगतान एवं अनिवासियों को लाभांश व प्रतिभूतियों पर ब्याज के अतिरिक्त किया गया भुगतान।

कर का अग्रिम भुगतान (Advance Payment of Tax) – जब कुल आय (पूंजी लाभ तथा लॉटरी आदि के इनाम की आय को छोड़कर) जिस पर कभी कर न लगा हो, धारा 208 (2) में वर्णित राशि से अधिक हो तो उसे 20%, 60% तथा 100% अग्रिम कर क्रमशः 15 सितम्बर, 15 दिसम्बर एवं 15

मार्च तक जमा कराना होता है। यदि कर की राशि 15000रु॰ से कम हो तो अग्रिम कर जमा कराना आवश्यक नहीं है।

13.1.2 निकाय कर व व्यापार अथवा पेशे पर कर (Corporate Tax and Business or Profession Tax)

व्यापार में कोई लेन–देन, वाणिज्य या वस्तु उत्पादन अथवा अन्य कोई व्यवसाय, जो व्यापार वाणिज्य अथवा वस्तु उत्पादन की प्रकृति का हो, से प्राप्तियों में से निम्न कटौतियों द्वारा कर योग्य आय की गणना की जाती है।

(i) व्यवसाय से सम्बन्धित हानियाँ – बशर्ते कि ये हानियां आयगत हों तथा व्यापार प्रासंगिक (incidental) हों।

(ii) व्यवसाय के उपयोग में आने वाले भवन के सम्बन्ध में चुकाया हुआ किराया व मरम्मत व्यय। भवन स्वयं का होने पर मरम्मत व्यय। भवन व भूमि कर व बीमा प्रीमियम।

(iii) मशीन, प्लांट तथा फर्नीचर की मरम्मत तथा बीमा सम्बन्धी व्यय।

(iv) ह्रास।

(v) वैज्ञानिक अनुसंधान पर व्यय।

(vi) Patent Rights तथा Copy Rights को प्राप्त करने के व्यय।

(vii) ग्रामीण तथा कृषि विकास व्यय।

(viii) उद्योग की स्थापना व विकास के लिए संभाव्यता रिपोर्ट, प्रोजेक्ट रिपोर्ट, बाजार सर्वेक्षण व इंजीनियरी सेवा पर व्यय, रजिस्ट्रेशन फीस व अन्य कानूनी व्यय, अंशों व ऋणपत्रों के निर्गमन सम्बन्धी व्यय।

(ix) बीमा प्रीमियम स्टॉक या स्टोर्स का, कर्मचारियों को दिया गया बोनस, दान, कमीशन, ऋण से प्राप्त पूंजी पर ब्याज, प्रॉवीडेण्ड फण्ड व ग्रेच्युइटी फण्ड में अंशदान, डूबे हुए ऋण, वित्त निगम का विशेष संचय, परिवाय नियोजन पर व्यय, मनोरंजन व्यय, विज्ञापन व्यय आदि।

(x) अनुमोदित फण्डों व विश्वविद्यालयों एवं संस्थानों को दिया गया अनुदान।

(xi) प्राकृतिक तथा अनुप्रयुक्त (Applied) विज्ञानों के सम्बन्ध में लगी मान्यता प्राप्त राष्ट्रीय प्रयोगशालाओं और संस्थानों में अनुसंधान सम्बन्धी कार्यक्रमों के लिए धंधों और व्यवसायों की आय से दिए गए अंशदान पर 125 प्रतिशत की कटौति केवल उन्हीं अनुसंधान कार्यक्रमों के लिए उपलब्ध होगी जो अनुसंधान के प्रयोक्ताओं और उसके उत्पादकों द्वारा निश्चित किए गए हों तथा निर्धारित प्राधिकारी द्वारा स्वीकृत किये गए हों।

स्पष्टतया अस्वीकृत व्यय (Expenses expressly disallowed)

(i) कोई ऐसा ब्याज जो भारतीय आय कर अधिनियम के अन्तर्गत कर योग्य है तथा भारत के बाहर दिया गया है।

(ii) सभी पूंजी गत खर्चे।

(iii) 10,000 रु० से अधिक मनोरंजन व्यय।

(iv) अत्यधिक भुगतान व 10,000 से अधिक व्यय का भुगतान क्रॉस चैक या क्रास ड्राफ्ट द्वारा न किया हो।

(v) अपील व अन्य सेवाओं आदि के सम्बन्ध में 10,000 रु० से अधिक का व्यय।

फर्म का कर निर्धारण (Tax Assessment of a Firm) – फर्म की कुल आय गणना करने के पश्चात् फर्म के कार्यगत साझेदार को पूंजी पर ब्याज (अधिकतम 18%) एवं वेतन या अन्य पारिश्रमिक निम्न सीमा तक कटौति योग्या होगा –

फर्म (अन्य)		फर्म (प्रोफेशनल)	
लाभ का प्रथम 75,000 रू	Rs. 50,000 या 90% जो भी कम हो	1,00,0000 रू	Rs. 50,000 या 90% जो भी कम हो
लाभ 75,000 से 1,50,000	60%	1,00,000 से 2,00,000 रू	60%
शेष पर	40%	शेष पर	40%

उपरोक्त घटाने के बाद शेष पर 40% की दर से आयकर देय होगा। फर्म के साझेदार को फर्म से मिले हुए हिस्से पर आयकर देय नहीं होगा।

धारा 155 K ऐसे व्यवसायी जिनका वार्षिक टर्नओवर 6 लाख रु तक है तथा वार्षिक आय 47,000 रु तक है, उन्हें अनुमानित कराधान की सरलीकृत योजना के तहत एक मुश्त 1,400 रु आयकर के जमा कराने होते हैं। इस सरलीकृत योजना को परिवहन प्रचालन, एक वाहन को भाड़े पर देने अथवा पट्टे पर देने वाले छोटे सड़क परिवहन प्रचालकों पर भी लागू किया गया है।

कम्पनी के लिए आयकर की दर – कुल आय पर 40% की दर से आयकर देय होगा। अगर कुल आय 75,000 रु से अधिक हो तो 15% अधिभार (Surcharge) देय होगा।

आय की विवरणी (Return of Income) – प्रत्येक व्यक्ति तथा फर्म जिन्हें आयकर अधिनियम के तहत आयकर की अदायगी करनी होती है, एक निश्चित तिथि तक उन्हें अपने आय का विवरण निर्धाण प्रपत्र में भरकर आयकर कार्यालय में जमा करना होता है। समय पर आयकर अदा न करने व विवरणी

जमा न कराने पर अलग अलग धाराओं में अर्थदण्ड व सजा का प्रावधान है। विवरणी जमा कराने की अन्तिम तिथि इस प्रकार है – निकाय के लिए 30 नवम्बर, सहकारी संस्थाओं व्यवसाय व पेशेवर व्यक्ति जिनकों कि इस अधिनियम के अन्तर्गत अंकेक्षण करवाना अनिवार्य है। 31 अक्टुबर व्यवसाय तथा पेशेवर व्यक्तियों के लिए 31 अगस्त तथा अन्य के लिए 30 जून है।

13.2 दान कर (Fit tax)

(i) दान कर के उद्देश्य के लिए छूट की सीमा 30,000 रु॰ होगी।

(ii) किसी आश्रित रिश्तेदार को उसके विवाह के अवसर पर दिये जाने वाले उपहारों पर 1,00,000 रु की सीमा तक/दान कर से छूट रहेगी।

13.3 सम्पति कर (Wealth Tax)

(i) सम्पति कर की छूट की अधिकतम सीमा 15,00,000 रु॰ तक है। उसके ऊपर सम्पति कर अतिरिक्त धन पर 1% से देय होगा। व्यक्ति का एक मकान जो कि उसके स्वयं के रहने के लिए है उसको इस सीमा में नहीं लिया जायेगा।

13.4 बिक्री कर (Sales Tax)

बिक्री कर राज्यों के राजस्व का प्रमुख स्रोत है। इसके लिए प्रत्येक राज्य सरकार नियम व अधिनियम बनाती है, जिसके अनुसार व्यवसायी को बिक्री कर देना होता है। केन्द्रीय सरकार ने भी बिक्री कर अधिनियम (Central Sales Tax Act) बनाये हैं जो कि केन्द्र शासित प्रदेशों व एक राज्य से दूसरे राज्य में बिक्री या खरीद पर लागू होते हैं। इन नियमों में समय समय पर केन्द्रीय व राज्य सरकारों द्वारा संशोधन किये जाते हैं।

उद्योग/फर्म का पंजीकरण (Registration of Industry/Firms) – प्रत्येक उत्पादक/विक्रेता (Manufacturer/Dealer) जो बिक्री कर अधिनियम के अन्तर्गत आते हैं, उन्हें अपने उद्योग/फर्म के पंजीकरण हेतु आवेदन पत्र निर्धारित प्रपत्र मय आवेदन शुल्क के अपने क्षेत्र के बिक्री कर प्राधिकारी को जमा कराना होता है। पंजीकरण प्रमाण पत्र प्राप्त करने के लिए यह आवेदन पत्र कर निर्धारण वर्ष के प्रारम्भ होने से 30 दिन पूर्व जमा कराना होता है। यह पंजीकरण एक से तीन वर्ष तक के लिए व्यवसायी की इच्छानुसार होता है।

नये उत्पादक अपने उद्योग का अस्थाई पंजीकरण (Provisional Registration) करवा सकते हैं यदि उनका अनुमानित वार्षिक टर्नओवर 1 लाख रु

से अधिक हो। आवेदन पत्र के साथ पंजीकरण शुल्क व आवश्यक होने पर जमानत राशि भी जमा करानी होती है।

उद्योगों के लिए बिक्री कर प्रोत्साहन योजना (Sales Tax Incentive Scheme for Industries) – अनेक राज्य सरकारें उद्यमियों को अविकसित क्षेत्रों में उद्योग लगाने के लिए प्रोत्साहित करने के लिए एक निश्चित अवधि व या निश्चित राशि तक अनेक उत्पादों को बिक्री कर से मुक्त कर देती है। इसके लिए उद्योग को योग्यता प्रमाण पत्र (Eligibility Certificate) प्राप्त करना होता है, जो साधारणतया 1 वर्ष के लिए होता है। फिर इसका प्रत्येक वर्ष के लिए नवीनीकरण कराना होता है।

अग्रणीय इकाई (Pioneering Unit) से तात्पर्य राज्य की किसी पंचायत समिति में स्थापित होने वाली प्रथम नई औद्योगिक इकाई से है जिसमें स्थाई पूंजी निवेश 3 करोड़ रु से अधिक व कम से कम 100 व्यक्तियों को स्थाई रोजगार दिया गया हो। प्रतिष्ठित इकाई (Prestigious Unit) से तात्पर्य राज्य की किसी पंचायत समिति में स्थापित होने वाली प्रथम नई औद्योगिक इकाई से है जिसमें स्थाई पूंजी निवेश 10 करोड़ रु से अधिक व न्यूनतम 250 व्यक्तियों को स्थाई रोजगार दिया गया हो या नई औद्योगिक इकाई जिसमें स्थाई पूंजी निवेश 25 करोड़ रु से अधिक या न्यूनतम 250 व्यक्तियों को रोजगार दिया गया हो या नई इलेक्ट्रोनिक्स इकाई जिसमें स्थाई पूंजी निवेश 25 करोड़ रु से अधिक हो। अति प्रतिष्ठित इकाई (Very Prestigious Unit) से तात्पर्य राज्य की किसी पंचायत समिति में स्थापित होने वाली प्रथम औद्योगिक इकाई से है जिसमें स्थाई पूंजी निवेश 100 करोड रु का या अधिक हो। राज्य के प्रत्येक क्षेत्र के औद्योगिक विकास हेतु अग्रणीय व प्रतिष्ठित इकाइयों को तथा प्रदूषण की रोकथम के लिए उपस्कर बनाने वाली नई इकाईयों को भी बिक्री कर छूट का लाभ देकर प्रोत्साहित किया गया है जिनकी संक्षिप्त जानकारी निम्न सारणी में दी गई है।

नई प्रोत्साहन योजना में बिक्री कर छूट की मात्रा

(Quantum of Sales Tax Exemption under the New Incentive Scheme)

क्रम सं॰	इकाई का प्रकार	कर में रियायत का अधिकतम प्रतिशत	अधिकतम रियायत स्थई पूंजी निवेश के प्रतिशत में		कर रियायत प्राप्ति की अधिकतम समय अवधि
		कुल देय कर का	लघु इकाई	मध्यम/बड़ी इकाई	
1.	नई इकाईयां	75%	125%	100%	7 वर्ष

2.	प्रसरण / विशाखन	60%	100%	100%	7 वर्ष
3.	बीमार इकाईयां	50%	125%	100% .	7 वर्ष
4.	प्रदूषण नियंत्रण उपस्कर बनाने वाली नई इकाईयां/ अग्रणी इकाईयां / प्रतिष्ठित इकाईयां	75%	100%	100%	9 वर्ष
5.	नई अप्रतिष्ठित इकाईयां	90%	100%	100%	11 वर्ष
6.	शत प्रतिशत निर्यात मूलक प्रतिष्ठित/ अग्रणी इकाईयां	100%	100%	100%	9 वर्ष
7.	शत प्रतिशत निर्यात मूलक अति प्रतिष्ठित इकाइयां	100%	100%	100%	11 वर्ष

उपरोक्त समयावधि में दर्शाई गई राशि की छूट पूरी हो जाने पर आगे प्रोत्साहन देय नहीं हैं। उद्योगों के प्रसरण में स्थाई पूंजी निवेश से तात्पर्य प्रसरण के लिए अतिरिक्त स्थाई निवेश से है। अधिकतम बिक्री कर की छूट के लिए राशि व समय अवधि भी निश्चित की जाती है।

इलैक्ट्रोनिक्स इकाईयों के लिए नई प्रोत्साहन योजना में बिक्री कर छूट का अलग से प्रावधान है। सीमेन्ट, खनिज आधारित एवं तम्बाकू आधारित इकाईयों को मशीनरी के क्रय पर बिक्री कर से छूट है।

बीमार औद्योगिक इकाइयों (Sick Industrial Units) को सहायता देने के उद्देश्य से कुछ राज्य सरकारों द्वारा एक निश्चित राशि के लिए बिक्री कर में छूट देने का प्रावधान है ताकि उसकी वित्तीय दशा को सुधारा जा सके।

विक्रेता द्वारा खाते रखना (Accounts to be maintained by dealers) – प्रत्येक विक्रेता को, जिसे इस अधिनियम के तहत कर देने का दायित्व है, क्रय, विक्रय तथा स्टॉक के सही तथा स्पष्ट खाते रखने होते हैं, जिनमें माल की मात्रा तथा कीमत दर्शानी होती है। प्रत्येक उत्पादक को, जिसे इस अधिनियिम के तहत कर देने का दायित्व है, कच्चे माल तथा तैयार उत्पाद की स्टॉक पुस्तिका रखनी होती है। इन्हें आवश्यकता पड़ने पर सम्बन्धित बिक्री कर प्राधिकारी को जांच हेतु प्रस्तुत करना होता है।

बिक्री कर विवरणी (Return to ales tax) – विक्रेता को, जिसे इस अधिनियम के तहत कर देने का दायित्व है, विवरणी प्रत्येक त्रैमासिक जो कि 30 जून, 30 सितम्बर, 31 दिसम्बर व 31 मार्च को समाप्त होती है, के लिए उसके 30 दिन के भीतर भरकर देनी होती है। यदि किसी विक्रेता का टर्नओवर निर्धारित सीमा (50,000 रु॰ विक्रेता के लिए व 1 लाख रु॰ उत्पादन के लिए) से कम है तो उसे वर्ष में एक बार, वर्ष की समाप्ति के 60 दिन में विवरणी भरकर देनी होती है। प्रत्येक नया विक्रेता (उत्पादक, आयातक या विक्रेता) जिस पर राज्य तथा केन्द्रीय बिक्री कर 250 रु॰ प्रति माह से अधिक का दायित्व है,

उसे पंजीकरण कराने के 12 महीने तक प्रत्येक नाह के लिए विवरणी माह समाप्त होने के 21 दिन में भरकर जमा करानी होती है।

13.5 उत्पादन शुल्क (Excise Duty)

उत्पादन शुल्क तथा सीमा शुल्क सरकारी राजस्व के प्रमुख एवं महत्वपूर्ण साधन है। वस्तुओं के उत्पादन पर लगाये जाने वाले कर को उत्पादन शुल्क कहते हैं। इसके लिए सरकार द्वारा नियम बनाये गये हैं। कुछ वस्तुओं को उत्पादन शुल्क से मुक्त रखा गया है। अतः उद्यमी उत्पादन शुल्क अधिनियम की अनुसूची I (Schedule I) से शुल्क लगने वाली वस्तुओं तथा उन पर शुल्क की दर की जानकारी कर सकता है।

लघु उद्योग क्षेत्र को उत्पादन शुल्क में रियायत देने का उद्देश्य उसके विपणन में सहायता प्रदान करना है। लघु उद्योगों के लिए लघु क्षेत्र छूट योजना (Small Scale Exemption Scheme) वर्ष 1986 में लागू की गई थी। प्रति वर्ष लघु उद्योग विकास संस्थान अपने तकनीकी विभाग के सहयोग से लघु उद्योग क्षेत्र के लिए प्रत्यक्ष एवं अप्रत्यक्ष करों में उपयुक्त सुधार हेतु बजट पूर्व सुझाव वित्त मंत्रालय को भेजता है। वित्तीय वर्ष 1993–94 से लघु उद्योगों को उत्पादन शुल्क में दी जाने वाली रियायतों को और अधिक उदार बनाया गया है, जो कि निम्न प्रकार है –

(a) Value of clearance	Excise Duty
Not exceeding Rs. 30 Lakhs	Nil
Exceeding Rs. 30 lakhs but not exceeding Rs. 50 lakhs	Normal duty minus 10% point (subject to 5% minimum advalorem duty)
Exceeding Rs. 50 lakhs but not exceeding Rs. 75 lakhs	Normal duty minus 5% point (subject to 5% minimum advalorem duty)
Exceeding Rs. 75 lakhs	Normal duty

(b) Removal of the existing distinction between one chapter clearances and more than one chapter clearances.

(c) Withdrawal of higher notional credit of 5%.

(d) Full excise duty exemption to unregistered units for value of clearances not exceeding Rs. 30 lakhs in each financial year.

(e) Eligibility limit - Rs. 200 lakhs.

13.6 सीमा शुल्क (Custom duty)

इसके अन्तर्गत आयात तथा निर्यात शुल्क आते हैं। अन्य देशों से आयात की जाने वाली वस्तुओं पर आयातित देश की सरकार द्वारा लगाये जाने वाले कर को आयात शुल्क कहते हैं। आयात शुल्क लगाने की सरकार की यह मंशा होती है कि अपने राष्ट्र में उत्पादित वस्तुओं को प्रोत्साहन मिले ताकि राष्ट्र का औद्योगिकरण तीव्र गति से हो सके। आयात शुल्क में केन्द्रीय सरकार समय समय पर परिवर्तन करती रहती है। देश के औद्योगिक आधुनिकीकरण के लिए व अन्य अत्यन्तावश्यक जरुरतों को पूरा करने के लिए कई वस्तुओं पर आयात शुल्क नहीं भी लगाया जाता है। निर्यात की जाने वाली वस्तुओं पर निर्यात शुल्क लगाया जाता है। निर्यात को बढ़ावा देने तथा देश की विदेशी मुद्रा की अत्यन्त आवश्यकता को मद्देनजर रखते हुए सरकार ने काफी वस्तुओं को निर्यात शुल्क (Export duty) से मुक्त रखा है। इससे निर्यातक को विदेशी बाजार में प्रतियोगिता में माल के विक्रय में बहुत सहायता मिलती है। साथ ही देश के विदेशी मुद्रा भण्डार में काफी वृद्धि हुई है।

केन्द्रीय सरकार ने उत्पादन शुल्क व सीमा शुल्क के नियमन व नियंत्रण के लिए एक्साइज की कस्टम के कार्यालय स्थापित किये हैं तथा इनके प्रमुख एक्साइज कमिश्नर व कस्टम कलक्टर होते हैं।

उत्पादक का दायित्व – उत्पादन शुल्क देय वस्तुओं के उत्पादन हेतु अनुमति प्राप्त करने के लिए निर्धारित प्रपत्र में आवश्यक सूचना (स्थान, मशीन, संयंत्र, उत्पादन क्षमता, कच्चा माल आदि) एक्साइज कमिश्नर कार्यालय को भरकर देनी होती है। अनुमति प्रमाण पत्र प्राप्त होने के पश्चात ही उत्पादन प्रारम्भ करना होता है। उत्पादन बन्द करने या उत्पादन फिर प्रारम्भ करने की सूचना भी कार्यालय को देनी होती है। इसके अतिरिक्त उत्पादक को बॉण्ड भरकर जमानत राशि सहित जमा करना होता है। बॉण्ड में यह व्यवस्था होती है कि शुल्क का भुगतान समय पर किया जावेगा तथा उसके पश्चात् अनुमति (गेट पास) प्राप्त करके तैयार माल फैक्टरी से बाहर ले जाया जायेगा। उत्पादक को दैनिक स्टॉक लेखा रखना होता है ताकि कर अधिकारी द्वारा मांगने पर उनको प्रस्तुत किया जा सके। एक्साइज कार्यालय को मासिक विवरणी (Monthly Return) भरकर माह की समाप्ति के 7 दिन के भीतर जमा कराना होता है।

13.7 औद्योगिक तथा अग्नि बीमा (Industrial and Fire Insurance)

उद्यमी अपने उद्योग में लगी पूंजी की सुरक्षा हेतु अनेक जोखिमों (Risks or perils) के लिए सामान्य बीमा कम्पनी (General Insurance Company) द्वारा बीमा करा सकता है ताकि उस घटना से होने वाली क्षतिपूर्ति

काफी हद तक सम्भव हो सके। उद्योग से सम्बन्धित मुख्य जोखिमों हेतु निम्न प्रकार का बीमा होता है।

1. **अग्नि व उससे सम्बन्ध जोखिम बीमा** (Fire & Allied Perils Insurance) – 'अग्नि पॉलिसी C' (Fire Policy C) में उद्योगों को आग, बिजली गिरना, विस्फोट, उपद्रव, हड़ताल, दुर्भावनाजन्य कार्यो (आतंकवादी घटनाओं को छोड़कर), हवाई दुर्घटना व अन्य टकराव के विरुद्ध संरक्षण दिया जाता है। यदि लघु उद्योग जिसमें कुल निवेश 10 लाख रु॰ तथा इसमें मशीनरी 5 लाख रु॰ तक की है, टेरीफ दर रु 1/1000 प्रतिवर्ष है। अलग–अलग प्रकार के उद्योगों के लिए टेरीफ दर भिन्न भिन्न है जो कि रु 1 से 45/1000 प्रतिवर्ष है।

2. **चोरी व सेंधमारी बीमा** (Theft & Burgalory Insurance) – चोरी या सेंधमारी से उद्योग परिसर में रखी सम्पति की हानि या क्षति के विरुद्ध इस पॉलिसी के अन्तर्गत बीमा संरक्षण दिया जाता है। इसमें कच्चे माल, अर्द्ध तैयार व तैयार उत्पाद तथा मशीनरी आदि के लिए साधारणतया टेरीफ दर 2 से 5 रु/1000 प्रतिवर्ष है।

3. **बॉयलर दाब संयंत्र सीमा** (Boiler & Pressure Plant Insurance) – इसमें भाप व दाब के कारण बॉयलर या दाब पात्र फटने से हुए उद्योग में किसी भी प्रकार की क्षति व पास वाले उद्योगों को हुई क्षति के विरुद्ध संरक्षण दिया जाता है। इसमें टेरीफ दर रु 0.12 से 0.18/1000 प्रतिवर्ष है।

4. **मशीनरी बीमा** (Machinery Insurance) – इसमें उद्योग में काम में आने वाली किसी भी प्रकार की मशीन का किसी भी कारण से दुर्घटना (breakdown) होने के विरुद्ध संरक्षण दिया जाता है। साधारणतया टेरीफ दर 1 से 2% है।

5. **परिवहन बीमा** (Transit/Marine Insurance) – उद्योग अपने उत्पाद को गन्तव्य स्थान पर भेजने के लिए साधारणतया रेल, सड़क परिवहन या समुद्री परिवहन का उपयोग करता है। उद्योग/ डिपो से गन्तव्य स्थान तक सामान के परिवहन के दौरान सामान को किसी भी प्रकार की क्षति, चोरी आदि की जोखिमों हेतु इस बीमा पॉलिसी के तहत बीमा कराया जा सकता है। इसके लिए उद्योग अपनी उत्पादन क्षमता के अनुसार एक निश्चित राशि की Open Policy ले लेता है जिसका टेरीफ एक मुश्त जमा हो जाता है। इस राशि में से उद्योग द्वारा भेजे गये माल के बिल की राशि घटती रहती है। जब बीमा कराई गई राशि का उपयोग हो जाता है तो उद्योग फिर आवश्यकतानुसार राशि के लिए दूसरी Open Policy ले लेता है। वैसे हर बार भेजे जाने वाले माल का भी परिवहन बीमा कराया जा सकता है, लेकिन इसमें टेरीफ ज्यादा देय होता है।

6. कमाई की क्षति के लिए बीमा (Loss of Profit Insurance) – हड़ताल या आग लगने आदि के कारण जब उद्यमी को कमाई की क्षति होती है तो उसके लिए भी संरक्षण हेतु बीमा करवाया जा सकता है। बीमे की राशि के लिए उद्योग के वार्षिक खातों से सकल लाभ की गणना की जाती है। इसके लिए टेरीफ दर अग्नि बीमा के समान है।

7. श्रमिक क्षतिपूर्ति बीमा (Workman's Compensation Insurance) – जो उद्योग श्रमिक राज्य बीमा (E.S.I.) के अन्तर्गत नहीं आते हैं, वे दुर्घटना आदि से अपने श्रमिकों को क्षतिपूर्ति हेतु इस पॉलिसी के तहत बीमा करा सकते हैं। इसमें श्रमिकों को क्षतिपूर्ति श्रमिक क्षतिपूर्ति अधिनियम 1923 के अनुसार मिलती है।

औद्योगिक बीमे की प्रक्रिया (Procedure for Industrial Insurance) – उद्यमी को अपने उद्योग का उपरोक्त वर्णित विभिन्न जोखिमों में से जिनके लिए बीमा कराना होता है, उसके लिए निर्धारित प्रपत्र में प्रस्ताव पत्र (Proposal Form) भरकर सामान्य बीमा कम्पनी कार्यालय को देना होता है। बीमा कम्पनी आवश्यकता हो तो अपने सर्वेयर द्वारा रिपोर्ट मंगवा लेती है। बीमा कार्यालय में इनकी जांच करने के पश्चात् उद्यमी द्वारा बीमे की प्रीमियम राशि जमा कराने पर अस्थाई जोखिम पत्र (Provisional Cover Note) प्रदान किया जाता है। इसके पश्चात् बीमा अनुबन्ध पॉलिसी उद्यमी को भेजी जाती है। बीमे की अवधि साधारणतया 1 वर्ष होती है। समयावधि पूर्ण होने पर फिर पॉलिसी का नवीनीकरण (Renew) करना होता है।

14

श्रम विधायन या औद्योगिक अधिनियम (Labour Legislation or Industrial Legislation)

14.1 प्रस्तावना (Introduction)

उद्योगों के प्रारंभ से ही श्रमकिों तथा मालिकों के मध्य विभिन्न मामलों में विवाद तथा झगड़े होते रहे हैं। इस प्रकार के विवाद व झगड़ों का मुख्य कारण कार्य की अवधि, कार्य की शर्तें, वेतन, भते, अधिक कार्य का भुगतान, बोनस, क्षतिपूर्ति आदि रहे हैं। श्रमिकों ने अपनी मांगे मनवाने के लिए संगठित होकर हड़ताल, धरना, घेराव आदि तरीके अपनाये। दूसरी तरफ उद्योगों के मालिकों ने भी तालाबन्दी, श्रमिकों की छँटनी जैसे तरीके अपनाये। इससे श्रमिकों व मालिकों दोनों को नुकसान हुआ, साथ ही उत्पादन में कमी आई।

इस प्रकार से उत्पन्न औद्योगिक अशांति को देखते हुए उस पर नियंत्रण रखने के लिए केन्द्रीय सरकार ने कई औद्योगिक अधिनियम बनाये। जिनके द्वारा एक ओर श्रमिकों के हितों की रक्षा करना संभव हो सका वहीं दूसरी ओर उद्योगों में उत्पादन निरन्तर बनाये रखने में भी काफी सहयोग मिला। इन अधिनियमों/विधायनों के मुख्य प्रावधानों (Main Provisions) का विचरण आगे दिया जा रहा है। इन अधिनियमों में समय–समय पर काफी संशोधन (Amendments) होते रहते हैं। इन संशोधनों को भी इनमें सम्मिलित करने का पूर्ण प्रयास किया गया है।

14.2 श्रम अधिनियमों की उद्योग में आवश्यकता (Need of Labour Legislation in Industry)

उद्योगों में कार्यरत श्रमिक अधिकतर अनपढ़ या कम पढ़े लिखे होते हैं। अपने अधिकारों का पूर्ण ज्ञान भी नहीं होता है। उद्योगपति श्रमिकों की कमजोरियों का फायदा उठाकर उनका शोषण करते हैं। वे श्रमिकों से अधिक

समय काम लेते हैं उन्हें कम वेतन देते हैं तथा अच्छी कार्यदशायें भी प्रदान नहीं करते है जिससे श्रमिकों की मानसिकता एवं स्वास्थ्य पर प्रभाव पड़ता है। समय–समय पर उद्योगों की परिस्थितियों को देखते हुए विभिन्न श्रम अधिनियम बनाये गये ताकि श्रमिकों का शोषण रोका जा सके। इन अधिनियमों के मुख्य उद्देश्य निम्न हैं :

1. श्रमिकों को रोजगार में स्थिरता प्रदान करना।
2. श्रमिकों को उद्योगों में अच्छी कार्यकारी दशायें तथा उचित सुविधायें प्रदान करना।
3. श्रमिकों को उनके कार्य का उचित वेतन सुनिश्चित करना तथा समय पर वेतन का भुगतान कराना।
4. उद्योगों में दुर्घटनाओं से प्रभावित श्रमिकों को क्षतिपूर्ति दिलाना।
5. उद्योगपति व श्रमिकों के औद्योगिक सम्बन्धों में सुधार करना।
6. श्रमिकों में औद्योगिक अशान्ति को कम करना।
7. औद्योगिक विवादों को व्यवस्थित तरीके से हल करना।
8. कर्मचारियों व उनके आश्रितों को बीमारी के समय चिकित्सा लाभ प्रदान करना।

14.3 फैक्टरी अधिनियम 1948 (Factories Act, 1948)

14.3.1 उद्देश्य एवं क्षेत्र (Object & Scope)

यह अधिनियम 1 अप्रैल 1948 से लागू किया गया। यह अधिनियम भारत के सभी भागों पर लागू होता है। इस अधिनियम का उद्देश्य फैक्टरी में कार्यरत श्रमिकों को अच्छी कार्य दशा उपलब्ध कराना तथा उनके हितों की रक्षा करना है। इस अधिनियम को कार्यान्वित करने का भार राज्य सरकारों को दिया गया है।

14.3.2 सम्बन्धित पद (Related Terms)

1. फैक्टरी (Factory) – फैक्टरी से तात्पर्य जिसमें 10 या अधिक श्रमिक काम करते हैं या पिछले बारह महीनों में किसी भी दिन कार्य किया हो तथा उत्पादन प्रक्रम में कही भी शक्ति (power) का प्रयोग होता हो या जिनमे 20 या अधिक श्रमिक काम करते हैं या पिछले बारह महीनों में किसी भी दिन कार्य किया हो तथा उसमें शक्ति का प्रयोग नहीं होता हो।" इसके अन्तर्गत वे खाने नहीं आती जो खान अधिनियम, 1952 (Mines Act, 1952) के अन्तर्गत आती है तथा रेल्वे रनिंग शेड भी इसके अन्तर्गत नहीं आते हैं।

2. श्रमिक (Labour) – ऐसे व्यक्ति जो फैक्टरी में सीधे या किसी एजेन्सी के माध्यम से नियुक्त हों, उन्हें वेतन मिलता हो अथवा नहीं, जो किसी निर्माण कार्य में भाग लेते हों, मशीनों की सफाई करते हों या उत्पादन स्थल की सफाई करते हों, अथवा उत्पादन सम्बन्धी किसी भी कार्य में भाग लेते हों, श्रमिक कहलाते हैं।

3. वयस्क (Adult) – वह व्यक्ति जिसने 18 वर्ष की आयु पूरी कर ली है, व्यस्क कहलाता है।

4. नवयुवक (Adolescent) – वह व्यक्ति जिसने 15 वर्ष की आयु पूरी कर ली है, लेकिन 18 वर्ष की आयु पूरी नहीं की है, नवयुवक कहलाता है।

5. बालक (Child) – वह व्यक्ति जिसने 15 वर्ष की आयु पूरी नहीं की है, बालक कहलाता है।

6. केलेंडर वर्ष (Calender year) – किसी भी वर्ष में 1 जनवरी से 12 माह की अवधि से तात्पर्य केलेंडर वर्ष है।

7. सक्षम व्यक्ति (Competent person) – इस अधिनियम के प्रावधानों के तहत सक्षम व्यक्ति से तात्पर्य वह संस्था या व्यक्ति है जिसे मुख्य निरीक्षक ने फैक्टरी के निरीक्षण/टेस्ट/परीक्षा लेने के लिए इस अधिनियम के तहत प्राधिकृत किया हो।

8. फैक्टरी का अधिष्ठाता (Occupier of Factory) – ऐसा व्यक्ति जो फैक्टरी के सभी मामलों का अन्तिम रुप से निर्णायक हो अथवा ऐसा व्यक्ति जिसे फैक्टरी के प्रबन्ध एजेन्ट (Managing Agent) के रुप में फैक्टरी के मामलों पर निर्णय लेने का काम दिया गया हो, फैक्टरी का अधिष्ठाता कहलाता है।

प्रत्येक अधिष्ठाता का कर्तव्य है कि जहां तक सम्भव हो श्रमिक जब तक फैक्टरी में अपने कार्य पर रहते हैं, उनके स्वास्थ्य, सुरक्षा तथा कल्याण के लिए उचित व्यवस्था की जावेगी।

14.3.3 फैक्टरी अधिनियम के मुख्य प्रावधान (Main Provisions of the Factory Act)

निम्न बातों की व्यवस्था हेतु फैक्टरी अधिनियम में प्रावधान किये गये हैं –

1. स्वास्थ्य (Health)
2. सुरक्षा (Safety)
3. कल्याण (Welfare)
4. वयस्कों के लिए कार्य के घण्टे (Working Hours of Adults)

5. अल्प वयस्कों का नियोजन (Employment of Young Persons)
6. मजदूरी सहित वार्षिक अवकाश (Annual Leave with Wages)
7. दण्ड व्यवस्था (Penalties)

14.3.3.1 स्वास्थ्य (Health)

इस प्रावधान का उद्देश्य फैक्टरी में श्रमिकों के स्वास्थ्य हेतु अच्छी परिस्थितियां उपलब्ध कराना है।

1. **स्वच्छता** (Cleanliness)–फैक्टरी को बिल्कुल स्वच्छ रखना एवं विशेषतयः
   - (i) फर्श, बैंचों, सीढ़ियों व रास्तों की धूल तथा गन्दगी प्रतिदिन हटाना एवं उसका उचित तरीके से निस्तारण करना।
   - (ii) प्रत्येक सप्ताह में कम से कम एक बार सभी कार्य स्थल के फर्श की रोगाणुनाशक (Disinfectant) का उपयोग करते हुए धुलाई करना।
   - (iii) निर्माण प्रक्रिया के दौरान यदि फर्श के गीले होने की संभावना हो तो पानी के निकासी की प्रभावी व्यवस्था होना।
   - (iv) सभी भीतरी दिवारें, पार्टीशन्स, छतें, कमरे, सीढ़ियों व रास्तों पर (अ) जहां पेन्ट या वार्निश की हुई हो, 14 माह में एक बार सफाई कराना तथा 5 वर्ष में एक बार पुनः पेन्ट या वार्निश कराना, (ब) जहां वाशेबल वाटर पेंट किया हो, वहां 3 वर्ष में एक बार पुनः पेन्ट कराना तथा छः माह में एक बार उनकी धुलाई कराना, (स) अन्य मामलों में 14 माह में एक बार सफेदी कराना, (द) दरवाजों, खिड़कियों, शर्टस आदि पर 5 वर्ष में एक बार पेंट कराना, एवं इन सबका रिकार्ड रखना।
2. **अपशिष्ट तथा बहिस्राव का निस्तारण** (Disposal of wastes and effluents) – निमाण प्रक्रियाओं के दौरान निकले अपशिष्ट पदार्थों तथा बहिस्राव के उपचार एवं निस्तारण की उचित व्यवस्था करना।
3. **संवातन तथा तापमान** (Ventilation and temperature) – फैक्टरी के प्रत्येक कमरे में प्रभावी एवं उपयुक्त व्यवस्था होना चाहिए :
   - (i) ताकि ताजी हवा का परिसंचारण (Circulation) हो सके;
   - (ii) दीवारों तथा छतों का अभिकल्पन इस प्रकार का हो एवं ऐसे पदार्थों की निर्मित हो ताकि तापमान अधिक न बढ़े। प्रक्रम में उच्च तापक्रम वाले भागों को प्रतिरोधित (insulated) किया जाना चाहिए जिससे श्रमिकों को पर्याप्त सुरक्षा प्रदान हो सके।

4. **धूल तथा धूम** (Dust and Fume) – यदि निर्माण प्रक्रिया में धूल या धूम या अन्य अशुद्धि निकलते हो, जो श्रमिकों के लिए हानिकारक हो, तो कार्यस्थल से उनके निकास की पर्याप्त व्यवस्था होनी चाहिए।

5. **कृत्रिम आद्रीकरण** (Artificl humidification) – यदि फैक्टरीयों में वायु की आर्द्रता कृत्रिम रुप से बढ़ाने की आवश्यकता हो तो राज्य सरकारें निम्न बातों के लिए नियम बनाती है –
   - (i) आद्रीकरण के मानक प्रदान करना,
   - (ii) वायु के कृत्रिम आर्द्रीकरण के लिए विधियों का निर्धारण,
   - (iii) वायु की आर्द्रता ज्ञात करने के लिए परीक्षणों का निर्धारण एवं रिकार्ड रखना;
   - (iv) कार्यस्थल पर पर्याप्त संवातन प्रदान करने एवं वायु को ठंडा करने की विधियों का निर्धारण।

कृत्रिम आर्द्रीकरण के लिए पीने योग्य पानी का उपयोग कियाजाना चाहिए अन्यथा पानी को उपयोग से पूर्व प्रभावी तरीके से स्वच्छ किया जाना चाहिए।

6. **भीड़–भाड़ (Overcrowding)**
   - (i) फैक्टरी के किसी भी कार्य स्थल पर इतनी भीड़ भाड़ नहीं होनी चाहिए कि इससे श्रमिकों के स्वास्थ्य पर बुरा प्रभाव पड़े।
   - (ii) इस अधिनियम के अनुसार प्रत्येक श्रमिक के लिए पुरानी फैक्टरीयों में (इस अधिनियम के लागू होने की दिनांक 1.4.1948 से पहिले स्थापित) कम से कम 9.9 घन मीटर (350 घन फुट) स्थान तथा नई फैक्टरीयों में कम से कम 14.2 घन मीटर (500 घन फुट) स्थान हो। इसके लिए फर्श से 4.2 मीटर (14 फुट) से ऊपर की जगह को गणना में नहीं लिया जायेगा।

7. **प्रकाश व्यवस्था (Lighting)**
   - (i) फैक्टरी के प्रत्येक भाग में जहां श्रमिक कार्य करते हैं या जाते हैं, प्राकृतिक या कृत्रिम प्रकाश अथवा दोनों की समुचित व्यवस्था होनी चाहिए।
   - (ii) प्रत्येक फैक्टरी में जहां सूर्य/दिन का प्रकाश रोशनी के लिए कार्य स्थल हेतु उपयाग में आता है, वहां शीशेदार खिड़कियों (Glazed Windows) को अन्दर तथा बाहर से साफ रखा जाना चाहिए।
   - (iii) फैक्टरी में कार्यस्थल पर ऐसी चमक (glare) व छाया जिससे श्रमिकों के आँखों पर जोर पड़े या दुर्घटना होने की संभावना हो, नहीं होनी चाहिए।

8. पीने का जल (Drinking Water)

फैक्टरी में पीने के जल की व्यवस्था उचित स्थानों पर होनी चाहिए। उन सभी स्थानों पर 'पीने का जल' (Drinking Water) लिखा होना चाहिए। पीने के जल के स्थान धोने के स्थान, थूकदान, मूत्रालयों एवं शौचालयों से कम से कम 6 मीटर (20 फुट) दूर होने चाहिए। जहां 250 से अधिक श्रमिक कार्य करते हैं, गर्मी में ठंडे जल की व्यवस्था व वितरण के लिए प्रभावी साधन होने चाहिए।

9. शौचालय तथा मूत्रालय (Latrines and Urinals)

फैक्टरी में पुरुषों व स्त्रियों के लिए मूत्रालयों एवं शौचालयों की अलग अलग व्यवस्था उचित स्थानों पर उचित संख्या में होनी चाहिए। इनमें पर्याप्त प्रकाश व्यवस्था एवं संवातन (ventilation) होना चाहिए। इन्हें साफ सुथरे रखने की पूरी व्यवस्था हो तथा सफाई के लिए स्वीपर नियुक्त हो।

10. पीकदान (Spittoons)

फैक्टरी में पर्याप्त संख्या में पीकदान (Spittoons) उचित स्थानों पर लगे होने चाहिए। इनकी सफाई की उचित व्यवस्था होनी चाहिए ताकि हमेशा स्वच्छता बनी रहे। सभी श्रमिक फैक्टरी में पीकदान में ही थूकेंगे। यदि कोई श्रमिक इसका उल्लंघन करता है तो उस पर 5 रु॰ तक जुर्माना किया जा सकता है।

14.3.3.2 सुरक्षा (Safety)

1. मशीनों की फेंसिंग (Fencing of Machinery)

फैक्टरी में प्रधान चालक (prime mover) के सभी चालित भागों व गतिपाल पहिये, जल टरबाइन के चालित भागों, मशीनों के चालित अंगों, ट्रांसमिशन मशीनरी तथा अन्य मशीनों के खतरनाक भागों पर सुरक्षा की दृष्टि से सुरक्षा आवरण (Safeguard) लगे होने चाहिए।

2. चलती हुई मशीनों पर या उनके पास कार्य करना (Work on or near machinery in motion)

(i) फैक्टरी में चलती हुई मशीन के किसी भाग की जांच यदि आवश्यक हो तो इसके लिए विशेष तौर से प्रशिक्षित व्यस्क पुरुष श्रमिक, जो कि ढीले कपड़े न पहने हो, द्वारा ही की जानी चाहिए।

(ii) स्त्रियों व युवाओं को चलती मशीन की सफाई, इन्हें सुधारने तथा तेल डालने आदि कार्यो तथा खतरनाक मशीनों पर नहीं लगाने का प्रावधान है।

3. युवाओं की खतरनाक मशोनों पर नियुक्ति (**Employment of young persons on dangerous machiens**) – किसी युवा व्यक्ति को ऐसी खतरनाक मशीनों पर कार्य करने की अनुमति नहीं दी जानी चाहिए जब तक कि उत्पन्न खतरों तथा इसके लिए ली जाने वाली सावधानियों की पूरी जानकारी न हो एवं जब तक कि –
   (i) वह ऐसी मशीन पर कार्य करने के लिए पर्याप्त प्रशिक्षण न पा चुका हो, या
   (ii) वह ऐसे व्यक्ति के सुपरविजन में न हो जो कि उस मशीन का पूर्ण ज्ञान तथा अनुभव रखता हो।
4. होईस्ट तथा लिफ्ट (**Hoists and Lifts**) – प्रत्येक होईस्ट तथा लिप्ट की यांत्रिक दशा अच्छी होनी चाहिए, सुरक्षा तथा पर्याप्त सामर्थ्यवान होनी चाहिए तथा गेट आदि से सुसज्जित होनी चाहिए। इनका रख रखाव भली भांति होना चाहिए। प्रत्येक 6 माह में एक बार सक्षम व्यक्ति द्वारा इनकी समुचित जांच होनी चाहिए एवं इसका उचित रिकार्ड भी एक रजिस्टर में रखा जाना चाहिए।
5. उत्थापक मशीन, चेन, रस्से तथा उत्थापक टैकल्स (**Lifting machines, chains, roper and lifting tackels**) – फैक्टरी में क्रेन तथा अन्य उत्थापक साधन जैसे विंच, क्रेब, पुली ब्लॉक आदि अच्छी संरचना के तथा पर्याप्त सामर्थ्य वाले होने चाहिए ताकि दुर्घटनायें न हो। वर्ष में एक बार उनकी समुचित जांच सक्षम व्यक्ति द्वारा होना आवश्यक है। एवं इसका रिकार्ड भी एक रजिस्टर में रखा जाना चाहिए।
6. फर्श, सीढ़ी तथा पहुंचने के साधन (**Floors, stairs and means of access**) – फर्श, सीढ़ी तथा विभिन्न कार्य–स्थलों पर पहुंचने के साधनों की संरचना मजबूत होनी चाहिए व उनकी देखभाल अच्छा होनी चाहिए तथा कोई रुकावट नहीं होनी चाहिए। सीढ़ीयों में रेलिंग लगे होने चाहिए।
7. पिट, सम्प, फर्श में खुले स्थान, आदि (**Pits, sumps, opernings in floors, etc.**) – फैक्टरी में प्रत्येक स्थिर पात्र (**vessel**), सम्प, टैक, पिट, मैदान या फर्श में खुले स्थान आदि जिनसे खतरा होने की संभावना हो, उनको उचित प्रकार से ढककर अथवा फेंसिंग लगाकर रखना चाहिए।
8. अत्यधिक भार (**Excessive weight**) – किसी भी व्यक्ति को निर्धारित मात्रा से अधिक वजन उठाने के लिए काम पर नहीं लगाया जा सकता।

इसके लिए राज्य सरकार व्यस्क आदमी तथा औरत, नवयुवक तथा बालकों के लिए फैक्टरीयों में किसी विशेष प्रकार की फैक्टरी/प्रक्रम में अधिकतम भार उठाने व ले जाने के लिए नियम बना सकती है।

9. आंखों की सुरक्षा (Protection of eyes) – फैक्टरी में किसी कार्य को करने से ऑखों पर बुरा प्रभाव पड़ने की संभावनाएं हों, जैसे वेल्डिंग आदि, तो श्रमिकों को चश्में दिये जाने चाहिए।

10. खतरनाक, धूम गैसों आदि से सावधानियां (Precautions against dangerous fumes, gases, etc.) – किसी भी व्यक्ति जो बन्द स्थान, चेम्बर, टैंक पिट आदि में जहां खतरनाक गैस, धूम होने की संभावना हो जाने की अनुमति नहीं दी जानी चाहिए जब तक कि कोई समुचित माप का मेनहोल न हो या अन्य कोई प्रभावी निकास का साधन न हो।

11. विस्फोटक या ज्वलनशील धूल, गैस आदि (Explosive or inflammable dust, gas, etc.) – जिन उत्पादन प्रक्रम में वाष्प, गैस, धूम या डस्ट बनने से उनके जलकर विस्फोट होने की सम्भावना हो तो ऐसे संयंत्र पर उचित सुरक्षा आवरण होने चाहिए। इस प्रकार से उत्पन्न गैस, धूप या डस्ट आदि को बाहर निकालने के उचित स्थान होने चाहिए ताकि ये एकत्रित न हो।

12. आग लगने पर सावधानियाँ (Precautions in case of fire) – फैक्ट्री में आग लग जाने पर श्रमिकों को तुरन्त बचाने की उचित व्यवस्था होनी चाहिए। फैक्ट्री में आग लग जाने पर निकलने के लिए उचित माध्यम होने चाहिए तथा उनकी जानकारी सभी श्रमिकों को होनी चाहिए। आग लग जाने पर चेतावनी देने के ऐसे साधन होने चाहिए ताकि सभी श्रमिक साफ सुन सकें।

14.3.3.3 कल्याण (Welfare)

1. वाशिंग सुविधायें (Washing facilities) – प्रत्येक फैक्टरी में पुरुष एवं स्त्री श्रमिकों को हाथ, पांव आदि धोने के लिए अलग व पर्याप्त नल लगे होने चाहिए। जहां आसानी से श्रमिक पहुंच सके। ऐसे स्थानों के सफाई की उचित व्यवस्था होनी चाहिए।
2. कपड़ों को रखने तथा सुखाने की सुविधायें (Facilities for Storing and drying clothing) – फैक्ट्री में कार्य के समय यदि कपड़े बदलने हो तो उनके रखने के लिए तथा गीले कपड़े सुखाने के लिए स्थान उपलब्ध होने चाहिए।
3. बैठने की सुविधायें (Facilities for sitting) – फैक्टरी में सभी ऐसे श्रमिकों के लिए उपयुक्त बैठने की सुविधा दी जानी चाहिए जो खड़े होकर कार्य करते हों, ताकि वे उन अवसरों पर बैठकर आराम कर सकें जब उनके कार्य को कोई हानि न होती हो।

4. प्राथमिक चिकित्सा के साधन (First-aid applicances)
   (i) फैक्टरी में प्रत्येक 150 श्रमिकों के लिए एक सुसज्जित प्राथमिक चिकित्सा बॉक्स या कप बोर्ड होना चाहिए। यह ऐसे उतरदायी व्यक्ति के पास हो जिसके पास प्राथमिक चिकित्सा का वैध प्रमाण पत्र हो। यह कार्य समय पर उपलब्ध होना चाहिए।
   (ii) यदि फैक्टरी मे 500 से अधिक श्रमिक कार्यरत हो तो निर्धारित माप का व निर्धारित उपकरणों से सुसज्जित एक एम्बुलेंस कमरा होना चाहिए। जिसमें निर्धारित मेडिकल तथा नर्सिंग स्टाफ हो एवं ये सुविधायें फैक्टरी के कार्य समय में उपलब्ध रहे।
5. केन्टीन (Canteens) – यदि फैक्टरी में 250 से अधिक श्रमिक हों तो उसमें कैन्टीन की व्यवस्था होनी चाहिए।
6. विश्राम गृह तथा खाना खाने के लिए कमरे (Rest rooms and lunch rooms) – यदि फैक्टरी में 150 से अधिक श्रमिक हो तो विश्राम गृह व खाना खाने के कमरे होने चाहिए, जिसमे पीने के पानी की व्यवस्था हो एवं रोशनी, रोशनदान की व्यवस्था हो तथा सफाई रखी जानी चाहिए।
7. शिशु गृह (Cretches)
   (i) फैक्टरी में जहां 30 से अधिक स्त्री श्रमिक हों तो शिशु गृह की व्यवस्था होनी चाहिए ताकि उनके 6 वर्ष से कम उम्र के बालक उसका उपयोग कर सकें।
   (ii) शिशु गृह में पर्याप्त स्थान, रोशनी, व संवातन होना चाहिए तथा साफ सुथरा रखा जाना चाहिए। इसकी इंचार्ज शिशुओं की देखभाल में प्रशिक्षित महिला होनी चाहिए।
8. कल्याणकारी अधिकारी (Welfare Officers)
   (i) फैक्टरी में 500 या अधिक श्रमिक कार्यरत हों तो निर्धारित संख्या में कल्याणकारी अधिकारियों की नियुक्ति होनी चाहिए।
   (ii) राज्य सरकार ने इन अधिकारियों की योग्यता, कर्तव्य तथा इनकी सेवा शर्तें निर्धारित करने का अधिकार होगा।

14.3.3.4 वयस्कों के लिए कार्य के घण्टे (Working Hours of Adults)

1. साप्ताहिक घण्टे (Weekly hours) – फैक्टरी में वयस्व श्रमिकों से किसी भी सप्ताह में 48 घण्टे से अधिक काम नहीं लिया जा सकता है।

2. साप्ताहिक अवकाश (Weekly holidays) – फैक्टरी में किसी वयस्क श्रमिक को रविवार या अन्य किसी दिन (फैक्टरी मुख्य निरीक्षक द्वारा निर्धारित) साप्ताहिक अवकाश को कार्य करना आवश्यक नहीं होगा जब तक कि उसे साप्ताहिक अवकास उस अवकाश दिवस से पूर्व तीन दिनों में अथवा तीन दिन के पश्चात् तक फैक्टरी मैनेजर द्वारा नहीं दे दिया जाता है। इस आशय कि सूचना फैक्टरी में मैनेजर द्वारा प्रदर्शित (displayed) करनी होगी। इस तरह कोई भी श्रमिक लगातार 10 दिन से अधिक कार्य नहीं करेगा।

3. दैनिक घण्टे (Daily hours) – किसी भी दिन किसी वयस्क श्रमिक से फैक्टरी में 9 घण्टे से अधिक काम नहीं लिया जा सकता है।

4. विश्राम के लिए अन्तराल (Interval for rest) – फैक्टरी में प्रत्येक वयस्क श्रमिक को कार्य की अवधि इस प्रकार निश्चित की जावेगी कि कोई भी अवधि 5 घण्टे से अधिक न हो तथा लगातार 5 घण्टे तक कार्य करने के पश्चात कम से कम आधे घण्टे का विश्राम देना आवश्यक है।

5. दैनिक कार्य अवधि का विस्तारण (Spreadover) – वयस्क श्रमिक की फैक्टरी में प्रतिदिन कार्य अवधि इस प्रकार व्यवस्थित की जावेगी की विश्राम अवधि को मिलाकर विस्तारण साढ़े दस घण्टे से अधिक न हो। लिखित में निर्देशित कारणों से मुख्य निरीक्षक समय विस्तार को 12 घण्टे तक बढ़ा सकता है।

6. ओवर टाइम के लिए अतिरिक्त मजदूरी (Extra Wages for overtime) – फैक्टरी में जहां श्रमिक एक दिन में 9 घण्टे से अधिक या सप्ताह में 48 घण्टे से अधिक कार्य करता है तो उस अतिरिक्त समय की मजदूरी उसकी मजदूरी की सामान्य दर से दुगनी देय होगी।

7. दोहरे नियोजन पर प्रतिबन्ध (Restriction of double employment) – किसी भी वयस्क श्रमिक को एक दिन में एक फैक्टरी में कार्य करने के पश्चात् दूसरी फैक्टरी में कार्य करने की अनुमति नहीं दी जावेगी।

8. वयस्क श्रमिक का रजिस्टर (Register of adult workers) – प्रत्येक फैक्टरी का मैनेजर वयस्क श्रमिकों का रजिस्टर तैयार रखेंगे जिसमे फैक्टरी में कार्यरत प्रत्येक वयस्क श्रमिक का नाम, कार्य की प्रकृति, ग्रुप जिसमें उसको रखा है (यदि कोई हो तो) तथा अन्य निर्धारित जानकारी अंकित होगी। इसे फैक्टरी निरीक्षक के लिए कार्य घण्टों के दौरान हर समय उपलब्ध रखा जावेगा।

9. स्त्रियों के नियोजन पर प्रतिबन्ध (Restrictions on employment of women) –

(i) किसी भी स्त्री को फैक्टरी में प्रतिदिन 9 घण्टे से अधिक कार्य करने की छूट नहीं दी जा सकती है।

(ii) स्त्री श्रमिकों को प्रातः 6 बजे से सांय 7 बजे तक ही कार्य पर लगाया जा सकता है। राज्य सरकार गजट अधिसूचना द्वारा किसी विशेष फैक्टरी या फैक्टरी के समूह के लिए इस समय में परिवर्तन कर सकती हैं, लेकिन कार्य समय स्त्री श्रमिक के लिए रात्रि 10 बजे से प्रातः 5 बजे तक नहीं रखा जा सकता है।

14.3.3.5 अल्पवयस्कों का नियोजन (Employment of young Persons)

1. बालकों के नियोजन पर प्रतिबन्ध (Prohibition of employement of young children) – 14 वर्ष से कम उम्र के बालक को फैक्टरी में रोजगार पर नहीं लगाया जा सकता है।

2. अवयस्क श्रमिकों को टोकन रखना (Non-adult workers to carry token) – किसी भी बालक को जिसने 14 वर्ष पूरे कर लिये हों या नवयुवक को फैक्टरी में तब तक कार्य पर नहीं लगाया जा सकता जब तक कि प्रमाणित करने वाले सर्जन से फैक्टरी में कार्य करने योग्य होने का प्रमाण पत्र फैक्टरी मैनेजर को नहीं दे देता। ऐसे अवयस्क श्रमिक को कार्य करते समय एक टोकन अपने पास रखना होगा, जिसमें उपरोक्त प्रमाण पत्र का संदर्भ होगा।

3. योग्यता प्रमाण पत्र (Certificate of fitness) – यह योग्यता प्रमाण पत्र प्रमाणित करने वाले सर्जन द्वारा फैक्टरी मे कार्य करने के लिए अवयस्क श्रमिक को जांच करने पश्चात् योग्य पाने पर दिया जाता है। बालक को जिसने 14 वर्ष की आयु पूरी कर ली है तथा अवयस्क जिसने 15 वर्ष की आयु पूरी कर ली है एवं फैक्टरी में पूरे दिन के कार्य योग्य है तौ फैक्टरी में वयस्क के बराबर कार्य करने का प्रमाण दिया जाता है। यह प्रमाण पत्र 12 माह की अवधि के लिय मान्य होता है। तत्पश्चात् पुनः प्रमाणित कराना होता है।

4. नवयुवकों को दिये जाने वाले योग्यता प्रमाण पत्र का प्रभाव (Effect of Certificate of fitness granted to adolescent) – किसी नवयुवक (Adolescent)–या नवयुवती (Female adolescent) को सर्जन जांच करके वयस्क का कार्य करने के योग्य प्रमाणित कर देता है तो ऐसी अवस्था में किशोर (Adolescent) के कार्य घण्टे वयस्क के बराबर होंगे अन्यथा बालक के कार्य घण्टों के बराबर होंगे। उनको प्रातः 6 बजे से शाम 7 बजे तक कार्य पर लगाया जा सकता है। किसी विशेष फैक्टरी या

फैक्टरी के समूह के लिए राज्य सरकार गजट अधिसूचना द्वारा इस समय में परिवर्तन कर सकती है, लेकिन किसी नवयुवती (Female Adolescent) के लिए कार्य समय रात्रि 10 बजे से प्रातः 5 बजे तक नहीं रखा जा सकता है।

5. बालकों के कार्य घण्टे (working hours for children) – फैक्टरी में बालक से प्रतिदिन 4.1/2 घण्टे से अधिक कार्य नहीं लिया जा सकता है तथा रात्रि को काम पर नहीं लगाया जा सकता। बालिका को सांय 7 बजे से प्रातः 8 बजे तक काम पर नहीं लगाया जा सकता है।

14.3.3.6 मजदूरी सहित वार्षिक अवकाश (Annual Leave with Wages)

प्रत्येक श्रमिक जिसने फैक्टरी में एक कलेण्डर वर्ष में 240 दिन या अधिक कार्य किया है, उसे आगामी कलेण्डर वर्ष में प्राप्त होने वाली मजदूरी सहित अवकाश की गणना निम्न दरों से की जायेगी।

1. वयस्क के लिए, पिछले कलेण्डर वर्ष में उसके 20 दिन कार्य के लिए एक दिन।
2. बालक के लिए, पिछले कलेण्डर वर्ष में उसके 15 दिन कार्य के लिए एक दिन।

इस अवस्था को उपार्जित अवकाश (Earned leaves) कहते हैं। यह अवकाश वयस्क श्रमिक 30 दिन तक का तथा अल्प वयस्क श्रमिक 40 दिन तक संचित कर सकता हैं। श्रमिक एक वर्ष में तीन बार से अधिक यह अवकाश नहीं ले सकता है। इस अवकाश के लिए श्रमिक को 15 दिन पूर्व प्रार्थना पत्र देना होगा। बिमारी की अवस्था में उसी समय प्रार्थना पत्र दिया जा सकता है।

14.3.3.7 अपराधों के लिए दंड व्यवस्था (Penalties for offences)

1. अपराधों के लिए सामान्य दण्ड (General penalty for offences) – इस अधिनियम के किसी भी उपबन्ध का उल्लंघन करने पर फैक्टरी के मालिक (Occupuent) साझेदार, निदेशक या प्रबन्धक को दोषी ठहराये जाने पर कैद अथवा जुर्माना या दोनों दण्ड देने का प्रावधान है। इन्हें दो वर्ष तक की कैद की सजा या एक लाख रुपये तक का जुर्माना या दोनों दण्ड दिये जा सकते हैं। दण्ड देने के बाद भी अपराध जारी रखता है तो 1000 रुपये प्रतिदिन तक जुर्माना किया जा सकता है।
2. पूर्व में दोषी ठहराने के पश्चात् दण्ड में वृद्धि (Enhanced penalty after previous conviction) – यदि वह उसी उपबन्ध में फिर दोषी

पाया जाता है तो दण्ड की अवधि 3 वर्ष तक तथा जुर्माना 2 लाख रुपये तक अथवा दोनों दण्ड दिये जा सकते है। जुर्माना 10,000 रु. से कम नहीं होगा।

3. निरीक्षक के कार्य में बाधा डालने पर दण्ड (Penalty for obstructing Inspector) – यदि फैक्टरी निरीक्षक को इस अधिनियम के तहत अपनी शक्तियों का उपयोग करने से रोकने में किसी को दोषी पाये जाने पर निरीक्षक को मांगने पर रजिस्टर या अन्य दस्तावेज नहीं देने पर या किसी श्रमिक को निरीक्षक द्वारा बुलाने व पूछताछ करने से रोकने पर उसे छः माह तक की कैद की सजा या 10,000 रु तक का जुर्माना अथवा दोनों दण्ड दिये जा सकते हैं।

4. श्रमिकों द्वारा अपराध (Offences by workers) – यदि श्रमिक इस अधिनियम के प्रावधानों या नियमों का उल्लंघन करने का दोषी पाया जावे तो उस पर पांच सौ रुपये तक का जुर्माना किया जा सकता है।

5. झूठा योग्यता प्रमाण-पत्र उपयोग लेने पर दण्ड (Penalty for using false certificate of fitness) – यदि कोई नवयुवक प्रमाणित करने वाले सर्जन का झूठा प्रमाण पत्र जानकर उपयोग में लाता है तो उसे दो माह तक की कैद या 1000 रु तक का जुर्माना अथवा दोनों दण्ड दिये जा सकते हैं।

14.3.4 अन्य प्रावधान (Other Provisions)

1. **अपील** (Appeals) – इस अधिनियम के तहत फैक्टरी निरीक्षक द्वारा लिखित में फैक्टरी मैनेजर को दण्डित किया जाता है तो वह अथवा मालिक आदेश प्राप्त करने के 30 दिन के भीतर इसके विरुद्ध निर्धारित अधिकारी के यहां अपील कर सकता हैं। ऐसा अधिकारी राज्य सरकार द्वारा इस बारे में बनाये गये नियमों के तहत आदेश की पुष्टि, परिवर्तित या खारिज कर सकता है।

2. **श्रगिकों के कर्तव्य (Obligations of workers)** –

   (i) कोई भी श्रमिक जानबूझकर फैक्टरी में किसी उपकरण या सुविधा को जो श्रमिकों के स्वास्थ्य, सुरक्षा या कल्याण हेतु लगाये गये हैं, से छेड़ छाड़ नहीं करेगा या उनका गलत उपयोग नहीं करेगा।

   (ii) कोई भी श्रमिक जानबूझकर अथवा बिना उचित कारण के कोई ऐसा कार्य नहीं करेगा जिससे स्वयं उसको या अन्य किसी को खतरा उत्पन्न हो।

(iii) कोई भी श्रमिक फैक्टरी में लगे किसी उपकरण या सुविधा का जो श्रमिकों के स्वास्थ्य अथवा सुरक्षा के लिए हैं, का जानबूझकर उपयोग नहीं करेगा।

(iv) यदि फैक्टरी में नियोजित कोई श्रमिक इनमें से किन्ही प्रावधानों या नियमों का उल्लंघन करता है तो उसे तीन माह तक की कैद की सजा या 100 रु तक का जुर्माना अथवा दोनों दण्ड दिये जा सकते हैं।

14.4 श्रमिक क्षतिपूर्ति अधिनियम, 1923 (Workmen's Compensation Act, 1923)

14.4.1 उद्देश्य एवं क्षेत्र (Objective & Scope)

यह अधिनियम 1 जुलाई, 1924 से लागू हुआ था। इस अधिनियम में श्रमिकों के दुर्घटनाग्रस्त होने की स्थिति में नियोक्ता द्वारा क्षतिपूर्ति दिये जाने सम्बन्धी प्रावधान है। जिससे श्रमिक के दुर्घटनाग्रस्त होने पर वितीय हानि की क्षतिपूर्ति हो सके। यह अधिनियम सम्पूर्ण भारत में लागू है। सेना के जवान इसके अन्तर्गत नहीं आते है।

14.4.2 सम्बन्धित पद (Related terms)

1. **पूर्ण अयोग्यता** (Total disablement) – पूर्ण अयोग्यता से तात्पर्य उस स्थाई अयोग्यता से है जिससे श्रमिक की दुर्घटना से पूर्व प्राप्त योग्यता, शक्ति एवं क्षमता पूर्ण रुप से नष्ट हो जाती है। प्रथम अनुसूची (Schedule I) में निर्दिष्ट क्षतियों के कारण यदि कमाई की हानि 100 प्रतिशत हो जाती है तो स्थायी अयोग्यता मानी जायेगी।

2. **आंशिक अयोग्यता** (Partial disablement) – आंशिक अयोग्यता से तात्पर्य दुर्घटना के कारण श्रमिक की कमाई की शक्ति (earning capacity) उन सब रोजगार में जो वह दुर्घटना से पूर्व करता था, कम हो जाती है। अस्थायी आंशिक अयोग्यता का अर्थ है कि अयोग्यता अस्थायी है। स्थायी आंशिक अयोग्यता का अभिप्राय है कि अयोग्यता स्थायी है जैसा कि प्रथम अनुसूची के द्वितीय भाग (Part II of Sch. I) में निर्दिष्ट क्षतियों को स्थायी आंशिक अयोग्यता माना गया है।

3. **आश्रित** (Dependant)–आश्रित से तात्पर्य है श्रमिक की विधवा, अवयस्क पुत्र, अविवाहित पुत्री, विधवा माता, श्रमिक की मृत्यु के समय उस पर आश्रित अवयस्क भाई, अविवाहित बहन, विधवा बहन यदि अवयस्क (minor) हो विधवा पुत्र वधु, स्वर्गीय पुत्रों का अवयस्क बालक।

4. **वेतन (Wages)** – श्रमिक को मिलने वाले सभी लाभ जिनका रुपये में मूल्यांकन किया जा सकता है वेतन के अन्तर्गत आते हैं। यात्रा भत्ता आदि इसके अन्तर्गत नहीं आते है।

14.4.3 नियोक्ता का क्षतिपूर्ति के लिए दायित्व (Employer's liabilities for compensation)

यदि श्रमिक को अपने कार्यकाल के दौरान दुर्घटना से किसी भी प्रकार की क्षति होती है तो नियोक्ता को निम्न परिस्थितियों के अलावा अन्य सभी परिस्थितियों में इस अधिनियम के उपबन्धों के अनुसार क्षतिपूर्ति करनी पड़ती है–

1. क्षति ऐसी हो जिसके कारण श्रमिक तीन दिन से अधिक पूर्ण या आंशिक रुप से अयोग्य नहीं होता है।
2. दुर्घटना में लगी चोट से जिसका अन्त मृत्यु न हुआ हो तथा प्रत्यक्ष रुप से जिसका कारण निम्न में से कोई भी हो –
   (i) श्रमिक दुर्घटना के समय नशीले पदार्थ या दवा के प्रभाव में हो।
   (ii) श्रमिक सुरक्षा नियमों या अन्य निर्देशों का जानकर पालन नहीं करता हो।
   (iii) श्रमिक अपनी इच्छा से ऐसे सुरक्षा गार्ड या सुरक्षा के साधनों को हटाता है, जो इसकी सुरक्षा के लिए लगे हो।

यदि कोई श्रमिक बीमार हो जाता है तथा इसका कारण रोजगार या जिस प्रक्रिया में वह लगा है, हो तथा उसकी बीमारी व्यावसायिक रोग (occupational disease) की श्रेणी में आती हो तो यह भी इस अधिनियम के अनुसार दुर्घटना से क्षति के समान ही समझी जावेगी।

14.4.4 क्षतिपूर्ति की राशि (Amount of compensation)

इस अधिनियम के प्रावधानों के अनुसार क्षतिपूर्ति की राशि निम्न प्रकार होगी –

1. दुर्घटना के कारण मृत्यु होने पर	श्रमिक के वेतन का 40% X संबधित गुणांक (अनुसूची IV के अनुसार) या 20000 रु, जो भी अधिक हो।
2. दुर्घटना के कारण पूर्ण स्थायी अयोग्यता होने पर	श्रमिक के वेतन का 50 प्रतिशत X सम्बन्धित गुणांक या 24,000 रु, जो भी अधिक हो।

उपरोक्त 1 व 2 में मासिक वेतन 1000 रु॰ से अधिक हो तो गणना के लिए 1000 रु ही माना जायेगा।

3. दुर्घटना के कारण स्थायी आंशिक अयोग्यता होने पर	(अ) अनुसूची I के भाग II में दी गई क्षति के लिए क्षतिपूर्ति स्थायी पूर्ण अयोग्यता के कारण दी जाने वाली राशि का उतना प्रतिशत जितनी कमाई की क्षमता की हानि हुई हो। (ब) अनुसूची I में वर्णित नहीं की गई क्षति के लिए क्षतिपूर्ति स्थायी पूर्ण अयोग्यता के कारण दी जाने वाली राशि के उसी अनुपात में जितनी कमाई की क्षमता की हानि (जो कि योग्य डॉक्टर द्वारा निर्धारित की गई हो) हुई हो।
4. दुर्घटना के कारण पूर्ण या आंशिक अस्थायी अयोग्यता	श्रमिक के मासिक मजूदरी का 25 प्रतिशत राशि का अर्द्धमासिक भुगतान निम्न प्रावधानों के अनुसार– (अ) यदि अयोग्यता 28 दिन से कम समय तक रहे तो दुर्घटना होने की दिनांक से 3 दिन प्रतीक्षा करने के बाद क्षतिपूर्ति का प्रारम्भ होगा। (ब) यदि अयोग्यता 28 दिन से अधिक समय तक रहे तो दुर्घटना होने की दिनांक से क्षतिपूर्ति देय होगी जब तक अयोग्यता बनी रहे, जो कि अधिकतम पांच वर्ष तक देय हो सकती है।

14.4.4 चूक के लिए दण्ड (Penalties for default)

क्षतिपूर्ति का भुगतान जब भी देय हो किया जाना चाहिए। यदि नियोक्ता को श्रमिक द्वारा मांगी गई क्षतिपूर्ति की राशि देना स्वीकार न हो तो अस्थाई तौर पर जितनी राशि उसे स्वीकृत हो, देने के लिए बाध्य होगा। यदि श्रमिक यह राशि लेने से इन्कार करे तो कमिश्नर के पास जमा करानी होगी।

यदि इन नियमों के तहत नियोक्ता क्षतिपूर्ति राशि जब देय हो, उसके एक माह के भीतर नहीं देता है तो दण्ड स्वरूप कमिश्नर यह आज्ञा दे सकता है कि क्षतिपूर्ति राशि के अलावा 6 प्रतिशत प्रति वर्ष की दर से ब्याज भी दिया जावे। यदि कमिश्नर की राय में नियोक्ता द्वारा भुगतन में देरी का उचित कारण न हो तो क्षतिपूर्ति राशि व ब्याज के अतिरिक्त क्षतिपूर्ति राशि के 50 प्रतिशत तक दण्ड के रूप में वसूल किया जा सकता है।

14.4.6 क्षतिपूर्ति अधिनियिम में चार अनुसूचियाँ (Schedules) दी हुई है। इनमें दी गई जानकारी संक्षिप्त में निम्न प्रकार है –

अनुसूची I	इसके भाग प्रथम में 6 प्रकार की क्षतियों की सूची जिनके कारण स्थायी पूर्ण अयोग्यता हो जाती है दी गई है तथा भाग द्वितीय में 48

प्रकार की क्षतियों की सूची जिनके कारण स्थायी आंशिक अयोग्यता व उनके कारण कमाई की क्षमता में कितने प्रतिशत हानि होती है, दी गई है।

SCHEDULE IV

Factors for working out lump sum equivalent of compensation amount in case of permanent disablement and death

Completeted years of age on the last birthday of the workman immediately preceding the date on which the compensation fell due	Factors	Completeted years of age on the last birthday of the workman immediately preceding the date on which the compensation fell due	Factors
not more than 16	228.54	41	181.37
17	227.49	42	178.49
18	226.38	43	175.54
19	225.22	44	172.52
20	224.00	45	169.44
21	222.71	46	166.29
22	221.37	47	163.07
23	219.95	48	159.80
24	218.47	49	156.47
25	216.91	50	153.09
26	215.28	51	149.67
27	213.57	52	146.20
28	211.79	53	142.68
29	209.92	54	139.13
30	207.98	55	135.56
31	205.95	56	131.95
32	203.85	57	128.33
33	201.66	58	124.70
34	199.40	59	121.05
35	197.06	60	117.41
36	194.64	61	113.77
37	192.14	62	110.14
38	189.56	63	106.52

39	186.90	64	102.93
40	184.17	65 or more	99.37

SCHEDULE - I
PART - I

List of Injuries Deemed to Result in Permanent Total Disablement

S.N.	Description of Injury	Percenage of Loss of earning capacity
1.	Loss of both hands or amputation at higher sites	100
2.	Loss of a hand and a foot	100
3.	Double amputation through leg or thigh amputation through leg or thigh on one side and loss of other foot	100
4.	Loss of sight to such an extent as to render the claimant unable to perform any work for which eyesight is essential	100
5.	Very severe facial disfigurement	100
6.	Absolute deafness	100

अनुसूची II - इसमें उन सभी व्यक्तियों की श्रेणियों की सूची दी गई हैं जो इस अधिनियम के अनुसार श्रमिक की श्रेणी में आते हैं। 32 प्रकार के व्यक्ति व व्यवसाय इस सूची में दिए हुए है।

अनुसूची III - इसमें व्यावसायिक रोगों (Occupational diseases) की सूची तथा किन व्यवसायों के लक्षण किन रोगों को उत्पन्न करते हैं दिये गये हैं।

अनुसूची IV - इसमें स्थायी अयोग्यता तथा मृत्यु हो जाने पर क्षतिपूर्ति राशि की गणना हेतु गुणांक (Factors) दिये हुए हैं। जो कि निम्न है –

14.5 मजदूरी भुगतान अधिनियम, 1936 (Payment of Wages Act, 1936)

14.5.1 उद्देश्य एवं क्षेत्र (Object & Scope)

यह अधिनियम औद्योगिक व अन्य प्रतिष्ठानों (रेल्वे सहित) के उन सभी श्रमिकों की मजदूरी के भुगतान के लिए लागू होता है, जिनका औसत मासिक पारिश्रमिक 1600 रुपये तक है। इस अधिनियम के अनुसार कोई भी मजदूरी की अवधि (Wage period) एक मास से अधिक नहीं होगी।

14.5.2 मजदूरी के भुगतान का समय (Time of payment of wages)

1. इस अधिनियम के अनुसार प्रत्येक व्यक्ति जिसको रोजगार –

   (अ) रेल्वे, फैक्टरी, औद्योगिक या अन्य प्रतिष्ठानों में मिला हुआ है तथा जिनमें 1000 से कम व्यक्ति नियुक्त हैं, को मजदूरी का भुगतान मजदूरी की अवधि के अन्तिम दिवस के पश्चात् सातवें दिन की समाप्ति के पूर्व किया जावेगा।

   (ब) रेल्वे, फैक्टरी, औद्योगिक या अन्य प्रतिष्ठानों में मिला हुआ है तथा जिनमें 1000 से अधिक व्यक्ति नियुक्त हैं, को मजदूरी का भुगतान मजदूरी की अवधि के अन्तिम दिवस के पश्चात् दसवें दिन की समाप्ति से पूर्व किया जावेगा।

2. जहां किसी व्यक्ति की नियुक्ति नियोक्ता या नियोक्ता की ओर से किसी अन्य के द्वारा समाप्त कर दी जाती है तो उसकी मजदूरी का भुगतान उसकी नियुक्ति की समाप्ति के दिन से दूसरे कार्य दिवस की समाप्ति के पूर्व किया जावेगा।

3. मजदूरी के सभी भुगतान कार्य दिवस को ही किये जावेंगे। मजदूरी का भुगतान प्रचलित सिक्कों या मुद्रा, नोटों या दोनों में किया जावेगा। नियोक्ता, नियोजित व्यक्तियों से लिखित में अधिकार लेने के पश्चात् उनका भुगतान चैक द्वारा कर सकता है या उनके बैंक खाते में जमा करा सकता है।

14.5.3 मजदूरी में से की जाने वाली कटौतियां (Deductions which may be made from wages)

किसी व्यक्ति की मजदूरी में से कटौतियां इस अधिनियम के अनुसार निम्न प्रकार की हो सकती है –

1. जुर्माना।
2. डयूटी से अनुपस्थिति हेतु कटोति।
3. नियोजित व्यक्ति की लापरवाही या चूक के कारण सामान की क्षति या हानि से जो कि उसके हिरासत में हो या रकम के खाने के कारण जिसका उसे हिसाब देना हो, के लिए कटौती।
4. नियोक्ता, सरकार या अन्य निकाय द्वारा दी गई आवासीय सुविधा के लिए कटौति।
5. नियोक्ता द्वारा दी गई सुविधाओं तथा सेवाओं के लिए कटौती।

6. अग्रिम राशि तथा उस पर ब्याज, मजदूरी के अधिक भुगतान, किसी निधि (fund) से ऋण, मकान बनाने हेतु दिये गये ऋण व उस पर ब्याज की वसूली के लिए कटौती।
7. आयकर की कटौती।
8. न्यायालय या अन्य सक्षम प्राधिकारी (Competent Authority) द्वारा आदेशित कटौतियां।
9. प्रावधायी निधि (Provident Fund) व बीमा प्रीमियम के लिए कटौती।
10. नियोजित व्यक्ति द्वारा लिखित अधिकार देने पर सहकारी समितियों, बीमा योजनाओं, पंजीकृत श्रम संघ (Trade Union) के सदस्यता शुल्क, प्रधानमंत्री सहायता कोष, केन्द्रीय सरकार द्वारा निर्धारित दूसरे कोष के भुगतान के लिए कटौतियां।

किसी नियोजित व्यक्ति की मजदूरी में से उपरोक्त वर्णित कटौतियों की कुल राशि सहकारी समितियों के भुगतान हेतु मजदूरी के 75 प्रतिशत से अधिक नहीं होगी तथा अन्य दूसरे मामलों में 50 प्रतिशत से अधिक नहीं होगी। यदि कुल प्राधिकृत (Authorised) कटौतियां उपरोक्त वर्णित प्रतिशत से अधिक हो तो अधिक राशि की वसूली निर्धारित (Prescribed) तरीके से की जा सकती है।

14.5.4 रजिस्टर तथा रिकार्ड रखना (Maintenance of Registers and Records)

1. प्रत्येक नियोक्ता द्वारा रजिस्टर व रिकार्ड रखने होंगे जिनमें उसके द्वारा नियोजित व्यक्तियों के ब्यौरे जैसे उसके लिए किया गया कार्य, उनको भुगतान की गई मजदूरी, उनकी मजदूरी में से की गई कटौतियां, उनके द्वारा दी गई रसीदें तथा अन्य विवरण रखने होंगे।
2. इस उपबन्ध के अनुसार बनाये गये रजिस्टर व रिकार्ड को उसमें दी गइ अन्तिम एन्ट्री की दिनांक से तीन वर्ष की अवधि तक सुरक्षित रखना होगा।

14.5.5 अपराध के लिए दण्ड (Penalties for Offence)

उपरोक्त वणित विभिन्न प्रावधानों को भंग करने का जो भी जिम्मेदार होगा, उस पर जुर्माने का दण्ड देने का प्रावधान है जो कि 200 रु से कम नहीं होगा तथा 1000 रु तक हो सकता है। इसे दोहराने पर 1 माह से 6 माह तक की कैद तथा 500 रु से 3000 रु तक का जुर्माना किया जा सकता है।

14.6 औद्योगिक विवाद अधिनियम, 1947 (Industrial Disputes Act, 1947)

14.6.1 उद्देश्य एवं क्षेत्र (Object & Scope)

औद्योगिकरण के प्रारम्भ से ही श्रमिक अपने कार्य के बदले में उचित मजदूरी की मांग करता रहा है। इसी प्रकार श्रमिक अपनी अनेक मांगों के समर्थन में आन्दोलन का मार्ग अपनाते हैं, जिससे श्रमिक व मालिक के बीच औद्योगिक विवाद उत्पन्न होते हैं। ऐसे विवादों का हल ढूंढने के लिए औद्योगिक विवाद अधिनियम बनाया गया। यह 1 अप्रेल 1947 को लागू हुआ। यह सम्पूण भारत पर लागू होता है। इस अधिनियम का उद्देश्य श्रमिकों तथा नियोक्ताओं (मालिक) के बीच विवादों को सुलझाना है ताकि उत्पादन पर विपरीत असर न पड़े।

14.6.2 सम्बन्धित पद (Related Terms)

1. औद्योगिक विवाद (Industrial Dispute) – कोई भी ऐसा विवाद जो मालिकों के मध्य, मालिकों व श्रमिकों के मध्य या परस्पर श्रमिकों के मध्य रोजगार, बेरोजगार तथा श्रमिकों की कार्य की परिस्थितियों से संबंधित हो औद्योगिक विवाद कहलाता है।
2. हड़ताल (Strike) – श्रमिकों द्वारा नियोक्ता से अपनी मांगे मनवाने के लिए काम बन्द कर देना हड़ताल कहलाता है। कार्यस्थल से अनुपस्थित होकर सामूहिक रुप से फैक्टरी के बाहर एकत्रित होना तथा मांगे मनवाने के लिए नारेबाजी करना, हड़ताल के अन्तर्गत आता है।
3. तालाबन्दी (Lockout) – नियोक्ता द्वारा श्रमिकों से कार्य करवाना बन्द कर फैक्टरी में ताला लगा देने को तालाबन्दी कहते हैं।
4. ले–आफ (Lay-off) – जब श्रमिक ने सेवा का लगातार 1 वर्ष पूरा कर लिया हो तथा नियोक्ता ले–ऑफ (श्रमिक को किसी भी कारण से काम या रोजगार नहीं दे पाया है) देता है तो उसे श्रमिक को ले–ऑफ के दिनों का, छुट्टियों को छोडकर मजदूरी के 50 प्रतिशत के बराबर क्षतिपूर्ति देनी पड़ती है। यह क्षतिपूर्ति 12 माह की अवधि मे 45 दिन के ले–आफ से ज्यादा नहीं होगी।
5. छंटनी (Retrenchment) – छंटनी का तात्पर्य है श्रमिक की नियोक्ता द्वारा सेवा समाप्त कर देना। जब श्रमिक ने सेवा का लगातार 1 वर्ष पूरा कर लिया हो तथा नियोक्ता श्रमिक की छंटनी करना चाहे तो उसे एक माह का नोटिस देना होगा अथवा नोटिस के अवधि की मजदूरी देनी होगी। इसके अतिरिक्त जितने वर्ष लगातार सेवा के पूरे कर लिये हों,

उनका 15 दिवस प्रति वर्ष के हिसाब से औसत मजदूरी क्षतिपूर्ति के रुप में देनी होगी।

14.6.3 औद्योगिक विवाद अधिनियम के मुख्य बिन्दु (Main Points of Industrial Dispute Act)

1. किसी भी औद्योगिक विवाद को औद्योगिक न्यायाधिकरण में ले जाया जा सकता है।
2. समझौता मंडल, श्रम, न्यायालय, न्यायाधिकरण में चल रहे विवाद के दौरान हड़ताल या तालाबन्दी नहीं कर सकते हैं।
3. इस अधिनियम के तहत हुए समझौते को भंग करने वाले व्यक्ति को 6 माह की कैद अथवा जुर्माना या दोनों दण्ड दिये जा सकते हैं।
4. अवैध हड़ताल में भाग लेने वाले श्रमिक को एक माह की कैद अथवा 50 रु तक का जुर्माना या दोनों दण्ड दिये जा सकते हैं।
5. अवैध तालाबन्दी करने वाले नियोक्ता को एक माह तक की कैद अथवा 1000 रु का जुर्माना या दोनों दण्ड दिये जा सकते हैं।

14.6.4 औद्योगिक विवाद अधिनियम के अन्तर्गत प्राधिकारी (Authorities under Industrial Disputes Act)

1. **कार्य समिति** (Works Committee) – उन औद्योगिक इकाईयों में जिनमें 100 या अधिक श्रमिक कार्य करते हैं, राज्य सरकार को इस अधिनियम के अनुसार नियोक्ता को कार्य समिति गठित करने के लिए आदेश देने का प्रावधान है। इसमें नियोक्ता तथा श्रमिकों के प्रतिनिधि होते हैं। लेकिन श्रमिकों के प्रतिनिधि की संख्या नियोक्ता के प्रतिनिधि की संख्या से कम नहीं होनी चाहिए। कार्य समिति का कार्य नियोक्ता तथा प्रतिनिधि के बीच मैत्री तथा अच्छे सम्बन्ध बनाए रखने के लिए प्रयास करना है।
2. **समझौता अधिकारी** (Conciliation Officers) – राज्य सरकार समझौता अधिकारियों की नियुक्ति निर्दिष्ट क्षेत्र, निर्दिष्ट क्षेत्र के निर्दिष्ट उद्योगों, एक या अधिक उद्योगों के लिए स्थाई तौर पर या निश्चित अवधि के लिए सरकारी गजट में अधिसूचना जारी करके कर सकती है। इनका कार्य औद्योगिक विवादों की मध्यस्थता करके निपटाना है।
3. **समझौता मंडल** (Board of Conciliation) – आवश्यकता पड़ने पर राज्य सरकार औद्योगिक विवाद को निपटाने के लिए सरकारी गजट में अधिसूचना जारी करके समझौता मण्डल का गठन कर सकती है। इस

मण्डल में अध्यक्ष व दो या चार सदस्य होते हैं। अध्यक्ष पद पर किसी निष्पक्ष व्यक्ति की तथा विवाद से सम्बन्धित पक्षों का प्रतिनिधित्व करने के लिए समान संख्या में सदस्यों की नियुक्ति की जाती है। इस मण्डल को दीवानी न्यायालय के समान अधिकार होते हैं।

4. **जांच न्यायालय (Court of Enquiry)** – आवश्यकता पड़ने पर राज्य सरकार औद्योगिक विवाद से सम्बन्धित मामलों की जांच हेतु सरकारी गजत में अधिसूचना जारी करके जांच न्यायालय का गठन कर सकती है। इसमें एक या अधिक निष्पक्ष व्यक्ति होते हैं। यह दिये गये मामलों की जांच करके अपनी रिपोर्ट राज्य सरकार को जांच प्रारम्भ करने के 6 माह के भीतर प्रस्तुत कर देती है।

5. **श्रम न्यायालय (Labour Courts)** – द्वितीय अनुसूची में निर्दिष्ट औद्योगिक विवादों के मामलों पर निर्णय के लिए राज्य सरकार एक या अधिक श्रम न्यायालयों का गठन सरकारी गजट में अधिसूचना जारी करके कर सकती है। श्रम न्यायालय का पीठासीन अधिकारी उच्च न्यायालय का वर्तमान या भूतपूर्व न्यायाधीश या जो 3 वर्ष तक जिला न्यायाधीश/अतिरिक्त जिला न्यायाधीश रह चुका हो, हो सकता है।

द्वितीय अनुसूची (Second Schedule) में दिये गये मामले –

1. नियोक्ता द्वारा दिये आदेश की वैद्यता।
2. स्थायी आदेशों (Standing orders) का उपयोग तथा व्याख्या।
3. श्रमिकों का निष्कासन व गलती से निष्कासित श्रमिकों की वापसी या उसे दी जाने वाली सहायता।
4. किसी भी सुविधा (Privillege) का वापस लेना।
5. हडताल तथा तालाबन्दी की अवैद्यता।
6. तृतीय अनुसूची में निर्दिष्ट मामलों के अतिरिक्त मामले।

6. औद्योगिक न्यायाधिकरण (Industrial Tribunals) – द्वितीय या तृतीय अनुसूची में दिये गये मामलों से सम्बन्धित औद्योगिक विवादों के निर्णय हेतु न्यायाधिकरण का गठन किया जा सकता है, जिसका पीठासीन अधिकारी उच्च न्यायालय का वर्तमान या भूतपूर्व न्यायाधीश या 3 वर्ष तक जिला न्यायाधीश/अतिरिक्त न्यायाधीश रह चुके व्यक्ति को नियुक्त किया जा सकता है। न्यायाधिकरण को सलाह देने हेतु दो व्यक्तियों की नियुक्ति राज्य सरकार द्वारा की जा सकती है।

तृतीय अनुसूची (Third Schedule) में दिये गये मामले –

1. मजदूरी, मय अवधि व भुगतान का तरीका।
2. क्षतिपूर्ति (Compensation) तथा अन्य भत्ते।
3. कार्य के घंटे तथा विश्राम समय की अवधि।
4. मजदूरी सहित अवकाश तथा छुट्टियां।
5. बोनस, लाभ का हिस्सा प्रावधायी निधि या ग्रेच्युटी।
6. स्थायी आदेश के अतिरिक्त शिफ्ट में कार्य करना।
7. ग्रेडस का वर्गीकरण।
8. अनुशासन के नियम।
9. संयुक्तिकरण (Rationalisation)।
10. श्रमिकों की छंटनी तथा प्रतिष्ठान को बन्द करना।
11. अन्य दिये गये मामले।

7. राष्ट्रीय न्यायाधिकरण (National Tribunal) – राष्ट्रीय महत्व के औद्योगिक विवादों का, ऐसे विवाद जिनमें एक से अधिक राज्यों में स्थित औद्योगिक प्रतिष्ठानों पर प्रभाव पड़ता हो, के निर्णय हेतु केन्द्रीय सरकार एक या अधिक राष्ट्रीय न्यायाधिकरण का गठन सरकारी गजट में अधिसूचना जारी करके कर सकती है। राष्ट्रीय न्यायाधिकरण के पीठासीन अधिकारी (Presiding Officer) के पद पर नियुक्ति उच्च न्यायालय के वर्तमान या भूतपूर्व न्यायाधीश की जा सकती है। केन्द्रीय सरकार उचित समझे तो दो व्यक्तियों की नियुक्ति न्यायाधिकरण को उनके कार्य में सलाह देने हेतु कर सकती है।

कोई भी व्यक्ति जो निष्पक्ष नहीं है तथा उम्र 65 वर्ष हो गई है, श्रम न्यायालय औद्योगिक न्यायाधिकरण तथा राष्ट्रीय न्यायाधिकरण का पीठासीन अधिकारी नियुक्त नहीं किया जा सकता है।

14.6.5 औद्योगिक विवादों को हल करने का तरीका (Procedure of solving Industrial Disputes)

सम्बन्धित सरकार इस अधिनियम के अनुसार विवाद को समझौता अधिकारी, समझौता मण्डल, जांच न्यायालय, श्रम न्यायालय, औद्योगिक न्यायाधिकरण या राष्ट्रीय न्यायाधिकरण को भेज सकती है। यदि विवाद से सम्बन्धित दोनों पक्ष एकल या संयुक्त रुप से उपरोक्त प्राधिकारी में से किसी एक का नाम लिखती है तो सरकार का यह कर्तव्य होता है कि विवाद को हल करने हेतु उसी के पास भेजे।

यदि विवाद सार्वजनिक महत्व की सेवा से सम्बन्धित है तथा हडताल या तालाबन्दी का नोटिस दे दिया गया है तो सरकार का कर्तव्य होता है कि विवाद को न्यायाधिकरण के पास भेजे। इस प्रकार विवाद को न्यायाधिकरण के पास भेज दिया जाता है तो सरकार विवाद से संम्बन्धित हडताल या तालाबन्दी को समाप्त करने का आदेश दे सकती है।

इस अधिनियम के अनुसार सार्वजनिक महत्व की सेवाओं से सम्बन्धित विवादों में सरकार अपने विवेक का प्रयोग कर सकती है। यदि समझौते के दौरान समझौता हो जाता है तो दोनों पक्ष इसके लिए बाध्य है कि समझौते की दिनांक से उसकी पालना करे। यदि समझौता नहीं हो पाता है तो समझौता अधिकारी 14 दिन के भीतर या समझौता मण्डल 2 माह के भीतर अपनी रिपोर्ट उचित प्राधिकारी को सौंप देंगे, जिसमें विवाद के कारण समझौते के लिए किए गए प्रयास, समझौता हो जाने के कारण तथा विवाद को हल करने के लिए अपनी अभिशंसायें होगीं।

रिपोर्ट प्राप्त होने पर यदि सरकार उचित समझती है तो विवाद को मंडल, श्रम न्यायालय, औद्योगिक न्यायाधिकरण या राष्ट्रीय न्यायाधिकरण को भेज सकती है तथा मंडल, श्रम न्यायालय अन्यथा सम्बन्धित पक्षों को इसके कारण सूचित कर दिये जावेंगे।

श्रम न्यायालय, न्यायाधिकरण या राष्ट्रीय न्यायाधिकरण इन विवादों की शीघ्र सुनवाई कर सम्बन्धित आदेशों में दी गई समयावधि में, अपने अवार्ड **(Award)** सम्बन्धित अधिकारियों को भेज देंगे। सम्बन्धित सरकार इसे प्राप्त होने के 30 दिन के भीतर प्रकाशित **(Published)** करेगी। यदि इसमें सरकार भी एक पक्ष हो तथा इस अवार्ड के पूर्व या किसी भाग से देश की अर्थ व्यवस्था पर असर पड़ता हो तो सम्बन्धित सरकार इसे अस्वीकार या सुधार कर 90 दिन के भीतर आदेश करेगी तथा विधान सभा (लोक सभा में यदि केन्द्रीय सरकार ने आदेश दिये थे) में रखेगी अन्यथा वह अवार्ड अन्तिम होगा तथा किसी भी न्यायालय में नहीं ले जाया जा सकेगा। प्रकाशित होने के 30 दिन के भीतर यह अवार्ड लागू हो जावेगा। यह अवार्ड औद्योगिक विवाद के सभी पक्ष साधारणतया एक वर्ष तक मानने को बाध्य होंगे, इस अवधि को सम्बन्धित सरकार घटा या बढ़ा सकती है।

नोट –

1. औद्योगिक विवाद **(Appeliate Tribunal)** अधिनियम 1950 के अनुसार जब तक कार्यवाही चल रही हो, तब तक नियोक्ता विवाद से सम्बन्धित श्रमिकों की सेवा दशायें नहीं बदलेगा, न सजा देगा या निकालेगा, जब तक कि इनके लिए सम्बन्धित प्राधिकारी से अग्रिम आज्ञा न ले ली हो, वर्ना श्रमिक यह शिकायत उस प्राधिकरण को पेश करेगा, जहां कार्यवाही चल रही हो।

2. यदि श्रम न्यायालय न्यायाधिकरण अपने अवार्ड द्वारा श्रमिक को पुनः स्थापन करने के लिए निर्देश देता है तथा नियोक्ता ऐसे अवार्ड के विरुद्ध उच्च न्यायालय में कार्यवाही चाहता हैतो जब तक कार्यवाही अधूरी (Pending) रहती है, नियोक्ता द्वारा श्रमिक को पूर्ण मजदूरी देनी होगी।

14.6.6 समझौते या अवार्ड के भंग करने पर दण्ड (Penalty for breach of settlement or award)

कोई भी व्यक्ति इस अधिनियम के तहत हुए समझौते या अवार्ड को भंग करता है तो उसे 6 माह की कैद या जुर्माना या दोनो दंड दिये जा सकते हैं। इसके बाद भी समझोते या अवार्ड को भंग करता है तो 200 रुपये प्रतिदिन तक का जुर्माना किया जा सकता है, जब तक भंग चालू रहता है।

14.6.7 हडताल तथा तालाबन्दी पर प्रतिबन्ध (Prohibition of Strikes and Lockouts)

1. हडताल पर प्रतिबन्ध (Prohibition of Strikes) – सार्वजनिक उपयोगी सेवा में लगा कोई भी व्यक्ति हडताल पर नहीं जावेगा–

(1) हडताल पर जाने से 6 सप्ताह पूर्व हडताल का नोटिस दिये बिना, या

(2) ऐसे दिये गए नोटिस के 14 दिन के भीतर, या

(3) नोटिस में हडताल पर जाने की दी गई दिनांक से पहले, या

(4) उस दौरान जब तक समझौता कार्यवाही (Conciliation Proceeding) चल रही हो।

2. तालाबन्दी पर प्रतिबन्ध (Prohibition of Lockouts) – कोई भी नियोक्ता, जो सार्वजनिक उपयोगी सेवा चला रहा हो, अपने किसी भी श्रमिक के लिए तालाबन्दी नहीं करेगा –

(1) तालाबन्दी करने से 6 सप्ताह पूर्व उसको तालाबन्दी का नोटिस दिये बिना, या

(2) ऐसे दिये नोटिस के 14 दिन के भीतर, या

(3) उस दौरान जब तक समझौता कार्यवाही चल रही हो।

3. जब तक समझौता मण्डल, श्रम न्यायालय, न्यायाधिकरण, राष्ट्रीय न्यायाधिकरण में कार्यवाही चल रही हो तब तक औद्योगिक प्रतिष्ठानों में नियोजित कोई भी श्रमिक हडताल पर नहीं जावेगा तथा नियोक्ता तालाबन्दी नहीं करेगा।

14.6.8 अवैध हडताल तथा तालाबन्दी के लिए दण्ड (Penalty for illegal strikes and lockouts)

इस अधिनियम के तहत कोई भी श्रमिक जो कि अवैध हडताल में भाग लेता है, उसे एक माह तक की कैद अथवा 50 रु तक का जुर्माना या दोनों दण्ड दिये जा सकते है। कोई भी नियोक्ता अवैध तालाबन्दी करता है तो उसे एक माह की कैद अथवा 1000 रु जुर्माना या दोनों दण्ड दिये जा सकेंगे।

इस अधिनियम के तहत अवैध हडताल या तालाबन्दी के लिए दूसरों को उकसाने वाले व्यक्ति को 6 माह तक की कैद या 1000 रु तक का जुर्माना अथवा दोनों दण्ड दिये जा सकते हैं।

अवैध हडताल या तालाबन्दी के लिए जानकर वित्तीय सहायता देने वालों को 6 माह तक की कैद या 1000 रु तक का जुर्माना अथवा दोनों दण्ड दिये जा सकते हैं।

पूर्व स्वीकृति के बिना ले ऑफ तथा श्रमिकों की छंटनी के लिए दण्ड – (Penalties for lay-off and retrenchment without previous permission) कोई नियोक्ता इस अधिनियम के तहत प्रावधानों का पालन किये बिना ले आफ व छंटनी करता है तो उसके एक माह तक की सजा अथवा 1000 रु का जुर्माना या दोनों दण्ड दिये जा सकते हैं।

14.6.9 प्रतिष्ठान के बन्द करने पर श्रमिकों को क्षतिपूर्ति (Compensation to workman in case of closing down of undertaking)

किसी भी कारण से प्रतिष्ठान को बन्द किये जाने पर उन सभी श्रमिकों को जिन्होंने सेवा का लगातार 1 वर्ष पूरा कर लिया है उन्हें नोटिस तथा क्षतिपूर्ति उसी प्रकार देनी होगी, यह मानते हुए कि श्रमिकों की कमी की जा रही है, जैसा कि ऊपर वर्णन किया गया है।

बन्द करने के लिए दण्ड (Penalty for closure)

कोई नियोक्ता इस अधिनियम के तहत प्रावधानों का पालन किये बिना प्रतिष्ठान को बन्द करता है तो उसे एक वर्ष की सजा अथवा 5000 रु का जुर्माना या दोनों दण्ड दिया जा सकेंगे। यदि कोई नियोक्ता प्रतिष्ठान को बन्द करने की आज्ञा नहीं मिलने पर भी बन्द करता है तो उपरोक्त दण्ड के अलावा 2000 रु तक प्रतिदिन के हिसाब से जुर्माना किया जा सकता है, जब तक कि प्रतिष्ठान बन्द रखता है।

14.7 भारतीय बॉयलर अधिनियम, 1923 (Indian Boilers Act, 1923)

14.7.1 क्षेत्र (Scope)

यह अधिनियम सम्पूर्ण भारत में लागू है। इस अधिनियम के अनुसार बॉयलर से तात्पर्य एक बन्द बर्तन से है जिसकी क्षमता 22.75 लीटर से अधिक है जिसमें दाब पर भाप का प्रजनन किया जाता है। यह अधिनियम थल सेना, जल सेना, वायु सेना द्वारा नियंत्रित विभागों में उपयोग होने वाले बॉयलरो, अस्पतालों में विसंक्रमण (Sterilizatrion) के लिए उपयोग होने वाले 91 लीटर तक की क्षमता के बॉयलरो तथा भारतीय मर्चेन्ट शिपिंग अधिनियम, 1923 (Indian Merchant Shipping, Act, 1923) के अन्तर्गत आने वाले भाप जहाजों के बॉयलरों के अतिरिक्त सभी बॉयलरों पर प्रभावी होगा।

14.7.2 मुख्य व्यवस्थायें (Main Provisions)

1. इस अधिनियम के प्रावधानों के अनुसार पंजीकृत कराये बिना कोई भी बॉयलर को नहीं चला सकता।
2. बॉयलर के पंजीकरण की व्यवस्था मालिक को करनी होती है। बॉयलर के परीक्षण के समय बॉयलर निरीक्षक को सारी आवश्यक सुविधायें तथा सूचनायें मालिक को देना आवश्यक है।
3. पंजीकरण प्रमाण पत्र निश्चित अवधि के लिए होता है उसके पश्चात यह स्वतः ही निष्क्रिय हो जाता है।
4. पंजीकरण की अवधि की समाप्ति पर इसका नवीनीकरण (Renewal) आवश्यक है।
5. योग्यता प्रमाण पत्र रखने वाला व्यक्ति ही बॉयलर का संचालन कर सकता है।
6. प्रमाण पत्र में दर्शाये गये अधिकतम दाब से अधिक दाब पर चलाना वर्जित है।
7. बॉयलर में किसी भी प्रकार का परिवर्तन बिना पूर्व स्वीकृति के संभव नहीं है।
8. किसी भी प्रकार की बॉयलर दुर्घटना हो जाय तो इसकी सूचना बॉयलर निरीक्षक को सम्पूर्ण विवरण के साथ 24 घंटे के भीतर कर दी जानी चाहिए।

14.7.3 प्रमाण पत्र का नवीनीकरण (Renewal of Certificate)

बॉयलर पंजीकरण प्रमाण पत्र निम्न दशाओं में स्वतः समाप्त हो जाता है–

(i) पंजीकरण की अवधि की समाप्ति पर, या

(ii) बॉयलर में कोई दुर्घटना होने पर, या

(iii) बॉयलर के बनावट में परिवर्तन करने पर, या इसके भाप पाइप बदलने पर, या

(iv) बॉयलर निरीक्षक द्वारा मालिक को उसे उपयोग को वर्जित करने की सूचना देने पर कि यह या इसका कोई भाप पाइप खतरनाक अवस्था में है।

अतः पंजीकरण प्रमाण पत्र का नवीनीकरण वापस कराना होता है।

14.7.4 दण्ड (Penalties) की व्यवस्था

1. प्राधिकृत अधिकारी को मांगने पर मालिक द्वारा प्रमाण पत्र प्रस्तुत नहीं करने की दशा में 100 रुपये तक का जुर्मानान किया जा सकेगा।
2. बिना प्रमाण पत्र के बॉयलर चलाने पर या स्वीकृत दाब से अधिक दाब पर बॉयलर चलाने पर मालिक पर 500 रुपये तक का जुर्माना किया जा सकता है। यह अपराध चालू रखने पर फिर उस पर प्रतिदिन 100 रुपयें का अतिरिक्त जुर्माना किया जा सकता है।
3. इस अधिनियम या अन्य के तहत प्रदान पंजीकृत चिन्ह/संख्या को बॉयलर पर रद्दोबदल (Temper) करने पर 500 रुपये तक के दण्ड का प्रावधान है। बॉयलर पर झूठी पंजीकरण संख्या अंकित करने पर दो वर्ष के कारावास या आर्थिक दण्ड अथवा दोनों दण्ड का प्रावधान है।
4. इनके अतिरिक्त निम्न विषयों में 500 रुपये तक का जुर्माना किया जा सकता है –

   (i) बायलर के एक राज्य से दूसरे राज्य में स्थानान्तरण के पश्चात् बिना सूचित किये उसके प्रयोग पर।

   (ii) बॉयलर पर पंजीकृत संख्या अंकित न करने पर।

   (iii) मुख्य निरीक्षक की पूर्व सहमति के बिना बॉयलर में परिवर्तन या नवीनीकरण करने पर।

   (iv) बॉयलर के दुर्घटना की सूचना समय पर न होने पर।

   (v) सुरक्षा वाल्व में हेर फेर (Temper) करने पर जिससे प्राधिकृत उच्चतम दाब पर यह काम न करें।

14.8 कर्मचारी राज्य बीमा अधिनियम, 1948 (Employee's State Insurance Act, 1948)

14.8.1 उद्देश्य तथा क्षेत्र (Object and Scope)

कर्मचारी राज्य बीमा अधिनियम भारत के सभी भागों पर लागू होता हैं। इस अधिनियम के द्वारा कर्मचारियों को बीमारी, मातृत्व तथा नौकरी के दौरान दुर्घटना व इसी प्रकार के अन्य लाभ प्रदान किये गये हैं जो कि ऐसी फैक्टरी या प्रतिष्ठान में कार्यरत है जिसमें 20 या अधिक कर्मचारी हों तथा कार्य शक्ति चालित न हो, या 10 या अधिक कर्मचारी हों व कार्य शक्ति चालन द्वारा होता हो, फैक्टरी मौसमी न हो।

14.8.2 कर्मचारी राज्य बीमा निगम का गठन (Constitution of Employee's State Insurance Corporation)

इस बीमा योजना का प्रशासन इस अधिनियम के तहत एक स्वायतशासी संस्था को सौंपा गया है जिसे कर्मचारी राज्य बीमा निगम कहते हैं। इस निगम के गठन के लिए निम्न सदस्य होते हैं –

(a) अध्यक्ष, केन्द्रीय सरकार द्वारा नियुक्त,

(b) उपाध्यक्ष, केन्द्रीय सरकार द्वारा नियुक्त,

(c) केन्द्रीय सरकार द्वारा नियुक्त पांच से ज्यादा व्यक्ति नहीं,

(d) प्रत्येक राज्य सरकार द्वारा नियुक्त एक व्यक्ति, जिन राज्यों में यह योजना लागू हैं।

(e) केन्द्र शासित प्रदेशों का प्रतिनिधित्व करने के लिए केन्द्रीय सरकार द्वारा नियुक्त एक व्यक्ति,

(f) केन्द्र सरकार द्वारा मान्यता प्राप्त नियोक्ता संगठनों की सलाह से केन्द्रीय सरकार द्वारा नियुक्त नियोक्ताओं के दस प्रतिनिधि,

(g) केन्द्र सरकार द्वारा मान्यता प्राप्त कर्मचारी संगठनों की सलाह से केन्द्रीय सरकार द्वारा नियुक्त कर्मचारियों के दस प्रतिनिधि,

(h) चिकित्सा व्यवसाय के केन्द्रीय सरकार द्वारा नियुक्त दो प्रतिनिधि,

(i) लोक सभा द्वारा चयनित लोक सभा के दो सदस्य तथा राज्य सभा द्वारा चयनित राज्य सभा का एक सदस्य।

(j) निगम का महानिदेशक।

उपरोक्त वर्णित (a), (b), (c), (d), (e) तथा (j) के अतिरिक्त सदस्यों का कार्यकाल 4 वर्ष का होता है। निगम का प्रमुख अधिकारी महानिर्देशक होता है।

निगम के कार्य को सुचारु रुप से संचालित करने के लिए इसके क्षेत्रीय कार्यालय भी कार्यरत है। उद्योगों तथा प्रतिष्ठानों के मालिकों और कर्मचारियों के अंशदान तथा केन्द्रीय सरकार, राज्य सरकारों व स्थानीय निकायों द्वारा किये गये अनुदान से इन निगम की वित्तीय व्यवस्था की जाती है। इस राशि को एक निधि में एकत्रित किया जाता है जिसे कर्मचारी राज्य बीमा निधि (Employee's State Insurance Fund) कहते है। कर्मचारियों का अंशदान उनके वेतन के हिसाब से सप्ताह की दर पर उनके वेतन में से काटकर निश्चित तिथि तक जमा कराना उद्योग अथवा प्रतिष्ठान के मालिक की जिम्मेदारी है अन्यथा उस राशि को उसे ब्याज सहित जमा कराना होता है।

14.8.3 अधिनियम के लाभ (Benefits of Act)

इस अधिनियम के तहत बीमा कराये हुए व्यक्ति तथा उनके आश्रित निम्न प्रकार के लाभ के हकदार है –

1. बीमारी लाभ (Sickness benefit) – यह कर्मचारी को बीमारी की अवस्था में नकद के रूप में केन्द्रीय सरकार द्वारा निर्धारित दर व अवधि के लिए दिया जाता है। इसके लिए कर्मचारी को बीमारी का प्रमाण पत्र अधिकृत चिकित्सक से लेकर प्रस्तुत करना होता है।

2. मातृत्व लाभ (Maternity benefit) – यह लाभ स्त्री कर्मचारी को नकद के रुप में केन्द्रीय सरकार द्वारा निर्धारित दर व अवधि के लिए प्रसव, गर्भावस्था या प्रसव के कारण बीमार हो जाने पर आवश्यक प्रमाण पत्र प्रस्तुत करने पर मिलता है। इस लाभ की अवधि प्रसव से पहिले 6 सप्ताह से अधिक नहीं होगी।

3. अयोग्यता लाभ (Disablement benefit) – यह लाभ कर्मचारी को नियोजन के दौरान दुर्घटना हो जाने पर अस्थायी अयोग्यता यदि तीन दिन से अधिक हो तो तथा पूर्ण या आंशिक स्थायी अयोग्यता होने पर केन्द्रीय सरकार द्वारा निर्धारित दर, अवधि व दशाओं के अनुसार नियत समय से भुगतान के रुप में दिया जाता है।

4. आश्रितों को लाभ (Dependant's benefits) – बीमा कराये गये कर्मचारी की काम करते समय दुर्घटना के कारण मृत्यु हो जाती है तो उसके आश्रितों को यह लाभ केन्द्रीय सरकार द्वारा निर्धारित दर, अवधि व दशाओं के अनुसार नियत समय से भुगतान के रुप में दिया जाता है। यहां आश्रितों से तात्पर्य विधवा पत्नी, वैध या गोद लिये हुए पुत्र, जिसने 18 वर्ष की आयु परी न की हो, वैध या गोद ली हुई अविवाहित पुत्री, विधवा माता तथा इस अधिनियम के 6–A (iii) में वर्णित उसकी मृत्यु होते समय उस पर आश्रित सदस्यों से है।

5. चिकित्सा लाभ (Medical bendfit) – चिकित्सा की आवश्यकता के समय यह लाभ बीमा कराये गये कर्मचारी को व उसके परिवार को निगम द्वारा संचालित अस्पताल या निगम या सरकार द्वारा प्राधिकृत अस्पतालों में बाह्य रोगी या/और आन्तरिक रोगी के रुप में निगम व सरकार के नियमों के अनुसार मिलता है।

6. दाह संस्कार के लिए खर्च (Funeral Expenses) – बीमा कराये हुए कर्मचारी की मृत्यु हो जाने पर केन्द्रीय सरकार द्वारा निर्धारित अधिकतम राशि तक दाह संस्कार का खर्च उसके परिवार के सबसे बड़े सदस्य को तथा परिवार न होने पर उस व्यक्ति को जिसने यह वास्तविक खर्च किया है, मृत्यु से तीन माह की अवधि तक मांग प्रस्तुत करने पर मिलता है।

14.8.4 दण्ड (Penalties)

इस अधिनियम के तहत झूठे विवरण देने पर छः माह की कैद या 2000 रु जुर्माना अथवा दोनों दण्ड का प्रावधान है। कर्मचारियों के वेतन में से काटा गया कर्मचारी राज्य बीमा अंशदान नियोक्ता द्वारा जमा न कराने पर 3 वर्ष की कैद (जो एक वर्ष से कम न होगी) तथा 10,000 रुपये तक जुर्माने का प्रावधान है। अन्य त्रुटियों के लिए नियोक्ता को एक वर्ष तक की कैद तथा 4,000 रुपये तक के जुर्मान का प्रावधान है।

14.9 भारतीय विद्युत अधिनियम, 1910 एवम् भारतीय विद्युत नियम, 1956

14.9A भारतीय विद्युत अधिनियम, 1910 (Indian Electricity Act, 1910)

यह अधिनियम जम्मू व कश्मीर के अलावा भारत के सभी भागों पर लागू होता है। इसमें मुख्य संशोधन 1959 में किये गये थे। इस अधिनियम में विद्युत ऊर्जा के वितरण तथा उपयोग हेतु प्रावधान है। इसके द्वारा लाइसेंसधारी (विद्युत प्रदायक) या अन्य व्यक्तियों पर उस क्षेत्र में, जिसके लिए लाइसेंस या अनुमति दी है, विद्युत ऊर्जा प्रदाय करने हेतु खास कर्तव्य तथा उतरदायित्व (Liabilities) निर्धारित किये गये हैं। इस अधिनियम के अनुसार लाइसेंसधारी अधिनियम के प्रावधानों तथा अन्य सभी अधिनियम जो कि भवन, संयंत्र, मशीनरी तथा सप्लाई लाइन के संस्थापन और अनुरक्षण से सम्बन्धित है, के प्रावधानों से बंधा (bound) हुआ है। इस अधिनियम के प्रावधानों में राज्य सरकारें अपनी आवश्यकता के अनुसार संशोधन कर सकती है।

इसमें विद्युत ऊर्जा की सप्लाइ के लिए राज्य सरकार द्वारा लाइसेंस प्रदान करने की विधि, लाइसेंस को संशोधन व रद्द करने का प्रावधान है। विद्युत ऊजा

सम्बन्धी उपक्रम को राज्य विद्युत मंडल द्वारा खरीदने, उनका विक्रय मूल्य निश्चित करने सम्बन्धी प्रावधान है। सप्लाई लाईन के लिए सड़क, रेल्वे तथा ट्रामवे लाईन को तोडने वापस उन्हें ठीक करवाने तथा इसके लिए मुआवजा अदा करने, सुरक्षा तथा दण्ड व्यवस्था सम्बन्धी धारायें हैं।

14.9B भारतीय विद्युत नियम 1956 (Indian Electricity Rules, 1956)

भारतीय विद्युत अधिनियम, 1956 के मुख्य प्रावधान निम्न है –

14.9.1 निरीक्षक (Inspectors)

इस पद पर विद्युत इंजीनियरी में डिग्री या डिप्लोमाधारी या इसके समकक्ष योग्यता रखने वाले तथा सम्बन्धित व्यवसाय में कम से कम आठ वर्ष का अनुभव रखने वाले व्यक्ति को नियुक्त किया जा सकता है। निरीक्षक को सहायता करने वाले अधिकारी (सहायक निरीक्षक) के लिए 3 वर्ष का अनुभव आवश्यक है। ये व्यक्ति उन सभी स्थानों पर जाकर उन उपकरणों व उपस्करों का निरीक्षण व परीक्षण कर सकते हैं जो विद्युत ऊर्जा के जनन, रुपान्तरण (transformation, conversion), वितरण तथा उपयोग से सम्बन्धित है। किसी भी सप्लायर, उपभोक्ता या मालिक को किसी भी नियम की पालना हेतु आदेश जारी कर सकते हैं।

14.9.2 सुरक्षा सावधानियाँ (Safety precautions)

(i) सभी विद्युत सप्लाई लाइनें तथा उपकरण उचित क्षमता तथा सामर्थ्य के होने चाहिए तथा उन्हें इस प्रकार बनाया, लगाया, रक्षित व अनुरक्षित किया गया हो ताकि किसी प्रकार का खतरा न हो।

(ii) विद्युत सप्लायर का दायित्व है कि उपभोक्ता के यहां उसके द्वारा लगाये जाने वाले उपकरण फिटिंग व विद्युत सप्लाई लाइन ठीक अवस्था में हों। उसके पश्चात् उपभोक्ता का दायित्व उन्हें सुरक्षित रखना है।

(iii) अर्थड Conductor के अतिरिक्त प्रत्येक सर्विस लाइन के लिए उचित कट आउट लगा होना चाहिए।

(iv) विद्युत सप्लायर को उपभोक्ता के यहां भू–सम्पर्कित सिरा (earthed terminal) प्रदान करना होगा, लेकिन मध्यम, उच्च या अति उच्च वोल्टेज संस्थापन (Installation) के लिए उपभोक्ता उपरोक्त

व्यवस्था के अतिरिक्त स्वयं का भू–सम्पर्कन (Earthing) की व्यवस्था करेगा।

(v) मध्यम, उच्च तथा अति उच्च वोल्टेज संस्थापन के मालिक को विद्युत सम्बन्धित खतरों के लिए 'खतरा' का बोर्ड हिन्दी, अंग्रेजी या क्षेत्रीय भाषा में उचित स्थान पर लगाना होगा।

(vi) सुवाहय उपकरणों जैसे मोटर, जनरेटर, ट्रांसफार्मर, विद्युत ड्रिल, वेल्डिंग सेट आदि के लिए उच्च विरोधित तथा सुरक्षित लचीरली केबल का उपयोग करना होगा।

(vii) गली में लगे बाक्स का गैस पाइप से सम्बन्ध नहीं हो तथा जहां तक सम्भव हो ऐसी व्यवस्था हो कि उनका पानी से बचाव हो सके।

(viii) विद्युत से लगी आग से बचाव के लिए सभी जेनेरेटिंग स्टेशन, सब स्टेशन तथा स्विच स्टेशन पर सूखी बालू रेत से भरी बाल्टियां व अग्नि शमन यंत्र निर्धारित स्थान पर लगाना आवश्यक है। वर्ष में कम से कम एक बार सही कार्यकारी अवस्था के लिए इन अग्नि शमक (Fire Extinguishers) का परीक्षण करना जरुरी है। वहां पर फस्ट एड बॉक्स की भी व्यवस्था होनी चाहिए।

(ix) प्रत्येक जेनेरेटिंग स्टेशन, सब स्टेशन, रिवच स्टेशन में व उन फैक्टरीयों में जहां विद्युत का उपयोग होता है, विद्युत आघात (Electric shock) से पीडित व्यक्ति के उपचार सम्बन्धी निर्देश चार्ट हिन्दी या अंग्रेजी तथा क्षेत्रीय भाषा में उचित स्थान पर लगाना आवश्यक है।

(x) किसी भी प्रतिष्ठान या उपक्रम में विद्युत द्वारा मानव या जानवर की दुर्घटना की सूचना 24 घण्टे के भीतर तार द्वारा तथा 48 घंटे में लिखित में निरीक्षक को भेजनी होती है।

(xi) किसी भी प्रकार का विद्युत सम्बन्धित कार्य करने हेतु राज्य सरकार द्वारा लाइसेंस प्राप्त विद्युत ठेकेदार ही सक्षम है।

(xii) किसी भी स्थान पर लगे हुए नंगे तारों (bare conductors) की दूरी इतनी होनी चाहिए कि सर्वसाधारण की पहुंच वहां न हो सके।

14.9.3 उपभोक्ता को दी जाने वाली वोल्टेज तथा आवृति की घोषणा (Declared voltage and frequency of supply to Consumer)

उपभोक्ता की लिखित सहमति या राज्य सरकार की पूर्व स्वीकृति के बिना सप्लायर द्वारा घोषित वोल्टेज व आवृति में परिवर्तन सप्लाई बिन्दु पर निम्न से अधिक की अनुमति नहीं है –

(i) निम्न व मध्यम वोल्टेज	6 प्रतिशत से अधिक नहीं
(ii) उच्च वोल्टेज	ऊपर की और 6 प्रतिशत से अधिक नहीं या नीचे की ओर 9 प्रतिशत से अधिक नहीं
(iii) अति उच्च वोल्टेज	ऊपर की ओर 10 प्रतिशत से अधिक नहीं या नीचे की ओर 12.5 प्रतिशत से अधिक नहीं

प्रत्यावर्ती धारा (A.C.) सप्लाई की घोषित आवृति में परिवर्तन 3 प्रतिशत से अधिक नहीं।

14.9.4 उपभोक्ता क्षेत्र में लगाये जाने वाले उपकरण

मीटर व सभी उपकरण उचित क्षमता के तथा सही होने चाहिए। जब लोड नहीं हो तो मीटर नहीं चलना चाहिए। सप्लायर मीटर, कट आउट व अन्य उपकरणों को सील कर सकता है तथा सप्लायर के अतिरिक्त उस सील को कोई नहीं तोड़ेगा।

14.9.5 शिरोपरि लाइन (Overhead lines)

(i) सबसे नीचे वाले कण्डक्टर की जमीन से दूरी –

स्थान	निम्न व मध्यम वोल्टेज लाइन	उच्च वोल्टेज लाइन	अति उच्च वोल्टेज लाइन
(a) गली को क्रास करते हुए	5.791 मी॰ (19 फुट)	6.096 मी॰ (20 फुट)	–
(b) गली में	5.486 मी॰ (18 फुट)	5.791 मी॰ (19 फुट)	–
(c) अन्य स्थान पर	4.572 मी॰ (15 फुट)	5.182 मी॰ (17 फुट)	17 फुट + प्रति 33000 वोल्ट एक फुट

भारतीय विद्युत अधिनियम के अनुसार

निम्न वोल्टेज (Low Voltage) 250 वोल्ट से कम

मध्यम वोल्टेज (Medium Voltage) 650 वोल्ट से कम

उच्च वोल्टेज (High Voltage) 33000 वोल्ट से कम

अति उच्च वोल्टेज (Extra High Voltage) 33000 वोल्ट से अधिक

(ii) भवनों से अन्तराल (Clearance from buildings) – तारों के अधिकतम झुकाव वाले बिन्दु से यह दूरी मापी जाती है।

स्थान	निम्न तथा मध्यम वोल्टेज लाइन	उच्च वोल्टेज लाइन	अति उच्च वोल्टेज लाइन
(a) मकान के ऊपर सबसे ऊपर वाले स्थान, खुली बालकनी, वरण्डाह की छत से कम से कम	8 फुट	12 फुट	12 फुट + प्रति 3300 वोल्ट एक फुट
(b) मकान के पास से कम से कम क्षेतिज दूरीं	4 फुट	6 फुट	6 फुट + प्रति 33000 वोल्ट एक फुट

14.9.6 दण्ड व्यवस्था (Penalties)

(i) सील तोड़ने वाले व्यक्ति पर 200 रुपये तक जुर्माने की व्यवस्था है उपभोक्ता यदि यह सिद्ध कर दे कि सील उसने नहीं तोड़ी है तो जुर्माना 50 रुपये तक किया जा सकता है।

(ii) प्रतिष्ठान के मालिक द्वारा दुर्घटना की सूचना सक्षम अधिकारी को अधिनियम में वर्णित समय पर नहीं देने पर तथा विद्युत सम्बन्धित कार्य राज्य सरकार द्वारा लाइसेंसधारी ठेकेदार से न करवाये जाने पर 300 रुपये तक जुर्माने का प्रावधान है।

14.10 शिक्षु अधिनियम 1961 (Apprentices Act, 1961)

इस अधिनियम के प्रावधान उन्हीं क्षेत्र, औद्योगिक क्षेत्र (Industry as an area) या उद्योग पर लागू होते हैं जिनकी अधिसूचना केन्द्रीय सरकार द्वारा गजट में प्रकाशित कराई जाती है।

इस अधिनियम द्वारा व्यवसाय शिक्षुओं (Trade Apprentices), इंजीनियरिंग डिप्लोमा व डिग्रीधारियों के लिए विभिन्न प्रतिष्ठानों में प्रशिक्षण की व्यवस्था की गई है। व्यवसाय शिक्षुओं के लिए 138 विभिन्न ट्रेड में प्रशिक्षण की व्यवस्था है जिनके लिए योग्यता इस अधिनियम के प्रथम अनुसूची (Schedule I) में दर्शाई गई है तथा प्रशिक्षण की अवधि विभिन्न ट्रेड के लिए अलग अलग है जो कि एक से चार वर्ष तक है। व्यवसाय शिक्षुओं को दिये जाने वाले स्टाइपेंड (Stipend) की न्यूनतम दर निम्न प्रकार होगी।

प्रशिक्षण के प्रथम वर्ष के दौरान	460 रुपये प्रतिमाह
प्रशिक्षण के द्वितीय वर्ष के दौरान	530 रुपये प्रतिमाह

प्रशिक्षण के तृतीय वर्ष के दौरान	610 रुपये प्रतिमाह
प्रशिक्षण के चतुर्थ वर्ष के दौरान	700 रुपये प्रतिमाह

स्टाइपेंड की दर निश्चित करने के लिए शिक्षुओं द्वारा राष्ट्रीय कौंसिल द्वारा मान्यता प्राप्त संस्थाओं में प्रशिक्षण की अवधि को सम्मिलित किया जायेगा।

इंजीनियरिंग डिप्लोमा तथा डिग्रीधारियों के लिए प्रशिक्षण अवधि एक वर्ष है। इंजीनियरिंग के सेंडविच पाठ्यक्रम (Sandwich Courses) के विद्यार्थियों के लिए इस अधिनियम के तहत प्रशिक्षण की व्यवस्था है, इन्हें प्रशिक्षण के दौरान स्टाइपेंड (Stipend) दिया जाता है, जो निम्न प्रकार है –

वोकेशनल सर्टिफिकेट होल्डर को	610 रुपये प्रतिमाह
डिप्लोमा सेंडविच पाठ्यक्रम के विद्यार्थी को	640 रुपये प्रतिमाह
डिग्री सेंडविच पाठ्यक्रम के विद्यार्थी को	800 रुपये प्रतिमाह
इंजीनियरिंग डिप्लोमाधारी को	800 रुपये प्रतिमाह
इंजीनियरिंग डिग्रीधारी को	1200 रुपये प्रतिमाह

प्रशिक्षण के दौरान आवर्ती लागत (Recurring Cost) को नियोक्ता वहन करता है तथा स्टाइपेड की राशि आधी आधी केन्द्रीय सरकार तथा नियोक्ता वहन करते हैं। प्रशिक्षण की समाप्ति पर ऐसे प्रशिक्षणार्थियों को प्रतिष्ठान नियमित नौकरी में रखने को बाध्य नहीं होता है।

शिक्षुओं के प्रशिक्षण के दौरान फैक्टरी में सुरक्षा, कल्याण तथा स्वास्थ्य सम्बन्धी प्रावधान फैक्टरी अधिनियम 1948 के अनुसार है। फैक्टरी में प्रशिक्षण के दौरान शिक्षु की दुर्घटना हो जाने पर श्रमिक क्षतिपूर्ति अधिनियम 1923 (Workmen's Compensation Act, 1923) के अनुसार नियोक्ता द्वारा क्षतिपूर्ति का प्रावधान है।

14.11 मृत्युजनक दुर्घटना अधिनियम, 1855 (Fatal Accidents Act, 1855)

यह अधिनियम जम्मू व कश्मीर राज्य के अलावा भारत के सभी भागों पर लागू होता है। यदि किसी व्यक्ति के गलत कार्य, चूक या उपेक्षा के कारण किसी दूसरे व्यक्ति को नुकसान हो जाता है तथा जिससे उसकी मृत्यु हो जाती है तथा ऐसे व्यक्ति के विरुद्ध किसी भी न्यायालय में कोई मुकदमा नहीं चल पाता तो ऐसे गलत कार्य करने वाले को नुकसान तथा चोट के लिए उतरदायी ठहराने के लिए इस अधिनियम के तहत मृतक के परिवार को क्षतिपूर्ति के लिए गलत कार्य करने वाले व्यक्ति के विरुद्ध इस बहुत बड़े अपराध के लिए मुकदमा दायर किया जात सकता है।

इस प्रकार का कोई कार्य या मुकदमा मृतक के उत्तरसाधक (**Executor**) प्रशासक या प्रतिनिधि के नाम से मृतक की पत्नि/पति, माता पिता, दादा, लड़के लडकी, पोते पोती जो कोई भी हो, के फायदे के लिए होगा। इस प्रकार के प्रत्येक कार्य के लिए न्यायालय मृतक से सम्बन्धित जनों के हुवे नुकसान की पूर्ति के लिए जैसा वह उचित समझता है प्रतिफल के रुप में राशि निश्चित कर सकता है। इस प्रकार प्राप्त राशि में से सभी लागत तथा खर्चे काटने के पश्चात शेष राशि को उपरोक्त वर्णित पार्टीजनों या उनमें से किसी को न्यायालय के निर्देशित निर्णया या डिग्री (**Decree**) के अनुसार बांटा जायेगा।

इस प्रकार के मामले में एक से ज्यादा मुकदमा दायर नहीं किया जायेगा। लेकिन इस प्रकार के गलत कार्य, चूक या उपेक्षा से मृतक की सम्पति को हुए नुकसान को मुकदमें में शामिल किया जा सकता है तथा इसके शामिल करने से न्यायालय के निर्णय के अनुसार जब भी राशि प्राप्त होगी, उसमें मृतक की सम्पति का मुआवजा भी सम्मिलित होगा। अभियोगी अपने अभियोग में मुकदमे में यह पूरी जानकारी देगा कि किस व्यक्ति/व्यक्तियों के आधार पर यह मुकदमा दायर किया गया है तथा किन–किन प्रकार के नुकसान के लिए भरपाई चाही गई है।

15

श्रमिक संघ
(Trade Unions)

15.1 श्रम संघ की परिभाषा (Definition of Trade Unions)

श्रम संघ की कुछ प्रमुख परिभाषाएँ इस प्रकार है –

(i) सिडनी व बेन्ट्रीस वेब के अनुसार, "एक श्रमिक संघ मजदूरी करने वालों का एक स्थायी संगठन है जिसका उद्देश्य अपने कार्यों की दशाओं में सुधार करना अथवा उनको बिगड़ने से रोकना होता है।"[1]

(ii) रिचार्ड लीस्टर के अनुसार "यह मौलिक रुप से श्रमिकों का एक संघ है जिसका उद्देश्य अपने समुदाय के सदस्यों की रोजगार सम्बन्धी दशाओं को स्थिर रखना और सुधारना होता है।"[2]

(iii) जी॰एच॰एच॰कोल के अनुसार "सामान्यतया श्रमिक संघ का अर्थ एक या अधिक व्यवसायों में श्रमिकों के ऐसे संघ से लगाया जाता है, जो अपने सदस्यों के उनके दैनिक कार्यों से सम्बन्धित आर्थिक हितो की रक्षा एवं वृद्धि करने के उद्देश्य से संचालित किया जाता है।"[3]

(iv) वी॰वी॰ गिरी के अनुसार "श्रमिक संघों से हमारा अभिप्राय ऐसे संगठनों से है जिनका निर्माण ऐच्छिक रुप से सामूहिक शक्ति के आधार पर श्रमिकों के हितों की रक्षा के लिए किया जाता है।"[4]

इस प्रकार श्रम संघों की विभिन्न परिभाषाओं के अध्ययन से निम्नलिखित निष्कर्ष निकलते है :

1- Sidney & Bentrice Webb: History of Trade Unions, P. 1
2. R.A. Lester: Economics of Labour P. 539
3. G.H.H. Cole : An Introduction to Trade Unions, P. 1
4. V.V. Giri : Labour Problems in Indian Industry, P. 1

1. यह श्रमिकों एवं कर्मचारियों का संगठन है।
2. यह स्थायी या अस्थायी दोनों ही प्रकृति के होते हैं।
3. यह एक ऐच्छिक संगठन है।
4. यह अपने सदस्यों के हितों की रक्षा करता है।
5. इसकी स्थापना व्यापार या व्यवसाय की क्रियाओं पर आवश्यक प्रतिबन्ध लगाने हेतु की जाती है।
6. यह कर्मचारियों एवं नियोजकों, कर्मचारियों एवं कर्मचारियों तथा नियोजकों एवं नियोजकों के मध्य सम्बन्धों का नियमन करता है।
7. इसके उद्देश्य एवं कार्य परिवर्तनशील हैं।
8. इनकी क्रियाओं को नियंत्रित करने हेतु विश्व के विभिन्न देशों में अलग अलग अधिनियम पारित किये गये हैं।

आजकल श्रमिक संघ अनेकों कार्य करते हैं। इन सभी कार्यों को किसी परिभाषा परिधि में बांधना सभव नहीं है और न आवश्यक है। मुख्य काय संगठन बनाकर अपने सभी प्रकार के हितों की रक्षा करना है। श्रम संघ की परिभाषा इस प्रकार दी जा सकती है: "श्रम संघ मजदूरी, वेतन और शुल्क उपार्जन करने वाले व्यक्तियों का एक ऐसा ऐच्छिक संगठन है जो मूलतः समग्र रुप से अपने सदस्यों और व्यवसाय अथवा रोजगार के हित के उद्देश्य से संगठित किया जाता है और वह मालिक के साथ सम्बन्धों में प्रतिनिधित्व करता है।"

15.2 भारतीय श्रम संघ अधिनियम, 1926 (Trade Union Act, 1926)

भारतीय श्रम संघ अधिनियम, 1926 के अनुसार श्रम संघ से तात्पर्य श्रमिकों तथा नियोक्ताओं या श्रमिकों तथा श्रमिकों अथवा नियोक्ताओं तथा नियोक्ताओं के साथ सम्बन्धों को नियंत्रित करने से है, चाहे स्थाई या अस्थाई हो, या किसी व्यापार अथवा व्यवसाय के आचरण/व्यवहार पर अंकुश लगाने से हैं, जिनमे दो या अधिक श्रमिक संघों की कोई भी फेडरेशन सम्मिलित है।

श्रम संघों को व्यापार या व्यवसय में लगे श्रमिकों के हितों की रक्षा, रोजगार एवं कार्य की दशाओं में सुधार तथा हितों में वृद्धि करना चाहिए। यह कार्य उनका मूल उद्देश्य है किन्तु इसके अतिरिक्त श्रम संघ के कुछ गौण कार्य भी है लेकिन ये गौण कार्य मूल उद्देश्य के नीति विरुद्ध नहीं होने चाहिए।

5.3 श्रम संघों के मूल उद्देश्य (Main Objectives of Trade Unions)

श्रम संघों के मूल उद्देश्य निम्नलिखित है –

(1) अपने सदस्यों के लिए उपयुक्त मजदूरी, अच्छी कार्य दशाएं तथा अच्छे रहन सहन की सुविधायें उपलब्ध कराना।

(2) श्रमिकों के जीवन स्तर में वृद्धि करके उन्हें उद्योग में सहभागी के रूप में तथा समाज के अच्छे नागरिक के रुप में लाना।

(3) श्रमिकों द्वारा उद्योग पर नियंत्रण प्राप्त करना।

(4) आकस्मिक दुर्घटनाओं के समय सामूहिक रुप से संगठित प्रबंधकीय षडयंत्रों के विरुद्ध बोलने के लिए अन्याय को दबाने के लिए श्रमिकों की व्यक्तिगत क्षमता में वृद्धि करना।

(5) श्रमिकों में उतरदायित्व तथा अनुशासन के वहन करने की योग्यता उत्पन्न करना।

(6) श्रमिकों में यह आत्मबल जागृत करना कि वे केवल मशीन के पुर्जे मात्र नहीं है।

(7) श्रमिकों की नैतिक उन्नति के लिए कल्याणकारी कार्य करना।

15.4 श्रम संघों के लाभ (Advantages of Trade Unions)

श्रम संगठनों के प्रमुख लाभ इस प्रकार है –

1. **पारस्परिक मित्रता व सहयोग** : श्रमिक संघों से श्रमिकों में पारस्परिक मित्रता व सहयोग की भावना का विकास होता है। उनमें अपने अधिकारों के सम्बन्ध में जागरुकता बढ़ती है और इससे उनकी सामूहिक सौदा करने की शक्ति बढ़ जाती है। परिणामतः पूंजीपति शक्तिशाली होते हुए भी श्रमिकों का शोषण नहीं कर पाते।

2. **जीवन स्तर में वृद्धि** : श्रम संगठन श्रमिकों की आर्थिक, शारीरिक व मानसिक स्थिति को सुधारने के लिए प्रयत्नशील रहते हैं। फलतः श्रमिकों का जीवनस्तर ऊंचा होता है और उनकी कार्यक्षमता बढ़ती है।

3. **शिक्षा व अनुशासन** : श्रमिक संघ, शिक्षा, प्रचार आदि के द्वारा श्रमिकों के अनुशासन बनाए रखने में सहायक सिद्ध होता है जिससे औद्योगिक शान्ति बनी रहती है।

4. **उचित पारितोषण** : श्रम संघ अपने अधिकारों के लिए लड़ कर श्रमिकों को उचित मजदूरी दिलवाने का प्रयत्न करता है। जब श्रमिकों को उचित पारितोषण मिलता है तो वे पूर्ण मन से कार्य करते है।

5. **औद्योगिक विकास व राष्ट्रीय आय में वृद्धि** : श्रम संघ देश की औद्योगिक शक्ति बनाए रखने का प्रयत्न करता है। फलतः औद्योगिक उत्पादन में निरन्तर वृद्धि होती है और राष्ट्रीय आय बढ़ती है।

6. **कल्याण कार्य की व्यवस्था** : श्रम संघ अनेक ऐसे कार्य करते है जिनका सम्बन्ध सामाजिक कल्याण और श्रम कल्याण से होता है, जिनसे श्रमिकों का मानसिक दृष्टिकोण विकसित होता है और उनकी कार्यक्षमता व कुशलता बढ़ती है।
7. **आदर्श श्रम अधिनियमों के निर्माण में सहयोग** : श्रम संघ लोक सभा में अपने प्रतिनिधि भेजकर श्रमिकों की आवाज सरकार तक पहुंचाता है परिणामस्वरूप सरकार भी अधिनियम बनाकर श्रमिकों को सुविधायें देने का प्रयत्न करती है जिससे उसका जीवन सुधर सके और वे देश के आदर्श नागरिक बन सके।

15.5 श्रमिक संघों से हानियां (Disadvantages due to trade Unions)

श्रमिक संघ का अर्थव्यवस्था में महत्वपूर्ण स्थान होने के साथ–साथ श्रमिक संगठन से कुछ हानियां भी हैं –

1. **औद्योगिक अशान्ति की आशंका** : कभी कभी श्रम संघों के नेता अपना स्वार्थ सिद्ध करने के लिए श्रमिकों को भुलावा देकर उनको हडताल के लिए विवश करते है। इसका परिणाम यह होता है कि औद्योगिक अशान्ति फैलती है, उत्पादन स्तर में गिरावट आती है। फलतः राष्ट्रीय आय में भी कमी हो जाती है।
2. **श्रमिकों की दलबंदी** : श्रम संघ श्रमिकों के बीच दलबंदी की भावना को बढ़ावा देते हैं। श्रम संघ की जो कार्यकारिणी होती है उसमें चुनाव के कारण श्रमिकों में गुटबंदी आदि हो जाती है जिसके कारण श्रम संघ स्वस्थ रूप से कार्य नहीं कर पाते हैं।
3. **स्वार्थ सिद्धि के साधन** : श्रम संघों के नेता केवल राजनीतिक स्वार्थ सिद्ध करने के उद्देश्य से इनका नेतृत्व करते हैं परन्तु वास्तव में उनकी श्रमिकों से अधिक सहानुभूति नहीं होती।
4. **पदलोलुप्तता की भावना** : यह देखा गया है कि श्रम संघों के विभिन्न नेताओं में प्रायः पदलोलुप्तता के लिए संघर्ष होते रहते हैं जिससे श्रमिक वर्ग का अहित होता है और श्रम संघ आन्दोलन की जड़े कमजोर हो जाती है।
5. **कार्य क्षमता व जीवन स्तर में गिरावट** : औद्योगिक अशान्ति, हडताल व तालाबन्दी की अवस्था में श्रमिक कार्य करने में असमर्थ रहते हैं और उन्हें मजदूरी न मिलने के कारण उनकी आर्थिक स्थिति खराब हो जाती है तथा जीवन स्तर गिर जाता है। इसका दुष्परिणाम यह होता है कि श्रमिकों की कार्य क्षमता में कमी आ जाती है।

6. **आर्थिक विकास में गतिरोध :** श्रम संघ कभी कभी आर्थिक विकास में रोडा अटका देते है। तब वे मजदूरी बढाने की अनुचित मांग के लिद दबाव डालते है। खास तौर से जब अर्थव्यवस्था में मुद्रा स्फीति के दबाव का प्रारम्भ दिखाई देता है।

निष्कर्ष – यदि हम उपर वर्णित श्रम संघों के दोषों पर गम्भीरता से मनन करें तो हमें विदित होगा कि वे श्रमिक संगठन की त्रुटियां न होते हुए उनके नेताओं के दोष हैं। जो अपने संगठन के उद्देश्यों से विचलित होकर स्वार्थ साधक बन जाते हैं। वस्तुतः श्रम संघ समाज एवं देश के लिए कल्याणकारी संस्था है।

15.6 भारतीय श्रम संघ की वर्तमान स्थिति (Present position of Indian Trade Unions)

हमारे देश में श्रमिक संघ दो प्रकार के संगठनों से सम्बन्धित है – (अ) राष्ट्रीय फेडरेशन, (ब) श्रमिक संघों के फेडरेशन। सरकार द्वारा मान्यता प्राप्त अखिल भारतीय स्तर पर निम्न चार संघ है –

1. **भारतीय राष्ट्रीय श्रम संघ कांग्रेस या इंटक (INTUC)** – यह संस्था कांग्रेसी विचारधारा के अन्तर्गत है। इसके प्रमुख लक्ष्य इस प्रकार है –
   (अ) समाज का निर्माण करना जिसमें प्रत्येक सदस्य को अपने विकास के लिए पूर्ण अवसर मिले,
   (ब) श्रमिकों को पूर्ण रुप से संगठित करने का प्रयास करना,
   (स) श्रमिकों की कार्य दशाओं व उनके जीवनस्तर में सुधार करना,
   (द) समाज व उद्योग में श्रमिकों के स्तर को ऊंचा उठाना,
   (य) श्रमिकों की कार्यक्षमता में वृद्धि करना,
   (र) श्रमिकों में उद्योग व समाज के प्रति उतरदायित्व की भावना पैदा करना,
   (ल) पारस्परिक वार्ता द्वारा औद्योगिक संघर्षो को सुलझाना।

   जून 1972 में इंटक का एक भाग टूटकर अलग हो गया और राष्ट्रीय श्रम संगठन के नाम से स्वतन्त्र रुप से काम करने लगा।

2. **अखिल भारतीय श्रम संघ कांग्रेस या एटक (AITUC):** यह साम्यवादियों के हाथ में हैं। इस संगठन की स्थापना सन् 1920 में हुई। इसका प्रमुख उद्देश्य देश के समस्त श्रम संघों के कार्यो में सामंजस्य स्थापित करना, भारतीय श्रमिकों के आर्थिक, सामाजिक व राजनीतिक हितों की रक्षा करना है।

3. **हिन्दू मजदूर सभा या हिमस (HMS)** : यह समाजवादियों द्वारा 1948 में स्थापित की हुई संस्था है। इस संस्था का प्राथमिक उद्देश्य समाजवादी राज्य की स्थापना करना है ताकि श्रमिकों को अपने मानसिक, शारीरिक व अध्यात्मिक विकास के लिए पूर्ण अवसर प्राप्त हो सकें।

4. **संयुक्त श्रम संघ कांग्रेस या यूटक (UTUC):** अखिल भारतीय श्रम संघ कांग्रेस के कुल असंतुष्ट नेताओं ने 30 अप्रेल 1948 में एक नवीन संगठन को जन्म दिया जिसका नाम है संयुक्त श्रम संघ कांग्रेस। इसका मूल उद्देश्य राजनीति से अलग रहकर श्रमिकों के हितों की रक्षा करना है।

अन्य संघः इन चार संगठनों के अतिरिक्त निम्नलिखित संगठन 1950 के पश्चात् स्थापित हुए :

1. जनसंघ (वर्तमान में भारतीय जनता पार्टी) द्वारा सन् 1955 में भारतीय मजदूर संघ की स्थापना की गई।
2. संयुक्त सोशलिस्ट पार्टी द्वारा सन् 1965 में हिन्द मजदूर पंचायत की स्थापना की गइ।
3. स्वतंत्र पार्टी तथा द्राविड़ मुनेत्र कड़गम (DMK) द्वारा अपने अपने संघ स्थापित किये गए।
4. इनके अतिरिक्त निम्नलिखित राष्ट्रीय संगठन और कार्य कर रहे है –

   (i) अखिल भारतीय कर्मचारी संघ,

   (ii) नेशनल फेडरेशन ऑफ पोस्ट एवं टेलीग्राफ वर्कर्स,

   (iii) आल इंडिया वर्कर्स एसोसियेशन,

   (iv) नेशनल फैडरेशन ऑफ इंडियल रेल्वेमेन।

   ये संघ केन्द्रीय स्तर पर सम्बद्ध नहीं है।
5. सन् 1962 में एक नए संगठन की स्थापना की गई जिसका नाम कान्फेडरेशन ऑफ फ्री यूनियन्स (CFTU) है। इसके बनाने में इंटरनेशनल कान्फेडरेशन ऑफ क्रिश्चियन ट्रेड यूनियन ने काफी रुचि दर्शायी तथा इसे स्वतंत्र पार्टी का समर्थन प्राप्त था।
6. सन् 1970 में एटक से पृथक एक नया श्रम संघ गठित किया गया जिसे सेंटर ऑफ इंडियन ट्रेड यूनियंस (CITU) कहा जाता है।

भारत का श्रम संघ आन्दोलन दो अन्तर्राष्ट्रीय संगठनों से संबद्ध है :

(i) वर्ल्ड फेडरेशन आफ ट्रेड यूनियंस (WFTU) जो 1946 में स्थापित हुई थी, तथा

(ii) इंटरनेशनल कान्फेडरेशन आफ फ्री ट्रेड यूनियंस (ICFTU) जो सन् 1949 में स्थापित हुई थी। इन अन्तर्राष्ट्रीय संगठनों में भारत, विकासशील देशों तथा विशेषकर एशियाई श्रम का प्रतिनिधित्व करता है।

भारत में श्रमिक संघ के सम्बन्ध में निम्नलिखित बातें उल्लेखनीय हैं –

1. देश की सम्पूर्ण श्रम शक्ति का लगभग 24 प्रतिशत ही श्रमिक संघ का सदस्य है।
2. उद्योग के अनुसार श्रम संघों की सदस्यता में पर्याप्त अन्तर है। खनन उद्योग में समस्त श्रमिकों का 51 प्रतिशत व यातायात तथा संचार प्रतिष्ठानों में, निर्माण उद्योगों, बिजली तथा गैस प्रतिष्ठानों में सम्पूर्ण श्रमिकों का 37–39% श्रम संघों का सदस्य है। श्रम संघों की सदस्यता निम्नलिखित उद्योगों में अधिक है – तंबाकू निर्माण (75%), लोहा इस्पात (63%), कोयला (61%), सूती वस्त्र (56%), बैंक (51%), बीमा (33%) और बागान (28%)।
3. सभी राज्यों में श्रमिक संघ आन्दोलन का विकास एक समान नहीं हुआ है। मुम्बई, मद्रास, बिहार, उत्तर प्रदेश, आन्ध्रप्रदेश, पश्चिमी बंगाल व केरल राज्यों में इसका विशेष रूप से विकास हुआ है।
4. मजदूर संघ आन्दोलन काफी फैल गया है। इसकी जड़ें शनैः शनैः मजबूत होती जा रही है और यह स्थायी रूप धारण कर रहा है। किन्तु अन्य देशों की तुलना में भारतीय श्रमिक संघ बहुत निर्बल है और सभी श्रमिक इसके सदस्य नहीं बने हैं।
5. बाहरी नेतृत्व का प्रभाव कम हो रहा है। मजदूर स्वयं अपना नेतृत्व करने लगे हैं।
6. समाज का दृष्टिकोण मजदूर संघों के प्रति क्रमशः बदल रहा है। पहले इनके प्रति जन साधारण की अवधारणा खराब था। उन्हें अशान्ति उत्पन्न करने वाली संस्थाएं ही समझा जाता था। परन्तु अब इन संघों के प्रति जनता की सहानुभूति उत्पन्न हो रही है।
7. श्रमिकों और श्रमिक संघों की रुचि राजनीति में क्रमशः बढ़ रही है। स्थानीय और केन्द्रीय चुनाव तथा अन्य राजनीतिक कार्यों में मजदूरों का योगदान बढ़ रहा है। आज के मजदूर में राजनीतिक चेतना बहुत अधिक है।

15.7 भारतीय श्रमिक संघ आन्दोलन की समस्याएं, कठिनाइयां व दोष

यद्यपि हमारे देश में द्वितीय महायुद्ध से अब तक श्रमिक संघ ने काफी उन्नति कर ली है फिर भी इसके विकास के मार्ग में कुछ बाधाएं हैं, कुछ दोष हैं

ओर कुछ त्रुटियां है जिससे श्रमिक संघ ने उतनी प्रगति नहीं की जितनी अपेक्षित थी। श्री राबर्टस के शब्दों में "भारत में श्रमिक संघ आन्दोलन इतना सुदृढ़ नहीं है जितना इसे होना चाहिए।" सच बात तो यह है कि भारतीय श्रमिक संघ आंदोलन के तीव्र विकास में आरम्भ से अनेक बाधाएं व कठिनाइयां रही है जिनका हम दो शीर्षकों के अन्तर्गत अध्ययन कर सकते हैं –

(अ) आन्तरिक बाधाएं (ब) बाहरी बाधाएं।

(अ) आंतरिक बाधाएं

1. श्रमिकों की अशिक्षा एवं अज्ञानता : भारतीय श्रमिक अशिक्षित एवं अज्ञानी हैं। इसलिये वे अपनी समस्याओं को समझने का प्रयत्न नहीं करते और भाग्य पर विश्वास करते हुए अपनी उन्नति के लिए प्रयत्न नहीं करते। ऐसी स्थिति में हम श्रम संघों के तीव्र विकास की आशा कैसे कर सकते हैं।

2. श्रमिको की निर्धनता – भारतीय श्रमिकों को बहुत कम वेतन मिलता है। इस कारण हमारे अनेक श्रमिक तो चंदा ही नहीं दे पाते। आवश्यक धन राशि के अभाव में श्रमिक संघ प्रगति नहीं कर सकते हैं।

3. श्रमिकों की एकता में कमी – श्रमिकों में जाति, धर्म, और भाषा की क्षेत्रीय भिन्नता पाई जाती है।

4. श्रमिकों की प्रवासी प्रवृति : भारतीय श्रमिक स्वभाव से ही प्रवासी है। चूंकि श्रमिक औद्योगिक केन्द्रो में स्थायी रुप से निवास नहीं करते इसलिए वे श्रम संगठनों मे रुचि नहीं लेते हैं।

5. उचित नेतृत्व का अभाव – भारत में श्रमिक संघों के संचालन करने वाले लोग श्रमिक नेता न होकर बाहरी व्यक्ति है जिनका निजी स्वार्थ व विशिष्ट दृष्टिकोण होता है। श्रम समस्याओं में उनकी रुचि नहीं होती। वे दलगत राजनीति में फंसे हुए श्रमिकों का गलत पथप्रदर्शन करते हैं।

6. श्रमिकों में लोकतंत्र की भावना का अभाव : भारतवर्ष में श्रम संघों में लोकतंत्र की भावना का अभाव पाया जाता है। प्रायः बड़े बड़े निर्णय श्रमिकों की राय के बिना ही ले लिये जाते हैं। इसलिये इन संघों में श्रमिकों का पूर्ण सहयोग नहीं प्राप्त होता।

7. सघों का छोटा आकार – श्री वी.वी. गिरी के अनुसार "भारत में श्रमिक संघ आन्दोलन के अविकसित होने का एक प्रधान कारण अधिकांशतः श्रम संघों के आकार का छोटा होना है।

8. आंतरिक फूट – भारत में श्रमिक संघ आन्दोलन का एक अन्य भारी दोष इनमें आन्तरिक फूट है। एक उद्योग में विरोधी आदर्शों में विश्वास रखने वाले संघ पाये जाते हैं जिनमें आपस में ही झगड़े होते रहते हैं।

9. रचनात्मक कार्यों का अभाव – भारत में अधिकांश श्रमिक संघ केवल संघर्षात्मक कार्य करने मेंही व्यस्त रहते हैं। रचनात्मक कल्याण सम्बन्धी कार्यो जैसे शिक्षा चिकित्सा व मनोरंजन आदि की ओर उनका ध्यान अभी नहीं गया है जिसके अभाव में श्रमिक संघ श्रमिकों को अपनी ओर आकर्षित कने में असफल रहे।

10. काम करने की दशाएं – शहरों में श्रमिकों को कारखाने व गृहस्थी के कामों में इतना व्यस्त रहना पड़ता है कि संगठन आदि कार्यों में उन्हें अवकाश नहीं मिल पाता।

11. पूर्णकालिक एवं वैतनिक अधिकारियों की कमी : भारतवर्ष में श्रमिक संघों क संचालन करने वाले श्रमिकों की समस्याआं की ओर पूरा ध्यान नहीं दे पाते क्योंकि उन्हें न तो इस कार्य के लिए वेतन मिलता है और न ही उनके पास अधिक समय है जो कि इन कार्यों के लिए दे सकें।

(ब) बाहरी बाधायें

1. मजदूरों से ठेकेदारों का विरोध : भारत में उद्योगों में भर्ती अधिकतर मध्यस्थों द्वारा होती है। ये मध्यस्थ अपना स्वार्थ सिद्ध करने के लिए श्रमिकों में एकता की भावना उत्पन्न नहीं होने देते और वे सदैव यह प्रयत्न करते हैं कि श्रमिकों में फूट पडी रहे और वे कभी भी संगठित न हो सकें।

2. मालिकों का विरोध : कारखाने के मालिक भी श्रम संघों को सहयोग देने के बजाय उनका विरोध करते हैं। वे यह नहीं समझते है कि वे संघ अनुचित हडतालों को रोकने में कितने सहायक हो सकते हैं।

तृतीय पंचवर्षीय योजना में श्रमिक सघ आन्दोलन के दोषों को संक्षेप में इस प्रकार वर्णित किया गया है –

"श्रमिक संघों की अधिकता, राजनीतिक मनमुटाव, साधनों की कमी एवं श्रमिकों में एकता का अभाव आदि भारत में श्रमिक संघ आन्दोलन की प्रधान त्रुटियां है।"

15.8 भारत में श्रम संघ आन्दोलन को दृढ़ बनाने के लिए सुझाव (Suggestions for the Growth of Indian Trade Unions)

भारतीय श्रमिक संघों को वास्तविक रूप में दृढ़ और शक्तिशाली बनाना देश के औद्योगिक विकास के लिए आवश्यक है क्योकि श्रमिकों का हित राष्ट्रीय हित से अलग नहीं है और इन दोनों के हित एक दूसरे से पूरक हैं। अतः श्रमिक संघ आन्दोलन को इस प्रकार से संगठित व विकसित करना है जिससे श्रमिकों की यह प्रगति में गतिरोधक सिद्ध न हो। राष्ट्र के बिना श्रमिकों और

श्रमिकों के बिना राष्ट्र का अस्तित्व संभव नहीं है। अतः दोनों को ही स्वस्थ और सुखमय रुप में जीवित रहना होगा और इस कार्य में श्रमिक, सेवायोजक, सरकार और जनता सबको अपना बहुमूल्य योगदान देना होगा।

श्रमिकों को शक्तिशाली बनाने के लिए उनकी दृढ़ संगठन की बहुत आवश्यकता है। सुदृढ़ और शक्तिशाली श्रमिक संगठन बनाने के लिए बहुमुखी प्रयत्नों की आवश्यकता है परन्तु इससे भी पहले यह आवश्यक है कि श्रमिक इसे अपना संगठन समझ कर विकसित करने के लिए तन मन धन से सहयोग दे, मालिक इन्हें अपना शत्रु न मानकर एक सहयोगी के रुप में स्वीकार करे, सरकार इन श्रमिक संघों को आर्थिक व नैतिक प्रोत्साहन दे और जनता का जनमत इन्हें वह बल प्रदान करें जिससे कि समस्त शोषण नीति को अपनाना असंभव हो।" आधुनिक श्रम संघवाद को सुदृढ़ बनाने के लिए निम्नलिखित सुझाव दिये जा सकते हैं।

1. उचित नेतृत्व – जहां तक संभव हो श्रम संघों का नेतृत्व मजदूरों से ही आना चाहिए। दुर्भाग्यवश भारतीय श्रम संघों के नेता श्रमिकों से न होकर बाहरी व्यक्ति है, जो श्रम समस्याओं से अनभिज्ञ और अपने ही स्वार्थ से प्रेरित होकर कार्य करते हैं। एक योग्य परिश्रमी तथा निःस्वार्थी श्रमिक नेता संघ को प्रगति की ओर अग्रसर कर सकता है। अतः आवश्यकता इस बात की है कि श्रम संघ आन्दोलन को राजनीति से दूर रखकर राजनीतिक नेताओं से उसे मुक्त करके श्रमिकों में से किसी नेता के अधीन कर दें।

2. शिक्षा का प्रचार – श्रमिक संघों में शिक्षा का प्रचार किया जाना चाहिए ताकि श्रमिकों में व्याप्त रुढ़िवादिता व संकीर्णता समाप्त हो जाए और वे श्रमिक संघ आन्दोलन के महत्व को समझ सके। केवल सामान्य शिक्षा से ही बल्कि श्रमिक संघों के कार्यों के उचित प्रशिक्षण का प्रबन्ध भी बहुत आवश्यक है। इससे एक ओर उसमें अनुशासन की भावना और दूसरी ओर अधिकारों के प्रति जागरुकता उत्पन्न होगी।

3. संघों में एकता – अध्ययन दल 1968 ने भारतीय श्रम आन्दोलन को प्रभावित करने वाली मुख्य बुराई पारस्परिक प्रतिद्वन्द्वी की प्रबलता पर दुख व्यक्त किया है। भारत में विभिन्न श्रम संघों में आपसी सहयोग की भावना न होकर ईर्ष्या व एक दूसरे को नष्ट करने की भावना विद्यमान है। अतः उनमें आपसी सहयोग और एकता की भावना जब तक उत्पन्न नहीं हो जाएगी तब तक इस आन्दोलन का विकास संदेहमय है।

4. वैतनिक कर्मचारियों की नियुक्ति – भारतीय श्रम संघों में अवैतनिक व्यक्ति काम करते हैं। फलतः ये नियमित रूप से कार्य नहीं करते और अपने निर्वाह के लिए बेईमानी करने से भी नहीं चूकते। इस प्रकार की स्थिति श्रमिक संघ आन्दोलन के विकास में बाधक सिद्ध होती है। अतः प्रत्येक श्रमिक संघ में

संघ के आवश्यक कार्यों को करने के लिए वैतनिक कर्मचारियों का होना बहुत जरुरी है। इन कर्मचारियों के अतिरिक्त अवैतनिक कर्मचारियों का सहयोग भी लिया जा सकता है।

5. एक उद्योग में एक संघ – एक ही उद्योग में बहुत कई संघ बन जाते हैं जो एक दूसर से संघर्ष करते रहते हैं और दूसरा कारण है श्रमिकों का सदस्य ही न बनना, नियमित चंदा न देना। अतः वी.वी. गिरि ने यह सुझाव दिया था कि श्रम संघ के भावी दृढ़ निर्माण एवं विकास में एक उद्योग में एक संघ का सिद्धान्त अपनाया जाना चाहिए। श्री गिरि का यह सुझाव अच्छा तो अवश्य है लेकिन राजनैतिक दलबंदी के चलते रहते इसका पूर्ण होना कठिन है।

6. शत प्रतिशत सदस्यता : एक श्रमिक संघ की सफलता उसके प्रभाव पर निर्भर हुआ करती है और प्रभाव उनके आकार अर्थात् सदस्यों की संख्या पर निर्भर होता है। सदस्यता के आकार में कमी के कारण ही भारतीय श्रमिक संघों का प्रभाव कम रहा है और वे सफल नहीं हो सके है। अतः आवश्यकता इस बात की है कि उद्योग में काम करने वाले श्रमिक संघ के सदस्य हो तभी "एक सब के लिए और सब एक के लिए" की भावना पैदा हो सकती है।

7. आर्थिक स्थिति को दृढ़ बनाना : प्रत्येक संस्था का विकास उसकी आर्थिक स्थिति पर निर्भर हुआ करता है। लेकिन भारतीय श्रम संघों के पास धन की बहुत कमी है। यह समस्या बड़ी जटिल है। श्रमिक संघों के वित्त का मुख्य स्रोत श्रमिकों से मिलने वाला चंदा है। सदस्यों को नियमित रुप से चंदा देना चाहिए और यह राशि इतनी अवश्य होनी चाहिए कि संघ का साधारण कार्य सुचारु रुप से चल सकें।

8. लाभ कोषों की स्थापना : प्रत्येक श्रम संघ को लाभ कोषों की स्थापना करनी चाहिए और उनकी धन राशि से श्रमिकों की बीमारी, दुर्घटना, बेरोजगारी व मृत्यु के समय आर्थिक एवं सामाजिक सुविधायें प्रदान की जानी चाहिए। भारत में अहमदाबाद सूती वस्त्र श्रम संघ ने लाभ कोषों की स्थापना कर रखी है और यह उनकी आय का लगभग 60 से 70 प्रतिशत अंश इसी कोष में जमा करके श्रमिकों के कल्याण पर व्यय करता है।

9. हडताल कोषों की स्थापना – भारतीय श्रमिक निर्धन है जिनको हडताल की अवस्था में आय के साधन बंद हो जाने के कारण बहुत बड़ी कठिनाई का सामना करना पड़ता है जिससे हडताल को लम्बी अवधि तक नहीं चलाया जा सकता। अतः हडताल कोषों की स्थापना करके हडताल को दीर्घकाल तक जारी रख कर संघ अपने उद्देश्यों की पूर्ति में सफलता प्राप्त कर सकता है। इन कोषों का प्रयोग हडताल की अवस्था में निर्धन श्रमिकों के लिए भोजन की व्यवस्था पर किया जाना चाहिए।

10. उद्योगपतियों के अत्याचारों पर नियंत्रण – संघों को और मजदूर नेताओं को मालिकों के उत्पीड़न का शिकार होना पड़ता है, जिसका नियंत्रण आवश्यक है। डा॰ राधाकमल मुकर्जी ने एक उपयोगी सुझाव दिया है। उनका कथन है कि भारत में भी एक ऐसा अधिनियम बनना चाहिए जिसके अनुसार यदि मिल मालिक संघों के कार्यों में हस्तक्षेप करते है या मजदूरों, कार्यकर्ताओं को आतंकित करते हैं तो उन्हे दंडित किया जाना चाहिए।

11. श्रमिकों में उतरदायित्व की भावना – श्रम संघों को तब तक सफलता नहीं मिल सकती जबतक कि स्वयं श्रमिक इस कार्य में अपने उतरदायित्व का अनुभव नहीं करेंगे। अतः श्रम संधों को चाहिए कि वे श्रमिकों में उनके अधिकारों और कर्तव्यों के प्रति उतरदायित्वों की भावना जागृत करें। इससे श्रमिकों के पारस्परिक सम्बन्ध अच्छे होंगे और वे संघ के कार्यक्रमों में सक्रिय रुप से भाग लेगे।

12. रचनात्मक कार्यों पर बल : आधुनिक समय में इस बात पर ध्यान देना अत्यन्त आवश्यक है कि श्रमिक संघ विध्वंसकारी नीति को त्यागकर रचनात्मक कार्यों पर अधिक बल दें। श्रमिक संघों को जनमत और सेवायोजकों की सहानुभूति प्राप्त करने के लिए यह आवश्यक है कि संघ श्रमिकों के कल्याणकारी कार्य को प्राथमिकता दे और श्रमिकों के हितार्थ ही काम करें।

13. आन्दोलन से राजनीति को अलग रखना : भारत में जो भी श्रम सघ है वे किसी न किसी राजनीतिक दल से प्रभावित है। इससे अनेक हानियां की आशंका रहती है। एक तो प्रजातांत्रिक विकास में बाधा पड़ती है और दूसरे श्रमिकों के हितों की रक्षा नहीं हो पाती। अतः श्रमिक संघ के नेताओं को चाहिए कि अपने को तथा श्रमिकों को हर प्रकार के राजनीतिक प्रभावों से अलग रखें।

14. अन्य सुझाव

(अ) प्रत्येक श्रम संघ में कम से कम एक तकनीकी विशेषज्ञ होना चाहिए जो संघ से सम्बन्धी उद्योग का सभी प्रकार का तकनीकी ज्ञान रखता हो।

(ब) औद्योगिक प्रबन्ध में श्रम संघ के प्रतिनिधियों को भाग लेने की सुविधा होनी चाहिए।

(स) जनता को श्रमिकों की समस्याओं में रुचि लेनी चाहिए और श्रमिकों को उचित सहयोग और समर्थन दिया जाना चाहिए।

(द) श्रमिकों में सहकारिता की भावना उत्पन्न की जानी चाहिए ताकि वे मिल कर कार्य कर सके और एक दूसरे की सहायता कर सकें।

(य) देश में इस प्रकार का वातावरण बनाया जाना चाहिए जिससे श्रमिक संघों को घृणा की दृष्टि से न देखकर सहानुभूति की दृष्टि से देखे

और श्रम संघ के आन्दोलन के विकास में किसी प्रकार की बाधा उपस्थित न करें।

(र) श्रम पत्रिका का प्रकाशन होना चाहिए जिससे द्वारा श्रम समस्याओं का समस्त श्रमिकों और समाज को ज्ञान कराया जा सके।

भारतीय श्रम संघ आंदोलन की दृढ़ता का समर्थन करते हुए श्री वी.वी. गिरि ने लिखा है: ''श्रमिकों के हितों की रक्षा करने व उत्पादन के लक्ष्य को पूरा करने के लिए दृढ़ श्रम संघ आन्दोलन नितान्त आवश्यक है। यदि श्रम संघों में इन उद्देश्यों को पूरा करने की क्षमता और दृढ़ता नहीं हो तो भारत में पूर्ण समाजवादी प्रजातंत्र के आधार पर बनाये जाने वाले औद्योगिक ढांचे की नींव दृढ़ नहीं होगी और देश अपने श्रेष्ठतम आदर्शों के होते हुए भी श्रमिक वर्ग को मौलिक अधिकार देने में असमर्थ रहेगा।''

ANNEXURE-1

LIST OF ITEMS RESERVED FOR EXCLUSIVE MANUFACTURE IN SMALL SCALE SECTOR

S.No. As per Gazette Notification	Product Code	Name of the Product	
	20-21	***FOOD AND ALLIED INDUSTRIES	
1	201801	Ice Cream	
2	Deleted		
3	202501	Pickles and chutneys	
4	202901	Vinegar	
5	204200	Rice Milling	
6	204300	Dal Milling	
7	205101	Bread	
8	20530101	Biscuits	
8A	20530102	Pastry	
9	20920101	Confectionery (excluding Chocolates)**	
10	21100101	Rapeseed Oil except solvent extracted	Other than case of state Agro Co-operatives & Growers Co-operatives
11	21100102	Mustard Oil except solvent extracted	
12	21100103	Sesame oil except solvent extracted	
13	21100104	Ground nut oil except solvent extracted	
14	214302	Sweetened Cashew nut products	
15	21620101	Poultry feed except in pellet form	
16	21920101	Ground and processed spices**	
16 A	219502	Tapioca sago	
16 B	219504	Tapioca flour	
16 C	224302	Synthetic syrups	
	26	* TEXTILE PRODUCTS INCLUDING HOSIERY	
17	260101	Cotton cloth knitted	

* toffees and chewing gums.

** Other than spice, oil and also Resin spices.

18	260102	Cotton vests knitted
19	260103	Cotton socks knitted
20	260104	Cotton undergarments knitted
21	260106	Cotton shawls Knitted
22	260199	Other Cotton Knitted wears
23	260201	Woolen Cloth Knitted
24	260202	Woolen vests Knitted
25	260203	Woolen Sock Knitted
26	260204	Woolen Scarves Knitted
27	260205	Woolen Undergarments Knitted
28	260206	Woolen Caps Knitted
29	260207	Woolen Shawls Knitted
30	260208	Woolen gloves
31	260207	Woolen mufflers Knitted
32	260299	Other woolen Knitted Wears
	32 A	ART SILK/MAN MADE FIBRE HOSIERY
	260310	1. Synthetic Knitted socks and Stocking.
	260302	2. Synthetic Knitted Underwears such as Vest, briefs and drawer.
	260304	3. Synthetic Knitted Outwears Such as Jersey slipover, Pullover, Cardigans and jacket.
	260308	4. Synthetic Knitted children Wear such as baby Suits, Knicker, frock, Underwear and Outwear.
	26030901	5. Synthetic Knitted fabrics except high Pile fabric made by Silver Knitting and Synthetic Knitted blankets.
	260311	6. Synthetic Knitted Swim wear such as trunk and Costume.
	260312	7. Synthetic Knit wear Such as Scarf, muffler, Shawl, cap, ties, blouse and Jean.
	260313	8. Synthetic Knitted Shirt, T-Shirt, Collar Shirt and Sport Shirts.
	260314	9. Synthetic Knitted hose.
	260315	10. Synthetic knitted gas mantle fabric.
	260316	11. Other synthetic Knit wear.
33	261102	Stove Wicks
34	264104	Readymade garments
35	266901	Cotton belting
36	266902	Belt lacing
37	266903	Measuring Tapes-cotton

	27	WOOD AND WOOD PRODUCTS
37A	271001	Sawn timber
38	27210301	Wooden Crates
39	272201	Tea Chest plywood
40	273002	Seasoned wood
41	270014	Wooden Sewing machine covers
42	273012	Cable drums for AA & ACSR conductor
43	273013	Tent-Poles
44	274202	Wooden Plugs
45	274301	Handles-Wooden and bamboo
46	27440101	Teak fabricated round block
47	276001	Wooden furniture and fixtures
48	276002	Wooden Storage Cupboards
49	276003	Wooden Storage Shelves & racks
50	279908	Wood wool slabs
	28	PAPER PRODUCTS
51	280402	Waxed paper
52	280403	Bituminised water-proof paper
53	280905	Decorative papers
54	280906	Corrugated paper & boards
55	281101	Paper bags
56	281102	Composite Containers (unlaminated)
57	28120101	Paper board cartons (unlaminated)
58	281301	Paper cups/plates
59	281902	Paper envelopes
60	281904	Corrugated fibre board containers
61	283102	Paper twines, Strings and ropes
62	283201	Paper cones
63	28320201	Paper Tubes (Except heavy duty resir impregnated conical Spinning tubes for textile industry)
64	283901	Drinking Straws
65	283902	Paper napkins including facial tissue napkins
66	283903	Gummed tape
67	283906	Teleprinter rolls
68	283907	Stencil Paper
69	283908	Tele-Tape rolls
70	283909	Slitting of ordinary paper into rolls & Sheets
71	283910	Toilet paper roils and Sheets

72	283911	Paper Straps
73	283912	Stikers, lables of gummed paper etc.
74	283913	Treated tracing paper
75	283914	Gummed Paper for Stamps
76	283915	Gummed Paper other than for Stamps
77	283916	Sanitary towels
78	283917	Transfer lables
79	285002	Exercise books and registers
80	285005	Letter Pads
81	285006	File covers and file board Leather and Leather Product including Footwear
82	290201	Sole leather
83	290202	Kattai and bunwar leather
84	290302	Picking band leather
85	290303	Leather pickers and other leather Accessories for textile industry
86	290401	Vegetable tanned hides and skins-Semifinished
87	290501	Chrome tanned hides & skins semifinished
88	Deleted	
89	Deleted	
90	290905	Harness leather
91	291101	Leather shoes
92	291102	Leather shoes upper closed
93	291302	Leather sandals and chappals
94	292001	Leather garments
95	293101	Leather suit cases and travel goods
96	293201	Leather purses & hand bags
97	293202	Fancy leather goods & other novelty items
98	293901	Watch straps leather
99	299003	Leather cases and covers of all types
100	299004	Industrial leather gloves
101	299005	Leather washers and laces
	300-302	RUBBER PRODUCTS
102	26720101	Rubberised cloth by doctor's blade technique
103	269304	Canvas hoses
104	300301	Tyres-Cycle and Cycle rickshaw
105	3003020	Tubes Cycle & rickshaw
106	Deleted	

107	30040201	Camel Back Tyre retreding materials (Except cold covering tyre materials procured)
107 A	301102009	Moulded rubber soles and heels or Footwear (except or captive consumption)
108	Deleted	
109	302102	Hotwater bags Rubber
110	302103	Ice Bags rubber
111	302301	Rubber balloons
112	30240201	Rubber hose pipes excepting braided hoses
113	30240202	Rubberized canvas hose pipes excepting wire braided high pressure hydraulic hoses
114	302403	Rubber tubes
115	302502	Rubber washer
116	Deleted	
117	30250901	Rubber thread (Except bare rubber thread of over 80 gauges and heat resisting rubber thread)
118	302510	Rubber eraser
119	302511	Hard rubber battery containers
120	Deleted	
121	302514	O'ring-rubber
122	30260101	Latex foam latex foam products (Except synthetic rubber coats and aprons and lubricating pads)
123	32702	Microcellular sheets
124	302904	Other dipped latex products excepts contraceptives
124A	31060102	Ortho amino phenol.
125	31865101	Rubber blowing agents - DNPT.
	303	PLASTIC PRODUCTS
126	301201	Full PVC footwear chappals, sandals & shoes
127	303110101	Blow moulded plastic HDPE-PVC containers upto 5 litre capacity excluding stretch blow moulded plastic containers.
128	303201	Acrylic sheets
129	303303	Fibre Glass reinforced plastic products other than the following : (a) SMC and DMC and its mouldings. (b) Continuous Filament Winding (Pipes above 600 mm diameter) (c) Pultruded products (d) FRP sheets by continuous process

130	30330402	Hessian paper and cloth to polythylene laminations-Straight and sandwiched by extrusion coating process except paper to polythelene laminations for intergrated packing.
131	303402	H.D. Polythelene Mono Filament (Except for captive use for rope manufacturers)
132	303403	Polypropylene Mono Filament (Except for captive use for rope manufacturers)
133	30350101	Polythylene Films with thicknessless than 0.10 mm except coextruded film cross linked polymer films and high density molecular films.
134	30350102	Products of polythylene films as coloured printed films & bags.
135	303601	Spectacle frames by fabrication or by injection moulding
136	303702	Polypropylene tubular films (except biaxially oriented)
137	30370301	Industrial items from engg. plastics material by fabrication process only.
138	303704	Plastic collapsible tubes (except laminated)
139	303705	Polypropylene box strapping.
140	30370601	Polythelene and PVC flexible hoses (except wire braided hoses) Injection moulding thermo plastic products
140A	303707	1. Handles
140 B	303802	2. Soap cases
140 C	303804	3. Buckets
140 D	303808	4. Cups
140 E	303810	5. Lunch boxes
140 F	303812	6. Water Jugs
140 G	303816	7. Saucers
140 H	303818	8. Tumblers
140 HH	3038200	Plastic Cane
140I	303831	9. Bins of Various sizes
140J	303832	10. Washing bowls
140K	303833	11. Salad baskets
140 L	303834 1	12. Dust pans and bins
140 M	303835	13. Hair brushes
140 N	303836	14. Umbrella frames.
140 O	303837	15. Hinged hair pins
140 P	303838	16. Babies bath tubs

140 Q	303839	17. Mugs
140R	303840	18. Plates and dishes
140 S	303841	19. Salt containers
140 T	303842	20. Toys
140 U	303843	21. Pencil boxes
140 V	303844	22. Coffee pots
140 W	303845	23. Coffee Pot covers
140 X	303846	24. Table calendar stands
140 Y	303847	25. Office table tray
140 Z	303848	26. Waste Paper baskets
141	30390101	Flexible polyurethene foam
142	30390102	Flexible poluurethene foam products
	30390201	Polyurethene shoe shoes
143	303902	Polystyrene foam products (except Stabs for expandable, Polystyrene beads manufactures).
144	303903	Plastic buttons
145		Fabricated Plastic Products as follows :
	30390401	1. Advertising novelties
	30390402	2. Desk Calendar
	30390403	3. Pen Stand
	30390404	4. Plastic toys
	30390405	5. Decorative and industrial fixtures
	30390406	6. Street lights
	30390407	7. Corridor lights
	30390408	8. Passage lights
	30390409	9. Building models (Prototype)
	30390410	10. Machine models (Prototype)
145A	303907	Hdpe Woven Sacks
146	303909	Plastic Combs
147	30391201	PVC Pipes including upto 110 mm dia conduits
	30393501	Fittings For PVC Pipes including up to conduits 110 mm dia.
148	303913	Zip fasteners - Non Metallic (Except in the case of integrated plants manufacturing all components).
149	30390501	Compression moulded plastic products Excluding decorative and industrial laminates
150	303916	Plastic rain coats
151	303925	Plastic bottle caps
152	303926	Flash light torch cases plastic

153	303927	Polyester sheets
154	303928	Other thermo welded plastic product such as
	30392801	1. Shopping bags
	30392802	2. Diaries
	30392803	3. File cover
	30392804	4. Badges/Folders
	30392805	5. Advertising materials
	30392806	6. Wallets
	30392807	7. Passport covers
	30392808	8. Tool kit covers
	30392809	9. Medical disposables
	30392810	10. Industrial packing for calculators, Micro phones etc.
	30392811	11. Inside assembly of brief cases
	30392812	12. Key chains
	30392813	13. Identity cards and visiting cards
	30392814	14. Albums
	30392815	15. Textile welding for garments
155	30392901	Contact lenses except those manufactured in integrated plant from monomer.
156	303930	Watch straps PVC
		Injection moulding thermo plastic products
156A	303931	P.P. Woven sacks (Except sacks manufactured on circular looms)
156A.31	303962	Toilet seats
156A.32	303963	Toilet lids
156A.33	303964	Letter/Words
156A.34	303965	Pull up spout pourer
156B	30700101	Coke Briquettes used for domestic fuel
156 C	30700201	Coal Briquettes (except lignite) used as domestic fuel
	31	* CHEMICALS AND CHEMICAL PRODUCTS LABORATORY CHEMICAL AND REAGENTS
157	31922001	Ammonium sulphate - Lab.
158	31922002	Ammonium fluride - Lab.
159	31922003	Ammonium carbonate - Lab.
160	31922004	Antimony potassium tartrate - :Lab.
161	31922005	Aluminium sulphate-Lab.
162	31922006	Ammonium solution - Lab.
163	31922007	Cadmium acetate- Lab.
164	31922008	Cadmium carbonate - Lab.

165	31922010	Calcium chloride - Lab.
166	31922011	Chromic acid- Lab.
167	31922012	Cobalt sulphate - Lab.
168	31922013	Cobalt nitrate - Lab.
169	31922014	Cupric nitrate - Lab.
170	31922015	Cupric sulphate- Lab.
171	31922016	Dimethyl sulphate - Lab.
172	31922017	Ferrous sulphate - Lab.
173	31922019	Lead acetate - Lab.
174	31922020	Lead nitrate - Lab.
175	31922021	Magnesium trisilicate - Lab.
176	31922022	Nickel carbonate - Lab.
177	31922023	Nickel formate - Lab.
178	31922024	Nitric acid - Lab.
179	31922025	Potassium nitrate - Lab.
180	31922026	Potassium chloride- Lab.
181	31922027	Hydrochloric acid - Lab.
182	31922028	Potassium Iodide - Lab.
183	31922029	Potassium sulphate - Lab.
184	31922030	Sodium nitrate - Lab.
185	31922031	Sodium oxalate - Lab.
186	31922032	Sodium sulphate anhydrous - Lab.
187	31922033	Silicagel - Lab.
188	31922034	Silver nitrate - Lab.
189	31922035	Sulphuric acid- Lab.
190	31922037	Acetic acid glacial - Lab.
191	31922038	Acetone - Lab.
192	31922040	Iso amylacetate - Lab.
193	31922041	Amyl alcohol - Lab.
194	31922042	Benzene- Lab.
195	31922043	Butyl alcohol Lab.
196	31922044	Chloroform - Lab.
197	31922045	Diethyl ether - Lab.
198	31922046	Ethyl alcohol - Lab.
199	31922047	Ethyl acetate-Lab.
200	31922048	ISO amyl alcohol-For milk testing - Lab.
201	31922049	ISO propyl alcohol-Lab.
202	31922050	Methyklalcohol-Lab.

203	31922051	Petroleum ether Different distillation ranges- Lab.
204	31922052	Petroleum ether - For chromotography - Lab.
205	31922053	Toluene-Lab.
206	31922054	Nickel sulphate-Lab.
207	31922055	Zinc oxide - Lab.
208	31922056	Para Aminophenol - Lab.
209	31922057	Postssium citrate - Lab.
210	31922058	Cadmium chloride - Lab.
210A	31922301	WATER SOLUBLE WOOD PRESERVATIVE BASED ON COPPER CHROME ARSENIC BORIC COMPOUNDS.
211	31220301 to 31220308	DYE STUFF (BASIC DYES)
212	312206	Optical whitening agents for cotton textiles
213	31220701 to 31220745	AZO DYES
	31220761 to 31220782	ACID DYES
214	31220801 to 31220901	NAPHTHOLS
215	31220901	Phthalioeyanine Blue (Except for Captive consumption for manufacture of Phthele-Cyanine green).
216	31221001 to 31221045	REACTIVE DYES
217	31221101 to 31221116	FAST COLOUR BASES
218	Deleted	
		** NATURAL ESSENTIAL OILS
219	315102	Cashew Shell oil.
220	315104	Sandal wood oil
221	315105	Pene-oil except for Composite Schemes
222	315107	Eucalyptus oil
223	Deleted	
224	315110	Lemon grass oil
225	315112	Palm rosa oil
226	315198	Other natural essential oils.
		** ORGANIC, CHEMICALS, DRUGS AND DRUG INTERMEDIATES
227	319060101	Para-amino phenol/Indl. grade
228	310605	Balls & cubes made of para dichlorobenzene

229	Deleted	
230	310627	Diethly sulphate based on methyl alcohol
231	310628	Prya zolones
232	31062901	Potassium citrate Indl. grade
233	310631	Other citrates
234	310631	Tartrates
235	310645	Diethyl phthalate
236	310646	Diocytyl phthalate
237	310647	Dibutytl phthalate
238	310648	Dimethyl phthalate
239	310649	Benzyl chloride PT for captive consumption
240	310650	Benzyl benzoate
240	310658	Naxinamide
240 (d)	310669	Stearate of Aluminium
240 ([k)	310670	Stearate of magnesium
240 (x)	310671	Strearate of calcium
240 (?k)	310672	Strearate of zinc
240 (M+)	310673	Methyl & Salicylate (Based on purchased salicylic acid)
241	312127	Paint driers Napthbenates octoates linoleates etc. of lead, cobalt, manganese, zinc, calcium etc.
242	312405	Chlorinated paraffin wax (upto 60%) Chlorine content)
243	Deleted	
244	313125	Paracetamol
245	313131	Glycero phosphates
246	313149	Glycero phosphaoric acid
247	313150	Lanolin anhydrous
248	313151	Xanthates
249	313152	Dichloriphenol
249A	31315801	Methyl parabens and sodium salt starting from para hydroxy benzoic acid
249 B	31315901	Ethyl parabens and sodium salt starting from para hydroxy benzoic acid.
249 C	31319501	Proparyl paraben and sodium salt starting from para hydroxy benzoic acid.
249 D	3131960	Calcium gluconate
249 E	316101	Turpentine
249 F	316103	Resin
250	316201	Polyster resins unsaturated
251	316204	PVC compounds

252	316206	Alkyd resins (except for captive consumption)
252A	1942960	Nicotinic acid
		**** OTHER CHEMICALS AND CHEMICAL PRODUCTS**
253	305301	Wax candles
254	305901	Napthalene ball.
254A	31010101	Potassium Nitrate produced from salt petre.
255	310100	Potassium meta bi-sulphate
256	310111	Barium carbonate
257	310112	Barium sulphate
258	310113	Barium sulphide
259	310115	Sodium sulphate except as by-product
260	310121	Sodium thio sulphate
261	31012301	Calcium chloride indl. grade except as by product
262	31012401	Zinc oxide Indl. grade
263	310126	Aluminium hydroxide gel.
264	310139	Zinc nitrate
265	310301	Nickel sulphate Other manufactured by primary producer as a by product
266	310302	Nickel chloride
267	310304	Nickel carbonate
268	310305	Nickel formate
269	310306	Copper sulphate Other than manufactured by a primary producer as a by product.
270	310307	Copper nitrate
271	310308	Copper chloride
272	310322	Cadmium oxide
273	310323	Cadmium iodide
274	310325	Cadmium nitrate
275	310329	Cadmium phosphate
276	310330	Barium chloride
277	310331	Barium nitrate
277A	310334	Calcium nitrate except as by product
278	310336	Zinc chloride
279	310337	Zinc sulphate Other than manufactured by a primary metal producer as a by product
280	310360	Copper oxy-chloride
281	310361	Copper carbonate
282	310362	Potassium iodide

283	310363	Sodium iodide
284	310364	Precipitate silica except fumed silica and spray dried silica
285	310365	Sulphur powder Other than isoluble for rubber vulcanisation
286	Deleted	
287	310409	Sodium thiocynate
288	310412	Magnesium sulphate
289	310424	Electroplating Compounded
290	310426	Zinc cyanide
291	310435	Cadmium cyanide
292	Deleted	
293	Deleted	
294	Deleted	
295	312017	Artists colours oil, water and wax based
296	312122	Red lead paints
297	312123	Red oxide paints
298	312124	Wagon black paints
299	312125	Graphite paints
300	312126	Paste paints
301	312402	Shoe polish
302	312403	Wood polish/french polish
303	312404	Metal polish
304	312408	Aluminium paints
305	312409	Bitumen based paints
306	312406	Floor polishes
307	312901	Dry Distempers
307	313134	Halogeneted hydroxy-quinoline starting from 8-Hydroxy quinolines except for integrated schemes for the manufacture of 8-Hydroxy Quinolines
308	314201	Laundry soap
309	314303	Formulated perfumery compounds
310	314401	Tooth paste
311	314402	Tooth powder
312	314601	Hair oils
313	317001	Safety matches
314	318401	Fire works
315	319103	Blue print papers - All types
316	31930301	Husked & dehusked guargum splits & meals

317	319501	Animal glue
318	319504	Office gum paste
318 A	319602	Saccharine
318 B	319603	Sodium saccharine
319	319902	Agarbatties
320	319704	Sodium silicate
321	319701	Sealing wax
322	319906	Industrial adhesives based on starch, gum dexorin and silicates
322A	319907	Camphor tablets
323	3199802	Alums including aluminium sulphate Indl. grade excluding its manufacture in integrated sulphuric acid plants and also recovery from waste toxic effluents
324	319921	Potassium silicate
325	319922	Calcium silicate
326	319923	Synthetic adhesive rubber, latex PF, UF and PVA based.
		GLASS AND CERAMIC
327	320101	Fire clay, bricks and blocks containing less than 40% alumina
328		ROOFING TILES
	279936	1. Roofing tiles wooden
		2. Deleted.
	320401	3. Roofing tiles clay
	321901	4. Roofing tiles glass
	326113	5. Roofing tiles granite (excluding tiles of thickness less than 10 mm)
	326135	6. Roofing tiles marble (excluding tiles of thickness less than 10 mm)
	329202	7. Roofing tiles cement concrete
329		FLOORING TILES
	279937	1. Flooring tiles wooden
		2. Deleted.
	320402	3. Flooring tiles clay
		4. Deleted.
	326316	5. Flooring tiles marle (excluding tiles of thickness less than 10 mm)
	326137	6. Flooring tiles granite (excluding tiles of thickness less than 10 mm)
	328903	7. Flooring tiles cement mosaic

	329204	8. Flooring tiles cement concrete
330		CERAMIC TABLE WARES AND ALLIED ITEMS IN STONE WARES SEMI VITREOUS WARES AND EARTHEN WARES NAMELY :
	323101	1. Dinner sets
	323102	2. Tea sets
	323103	3. Cups and sauces
	323104	4. Jars and other containers
330A	321002	Black Glass
330B	321003	Vitritis Glass (except for capitive use)
331	32110601	Glass beads except industrial beads
331 A	321202	Simple glass mirrors excluding specialised glass mirrors such as those meant for optical instruments etc.
332	Deleted	
333	321408	Scientific laboratory glass ware (excluding borro Siliate type)
334	321409	Micro cover glasses and slides for microscopes
335	321701	Glass bangles
336	321908	Glass holloware by mouth blown and for semi automatic process
337A	32190901	Sodalame silica pressed glass tumbler
	32190902	1. Sodalame silica pressed glass plates
	32190903	2. Sodalame silica pressed glass bowls
	32190904	3. Sodalame silica pressed glass ashtrays
	32190905	4. Sodalame silica pressed glass vases
337A	321910	Glass marbles (All types)
338	323301	Low tension insulations
339		Chemical procetain items as fellows :
	32380401	1. Flat tipped basins
	32390402	2. Round and rectangular type dishes
	32390403	3. Combustion posts
	32390404	4. Crucibles
	32390405	5. Filter funnels for vaccum pressure
	32390406	6. Gravity filtrations
	32390407	7. Pipette rests
	32390408	8. Spotting plates
	32390409	9. Desicator plates
339 A	324201	Lime used for construction and lime wash
339B	32420401	Hydrated time used for construction and lime wash

340	324901	Plaster of paris (excepting for use as construction material)
341	324902	Chalk crayons including tailors chalk
342	32490501	Plaster boards (excepting for using automatic process)
343	326906	Stoneware jars and bowls kundi
344	326904	Salt glazed sewer pipes
345	32890101	Asbestos pipes and fitting for households purposes only according to II specification
346	Deleted	
347	32890501	Reinforced Cement concrete pipe upto 100 cms diameter
348	32960101	Graphite crucibles upto 500 Nos.
349	32990801	Silicon carbide crucibles upto 150 Nos.
	33-35	*** MECHANICAL ENGINEERING EXCLUDING TRANSPORT EQUIPMENT
350	331101	Manhole covers-C.I.
351	331118	Weights
352	331141	Circlips
353	331149	Bright Bars
354	33115101	Pressure die casting upto 0.75 kg.
355	331152	M.S. and C.I. flanges
356	331301	Conduit pipes metallic
357	33130401	Flexible metallic pipe upto 35 mm dia for non-pressure applications
358	331503	Stranded wire (excluding high tensil prestressed concrete wires)
359	33160101	Bench vices (all types)
360	33172201	Mechanical jacks upto 30 tonnes
361	33172301	Hydraulic jacks upto 30 tonnes capacity
362	331727	Signal ladders
363	331751	Street light fittings
364	340101	Steel almirah
365	340102	Steel vaults, safes and cash boxes excluding the following items. (i) Fire Resistant Record Protection Equipment (ii) Fire and Burglar Resistance Safe (iii) Jewellers safe (iv) Safe Deposit Locker (v) Safes with safe Deposit Lockers
366	Deleted	

367	340103	Meat and food safes Metallic
367	340104	Metal cabinets All types
368	340201	Steel trunks
369	34030101	Tin containers unprinted other than O.T.S. and cans upto 18 liters capacity
370	340306	G.I. buckets
371	34030801	Barrels upto 60 liter cap.
372	34032001	Drums upto 60 liter cap.
373	340322	Tin trays
374	340323	G.I. Bath tubs
375	340324	Dust bins
376	340401	Sanitary fixures metallic
377	340403	Cocks and valves water pipe fittings
378	340401	M.S. pipes fittings upto 100 mm. dia.
378A	34101201	M.S. storage tanks upto 15000 litres storage capacity (simple type with rivets welds but excluding pressed ribs)
379	340501	Pressure stove
380	340502	Wick stoves, Other than those manufactured in accordance with design Nos. 145215, 145216, 145299 (Nutan type stove) registered in the name of IOC.
381	340601	Hurri cane lanterns
382	340605	Signal lamps
383	340606	Hand lamps
384	340902	Shoe racks
385	340903	Shoe eyelets
386	340904	Umbrella ribs and fittings
387	340906	Zip fasteners Metallic except in the case f integrated plants manufacturing all components
388	340907	Tin cutters
389	340918	Belt fasteners
390	340919	Snap fasteners
391	340920	Pilfer proof caps
392	340921	Gun cases
392A	340922	Crown corks with cork wood lining (Except for captive consumption)
393	341001	Doors, windows and ventilators metallic
394	341004	Rolling shutters
395	341011	Lantern posts and bodies

396	342002	Aluminium furniture
397	34200301	Adjustable beds-Hospital
398	34200302	Iron and steel costs - All types
399	342004	Storage cupboards Iron and steel
400	342005	Racks - All types including angular Racks-Iron and steel
401	34200601	Wheel chairs-All types
402	34200602	Steel chairs-Hospitals
403	34200701	Steel tables-Hospitals
404	34200702	Steel tables - All other types
405	34200801	Trolleys - Railway Platform drinking water
406	34200802	Trolley Iron and steel Hospital
407	342009	Stretchers- Iron and steel
408	342010	Storage bins- Steel
409	342099	Steel furniture - All other types
410	343101	Hacksaw Frames
411	343102	Pillers
412	343103	Screw drivers
413	343104	Spanner
414	343106	Hammers
415	343108	Anvils
416	343109	Wood working saws
417	343111	Wrenches
418	343112	Knives and shearing blades (all types including those of metal, paper, bamboo and wood for manual operations)
419	343113	Nail pullers
420	343114	Chisels
421	343115	Pincers
422	343116	Wire cutters
423	343199	Other Hand Tools for Black smithy, carpentary, hand forging, foundary etc.
424	34320101	Bolts and nuts - Except high tensile and special types
425	343203	Rivets of all types including bifurcated
426	343207	Wire adjusting screws
427	343301	Tumbler locks
428	343302	Pad locks
429	343303	Safe/cabinet locks
430	343305	Door locks
431	343306	Locks-bicycles

432	343399	Drawer locks and suitcase locks
433	343402	Chain lashing
434	343502	Persian wheels
435	343503	Chaff Cutters
436	343504	Chaff cutters blades
437	343505	Animal driven implements
438	343506	Craw bars
439	343507	Plough shears/iron ploughs
440	343508	Cultivators
441	343509	Disc Harrows
442	343510	Insecticide dusters-Manual
443	343511	Insecticide sprayers-Manual
444	343512	Forks
445	343514	Hoes
446	343515	Levellers
447	343516	Mowers
447A	345207	Stainless steel utensils
448	343517	Pickers-Matallic
449	343521	Hand Pumps
450	343522	Seed Treaters
451	343527	Hand shovels
452	343529	Sickles
453	343531	Seed bins
454	343532	Water lifters
455	343537	Kudali
456	34359901	Other agricultural implements
457	343601	Wire nails
458	343602	Panel pins
459	343603	Wood screws
460	34360401	Machine-screws except socket head and special types
461	343624	Gate Hooks
462	343625	Show nails-animal
463	343626	Hob nails
464	343627	Builders hardware
465	Deleted	
466	343901	Metallic washers
467	343903	Barbed wire
467A	344029	Vitreous enamel hollow wares and slates

468	345101	Spoons-cutlery
469	345102	Forks-cutlery
470	345103	Table knives/Household knives
471	345104	Bread cutters
472	345199	Other cutlery items.
473	345201	Domestic utensils-Brass
474	345202	Domestic utensil - Aluminium
475	345203	Domestic utensils-Bell/metal
476	345204	Domestic utensils-Copper
477	345205	Domestic utensils - Iron
478	345208	Doemstic utensils-Silver
479	345209	Domestic utensils-Bronze
480	345210	Domestic utensils-German silver
481	Deleted	
482	345406	Gas appliances such as cocking ranges, ovens etc.
483	345407	Gas lights Mechanical
484	349201	Razors
485	349203	Safety pins
486	349906	Watch straps-Metallic
487	34990701	Beam scales
488	34990702	Postal weighing scales
489	349909	Expanded metal
490	34991001	Welded wire mesh except for expansion of existing units
491	34991101	Wire gauge and wire netting metallic coarser than 100 mesh size and up to 2 metre width
492	349914	Steel wool
493	349940	Hair pins
494	349941	Metal littings for leather goods and garmets
495	349942	Ghamelas
496	349943	Blackmith heat
497	349944	Brass Dampers
498	Deleted	
499	349946	Lamp holders
500	350102	Winnowers - Up to 5 h.p. motive power
501	350103	Wheat and rice threshers- Up to 5 h.p. motive power
502	350104	Seed cleaners - Up to 5 h.p. motive power
503	350105	Grain Dries - Up to 5 h.p. motive power
504	350106	Sheel huskers - Up to 5 h.p. motive power

505	350107	Reapers - Up to 5 h.p. motive power
506	350108	Collen Deliniting machine - Up to 5 h.p. motive power
507	350109	Seed drills - Up to 5 h.p. motive power
508	350110	Other agricultural machinery - Up to 5 h.p. motive power
508A	35080101	Harvester grader, baler & other earth moving blades used in agricultural machines
509	350803	Low speed gear for use in agricultural machines, threshers Made of cast iron/mild steel Non-heat treated
510	35230101	Diesel engines up to 15 h.p. slow speed except those with specific fuel consumption less than 180 gm. per b.h.p./per hour
511	353134	Rice and dal mill machinery
512	353201	Oil crushers
513	353202	Oil crushers parts
513A	353804	Cotton ginning knives
513B	353805	Tea cutting knives
513C	353803	Three knives trimmer and envelope cutters
513 D	Deleted	
513 E	345805	Chopping knives and laneets for match industry
513F	345806	Plastic shreadding and granulating knives
513G	345807	Knives and shearing blades (all types including those for metal, paper, bamboo and wood for hand operated machines)
513H	354808	Doctor blades
513I	354809	Stainless steel refiner/bar knive
514	35490701	Concrete mixers up to 3 cubic metre capacity
515	354925	Band saw blades - For cutting wooden logs
516	35520101	Room Cooler-Desert type
517	355819	Air conditioning ducting louvers grills and other sheet fabrication in air-conditioning
518	35630301	Centrifugal pumps up of size 10 cm X 10 cm.
519	33650401	Air compressors up to 5HP for spray painting repair shops
519 A	356803	Electro formed screens/Liners used in the Chemicals and sugar industries
520	Deleted	
520A	35711701	Hand Threading tap holders
520B	35720201	12 mm Drilling machine up to 1500 rpm - Bench and pedestal type

521	35720901	Turning Boring and Treading Addas small, single or multiple operation devices
522	35741001	Bemch Grinder up to 300 mm diameter
523	35750201	Power hacksaw Mechanical 300 mm Blade size
523A	35760301	Screw Presses (manually operated)
523B	35760501	Hand Presses (manually operated)
524	357805	Collant pumps etc.
525	357806	Steadies
526	357807	Dog plates
527	357809	Machine vices Machine Tools
528	35781101	Carbide-Tipped tools single point Brazed carbide bits purchased from manufacturers
529	358601	Weighing machines/weigh bridges Ordinary
530	358901	File mechanism
531	35910102	Sewing Machine Domestic, hand operated, Conventional type and components except arms, beds and needles.
532	359203	Household knitting machine
533	350601	Absolute filters for biological and air conditioning application
534	35903601	Duplicating machines other than those of special type
535	359910	Bottle washers
536	Deleted	
537	Deleted	
538	Deleted	
539	Deleted	
540	Deleted	
541	Deleted	
542	Deleted	
543	Deleted	
544	Deleted	
545	Deleted	
546	Deleted	
547	Deleted	
548	359953	All poultry equipments
	36	ELECTRICAL MACHINES APPLIANCES AND APPARATUS INCLUDING ELECTRONICS, ELECTRICAL APPLIANCES
549	36020201	Potential transformer 11 K.V. except for captive consumption

550	36020301	Current transformers 11 K.V. except for captive consumption
551	300206	Boosters
552	360205	Voltage stabilizers - Domestic type
553	36040201	Electric motor 1 H.P. to 10 H.P. - A.C. except special types
554	360403	E.H.P. Motor - A.C. Excluding special types
555	36100101	PVC wires - Domestic type
556	36100201	V.I.R. wires-Domestic type
557	Deleted	
558	36310401	Exhaust fans upto 460 mm
559	36340201	Miniature vacuum bulbs-excluding auto lamps
560	36340302	Torch bulbs-Other than prefocussed type
561	363404	Radio panel bulbs
562	363405	Cycle dynamo bulbs
563	363406	Decoration bulbs
564	363170101	Electric iron-Other than steam irons
565	36370201	Electric stoves upto 3 K.W.
566	36370301	Hot plate boiler plate upto 3 hos/up to 4 KW
567	Deleted	
568	36370501	Storage water heater/Geysers upto 100 litres capacity up to 3 kw
569	36370601	Electric kettles-sauce pan/ring types upto 1.70 litres
570	36370701	Mixers/Grinders such as meat mincer-juice extractor cap. of Jar 1 litre max/upto 500 walts 30 minutes rating
571	363780	Hair driers - All types
572	36371201	Hot cases upto 113.2 litres
573	36371301	Hot air blowers/beat convector upto 2 KW upto fan size 26 cm X 20 mm X 6 cm.
574	36371401	Room heater upto 3 kw
575	36371501	Egg boiler upto 1/2 dozen eggs
576	36361701	Water boilers upto 100 liters capacity
577	36371801	Expresso coffee makers upto 1.70 litres capacity
578	36371901	Coffee precolators upto 1.70 litres
579	36362101	Immersion water heaters upto 3 kW
580	36372201	Food warmer trays upto 500 kW
581	363723	Electric Auto tandoors
582	36372401	Bread taster ordinary/upto/semiauto upto cap 6 slices

583	36372501	Ice cream makers cap 1 litre for use with domestic regrigerators
584	36372601	Domestic washing machine other than programmable type
585	363727	Baking ovens with/without provision for toasting/ grilling upto 56.6 litres and 1 kW other than microwave ovens
586	363801	Electrical light fittings reflectors
587	363804	Electrical wiring accessories other than switches plugs and sockets
588	363911	Electrical light fitting chokes
589	363914	Electrical light fitting starters
590	36391501	A.A. Conductos upto and including 19 strands
591	36391601	A.C.S.R. conductors upto and including 19 strands
592	36620201	Air break offload isolators/upto 11 KW including Gang operated
593	367104	Carbon brushes manufactured from carbon block
594	369802	Black adhesive insulating tape electrical use.
595	369202	Emergency lamps
596	36990401	Electric transmission line hardware and accessories other than those manufactured in melleable castings, preformed type and for lines of 400 KV and above only (Subject to its being manufactured in an integrated plant)
596A	36991400	Electric Bells and Buzzer
597	36991601	Metal clad switches upto 100 Amps
		ELECTRONIC EQUIPMENTS AND COMPONENTS
598	36420101	Radio/car radio-Low cost upto Rs. 250 each
599	364302	TV antennas
600	361303	TV tuners excluding electronic tuners
601	Deleted	
601A	Deleted	
601B	Deleted	
602	364802	TV booster amplifiers
603	Deleted	
604	364903	Amplifiers for entertainment and public address system
605	Deleted	
606	Deleted	
607	Deleted	

608	Deleted	
609	366206	Electronic fan regulators
610	366207	Dimmers & Twilight switches
611	Deleted	
612	Deleted	
613	Deleted	
614	Deleted	
615	Deleted	
616	369601	Telescopic aerial for radio receivers
617	369954	Battery eliminators
618	Deleted	
619	Deleted	
	37	TRANSPORT EQUIPMENT BOATS AND TRUCK BODY BUIILDING
620	370201	Wooden-Boats body Buildings
621	374201	Truck body-building-Wooden structure
622	374202	Seats for buses and trucks
		AUTO PARTS COMPONENTS AND ANCILLARIES AND GARAGE EQPT.
623	Deleted	
624	37461601	Wiring harnness excepting integrated wirring harnness.
625	Deleted	
626	374606	Grease nipples
627	374708	Gun metal bushes
628	374714	Bulb horns
629	374717	Hub caps Auto
630	374721	Hose pipes and radiators hoses-Auto
631	374722	Horn buttons
632	37472601	Shackle pins Automobile use
633	37472802	Auto leaf springs excluding tapered leaf spring
634	374729	Luggage carrier
635	374737	Ornamental fittings-Auto
636	374742	Brake and pedal paids - Auto
637	37474902	Automobile radiators-Except for expansion of existing unit on merits and induction of new units based on new improved technology and excluding aluminium radiators.
638	374752	Radiator grills-Auto

639	Deleted		
640	374759	Seat cushion	
641	Deleted		
642	374778	Sun shades - Auto	
643	37478001	Side lamps assembly-Auto	Excluding
644	37478101	Spot lamps assembly-Auto	Combination
645	37478201	Stop lamps assembly-Auto	Lamp assembly
646	3747870	Tail lamp assembly-Auto	
647	374804	Ash trays-Car fittings	
648	374811	Battery cables and fittings	
649	374812	Battery cell tester	
650	374869	Electrical fuse-boxes-Auto	
651	374870	Electrical fuses - Auto	
652	374874	Exhaust mufflers-Auto other than double coil exhaust mufflers	
653	Deleted		
654	374883	Fuel tank caps-Auto	
655	Deleted		
656	Deleted		
657	374901	Armature tester	
658	374902	Battery terminal lifters	
659	374903	Condensers and resistance testers	
660	374904	Fenders-spoons and hammers	
661	374905	Feeler gauges	
662	374906	Flaring tools	
663	374907	Gear flushers	
664	374908	Puller of all types	
665	374909	Ring expanders	
666	374910	Ring compressors	
667	374911	Screw extractors	
668	374912	Spark plug tester & cleaners	
669	374913	Stud remover extractors	
670	374914	Toe in gauges	
671	374915	Tyre valve pullout tools	
672	374916	Tube cutter	
673	374917	Flanging tools	
674	374918	Valve lifters	
675	374919	Valve replacing & testing tools	

676	374920	Camber testing equipment
677	374921	Painting equipment like spray guns etc.
678	374925	Grease guns
679	374926	Tyre inflators - Both hand and foot operated
680	Deleted	
681	374994	Auto rubber components as follows
	37499401	1. Brake pedals
	37499402	2. Clutch pedals
	37499403	3. Dust covers
	37499404	4. Wiper blade components
	37499405	5. Wind screen beedings
	37499406	6- Door channels
	37499407	7- Rubber beeding
	30260701	8- Rubber mats
682	375804	Spokes and nipples-Auto cycle other than swaged type
683	38913	Sun visors-auto
	376	BICYCLE PARTS TRICYCLES AND PERAMBULATORS
684	3766102	Cycle frames-Except for captive consumption
685	37680101	B.B. Axles except through cold forging process
686	376802	B.B. Cups
687	376803	B.B. Shells
688	376804	Bicycles tube valves
689	376805	Handles bicycles
690	376807	Bolts and Studs and screw All type Bicycles
691	376811	Bell Bicycles
692	376912	Carrier Bicycles
693	Deleted	
694	37691401	Chain wheels and Adjuster bicycles except chain wheels and adjusters for light weight bicycles.
695	376815	Lamps Bicycles
696	376816	Chain covers
697	376817	Cones Hub cones-Bicycles
698	376818	Cotter pins Cycle
699	376819	Crank shafts-Cycle
700	3762001	Crank excepts cold forged cranks including single piece cranks-cycles
701	376822	Crown outer cover-Cycle
702	Deleted	

703	376824	D-nuts
704	376825	Eye bolt cups-Cycle
705	376826	Fork blade crown cover-Cycle
706	376827	Fork handles-Cycle
707	376828	Frame collars-Cycle
708	376832	Guide pins-Cycle
709	376836	Handle bar grips
710	376838	Hub oil clips-Bicycle
711	376839	Hub axle nuts-Bicycle
712	376840	Lock nuts & rings - Bicycle
713	376842	Lugs all types - Bicycle
714	376843	Mudguards-Bicycle
715	376846	Lamp brackets-Bicycle
716	376847	Pedal assembly-cycle
717	376848	Saddle-Cycle
718	376850	Shackle rivets -Cycle
719	376851	Stands-Cycle
720	376852	Spokes & nipples - cycle
721	37685801	Hubs and cups bicycles along with components except single piece hub-shell and flange for light weight bicycle.
722	376860	Rims-cycle (Except for captive consumption)
723	37689901	Other cycle parts and accessories except free wheels; chains; single piece hub-shell and flange for light weight bicycle; B.B. Axles through cold forging, process, chain wheels and adjusters for light weight bicycles; cold forged including single piece cold forged cranks and items allowed for manufacture for captive use.
724	376901	Tricycles
725	376903	Tricycles-Parts and accessoried
726	376904	Perambulator
727	376905	Perambulator parts and accessories
		MISCELLANEOUS TRANSPORT EQUIPMENT
728	378099	Hand & animal drawn carriage, fittings, tonga parts and wheelings
729	378108	Wheel Barrows
730	378109	Animal drawn vehicles
731	378401	Hand-drawn carts of all types
	38	MISCELLANEOUS MATHEMATICAL AND SURVEY INSTRUMENTS

732	380302	Alidades
733	380304	Chain line base measuring apparatus
734	380305	Cross staff
735	380306	Compass/prismatic
736	380307	Dividers
737	380308	Drawing boards
738	380309	Dumpy levels
739	380310	Drawing instruments-Engg.
740	380311	Diagonal scales
741	380312	Engineering level
742	380313	Engineering scales
743	380314	French corners
744	380315	Ghat & read tracers
745	380317	Measuring chain
746	380318	Optical square
747	380319	Protractors
748	380320	Plano meters
749	380321	Plane table equipment
750	380322	Ranging rod
751	380323	Flat rule
752	380325	Set square
753	380326	Slide rule
754	380328	Sextant
755	380329	Triangular scales
756	380331	Tee
757	380332	T-squares
758	380333	Callipers
759	380335	Drafting machine for designing and drawing offices
760	380399	Other drawing mathematical and survey instruments excluding theodolites
		SPORTS GOODS
761	261401	All types of sports nets
762	385101	Shuttle cocks
763	385104	Hockey sticks
764	38510510	Protective equipment for sports like pads golves etc. - Soft leather goods
765	385106	Dumb-bells and chest expanders
766	385107	Cricket and hockey balls
767	385108	Football volley ball and basketball covers

		STATIONERY ITEMS
768	319911	Writing inks & fountain pen inks
769	387101	Ball point pens
770	387103	Fountain pens
771	387104	Pen nibs
772	387105	Fountain pens and ball pens components excluding metallic tips.
773	387201	Pencils
774	387401	Hand stapling machine
775	387501	Paper pins
776	387601	Carbon paper
777	38760210	Typewriter ribbon for machanical type writers
778	387901	Hand numbering machine
779	387903	Pencil sharpeners
780	387907	Penholders
		CLOCKS & WATCHES
781	38210101	Clocks, wall clocks, Pendulum type both with mech. movement, transistorised movement except lever type clocks
782	Deleted	
783	382280201	Watch dials except ornamental high priced dials-Simple dials
783A	38280301	Cast brass watch casses polished and plated
		OTHERS
784	265101	Umbrellas
785	Deleted	
786	38911401	Sterlisers - Stainless steel & aluminium
787	380225	Microscope-Student and medical use
788	380401	Water meters
789	Deleted	
790	380504	Revolution counters mech.
791	380505	Liquid level controller (Excepting electronic type)
792	38060601	Thermometters Up to 150ºC
792A	38110201	Opthalmic lenses from blanks (Glass)
793	381301	Photographic enlargers
794	Deleted	
795	343902	Wire brushes
796	389101	Paint brushes
797	389102	Hair brushes

798	389103	Fibre brushes
799	389104	Tooth brushes
800	389105	Brushes-Natural bristles
801	389106	Other brushes
802	389301	Mechanical toys
803	Deleted	
803A	389501	Bone meal (except captive consumption for 100% export)
803B	389502	Crushed bones
804	389704	Cuffilinks, tie-pins, smetallic dress buttons & buklets
805	389902	Spectacle hinges
806	389912	Absorbent cotton
807	389911	Cigarette light

ANNEXURE-II

ENTREPRENEURIAL SUPPORT ORGANISATIONS: ADDRESS OF 1. CENTRAL LEVEL ORGANISATIONS

Department of Industrial Development, Govt. of India
Ministry of Industry
New Delhi

Small Industry Development Organisation,
A Wing, 7th Floor, Nirman Bhawan
New Delhi - 110011

Small Industries Service Institute,
22, Godown Ind. Area,
Jaipur

National Small Industries Corporation Ltd., Laghu Udhyog Bhawan, Okhla Industrial Estate,
New Delhi - 110020

Chief Controller Imports & Exports,
Indraprasth Bhawan, A-Wing,
New Delhi

State Trading Corp. of India Ltd.,
Chandralok Bhawan, 36, Janpath
New Delhi - 110 001

Minerals & Metals Trading Corp. of India Ltd., Indian Express Building,
Bahadurshah Zafar Marg,
New Delhi - 110 001

National Research & Development Corporation, 20-22, Zamrudpur Community Centre, Kailash Colony Extn., New Delhi - 110 048

Invention Promotion Board,
39, Ring Road, Lajpat Nagar IV,
New Delhi - 110 020

National Institute of Small Industries Extn. Trg. Institute, Rusufguda,
Hyderabad - 500 045

Engineering Export Promotion Council, 14-1B, EZRA Street, III Floor, Calcutta - 700 001

Export Credit Guarantee Corporation,
4, Rampart Road,
Mumbai- 400 001

Federation of Association of Small Scale Industries of India,
Laghu Udhyog Kuti, 23B/2,
Rohtak Road,
New Delhi - 110 005

Khadi & Village Industrial Commission
Iria Road, Villa Parle (West)
Mumbai- 400 056

ENTREPRENEURIAL SUPPORT ORGANISATIONS: ADDRESS OF 2. STATE LEVEL ORGANISATIONS

Rajasthan Small Industries Board,
Udhyog Bhawan,
Tilak Marg, Jaipur - 302 005

Director of Industries,
Udhyog Bhawan, Tilak Marg
Jaipur - 302 005

Rajasthan State Mineral
Development Corp. Ltd., Udhyog
Bhawan, Tilak Marg,
Jaipur - 302 005

Rajasthan Handloom Development
Corp., Chomu House,
Jaipur - 302 005

Rajasthan State Board for Prevertion
& Control of Pollution,
Jhalana Doongari Institutional Area,
Jaipur - 302 004

Rajasthan State Industrial
Development & Investment Corp.
Ltd., Udhyog Bhawan, Tilak Marg,
Jaipur - 302 005

Rajasthan Small Industries Corp.
Ltd., Udhyog Bhawan, Tilak Marg,
Jaipur - 302 005

Rajasthan Financial Corportion,
Udhyog Bhawan, Tilak Marg
Jaipur - 302 005

Rajasthan State Electricity Board,
Vidyut Marg, Jyoti Nagar,
Jaipur - 302 005

Rajasthan Khadi & Village Industries
Board, Khadi Gramodhyog Bhawan
Jawahar Lal Nehru Marg,
Jaipur - 302 015

Rajathan Consultancy Organisation
Ltd., Devi Niketan, Sardar Patel
Marg, Jaipur - 302 001

ANNEXURE-III

Address of Small Industry Service Institutes Branche SISIs and FTSs/PPDCs

ANDHRA PRADESH

1. Small Industries Service Institure, Narsapur Cross Road, Balanagar, Hyderabad - 500037
2. Br. SISI, F - 19 to 22, D-Block, IDA, Autonagar, Visakhapatnam - 530012

ASSAM

3. Small Industries Service Institute, Industrial Estate, Bamunimaidasn, Gauwahati - 21
4. Branch SISI, Link Road Lane No. 14, Silchar - 6 (Assam)
5. Br. SISI, Amlapatti, Diphu (Post), Karbi Anglong (District) Assam
6. Br. SISI, Pologround Road, Tezpur (Post), Sonitpur (District) Assam

ARUNACHAL PRADESH

7. Branch SISI, Near R.K. Mission Hospital, Itanagar - 791113

BIHAR

8. Small Industriaes Service Institute, Industrial Estate, Patna - 13
9. Snmall Industries Service Institute, Bela Industrial Estate, P.O. R.K. Ashram. Muzaffarpur
10. Small Indsutries Service Institute, Industrial Estate, Kokar, Ranchi
11. Branch SIS, Katras Road, Dhanbad - 826001

DELHI

12. Small Industries Service Institute, Opp. Okhla Industrial Estate, New Delhi - 110020
13. SIS Extension Centre, Balsahyog, Connaught Circus New Dlhi - 110001

GUJARAT

15. Small Industries Service Institute, Harsiddh Chambers, 4 th Floor, Ashram Road, Ahmedabad - 14
16. Branch SISI, 1/5, Jaganath Plot, Rajkot 360001

17. Branch SISI, Masat Industrial Araea, Silvassa (Dadar & Nagar Haveli)

HIMACHAL PRADESH

18. Small Industries Service Institute, Janak Kuti, Chambaghat, Solan 178 218

HARYANA

19. Small Industries Service Institute, Kothi No. 113, Sector - 13, Urban Estate, Karnal - 132 001

20. Br. Small Industries Service Institute, I.T.I. Campus, Bhiwani - 125 021

JAMMU AND KASHMIR

21. Small Industries Serivce Institute, 181, Karan Nagar, Srinagar - 190 010

22. Brnch SISI, Industrial Estate, Parthankot Road, Jammu (Tawi) - 180 003.

KARNATAKA

23. Small Industries Service Institure, Rajaji Nagar, Bangalore - 560 044

24. Branch SISI, Mahabaleshwar, Mangalore - 575 003

25. Branch SISI, C-1, Indl. Estate, Gulbarga

26. Small Industries Service Institute, Indl. Estate, Gokul Road, Hubli - 580 030

KERALA

27. Snmall Industries Service Institure, Kanjany Rod, P.O. Ayyanthali, Trichur - 680 011

28. SISI Extension Centre, Shoranur - 679 122

29. SISI Extension Centre, A.S. Road, Kammady, Alleppey North - 688 007

30. SISI Extension Centre, Govt. Arts College, P.O. Kallai, Calicut - 673 018

31. SISI Extension Centre, Attingal, Trivandrum District, 695 104

32. SISI Extension Centre, Hudavoor, Muvattupuzha, Ernakulam district

MADHYA PRADESH

33. Small Industries Service Institute, 10, Industrial Estate, Pologround, Indore - 450 0003

34. Branch SISI, Opposite Chattisgarh Club, Civil Lines, Raipur - 492 001

35. Branch SISI, Industrial Estate,
Tansen Road,
Gwalior - 474 004

36. Branch SISI, 37, Housing Road,
Bada Bazar Colony,
Rewa - 486 001

MAHARASHTRA

37. Samll Industries Service Institute
Kurla Andheri Road,
Sakinala Bombay - 72

38. Small Industiires Service
Institute, Sadar,
Nagpur - 425 007

39. Branch SISI, 32-33 MIDC Indl.
Area, Chikalthana,
Aurangabad - 10

MANIPUR

40. Small Industries Service Institute,
Shed No. C -17 & 18, Bit No. 23,
Industrial Estate, Takyelpat,
Imphal - 795001

MEGHALAYA

41. Branch SISI, Indl. Estate, Near
Meter Factory, Short Round Road,
Meghalaya, Shillong 793 001

42. Branch SISI,
Hawa-Khana Road, Tura - 794 001

MIZORAM

43. Branch SISI, Kelish House,
Republic Veng., Aizwal - 1

NAGALAND

44. Branch SISI, Industrial Estate,
Dimapur, Nagaland - 797 112

ORISSA

45. Small Industries Service Institute,
Kanika Road, Tulsipur,
Cuttack - 753 008

46. Branch SISI,
C-9, Industrial Estate,
Rourkela - 4

47. Branch SISI, Koraput, Orissa

PONDICHERRY

48. Branch SISI,
Pondicherry

PUNJAB

49. Small Industries Service Institute,
Industrial Area, `B',
Ludhiana - 141 003

RAJASTHAN

50. Small Industries Service Institute
22, Godown Ind. Area, Japiur

SIKKIM

51. Small Industries Service Institute,
Tadong Housing Colony, P.P.
Tadong, Gangtok,
Sikkim - 737 102

TAMIL NADU

52. Small Industries Service Institute,
65/1, G.S.T. Road, Guindy,
Madras - 600 032

53. Branch SISI,
Patel Road, Coimbatore - 641 009

54. Branch SISI, Plot No. 76, CGE
Colony, Tirchendur Road,
Tuticorin - 628 003, Tamil Nadu

TRIPURA

55. Small Industries Service Institute,
21, Harish Thakur Road,
Agartala - 799 001

UTTAR PRADESH

56. Small Industries Service Institute,
Industrial Estate, Kalpi Road,
Fazalganj, Kanpur - 218 012.

57. Small Industries Service Institute,
A-208, Kamla Nagar,
Agra-282 005.

58. Small Industries Service Institute,
187-A, Attar Suiya,
Allahabad-211 003.

59. Branch SISI,
Industrial Estate, Varanasi-2.

60. Branch SISI,
Hiranagar, Haldwani,
Nainital (U.P.).

WEST BENGAL

61. Small Industries Service Institute, 111 and 112, B.T. Road, Calcutta-700 035.

62. Branch SISI; Indl. Estate, J.P. Avenue, District Burdwan, Durgapur, West Bengal.

63. Branch SISI, Ektiasal, Industrial Estate, Shed No. 3 and 4, Siliguri, Jalpaiguri - 734 402.

64. Branch SISI, B.J. Tagore Road, Suri Birbhum, West Bengal.

65. Branch SISI, Port Blair, ANDAMAN & NICOBAR ISLANDS

Regional Testing Centres

1. Regional Testing Centre, SISI Campus, Saki Naka, Kurla-Andheri Road, Bombay - 400 072.
2. Regional Testing Centre, 111/112, B.T. Road, Calcutta-700 035.
3. Regional Testing Centre, Capt. Sahid Gour Marg, Okhla Industrial Estate, New Delhi-110 020.
4. Regional Testing Centre, SISI Campus, 6511, G.S.T. Road, Guindy, Post Box No. 3146, Madras - 600 032.

Address of Field Testing Stations

1. Asstt. Director I/C, Field Testing Station, Laboratory Buildings, Bais Godam, Jaipur (Rajasthan).
2. Asstt. Director I/c, Field Testing Station, G.T. Road, Samalkha-131 101.
3. Asstt. Director I/c, Field Testing Station, Shed No. 8, Woollen Hosiery Complex, Dehradun (U.P.)
4. Asstt. Director I/c, Field Testing Station, Shed No. S-3/52, Sector-A, Lane-B, Mancheshwar Industrial Estate, Bhuvaneswar - 751 010.
5. Asstt. Director I/c, Field Testing Station, 145-14B, L.I.G. Quarters, G.I.D.C. Udhav, Ahmedabad-382 415.
6. Asstt. Director I/c, Field Testing Station, 47E, Industrial Area, Govindpura, Bhopal-23.
7. Asstt. Director I/c, Field Testing Station, Shed No. 57, Industrial Area Shiroli, Kolhapur-416 122.
8. Asstt. Director I/c, Field Testing Station, SISI Campus, Rajaji Nagar, Bangalore- 560 044.

9. Asstt. Director I/c, Field Testing Station, Industrial Estate, Sanath Nagar, Hyderabad-500 018.

10. Asstt. Director I/c, Field Testing Station, C.F.S.C. Building, Industrial Estate, Changanacherry-685 106.

11. Asstt. Director I/c, Field Testing Station, Industrial Estate, Thattanchavadi, Pondicherry.

12. Asstt. Director I/c, Field Testing Station, E.C. Building, Batala (Pb.)

13. Asstt. Director I/c, Field Testing Station, SISI Campus, Industrial Estate, Patna (Bihar).

ANNEXURE-IV

Address of NSIC Offices

The National Small Industries Corporation Ltd.
(A Government of India Enterprise)
NSIC Bhavan, Okhla Industrial Estate,
New Delhi - 110 020

Regional Offices

1. NSIC Bhavan, Okhla Industrial Estate, New Delhi 110 020
2. Prestige Chamber, Kalyan Street, Masjid (East), Bombay - 400 009
3. 20-B, Abdul Hamid Street (7th Floor), Calcutta - 700 069
4. 615, Anna Salai, Madras - 600 006
5. Ambikagiri Nagar, R.G. Baruah Road, Guwahati - 781 024
6. 118-B, Shopping Complex, Sector - 18, Noida (UP) 201 301
7. 202-203, Samruddi Building, Opp. Gujarat High Court, Ahmedabad - 380 014

Prototype Development & Training Centres

1. Okhla Industrial Estate, New Delhi - 110 020
2. Baltikuri, Howrah- 711 101
3. Sector B-24, Guindy Industrial Estate, P.O. Ekkaduthangal, Madras - 600 097
4. Bhav Nagar Road, Aji Industrial Estate, Rajkot- 360 003.
5. 1-5-15, Musheerabad, Hyderabad - 500 048

Sub-Centres

1. B-5, Industrial Area, P.B. No. 18, Kashipur - 244 713
2. A-1, Industrial Estate, Aligarh - 202 001
3. 29-30, SIDCO, Industrial Estate Dindigul - 624 006
4. B-3, Indl. Development Area, Khannapuram Haveli, Khammam - 507 004 (AP)

5. Demonstration-cum-Training
Centre, Bemunimaidan
Guwahati - 781 024

6. D-82-83, Old QME Building
Focal Point,
Rajpura 140 401

Sub-Offices

1. C/o SISI, 10 Industrial Estate
Indore - 452 003

2. Udyog Bhawan
Near Balagaodhruv Rang Mandir,
Pune - 411 005

3. RIADA Building, Main Road
Ranchi - 834 001

4. Bimula Cottage (1st Floor)
Church Road, Guwahati - 737 101
Sikkim

Branch Offices

1. Geetha Mansion, 5th Floor,
K.G. Road, Opp. State Bank of
Mysore, Bangalore - 560 009

2. 110, Malviya Nagar
Bhopal 462 003

3. Guru Gobind Singh Tower
Near Dholewal Chowk
G.T. Road, Ludhiana 141 003

4. Link Road,
Cuttack 753 012

5. 203, Sri Datta Sai Complex,
RTC, Cross Road,
Hyderabad 500 020

6. NF/O/2, Nehru Palace,
Tonk Road,
Jaipur - 302 015

7. C/o S.I.S.I. Industrial Estate
Pathankot Road,
Jammu Tawi 180 091

8. Nageshwar Colony
Boring Road,
Patna 800 001

9. PDTC Complex,
Aji Industrial Estate,
Bhav Nagar Road, Rajkot 360 003

10. DIC Premises,
Lamphapat,
Imphal 795 001

11. C-20, Industrial Estate
Thattanchavady
Pondicherry - 605 001

12. 112/1, 2nd Floor
Benajhabar Road,
Kanpur - 208 002

13. Gaytree Guest House,
5, Trivedi Building, Opp. St. Inex
Church, Panaji 403 001 (Goa)

14. 205, Chinnasamy Naidu Road,
New Sidhapudun
Coimbatore - 44

15. Bidass, D-87, DPE REc Post,
Trichy 15 (Tamil Nadu)

16. GCDA Complex, Marine Drive,
Shanmughan Road, Ernakulam
Kochi (Cochin) - 682 031

Market Development Centres

1. G-1, Eldarado Building 112,
   Nungambakkam High Road
   Madras - 600 034

2. NSIC Bhavan
   Okhla Industrial Estate
   New Delhi - 110 020

Central Liasion Office

National Insurance Building
Room No. 411-412
Parliament Street
New Delhi - 110 001

ANNEXURE-V

ADDRESSES OF FINANCIAL INSTITUTIONS

Industrial Finance Corporation of India, Bank of Baroda Building, 16 Sansad Marg, New Delhi - 110 001

Industrial Development, Bank of India, Nariman Bhawan, 227, Vinay K Shah Marg, Nariman Point, Bombay - 400 021

Industrial Reconstruction, Bank of India 19, Netaji Subhash Road Calcutta - 700 001

NABARD Poonam Chambers, Shiv Sagar Estate, Annie Besant Road, Worli, Bombay - 400 018

General Insurance Corporation of India, India Assurance Building, 4th Floor, Church Gate Bombay

Unit Trust of India 45, Veer Nariman Point, P.B. No. 2000, Bombay - 400 023

Industrial Credit & Investment Corp. of India, 163, Backbay Reclamation Bombay - 400 020

Small Industries Development, Bank of India, Vikas Deep, 22, Station Road, Lucknow - 226 019

Export-Import Bank of India, Centre One, Floor 21, World Trade Centre, Cuffe Parade, Bombay - 400 005

Risk Capital Foundation 70, Janpath, 2nd Floor, P.B. No. 762 New Delhi 110 002

Life Insurance Corporation of India Yogakshama Jeevan Bima Marg Nariman Point, Bombay - 400 021

International Finance Corporation Regional Office, South Asia No. 1, Panchasheel Marg, Chankyapuri, New Delhi - 110 021